高职高专"十三五"规划教材

化工工艺基础

- 王伟武　王　亮　主编
- 秦建华　主审

U0230962

第三版

HUAGONG GONGYI

JICHU

化学工业出版社

·北京·

本书共分九章，其中包括流体流动与输送、非均相物系分离与设备、传热与换热器、气体的吸收、液体的蒸馏、干燥、现代分离技术、化学反应器和典型化工生产工艺，每章均附有适量的例题和习题以及复习思考题。书中针对非化工工艺专业的特点，安排一些实际范例分析，目的是培养和提高学生分析和解决实际问题的能力。

本书有配套的电子教案，可在化学工业出版社的官方网站上免费下载。

本书可作为高职高专的化工机械、化工仪表、化工分析、环境保护、化工管理、轻工、制药等及其相近专业相应课程的教材或教学参考书，也可作为化工企业一般工程技术人员及工人参考。

图书在版编目（CIP）数据

化工工艺基础/王伟武，王亮主编. —3 版. —北京：化学工业出版社，2019.8（2025.2重印）
高职高专"十三五"规划教材
ISBN 978-7-122-34358-1

Ⅰ.①化… Ⅱ.①王…②王… Ⅲ.①化工过程-生产工艺-高等职业教育-教材 Ⅳ.①TQ02

中国版本图书馆 CIP 数据核字（2019）第 078444 号

责任编辑：高　钰　　　　　　　　　文字编辑：孙凤英
责任校对：张雨彤　　　　　　　　　装帧设计：刘丽华

出版发行：化学工业出版社（北京市东城区青年湖南街 13 号　邮政编码 100011）
印　　装：北京科印技术咨询服务有限公司数码印刷分部
787mm×1092mm　1/16　印张 17　字数 450 千字　　2025 年 2 月北京第 3 版第 6 次印刷

购书咨询：010-64518888　　　　　　售后服务：010-64518899
网　　址：http://www.cip.com.cn
凡购买本书，如有缺损质量问题，本社销售中心负责调换。

定　　价：49.00 元　　　　　　　　　　　　　　　　版权所有　违者必究

前 言

本书自出版到现在已有十余年，得到了许多高职院校的同行、读者的支持和鼓励，编者在这里表示真诚的感谢。

本次再版修订，是综合了使用过程中发现的问题和欠缺，应同行的一些要求，以及目前高等职业教育的发展需求，对一些章节内容进行充实、更新，增加了一些新的内容，力求满足目前高职高专类院校非化工工艺专业的教学需求，在增加的内容中仍然体现了职业技术教育必需、够用、实用的特色，强调实际应用技能和分析能力的培养。

本次修订主要有以下几个方面特点：

① 改正上一版中正文、附录中少量的文字和符号错误。

② 修改和增加了部分思考题和习题，使之更接近于实际应用。

③ 对第三章传热进行修改并充实了部分内容。

④ 增加第七章现代分离技术。

由于本书可作为化工机械、化工仪表、化工分析、环境保护、化工管理、轻工、制药等及其相近专业相应课程的教材或教学参考书，应用面较广，考虑到各种专业的侧重点不同，其中一些内容可根据教学需求以及学时数进行选讲。

本书的内容已制作成用于多媒体教学的 PPT 课件，并将免费提供给采用本书作为教材的院校使用。如有需要，请发电子邮件至 cipedu@163.com 获取，或登录 www.cipedu.com.cn 免费下载。

本书由王伟武、王亮主编，秦建华主审。参加编写的人员有：南京科技职业学院王伟武（绪论、流体流动与输送、化学反应器）、南京科技职业学院蒋丽芬（非均相物系分离与设备、气体的吸收）、广西工业职业技术学院曹为民（液体的蒸馏、干燥）、扬州工业职业技术学院徐忠娟（典型化工生产工艺）、南京科技职业学院王亮（传热与换热器、现代分离技术）。

此次修订过程中得到了许多同仁的支持和帮助，但由于编者业务水平有限，书中难免有疏漏之处，希望专家、读者予以批评指正。

编者

2019 年 3 月

第一版前言

在化工生产中，除专业技术人员外，凡是与化工生产有关的非化工工艺工作人员，对化工生产的基本原理、操作设备以及操作过程，都要有一个基本的了解，只有这样才能在生产中更好地发挥自己的专业特长。本书就是按职业教育特点和要求，为高职高专类院校非化工工艺专业编写的技术基础课教材。它可作为化工机械、化工仪表、化工分析、环境保护、化工管理、轻工、制药及其相近专业相应课程的教材或教学参考书。

为适应职业技术教育应用性、针对性、岗位性以及专业性的特点，本书所编写的内容体现了必需、够用、实用的高职高专特色，避开烦琐的公式推导，增加实用的范例分析。尽量简化但保留够用的成熟基础理论，努力反映学科的现代特点，强调实际应用技能和分析能力的培养。在文字上力求简练，通俗易懂，尽量符合非化工专业技术人员的特点和需要。全书侧重于基础知识、基本理论，在实际应用中分析讨论，注意培养和启发学生解决问题的思路、方法及能力。

本书共分 8 章，全部内容讲课时数约为 100 学时。考虑到各种专业的需要以及学时安排的不同，其中加有 * 号的章节可作为不同专业的选讲内容。

本书由王伟武主编，秦建华主审。参加编写的人员有王伟武（绪论，第一、三、七章）、蒋丽芬（第二、四章）、曹为民（第五、六章）、徐忠娟（第八章）。本书在编写过程中，得到了编者所在学校领导的关心和相关教研室老师的大力支持，在教材内容与工程实际联系上提供了一些有益的建议，在此一并表示衷心的感谢。

尽管在编写过程中得到了许多同志的支持和帮助，但由于编者业务水平有限，书中难免有欠妥之处，希望各位专家、读者予以批评指正，以便再版时修正。

编者
2004 年 7 月

第二版前言

本书自 2005 年出版以来，受到了许多读者和同行的支持和鼓励，同时也在使用过程中发现一些错误，并对本书提出一些宝贵的建议。综合读者和同行的建议以及目前高等职业教育的教学要求，本书在修订过程中，除了针对非化工工艺专业的教学特点，保留第一版的文字简炼、通俗易懂，内容侧重于实际应用分析，注意培养和启发学生解决问题的思路、方法及能力等特色以外，主要有以下几方面变动：

(1) 每一章增加了知识目标和能力目标，使教学目的更加明确。

(2) 增加了习题解答，有利于教师辅导和学生自学使用。

(3) 纠正了原来课文和附图中的错误，改写了部分章节内容。

(4) 修改了部分思考题和习题，使之更接近于生产实际。

(5) 本书内容已制作成用于多媒体教学的 PPT 课件，并将免费提供给采用本书作为教材的院校使用。如有需要，请发电子邮件至 cipedu@163.com 获取。

感谢南京化工职业技术学院蒋丽芬、扬州工业职业技术学院徐忠娟、广西工业职业技术学院曹为民三位参编老师在修订过程中提出的宝贵意见，感谢南京化工职业技术学院化工原理教研室同事在修订工作中给予的帮助。

由于编者水平有限，加之时间仓促，考虑不周之处盼读者多提建议。

编者

2010 年 3 月

目 录

第七章　现代分离技术　　167

第八章　化学反应器　　195

绪 论

一、化学工业与化工过程

化学工业是以天然资源或其他工业产品为原料，用物理和化学手段将其加工为产品的制造业。化学工业产品的品种数以万计，它包括了各种生产资料和生活资料，若按原料的来源和产品的去向可将其分为通用化学品工业和精细化学品工业两大类。

通用化学品工业是以石油、煤、矿石、水、空气、农副产品等天然资源为原料，经过物理和化学加工过程而制成的产量大、应用范围较广的化工产品，如"三酸二碱"、合成氨、"三苯三烯"、合成纤维、合成橡胶、合成树脂等无机和有机化工产品；精细化学品工业是以通用化学品为原料，进行深度加工，制成多品种具有特定功能产品的工业，如药品、涂料、化妆品和杀虫剂等。精细化工产品以其特定的功能和专用性质，对促进工农业发展、丰富人民的生活起到重要的作用，因此它在化学工业中的地位在不断地提高。

化学工业涉及多门类、多品种的生产，其中任何一种化工产品的生产都是将各种原料通过许多工序和设备，在一定的工艺条件下，进行一系列的加工处理，最后制得产品。一个特定的化工产品，从原料到产品的生产过程称为化工过程。不同的原料，不同的产品具有不同的生产过程，但在其过程中都要用到一些类型相同、具有共同特点的基本过程和设备。如流体输送、换热、精馏等物理操作，反应器中进行的化学反应等典型操作。由此可见，任何一个化工过程都是由一系列化学反应操作和一系列物理操作构成。化学工业中将具有共同的物理变化，遵循共同的物理学规律，以及具有共同作用的基本操作称为"化工单元操作"；将化学反应操作称为"化工单元过程"。

二、本课程的性质、内容和任务

化工工艺基础是化工机械、化工仪表和化工分析等非化工专业必修的一门技术基础课，它在数学、物理、化学等基础课程与专业课程之间起着承前启后的作用。为满足各非化工专业的学习需要，本课程包括三个部分内容。

（一）单元操作

单元操作按其理论基础可分为三类。

① 流体流动过程。包括流体流动与输送、搅拌、沉降、过滤等。

② 传热过程。包括传热、蒸发等。

③ 传质过程。包括吸收、蒸馏、萃取、吸附、干燥等。

鉴于专业的需要，在课程中仅讨论流体流动与输送、沉降和过滤、传热、吸收、精馏、干燥等主要单元操作。

（二）化学反应器

化学反应器是化工生产的核心设备，它的性能优劣对产品的产量和质量起着决定性的作用，本课程主要讨论化工生产中典型反应器的结构和特点，以及化工生产对反应器的基本要求。

（三）典型化工工艺

本教材所涉及的化工生产工艺，是在学习单元操作和反应器的基础上讨论几个典型的化工生产过程，如合成氨、石油化工等。主要讨论在各种化工生产工艺中单元操作设备及反应器的不同组合情况，并根据物理、化学的基本原理分析最优的工艺条件，确定合理的工艺流程，同时对物料和能量的充分利用，以及"三废"处理等进行分析和介绍。

本课程的主要任务是使读者熟悉化工生产的基本原理、典型设备的构造、操作、应用和基本计算方法以及影响过程的因素。培养学生运用基础理论分析和解决生产中各种工程实际问题的能力。

三、化工过程中的几个基本概念

在分析单元操作或工艺过程中，经常要用到物料衡算、能量衡算、平衡关系和过程速率等概念来反映物料的变化规律，从理论上探索它的可能性、技术上的可行性以及经济上的合理性。它们是分析任一化工过程的出发点。

（一）物料衡算

物料衡算是以质量守恒定律为基础，用来分析和计算化工过程中物料的进、出量以及组成变化的定量关系，确定原料消耗定额、产品的产量和产率，还可以用来核定设备的生产能力，确定设备的工艺尺寸，发现生产中所存在的问题，从而找到解决方案，所以它是化工计算的基础。

进行物料衡算时，首先根据需要对衡算对象人为地划定一个衡算范围。这样一个范围称为"控制体"，并用箭头在控制体表面标出各股物料进、出数量和组成等。其次要规定一个衡算基准，衡算基准要根据实际需要来决定，在连续操作中以单位时间为基准较为方便；对于产品量已确定，则可用单位产品量为基准，由此来衡算出其他各股物料量。必须注意的是参与衡算的物料量要以质量或物质的量表示，一般不宜用体积表示，这是由于体积尤其气体的体积是随着温度、压强的变化而变化的。

若进入控制体的各股物料总量为ΣG_i，从控制体中排出的各股物料总量为ΣG_o，控制体内物料的积累量为G_a，根据质量守恒定律应有：

$$\Sigma G_i = \Sigma G_o + G_a$$

对于连续操作，进、出控制体的各股物料量恒定，在控制体内任一位置处物料的各参数（温度、压强、组成、流速等）都不随时间而变，这样的操作过程称为定态过程。对定态过程，控制体内无物料积累，$G_a = 0$，则物料衡算式为：

$$\Sigma G_i = \Sigma G_o$$

物料衡算中控制体的概念同样可以用到能量衡算或动量衡算中去。

（二）能量衡算

能量衡算的依据是能量守恒定律。根据此定律，输入控制体的能量应等于从控制体输出的能量与控制体内积累的能量之和。

能量可以随物料一起输入或输出，如物料自身具有的内能、动能和位能等。也可以通过一些设备输入或输出，如通过泵或压缩机给流体增加机械能，通过器壁向系统输入热量以及从设备损失到周围介质中的热量等。

能量的形式很多,在化工生产中用到最多的是热能,热量衡算是化工计算中一个常用的工具。对定态操作系统,若输入控制体的热量为$\sum Q_i$,输出的热量为$\sum Q_o$,控制体的热损失为Q_f,该控制体的热量衡算式为:

$$\sum Q_i = \sum Q_o + Q_f$$

通过热量衡算可以了解热量的利用和损失情况,确定过程中需要加入的热量。这是生产工艺条件的确定、设备设计不可缺少的环节,也是评价技术经济效果的重要工具。

(三) 平衡关系

任何一个物理或化学变化过程,在一定条件下必然沿着一定方向进行,直至达到动态平衡为止。这类平衡现象在化工生产中很多,如化学反应中反应平衡、吸收、蒸馏操作中的气液平衡、萃取操作中液液平衡等。

描述化工过程中物系平衡关系的定律有热力学第二定律、亨利定律、拉乌尔定律以及化学平衡定律等。必须指出,任何过程的平衡状态都是在一定条件下达到的暂时、相对统一的状态,一旦条件变化,原来的平衡就要被破坏,直到建立起新的平衡。因此只要适当地改变操作条件,过程就可按指定的方向进行,并尽可能使过程接近平衡,使设备发挥最大的效能。平衡关系也为设备尺寸的设计提供了理论依据。

(四) 过程速率

平衡关系只能说明过程的方向和限度,而不能确定过程进行得快慢,过程进行得快慢只能用过程速率来描述。过程速率受诸多因素影响,目前还不能用一个简单的数学式来表示化工过程速率与其影响因素之间的关系。所以目前过程速率是以过程推动力与过程阻力的比值来表示的,即:

$$过程速率 = \frac{过程推动力}{过程阻力}$$

不同的过程推动力有不同的含义,如冷、热两流体之间传热推动力应为冷、热两流体之间的温度差,流体流动的推动力为势能差,而物质传递的推动力则为浓度差。无论是什么含义,它们有一个共同点,即过程达平衡时推动力均为零。过程阻力较为复杂,应根据具体过程进行分析。

复习思考题

1. 何谓化工单元操作和化工单元过程?
2. 单元操作包括哪些内容?
3. 何谓"控制体"?确定控制体的作用是什么?
4. 物料衡算和能量衡算分别依据什么基本定律?

第一章

流体流动与输送

学习目标

● 知识目标

掌握流体主要物性（密度、黏度）和压强定义、单位及其换算，连续性方程、柏努利方程的应用，流动类型的判断以及流体在管内的阻力损失的计算，离心泵结构、工作原理以及性能。

理解温度、压强对流体物性的影响，不同流动类型对流动阻力的影响，流量计的测量原理，各种常见的流体输送机械基本结构及工作原理。

了解流体流动与输送在工业生产中的应用，流体流动阻力的类型和产生的原因，流体流速分布，非圆管阻力计算。

● 能力目标

能应用流体流动基本方程解决简单管路计算问题。能识别常见管子、管件和阀门，熟知它们的作用，能完成简单管路的拆装。能对离心泵进行开停车操作和简单故障分析、排除。

第一节　概　　述

流体是液体和气体的总称，其基本特性是它具有流动性。所谓流动性就是在静止时不能承受剪切力的性质，当有剪切力作用于流体时，流体就会产生连续的变形，也就是说流体质点之间就会产生相对运动。气体和液体同属流体，它们有共性，也有各自的特性：如液体的体积随压力及温度的改变变化很小，所以一般将液体称为不可压缩流体；而气体则具有较大的压缩性，当压力和温度改变时，气体的体积会有较大变化，称为可压缩流体。因此在讨论液体和气体共性的同时，也要讨论它们各自的特性和处理方法。

化工生产中所处理的物料，不论是原料、中间产品还是产品，大部分都是流体。在生产过程中，流体从一个设备流到另一个设备，从一个车间送到另一个车间，为了完成流体输送的任务，必须解决管路的配置，流量、压强的测定，输送流体所需能量的确定和输送设备选用等技术问题。除此以外，设备中的传热、传质以及化学反应都是在流动流体中进行，它们与流体流动类型密切相关。研究流体的流动类型和条件，可作为强化化工设备的依据。因此，流体流动与输送是化工生产中必不可少的单元操作，流体流动基本原理是本课程的重要基础。

第二节　流体流动的基本概念

一、流体的密度

(一) 流体的密度

流体和其他物体一样具有质量。单位体积流体所具有的质量称为密度，通常用 ρ 表示。如均质流体的体积为 V，质量为 m，则密度 ρ 为：

$$\rho = \frac{m}{V} \tag{1-1}$$

质量的单位用 kg，体积的单位用 m^3，所以密度的单位为 kg/m^3。

1. 液体的密度

一定的流体，其密度是压力和温度的函数。液体可视为不可压缩流体，密度随压力变化很小（极高压力下除外），可忽略其影响。温度对液体的密度有一定的影响，在查取液体密度时，要注意注明其温度条件。但在温度变化不大的情况下，也可忽略温度的影响。如水在常温下的密度都可按 $1000kg/m^3$ 计。

2. 气体的密度

气体的压缩性要比液体大得多，无论是压强还是温度，对气体密度的影响都不能忽略。在压强不太高、温度不太低的情况下，对空气和一些不易液化的气体，可以用下式表达气体密度与其压强和温度之间的关系：

$$\rho = \frac{pM}{RT} \tag{1-2}$$

式中　ρ——气体的密度，kg/m^3；

p——气体的绝对压强，kPa；

M——气体的摩尔质量，kg/kmol；

T——气体的热力学温度，K；

R——气体常数，数值为 $8.314kJ/(kmol \cdot K)$。

气体的密度亦可按下式进行计算：

$$\rho = \rho_0 \frac{T_0 p}{T p_0} \tag{1-3}$$

式中　ρ_0——标准状态下气体的密度，kg/m^3，$\rho_0 = \frac{M}{22.4}$；

T_0——标准状态温度，K，$T_0 = 273K$；

p_0——标准状态压强，kPa，$p_0 = 101.33kPa$。

3. 混合物密度的确定

化工生产中常见的流体为混合物，以下介绍液体混合物和气体混合物平均密度的计算方法。

若几种纯液体混合前的分体积之和等于混合后的总体积，则混合液体的平均密度可按下式计算：

$$\frac{1}{\rho_m} = \frac{a_1}{\rho_1} + \frac{a_2}{\rho_2} + \cdots + \frac{a_n}{\rho_n} \tag{1-4}$$

式中　ρ_m——液体混合物的平均密度，kg/m^3；

a_1, a_2, …, a_n——液体混合物中各组分的质量分数，$a_1+a_2+\cdots+a_n=1$；

ρ_1, ρ_2, …, ρ_n——液体混合物中各组分的密度，kg/m^3。

气体混合物的平均密度仍可用式(1-2) 计算，即：

$$\rho_m = \frac{pM_m}{RT} \tag{1-5}$$

应注意，式中的 p 为混合气体的总压，M_m 为混合气体的平均摩尔质量，即：

$$M_m = M_1y_1 + M_2y_2 + \cdots + M_ny_n \tag{1-6}$$

式中　M_1, M_2, …, M_n——气体混合物中各组分的摩尔质量，$kg/kmol$；

　　　　y_1, y_2, …, y_n——气体混合物中各组分的摩尔分数或体积分数，$y_1+y_2+\cdots+y_n=1$。

常见液体和气体的密度可从有关书刊或手册中查取。本书附录中列出了部分气体和液体的密度，可在计算时选用。

【例 1-1】 由 A 和 B 组成的混合液，其中 A 的质量分数为 0.4。已知常压、20℃下 A 和 B 的密度分别为 $879kg/m^3$ 和 $1106kg/m^3$。试求该条件下混合液的密度。

解 由式(1-4) 可得：

$$\frac{1}{\rho_m} = \frac{a_1}{\rho_1} + \frac{a_2}{\rho_2} = \frac{0.4}{879} + \frac{1-0.4}{1106} = 9.98 \times 10^{-4}$$

所以　　　　　　　　　　　　$\rho_m = 1002kg/m^3$

【例 1-2】 干空气的组成近似为 21% 的氧气，79% 的氮气（均为体积分数）。试求压强为 294kPa、温度为 80℃时空气的密度。

解 氧气的摩尔质量为 32kg/kmol，氮气的摩尔质量为 28kg/kmol，干空气的平均摩尔质量为：

$$M_m = 32 \times 0.21 + 28 \times 0.79 = 28.84kg/kmol$$

$$\rho_m = \frac{pM_m}{RT} = \frac{294 \times 28.84}{8.314 \times (273+80)} = 2.89kg/m^3$$

（二）流体的比容与相对密度

单位质量流体所具有的体积称为流体的比容，又称为比体积，用符号 v 表示。其表达式如下：

$$v = \frac{V}{m} = \frac{1}{\rho} \tag{1-7}$$

由此可见，流体的比容是密度的倒数，单位为 m^3/kg。

温度为 $T K$ 的流体密度 ρ 与 277K 时纯水的密度 $\rho_水$ 之比值称为相对密度，用 d_{277}^T 表示：

$$d_{277}^T = \frac{\rho}{\rho_水} \tag{1-8}$$

相对密度是一个无量纲量，无单位，不要与密度相混淆。由于 277K 纯水的密度 $\rho_水 = 1000kg/m^3$，所以流体密度与其相对密度之间的关系为：

$$\rho = 1000d_{277}^T \tag{1-9}$$

二、作用在流体上的力

流体所受的力，可以分为外力和内力两大类。流体内部分子之间的作用力称为内力，它包括分子之间的引力、压力及摩擦力，它对流体的运动没有影响，在这里不作讨论。外界作用于所研究的那块流体上的力称为外力，它又分为表面力和质量力两种。流体运动的情况决定于外力，它是研究的主要对象。

（一）质量力

质量力是作用在所研究的流体各个质点上的一种力，其值大小与流体质点的质量成正比。对均质流体，这种力的大小与所研究的流体体积成正比，所以又称为体积力。流体在重力场运动时所受到的重力、在离心力场所受到的离心力都是典型的质量力。

（二）表面力

表面力作用在所研究的那块流体表面上，其值大小与流体的表面积成正比。它又可分为垂直作用于流体表面的法向力和平行作用于流体表面的切向力。垂直作用于流体表面的力称为流体静压力，单位流体面积上的流体静压力称为压强。平行作用于流体表面的力称为剪力，单位流体面积上的剪力称为剪应力。

1. 流体静压力和静压强

流体静压力和流体静压强的区别在于：流体静压力是作用在某一流体面积上的总压力，静压强则是作用在单位面积上的压力。工程上习惯将流体静压强称为压力，而将流体静压力称为总压力。若以 P 表示流体的总压力，A 表示流体的作用面积，则流体的压强 p 为：

$$p=\frac{P}{A} \tag{1-10}$$

总压力 P 的单位为 N，面积 A 的单位为 m^2，则压强 p 的单位为 N/m^2，也称为帕斯卡（Pa），简称为帕。压强单位除了用 Pa 表示以外，还有许多种表示法，以下为常见压强单位之间的换算关系：

$$1atm=10.33mH_2O=760mmHg=1.033kgf/cm^2=101.325kPa$$

$$1at=1kgf/cm^2=10mH_2O=735.6mmHg=98.07kPa$$

其中符号 atm 为物理大气压，符号 at 为工程大气压。

在化工计算中，常采用两种基准来度量压强的数值大小，这是绝对压强和相对压强。以没有气体分子存在的绝对真空作为基准所测得的压强称为绝对压强（绝压）；以当地大气压强为基准所测得的压强称为相对压强。

绝对压强永远为正值，而相对压强则可能为正值，也可能为负值。化工生产中所使用的各种压强测量装置，其读数一般都为相对压强，当设备中绝对压强大于当地大气压时，相对压强值为正，所用的测压仪表称为压力表，压力表上的读数为被测流体绝对压强高出当地大气压的数值，称为表压强（表压）。它与绝对压强之间的关系为：

绝对压强＝当地大气压力＋表压强

当设备中绝对压强小于当地大气压时，相对压强值为负，所用的测压仪表称为真空表，真空表上的读数为被测流体绝对压强低于当地大气压力的数值，称为真空度。它与绝对压强之间的关系为：

绝对压强＝当地大气压力－真空度

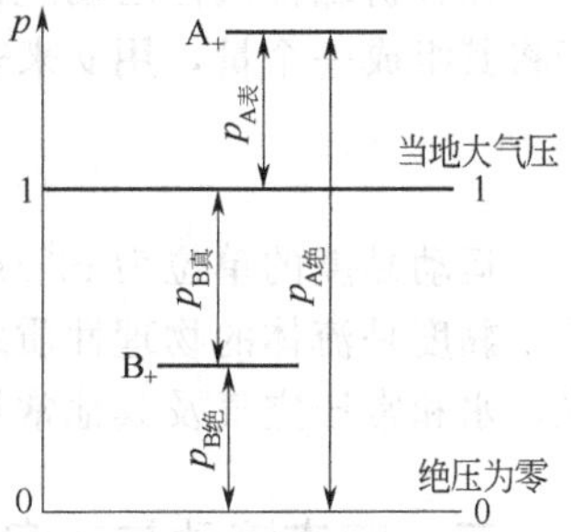

绝对压强、表压和真空度之间的关系可用图 1-1 来表示。取 0-p 为压强轴；0-0 为绝对真空线，即绝对压强的零线；1-1 线为当地大气压线。

图 1-1 压强的基准

当地大气压力不是固定不变的，它应以当时当地气压计上的读数为准。另外为了避免绝对压强、表压和真空度三者的混淆，在今后的讨论中，对表压和真空度均加以标注，如 200kPa（表）、20kPa（真），没有标注的均指的是绝对压强。

【例 1-3】 设备外环境大气压为 720mmHg，而以真空表测得设备内真空度为 580mmHg。问设备内的绝对压强是多少？设备内外的压强差为多少？

解 分别以 p 表示设备内绝压，以 $p_{大气}$ 表示环境的大气压强，以 $p_{真}$ 表示设备的真空度，有：

$$p = p_{大气} - p_{真} = 720 - 580 = 140mmHg = 18.67kPa$$

设备内外的压强差为：

$$\Delta p = p_{大气} - p = 720 - 140 = 580mmHg = 77.3kPa$$

2. 流体的剪力和黏度

(1) 牛顿黏性定律。研究流体流动时，可以将流体看成是彼此之间没有间隙的无数质点所组成的连续体。静止流体不能承受任何切向力，当有切向力作用时，流体不再静止，将发生连续不断的变形，流体质点间产生相对运动，同时各质点间产生剪力以抵抗其相对运动，流体的这种性质称为黏性。所对应的剪力称为黏滞力，也称为内摩擦力。

经研究发现，流体运动时所产生的内摩擦力与流体的物理性质有关，与流体层的接触面积以及接触面法线方向的速度梯度成正比。其关系可用下式表示：

$$F = \mu S \frac{du}{dy} \tag{1-11}$$

式中　F——流体层与流体层间的摩擦力，N；

S——流体层间的接触面积，m^2；

$\dfrac{du}{dy}$——速度梯度，即流体层速度在流动方向上的法向变化率，1/s；

μ——表示流体物理性质的比例系数，称为动力黏度，简称黏度，Pa·s。

式(1-11) 称为牛顿黏性定律。

(2) 流体的黏度及其影响因素。流体的黏度是流体的一个重要的物理性质，在 S 和 du/dy 相同的情况下，黏度越大，其内摩擦力越大。因此黏度在数值上可看为是当速度梯度 $du/dy=1$ 时，由于黏性引起的流体层间单位面积上的内摩擦力。由此也可推出，流体的黏度越大，在相同的流动条件下，所产生的流动阻力也就越大。

不同的流体具有不同的黏度，同一种流体的黏度在不同的温度和压强下数值也不相同。液体的黏度随温度升高而减小，而压强的影响则可忽略；气体的黏度随温度升高而增大，当压强变化范围较大时，要考虑压强变化的影响，一般是随压强增大而增大。当气体的压强变化不大时，一般情况下也可忽略其影响。

在分析黏性流体运动规律时，动力黏度 μ 和密度 ρ 常同时出现，所以在流体流动中习惯于将其组成一个量，用 ν 来表示，称为运动黏度。

$$\nu = \frac{\mu}{\rho} \tag{1-12}$$

运动黏度的单位为 m^2/s。

黏度是流体的物理性质之一，其值均由实验测定，一般流体的黏度值可从有关手册中查取，水和常压空气及其他常见流体在不同温度下的黏度可见附录。

三、定态流动与非定态流动

在流动空间的各点上，流体的流速、压强等所有的流动参数仅随空间位置变化，而不随时间变化，这样的流动称为定态流动；若流动参数既随空间位置变化，又随时间变化，这样的流动称为非定态流动。

如图 1-2 所示，水箱 3 上部不断有水从进水管 1 注入，而从下部排水管 4 不断地排出，且要求进水量大于排水量，多余的水从水箱上方溢流管 2 溢出，以维持箱内水位恒定不变。若在流动系统中，任取两个截面 A—A′ 及 B—B′，经测定发现，该两截面上的流速和压强虽不相同，但每一截面上的流速和压强均不随时间而变化，这种情况属于定态流动。若将图中进口管阀门关闭，水箱内的水仍不断地由排水管排出，水箱内的水位逐渐下降，各截面上水的流速和压强也随之减小，此时各截面上的流速和压强不但随位置而变化，还随时间而变化，这种流动情况，属于非定态流动。

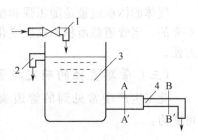

图 1-2 流体的流动情况
1—进水管；2—溢流管；
3—水箱；4—排水管

四、流量和流速

（一）流量

单位时间内流经设备或管道任一截面的流体数量称为流量。通常有两种表示方法。

1. 体积流量

单位时间内流经管道任一截面上的流体体积，称为体积流量，用符号 V_s 表示，单位为 m^3/s。

2. 质量流量

单位时间内流经管道任一截面上的流体质量，称为质量流量，用符号 G_s 表示，单位为 kg/s。

体积流量与质量流量之间的关系为：

$$G_s = \rho V_s \tag{1-13}$$

由于气体的体积随压强和温度的变化而变化，当气体以体积流量表示时，应注明其压强和温度。

（二）流速

1. 平均流速

流速是指流体质点在单位时间内、在流动方向上所流经的距离。实验证明，由于黏性的作用，流体流经管道截面上各点速度是沿半径变化的。工程上为了计算方便，通常以整个管道截面上的平均流速来表示流体在管道中的流速。平均流速的定义是，流体的体积流量 V_s 除以管道的流通截面积 A，以符号 u 表示，单位为 m/s。

体积流量与流速（平均流速）之间的关系为：

$$u = \frac{V_s}{A} \tag{1-14}$$

质量流量与流速之间的关系为：

$$G_s = \rho V_s = \rho u A \tag{1-15}$$

2. 质量流速

单位时间内流经管道单位面积的流体质量，称为质量流速，以符号 w 表示，其单位为 $kg/(m^2 \cdot s)$。

质量流速与质量流量及流速之间的关系为：

$$w = \frac{G_s}{A} = \rho u \tag{1-16}$$

气体的体积流量是随压强和温度变化而变化，其流速将随之变化；但流体的质量流量是不变的，当管道截面积不发生变化时，质量流速不会变化。对气体，采用质量流速计算较为方便。

（三）管路直径的确定与管子的选择

化工生产中常见到的管道流通截面为圆形，若以 d_i 表示管道的内径，则式（1-14）可变为：

$$d_i = \sqrt{\frac{4V_s}{\pi u}} \tag{1-17}$$

流体的流量由生产任务所决定，而确定管径的关键在于选择合适的流速。若选用较大的流速，由式（1-17）得出所需的管径较小，设备投资少，但流速越大，流动阻力越大，能量损失增大，由此增大了输送流体的动力消耗。反之，则将使得设备投资增加。因此，选择的管径不宜太大或太小，要合理考虑，以设备折旧费用与动力消耗费用之和最小为确定原则。

若要按照上述原则确定合理的管径，就要通过选择流体的适宜流速来达到这一目的。经过大量的实验，研究人员将各种流体的适宜流速测出，以供人们选用。表 1-1 所列为某些常见流体在管道中的适宜流速（经济流速）。

表 1-1　某些常见流体在管道中的适宜流速

流体种类及状况	适宜流速 u/(m/s)	流体种类及状况	适宜流速 u/(m/s)
水及低黏度液体	1～3	高压空气	15～25
黏度较大的液体	0.5～1.0	饱和水蒸气	20～40
低压空气	10～15	过热水蒸气	30～50

当适宜流速确定以后，可以由式（1-17）算出管径。由计算所得的管径，从有关手册查取管子的标准，选用与计算内径相近的标准管径，通常可向偏大的内径选用。这种根据计算结果来选用某种标准的过程，在工程计算中称为圆整。在本书附录中附有常见的无缝钢管、有缝钢管（水煤气管）以及铸铁管的规格。一般常压流体可选用有缝钢管，高压流体可根据压强的高低选用合用的无缝钢管，一些特殊情况（如有腐蚀性的流体）可选用铸铁管及其他材料制造的管子。对于钢管常用 ϕ 外径×壁厚来表示管子的规格，其他管子规格表示法可参考有关手册。

【例 1-4】　用泵将河水送至某水塔，要求送水量为 45m³/h，试确定输送水管的规格。

解　根据题目的要求，应选用普通级水煤气管。管内流体为水，可取适宜流速 $u_{适宜}=$ 1.5m/s，输送水管的计算管径为：

$$d_i = \sqrt{\frac{4V_s}{\pi u_{适宜}}} = \sqrt{\frac{4 \times 45}{3600 \times \pi \times 1.5}} = 0.103\text{m} = 103\text{mm}$$

查附录，普通级水煤气管中没有正好内径为 103mm 的管子，一个最靠近 103mm，少许偏大的管子规格为 ϕ114mm×4mm 的管子，其外径为 114mm，壁厚为 4mm，内径为 114－4×2＝106mm。若选用该管子作为输送水管，在输送流量情况下，管内水的实际流速为：

$$u = \frac{4V_s}{\pi d^2} = \frac{4 \times 45}{3600 \times \pi \times 0.106^2} = 1.42\text{m/s}$$

实际流速仍在适宜流速范围之内，所选用的管子适用。

【例 1-5】　在一 ϕ108mm×4mm 的钢管中输送压强为 202.66kPa、温度为 100℃的空气。已知空气的体积流量为 888m³/h。试求空气在管内的流速、质量流速和质量流量。

解　管道规格为 ϕ108mm×4mm，即管外径为 108mm，壁厚为 4mm，则管内径为

$108-2\times4=100\text{mm}=0.1\text{m}$。管内流速为：

$$u=\frac{V_s}{A}=\frac{888}{3600\times\frac{\pi}{4}\times0.1^2}=31.4\text{m/s}$$

空气的平均摩尔质量可取 29kg/kmol，操作状态下的空气的平均密度为：

$$\rho_m=\frac{29}{22.4}\times\frac{273}{273+100}\times\frac{202.66}{101.33}=1.895\text{kg/m}^3$$

质量流速为：

$$w=\rho u=1.895\times31.4=59.5\text{kg/(m}^2\cdot\text{s)}$$

质量流量为：

$$G_s=V_s\rho=\frac{888}{3600}\times1.895=0.467\text{kg/s}$$

第三节 流体在管内流动的守恒原理

流体流动是研究流体宏观机械运动的学科，因此流体的运动必须遵守自然界所有物质运动的普遍规律，以及物体宏观运动的一般规律。这些规律是：①质量守恒定律；②能量守恒定律；③牛顿第二定律。一切流体，无论性质如何，都必须服从这些规律。首先介绍质量守恒定律在流体流动中的应用：定态流动的物料衡算。

一、定态流动的物料衡算

如图 1-3 所示的管道，在管道上取截面 1—1′ 和截面 2—2′，截面积分别为 A_1 和 A_2，流体从截面 1—1′ 流入，从截面 2—2′ 流出。流速分别为 u_1 和 u_2，流体的密度分别为 ρ_1 和 ρ_2。流体进入截面 A_1 的体积流量为 V_{s1}，从截面 A_2 流出的体积流量为 V_{s2}，则进入管道截面 1—1′ 以及由截面 2—2′ 流出的流体质量流量 G_{s1} 和 G_{s2} 分别为：

$$G_{s1}=\rho_1V_{s1}=\rho_1u_1A_1$$
$$G_{s2}=\rho_2V_{s2}=\rho_2u_2A_2$$

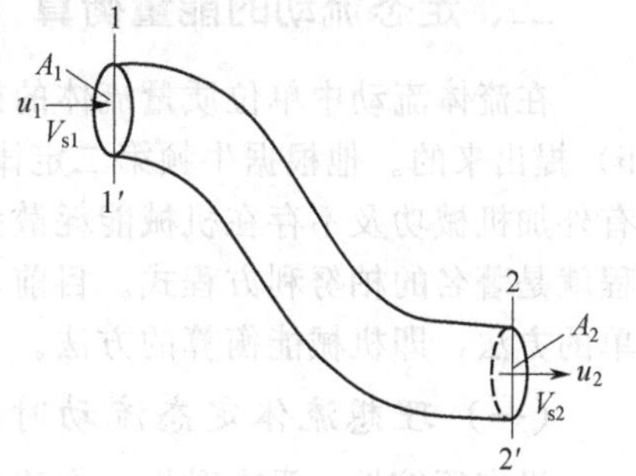

由于流体在管道内作定态连续流动，不可能从管壁流出，在管内也不可能出现任何缝隙。根据质量守恒定律，输入截面 1—1′ 的流体质量应与从截面 2—2′ 输出的流体质量相等，则应有：

图 1-3 连续性方程推导

$$\rho_1u_1A_1=\rho_2u_2A_2 \tag{1-18}$$

这就是流体在管内作定态流动时的连续性方程。

对不可压缩流体，其密度在管道各个截面上均相同，即 $\rho_1=\rho_2$，上述的连续性方程又可写为：

$$\frac{u_1}{u_2}=\frac{A_2}{A_1} \tag{1-19}$$

式(1-19) 说明了不可压缩流体在简单管路内作定态流动时，流过管路各截面上的体积流量相同，任意两截面上的平均流速与其截面积成反比。

【例 1-6】 水在管路中作定态流动，由粗管流入细管。已知粗管的内径是细管的 2 倍，求粗管中的平均流速为细管的多少倍?

解 设粗管内水的流速为 u_1，流通面积为 A_1；细管内水的流速为 u_2，流通面积为 A_2。对圆形管其流通面积为 $A = \dfrac{\pi}{4}d_i^2$，水为不可压缩流体，将其代入式(1-19)，可得：

$$\frac{u_1}{u_2} = \frac{A_2}{A_1} = \frac{\frac{\pi}{4}d_2^2}{\frac{\pi}{4}d_1^2} = \left(\frac{d_2}{d_1}\right)^2 = \frac{1}{2^2} = \frac{1}{4}$$

由此可见，当流通截面为圆形时，平均流速与管内径平方成反比。

【例 1-7】 用压缩机压缩氨气，其进口管内径为 45mm，氨气密度为 0.7kg/m³，平均流速为 10m/s。经压缩后，从内径为 25mm 的出口管以 3m/s 的平均流速送出。求通过压缩机的氨气质量流量以及出口管内氨气的密度。

解 设进口管内径为 d_1，进口管内氨气的流速为 u_1，氨气密度为 ρ_1；出口管内径为 d_2，出口管内氨气的流速为 u_2，氨气密度为 ρ_2。通过压缩机的氨气质量流量为：

$$G_{s1} = \rho_1 u_1 A_1 = 0.7 \times 10 \times \frac{\pi}{4} \times 0.045^2 = 11.13 \times 10^{-3}\,\text{kg/s}$$

氨气为可压缩流体，压缩机进出口管的体积流量不一定相同，但其质量流量在系统内不会发生变化，因此出口管内的氨气密度可由式(1-18)确定：

$$\rho_1 u_1 A_1 = \rho_2 u_2 A_2$$

$$\rho_2 = \frac{\rho_1 u_1 A_1}{u_2 A_2} = \frac{11.13 \times 10^{-3}}{3 \times \frac{\pi}{4} \times 0.025^2} = 7.56\,\text{kg/m}^3$$

二、定态流动的能量衡算

在流体流动中单位质量流体的机械能守恒的概念，最早是由柏努利（英译名为 Bernoulli）提出来的。他根据牛顿第二定律，对恒密度流体在重力场中的定态流动进行分析，在没有外加机械功及不存在机械能耗散为内能的前提条件下，导出了流体机械能守恒方程，该方程就是著名的柏努利方程式。目前，柏努利方程式的推导方法有多种，下面介绍一种最为简单的方法，即机械能衡算的方法。

（一）理想流体定态流动时的机械能衡算

没有压缩性，没有黏性，在流动过程中无摩擦损失的流体称为理想流体，它是一个为了简化研究过程的假想流体。

在图 1-4 中所示的定态连续流动系统中，理想流体从截面 1—1′流入，经粗细不同的管道后，从截面 2—2′流出。

衡算范围：管路的内壁面、截面 1—1′与截面 2—2′之间。

衡算基准：1kg 流体。

基准水平面：截面 0—0′。

设 u_1，u_2——流体分别在截面 1—1′与截面 2—2′处的平均流速，m/s；

p_1，p_2——流体分别在截面 1—1′与截面 2—2′处的压强，Pa；

Z_1，Z_2——截面 1—1′与截面 2—2′的中心至基准水平面 0—0′的垂直距离，m；

A_1，A_2——截面 1—1′与截面 2—2′处的截面积，m²；

v_1，v_2——流体分别在截面 1—1′与截面 2—2′处的比容，m³/kg。

1. 流体所具有的机械能

（1）位能。流体因处于地球重力场内而具有的能量。确定位能的大小时，要规定一个水平基准面，如图1-4中的水平基准面 0—0'。若质量为 m 的流体相对于水平基准面的垂直高度为 Z，则其位能相当于将质量为 m 的流体，在重力场中自基准水平面升举到高度为 Z 所做的功。即：

$$位能 = mgZ \quad (J)$$

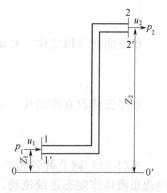

图1-4 柏努利方程式的
推导示意图

1kg 流体在图1-4中的截面 1—1' 和截面 2—2' 处的位能分别为 gZ_1 与 gZ_2，其单位为 J/kg。位能是一个相对值，其值大小随所选的基准水平面位置而定，在基准水平面上方的位能为正值，以下为负值。若不强调基准面，仅强调位能的绝对值是没有意义的。

（2）动能。流体以一定速度运动时而具有的能量。当质量为 m 的流体以平均流速 u 流动时，所具有的动能为：

$$动能 = m\frac{u^2}{2} \quad (J)$$

1kg 流体在图1-4中截面 1—1' 和截面 2—2' 处的动能分别为 $u_1^2/2$ 与 $u_2^2/2$，其单位为 J/kg。

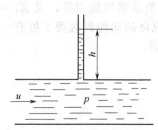

图1-5 静压能的表现

（3）静压能。固体运动时只考虑其位能和动能，而流体与其不同的是它还具有静压能。静止流体内部任一处都有一定的静压强，流动着的流体内部在任何位置也都有一定的静压强。如果管内有液体流动，在管壁上开孔接一垂直的玻璃管，液体便会在玻璃管内上升一定的高度，如图1-5所示。上升的液柱高度就是运动的流体在该截面处的静压能的表现。

对于图1-4所示的流动系统，流体通过截面 1—1' 时，由于该截面处流体具有一定的压力，这就需要对流体做相应的功，以克服这个压力，才能把流体推进系统中去。于是通过截面 1—1' 的流体必定要带着与所需功相当的能量进入系统，流体所具有的这种能量称为静压能或流动功。

设质量为 m、体积为 V_1 的流体通过截面 1—1'，将该流体推进此截面所需的力为 p_1A_1，而流体通过此截面所走的距离为 V_1/A_1，则流体带入系统的静压能为：

$$输入的静压能 = p_1A_1\frac{V_1}{A_1} = p_1V_1 \quad (J)$$

对 1kg 流体，则：

$$输入的静压能 = \frac{p_1V_1}{m} = p_1v_1 \quad (J/kg)$$

同理，1kg 流体在截面 2—2' 处的静压能为 p_2v_2，其单位为 J/kg。

由于流体的比容与密度之间的关系为 $v = 1/\rho$。所以 1kg 流体在截面 1—1' 和截面 2—2' 处的静压能又分别可写为 p_1/ρ_1 和 p_2/ρ_2。

2. 理想流体的机械能衡算——柏努利方程式

根据以上分析可得出 1kg 流体在截面 1—1' 带入的总机械能 $E_入$ 为：

$$E_入 = gZ_1 + \frac{u_1^2}{2} + \frac{p_1}{\rho_1}$$

1kg 流体在截面 2—2' 带出的总机械能 $E_出$ 为：

$$E_{出} = gZ_2 + \frac{u_2^2}{2} + \frac{p_2}{\rho_2}$$

根据能量守恒定律，对定态流动系统应有 $E_{入} = E_{出}$，即：

$$gZ_1 + \frac{u_1^2}{2} + \frac{p_1}{\rho_1} = gZ_2 + \frac{u_2^2}{2} + \frac{p_2}{\rho_2} \tag{1-20}$$

理想流体没有压缩性，其密度为常数，即 $\rho_1 = \rho_2 = \rho$。

$$gZ_1 + \frac{u_1^2}{2} + \frac{p_1}{\rho} = gZ_2 + \frac{u_2^2}{2} + \frac{p_2}{\rho} \tag{1-21}$$

式(1-21) 就是著名的柏努利方程式。根据以上推导过程可知，该式仅适用于不可压缩的理想流体作定态连续流动，以及流动过程中衡算范围内与外界无能量交换的情况。

3. 流体机械能之间的相互转换

由式(1-21) 可知，理想流体在管内作定态流动且与外界没有能量交换时，管路任一截面上单位质量流体所具有的动能、位能和静压能，即总机械能为一常数。但必须注意的是 1kg 理想流体在各截面上所具有的总机械能相等，而每一种形式的机械能在各截面上不一定相等，各种形式的机械能之间可以相互转换。如一定流量的理想流体在一水平管中流动，截面 1 与截面 2 的流通面积分别为 A_1 和 A_2，且有 $A_1 < A_2$，对定态流动必有 $u_1 > u_2$，即 $u_1^2/2 > u_2^2/2$，截面 2 处的动能减小了，由于理想流体在各截面上所具有的总机械能相等，又 $Z_1 = Z_2$，位能相等，必然有 $p_1/\rho < p_2/\rho$。上述结果表明，截面 1 处流体的动能到截面 2 处有一部分转化为静压能了，动能的减小值应等于其静压能的增大值，即：

$$\frac{u_1^2}{2} - \frac{u_2^2}{2} = \frac{p_2}{\rho} - \frac{p_1}{\rho}$$

同理静压能与位能、位能与动能之间均可相互转换。

(二) 实际流体定态流动时的机械能衡算

实际流体在图 1-6 所示的管路中流动，若在 1—1′ 和 2—2′ 两截面之间对其作能量衡算，除了要考虑各截面上流体自身带有的机械能（动能、位能、静压能）外，还要考虑流动过程中损失能量和流体输送机械的外加能量。

1. 损失能量

实际流体具有黏性，流动时有阻力，为克服此流动阻力而消耗了流体一部分机械能，这部分机械能转变成热，使得流体温度略微升高，而不能直接用于流体的输送。因此从实用上讲，可认为这部分机械能是损失掉了，常称为损失能量。将 1kg 流体在系统中流动时，因克服流动阻力而损失的能量用符号 $\sum h_f$ 表示，其单位为 J/kg。

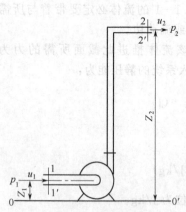

图 1-6　实际流体机械能衡算

2. 外加能量

图 1-6 所示的 1—1′ 和 2—2′ 两截面之间安装有流体输送机械，输送机械的作用就是将机械能输送给流体，使得流体的机械能增加。将 1kg 流体通过泵或其他流体输送机械后所获得的能量，称为外加能量，以 W_e 表示，其单位为 J/kg。

由上述可知，实际流体作定态流动时的能量衡算式为：

$$\frac{u_1^2}{2} + \frac{p_1}{\rho} + gZ_1 + W_e = \frac{u_2^2}{2} + \frac{p_2}{\rho} + gZ_2 + \sum h_f \tag{1-22}$$

式(1-22) 是柏努利方程式的引申，习惯上也称为柏努利方程式。

（三）柏努利方程式的讨论

（1）式(1-22)中的各项单位均为J/kg，表示单位质量流体所具有的能量，这里应注意gZ、$u^2/2$、p/ρ与W_e、$\sum h_f$的区别。前三项指的是在某截面上流体自身所具有的机械能，而后两项为流体在两截面之间与外界交换的能量。其中损失能量$\sum h_f$永远为正值，外加能量W_e是输送机械对单位质量流体做的有效功，是决定流体输送设备的重要数据。单位时间输送设备所做的有效功称为有效功率，以N_e表示，即：

$$N_e = G_s W_e \tag{1-23}$$

式中，G_s为流体的质量流量；有效功率N_e的单位为J/s或W。

（2）柏努利方程式中的各项均为单位质量流体所具有的能量，是以1kg流体为衡算基准的，若不同的衡算基准，则可变为以下两种形式。

① 以单位重力流体为衡算基准。是将式(1-22)中各项同除以重力加速度g，可得：

$$\frac{u_1^2}{2g}+\frac{p_1}{\rho g}+Z_1+H_e=\frac{u_2^2}{2g}+\frac{p_2}{\rho g}+Z_2+\sum H_f \tag{1-24}$$

式中，$H_e=W_e/g$；$\sum H_f=\sum h_f/g$。不难发现式中各项的单位为J/N，它表示为单位重力流体所具有的能量。其单位还可以简化为m，是高度单位，因此工程上将$u^2/(2g)$、Z、$p/(\rho g)$与$\sum H_f$分别称为动压头、位压头、静压头与压头损失，而H_e则称为输送设备对流体提供的外加压头或有效压头，它表示1N流体通过流体输送机械所获得的能量。

② 以单位体积流体为衡算基准。对于气体输送，以单位体积气体作为衡算基准较为方便，将式(1-22)中各项同时乘以流体密度ρ，即可得到：

$$p_1+\rho g Z_1+\frac{u_1^2}{2}\rho+H_T=p_2+\rho g Z_2+\frac{u_2^2}{2}\rho+\sum \Delta p_f \tag{1-25}$$

式中，$H_T=W_e\rho$，$\sum \Delta p_f=\sum h_f\rho$，分别称为风压和压强降，各项单位为J/m³或Pa，它表示单位体积气体所具有的能量。风压则指的是单位体积气体通过输送机械后所获得的能量。

在柏努利方程式应用时，使用哪一种衡算基准形式，应根据具体情况自行决定。

（3）以上柏努利方程式适用于不可压缩流体作定态连续流动的情况。而对可压缩流体，当$(p_1-p_2)/p_1\times100\%<20\%$时，公式仍可使用。但公式中的流体密度必须要用两截面之间流体的平均密度ρ_m代替，这种处理方法所导致的误差，在工程计算上是允许的。

（4）如果系统内流体是静止的，则$u=0$；流体没有运动，自然没有流动阻力，$\sum h_f=0$；由于流体保持静止状态，也无须外功加入，即$W_e=0$。于是式(1-22)就变为：

$$gZ_1+\frac{p_1}{\rho}=gZ_2+\frac{p_2}{\rho} \tag{1-26}$$

上式称为流体静力学基本方程式，它表达了静止时流体内部任一点处的位能与静压能之和为常数。即所处的位置越高，其压强越低；位置越低，其压强越高。若令$h=Z_1-Z_2$，方程式(1-26)可改写为：

$$p_2=p_1+\rho gh \tag{1-27}$$

式(1-27)表明，当静止流体内部1点处的压强p_1大小一定时，2点处的压强p_2的大小与流体本身的密度ρ，以及该点距1点处的深度h有关。即ρ和h越大，p_2越大。因此也可得出，在静止、连续的同一流体内，处于同一水平面上的各点压强必然相等，这些压强相同的点所组成的面称为等压面。在解决流体静力学问题时，并不是直接使用式(1-27)，而是需要利用上述原则去找到一个关键的等压面，若能得到所需压强与等压面之间的关系，问题则迎刃而解。

（四）柏努利方程式应用

1. 柏努利方程式应用注意事项

柏努利方程式是化工生产中用来分析、计算各种流体流动问题的重要公式。在应用柏努利式方程式时要注意以下问题。

（1）作图与确定衡算范围。根据工程要求画出流动系统的示意图，指明流体的流动方向和上下游的截面，以明确流动系统的衡算范围。

（2）截面的选取。两截面应与流动方向相垂直，两截面间的流体必须是连续的。所求的未知量应在两截面之间或在截面上，截面上的 Z、u、p 等有关物理量，除所需求取的未知量以外，都应该是已知或通过其他关系可以计算出来。方程式中的能量损失 $\sum h_f$ 指的是流体在两个截面之间流动的能量损失。习惯上是以 1—1′ 表示上游截面，2—2′ 表示下游截面。

（3）基准水平面的选择。柏努利方程式中的 Z 值的大小与所选的基准水平面有关。由于实际过程中主要是确定两截面上的位能差，所以基准水平面的选择是任意的，但是基准水平面必须与地平面平行，而两个截面必须是同一个基准水平面。为了使列出的方程尽量简单，通常取通过衡算范围的两个截面中任意一个截面为基准水平面，一般是选在位置较低的截面，当截面与地面平行时，则基准面与该截面重合；若截面与地面垂直，则基准面通过该截面的中心。

（4）单位必须一致。在应用柏努利方程式之前，必须要将有关物理量换算成一致的单位，然后再进行计算。两截面上的压强除单位要求一致外，还要求表示方法一致，就是说两截面上的压强要同时用绝对压强，也可以同时用表压强表示。绝对不允许在一个截面上用绝压，而另一个截面上用表压。

2. 柏努利方程式应用示例

（1）确定两容器间的相对高度。化工生产中常设置有高位容器，利用容器液面到设备有一定的位能差，使得液体可自动流入设备，达到输送液体的目的。要达到一定的流量要求，就要正确设计高位容器的高度。

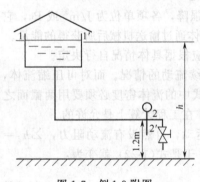

图 1-7　例 1-8 附图

【例 1-8】 如图 1-7 所示，要将水塔中水送到所需要的地方。要求输水量为 $8m^3/h$，输送管路的内径为 33mm，图中管路出口阀前有一个压力表，操作时压力表上的读数为 $40 \times 10^3 Pa$，从水塔到压力表之间管路的流体能量损失在流量为 $8m^3/h$ 时为 30J/kg，试求水塔液面比地面至少要高出多少（m）？

解　已知截面 1—1′ 上 $u_1 \approx 0$，$p_1 = 0$（表），$Z_1 = h$，$W_e = 0$，截面 2—2′ 上 $p_2 = 40 \times 10^3 Pa$（表），$\sum h_f = 30J/kg$，$u_2 = \dfrac{4 \times 8}{3600 \times \pi \times 0.033^2} = 2.6m/s$，以地面为基准面 $Z_2 = 1.2m$。对两截面列柏努利方程式：

$$gZ_1 = gZ_2 + \frac{u_2^2}{2} + \frac{p_2}{\rho} + \sum h_f$$

$$h = Z_1 = Z_2 + \frac{u_2^2}{2g} + \frac{p_2}{\rho g} + \frac{\sum h_f}{g}$$

$$= 1.2 + \frac{2.6^2}{2 \times 9.81} + \frac{40 \times 10^3}{1000 \times 9.81} + \frac{30}{9.81}$$

$$= 8.680m$$

（2）确定压料气体的压强。设备内或管路某一截面上的压强，是工程设计计算中的重要参数，正确地确定其压强，是流体能按指定工艺要求顺利送达目的地的保证。

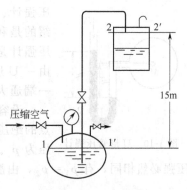

【例 1-9】 用压缩空气来压送浓硫酸，装置如图 1-8 所示。每 10min 内要压送 0.3m³，硫酸的密度为 1831kg/m³，管子规格为 $\phi38mm\times3mm$ 的钢管，管出口在硫酸贮罐液面以上 15m 处，硫酸流经管路的能量损失为 10J/kg（不包括出口能量损失）。试求开始压送时压缩空气的表压力。

解 取贮罐液面为截面 1—1′，出口管管口内侧为截面 2—2′，并以截面 1—1′ 为基准水平面。在两截面之间列柏努利方程式。

图 1-8　例 1-9 附图

$$gZ_1+\frac{u_1^2}{2}+\frac{p_1}{\rho}+W_e=gZ_2+\frac{u_2^2}{2}+\frac{p_2}{\rho}+\sum h_f$$

其中 $Z_1=0$，$Z_2=15m$，$u_1\approx0$，$p_2=0$（表），$W_e=0$，$\sum h_f=10J/kg$。

$$u_2=\frac{V_s}{A}=\frac{0.3}{10\times60\times0.785\times0.032^2}=0.622m/s$$

将上列数据代入柏努利方程式：

$$\frac{p_1}{1831}=9.81\times15+\frac{0.622^2}{2}+10$$

$$p_1=2.88\times10^5Pa\text{（表）}$$

即压缩空气的压力在开始压送时的最小表压力为 2.88×10^5Pa。

（3）确定输送设备的有效功率。化工生产中常见的液体输送和气体输送，需要用泵或通风机向流体加入能量，以增加流体的位能、压强能，以及用来克服流体在管路中流动的能量损失。确定输送机械的外加能量或有效功率的多少，是流体流动计算中要解决的主要问题，也是选用流体输送机械的重要依据。

【例 1-10】 要将江水用泵送到贮水池中去，如图 1-9 所示。已知贮水池中水面要比江面高出 4m，从江边到贮水池的全部管路阻力损失为 200J/kg，若要求每小时输送水量为 300m³，试求泵提供的有效功率为多少（W）？

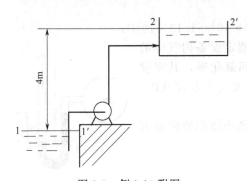

图 1-9　例 1-10 附图

解 取江面为截面 1—1′，贮水池水面为截面 2—2′，有 $p_1=0$（表），$u_1\approx0$，$Z_1=0$，$p_2=0$（表），$u_2\approx0$，$Z_2=4m$，$\sum h_f=200J/kg$，求泵外加能量 W_e。

对截面 1—1′ 与截面 2—2′ 之间列出柏努利方程式：

$$W_e=gZ_2+\sum h_f=4\times9.81+200=239J/kg$$

求有效功率 N_e：

$$N_e=W_eG_s=239\times\frac{300\times1000}{3600}=19920W=19.92kW$$

（4）U 形管压强计和压差计

① U 形管压强计。测量压强的仪表根据其转换原理不同，大致可分为四类：液柱式

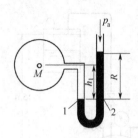

图1-10 U形管压强计

压强计、弹簧式压力计、电气式压强计和活塞式压强计。这里介绍的是利用流体静力学方程来测定压强的液柱式压强计，U形管压强计是化工生产中最常见的一种液柱式压强计。这种压强计是由一U形的玻璃管内装有被称为指示液的工作液体所组成。管口一端通大气，另一端与测压口相连接，如图1-10所示。

设容器中被测液体密度为ρ，U形管内的指示液密度为ρ_i，M点的绝压为p，1点处的绝压为p_1，2点处的绝压为p_2，当地大气压为p_a。由图可见，与两液体交界面处于同一水平面的1、2两处压强必然相同，有$p_1=p_2$，由静力学基本方程可得下式：

$$p_1=p+h_1\rho g$$
$$p_2=p_a+R\rho_i g$$

由$p_1=p_2$可得：

$$p=p_a+R\rho_i g-h_1\rho g \tag{1-28}$$

M点的表压$p_{表}$为：

$$p_{表}=p-p_a=R\rho_i g-h_1\rho g \tag{1-29}$$

当被测流体为气体时，则由气柱h_1造成的静压强可以忽略，M点表压为：

$$p_{表}=R\rho_i g \tag{1-30}$$

在此种情况下，若以液柱高度来表示其压强单位，则读数R即为M点的表压。

在选择指示液时必须注意，指示液与被测流体不能互溶，并不发生化学反应。常用的指示液有水、酒精、四氯化碳和水银。

U形管压强计的精度较高，但量程较小，所以常用于测量低压、真空度。

【例1-11】 用U形压强计测设备中M点的压强，若所使用的指示液为水银，密度为13600kg/m³，读数R为92mm，设备中的液体为水，其密度为1000kg/m³，图1-10中h_1为100mm，若当地大气压为100kPa时，M点的绝压和表压分别为多少？

解 由式(1-28)可得M点绝压为：

$$p=p_a+R\rho_i g-h_1\rho g$$
$$=100\times10^3+0.092\times13600\times9.81-0.1\times1000\times9.81=1.113\times10^5 Pa$$

M点表压为：

$$p_{表}=p-p_a=1.113\times10^5-100\times10^3=1.13\times10^4 Pa$$

【例1-12】 某设备上安装一U形管压强计以测定设备内气体的真空度，装置如图1-11所示。U形管内指示液为四氯化碳，其密度为1594kg/m³，U形管上的读数$R=900$mm，当地大气压为100kPa。试求设备内气体真空度。

解 由于设备内的绝压较外界大气压低，所以图中指示液读数R在设备一侧高出，由流体静力学方程可得：

$$p_A=p+h_0\rho g+R\rho_i g$$
$$p_B=p_a$$

图1-11 例1-12附图

在等压面上有$p_A=p_B$，又被测流体为气体，$h_0\rho g$可忽略，所以设备内气体绝压为$p=p_a-R\rho_i g$，气体的真空度为当地大气压与设备内气体绝压之差值，即：

$$p_{真}=p_a-p=R\rho_i g=0.9\times1594\times9.81=1.41\times10^4 Pa$$

② U形管压差计。U形管压差计是用来测量流体两点压力差的仪器。它的装置仍是U形的玻璃管，只是两端均需接到被测的装置上去。如图1-12所示，图中U形管内指示液的

密度为 ρ_i，被测流体密度为 ρ，U 形管两臂指示液的液面差为 R，两测压点相对于基准面的高度分别为 Z_1 和 Z_2。根据流体静力学基本方程，A 点的压强为：

$$p_A = p_1 + x\rho g + R\rho g$$

B 点的压强为：

$$p_B = p_2 + x\rho g + (Z_2 - Z_1)\rho g + R\rho_i g$$

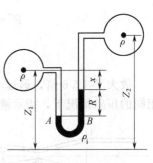

图 1-12　正 U 形管压差计

A 点和 B 点为连通着的同一种处在同一个水平面上的静止流体，压强必然相同，即 $p_A = p_B$，联立以上两式，并加以整理为：

$$p_1 - p_2 = R(\rho_i - \rho)g + (Z_2 - Z_1)\rho g \qquad (1\text{-}31)$$

当两测压点处于同一个水平面上，$Z_1 = Z_2$，1、2 两点压强差可写为：

$$p_1 - p_2 = R(\rho_i - \rho)g \qquad (1\text{-}32)$$

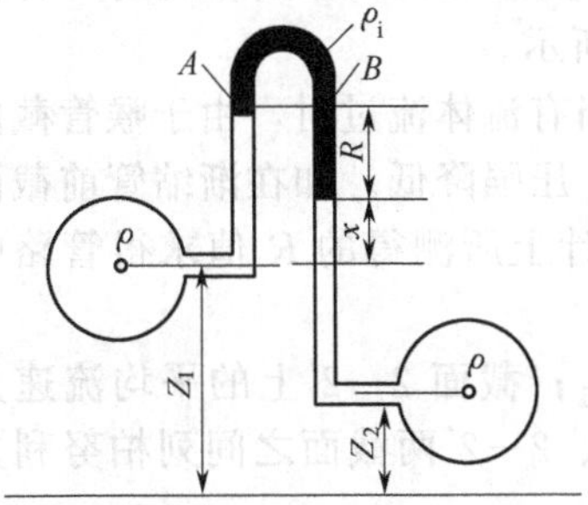

当被测流体为气体时，气体密度很小，可忽略，压强差计算式又为：

$$p_1 - p_2 = R\rho_i g \qquad (1\text{-}33)$$

当所选用的指示液密度比被测流体密度小时，可用如图 1-13 所示的倒 U 形管压差计来测量。同样可根据流体静力学基本方程及等压面的概念写出：

$$p_1 - p_2 = R(\rho - \rho_i)g - (Z_1 - Z_2)\rho g \qquad (1\text{-}34)$$

若两测压点处于同一个水平面上，$Z_1 = Z_2$，上式可写为：

$$p_1 - p_2 = R(\rho - \rho_i)g \qquad (1\text{-}35)$$

图 1-13　倒 U 形管压差计

当所使用的指示剂为气体时，气体密度很小，可忽略，压差计算式又为：

$$p_1 - p_2 = R\rho g \qquad (1\text{-}36)$$

【例 1-13】　用正 U 形管压差计测定某水平水管两截面的压强差，压差计内的指示液为水银，其密度为 13600kg/m^3。经测量后，读数 R 仅为 5mm，现要放大读数，拟安装一倒 U 形管压差计，以煤油为指示液，密度为 900kg/m^3。试求水管两截面的压差为多少帕？倒 U 形管压差计中的读数 R' 为多少毫米？水的密度为 1000kg/m^3。

解　对正 U 形管压差计，两测压点处于同一水平面上，$Z_1 = Z_2$，两截面压强差为：

$$\begin{aligned}
p_1 - p_2 &= R(\rho_i - \rho)g \\
&= 0.005 \times (13600 - 1000) \times 9.81 \\
&= 618\text{Pa}
\end{aligned}$$

当使用倒 U 形管压差计测量时，两截面上的压差仍为 618Pa，由式(1-35) 得：

$$p_1 - p_2 = R'(\rho - \rho_i)g$$

$$R' = \frac{p_1 - p_2}{(\rho - \rho_i)g} = \frac{618}{(1000 - 900) \times 9.81} = 0.63\text{m} = 630\text{mm}$$

$$\frac{630}{5} = 126$$

采用倒 U 形管压差计后，可将读数放大 126 倍，可见此时精度已经很高。

【例 1-14】　若上例倒 U 形管压差计中指示液不是煤油，而装的是空气，此时读数又能放大多少倍？

解　根据上题计算结果，1、2 两截面上的压差为 618Pa，由式(1-36) 可得：

$$R''=\frac{p_1-p_2}{\rho g}=\frac{618}{1000\times9.81}=0.063\text{m}=63\text{mm}$$

$$\frac{63}{5}=12.6$$

放大了 12.6 倍，远远小于用煤油作为指示液的倍数。因此可以得出这样一个结论：在相同的压差情况下，指示液与被测流体的密度值越接近，则压差计的读数越大，精度越高。

（5）流体流量的测量

① 文丘里流量计。为了控制生产过程中物料流量，使其能在指定的条件下进行，工艺流程中必须要设有流量测量装置。测量流体流量的方法很多，工作原理也各不相同，这里仅介绍利用流体流动过程中的机械能之间转换原理制造的测量装置。其中文丘里流量计是最能说明其作用原理的一种测量装置，如图 1-14 所示。

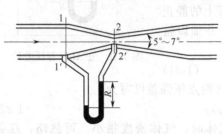

图 1-14 文丘里流量计

文丘里流量计是由渐缩管、喉管和渐扩管三部分组成。当有流体流过时，由于喉管截面面积缩小，流速增大，动能的增大势必使喉管处的势能减小，压强降低。如在渐缩管前截面 1—$1'$ 和喉管截面 2—$2'$ 处安装一 U 形管压差计，则可由压差计上所测得的 R 值求得管路中的流量大小。

设截面 1—$1'$ 处的平均流速为 u_1，压强为 p_1，高度为 Z_1；截面 2—$2'$ 上的平均流速为 u_2，压强为 p_2，高度为 Z_2。若暂不考虑能量损失，对 1—$1'$、2—$2'$ 两截面之间列柏努利方程式：

$$\frac{p_1}{\rho g}+gZ_1+\frac{u_1^2}{2g}=\frac{p_2}{\rho g}+gZ_2+\frac{u_2^2}{2g}$$

由于 $u_2=u_1A_1/A_2$，并将 U 形压差计计算式 $(p_1+\rho gZ_1)-(p_2+\rho gZ_2)=R(\rho_i-\rho)g$ 代入上式并整理为：

$$u_2=\frac{1}{\sqrt{1-\left(\dfrac{A_2}{A_1}\right)^2}}\sqrt{\frac{2R(\rho_i-\rho)g}{\rho}}$$

若考虑流体流过文丘里流量计的能量损失，必须对上式进行修正，乘以一修正系数 C，令：

$$C_v=\frac{C}{\sqrt{1-\left(\dfrac{A_2}{A_1}\right)^2}}$$

$$u_2=C_v\sqrt{\frac{2R(\rho_i-\rho)g}{\rho}} \tag{1-37}$$

$$V_s=u_2A_2=C_v\frac{\pi}{4}d_2^2\sqrt{\frac{2R(\rho_i-\rho)g}{\rho}} \tag{1-38}$$

式中　V_s——流量，m^3/s；

$\quad\ \ C_v$——文丘里流量计的流量系数，由实验测得，一般为 $0.98\sim0.99$；

$\quad\ \ d_2$——喉管的内径，m；

$\quad\ \ \ R$——压差计的读数，m；

$\quad\ \ \rho$——流体的密度，kg/m^3；

$\quad\ \ \rho_i$——U 形管压差计内指示液的密度，kg/m^3。

文丘里流量计以能量损失小、测量精度高为其优点。但各部分尺寸要求严格，需要精细加工，所以造价较高，在使用上受到了限制。因此，在许多场合被测量原理相同，而结构简单得多的"孔板流量计"所代替。

② 孔板流量计。为使流体流动的截面收缩或扩大，可在管内安装一具有中心圆孔的圆板，如图 1-15 所示。这种开有中心圆孔的板叫"孔板"。这种测量流量装置称为"孔板流量计"。孔板流量计的流量计算公式可仿文丘里流量计的推导方法，可推出其计算式为：

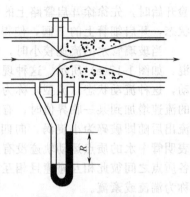

$$V_s = C_o \cdot \frac{\pi}{4} d_o^2 \sqrt{\frac{2R(\rho_i - \rho)g}{\rho}} \qquad (1-39)$$

式中　C_o——孔板流量计的流量系数；

　　　d_o——孔板的孔径，m。

孔板流量计的流量系数 C_o，可由实验测得。它与接管管内的流体雷诺数 Re 有关，与接管截面面积 A_1 以及孔板的圆

图 1-15　孔板流量计

孔面积 A_o 有关，其数值可查有关手册。对于标准孔板流量计，流量系数 C_o 约为 0.6～0.7。

孔板流量计的结构简单，价格低，检修方便。其主要缺点是流体流经孔板时的能量损失大，而且孔口边缘容易腐蚀和磨损，所以孔板流量计要定期进行校正。

【例 1-15】　密度为 $1600\mathrm{kg/m^3}$ 的溶液流经 $\phi80\mathrm{mm} \times 2.5\mathrm{mm}$ 的钢管。为了测量流量，于管路中装有孔径为 $45.7\mathrm{mm}$ 的标准孔板流量计，以 U 形管水银压差计测量孔板前后的压差，现测得 U 形管压差计的读数为 0.6m，此时流量系数 C_o 为 0.65。试计算管路中的流量。

解

$$
\begin{aligned}
V_s &= C_o A_o \sqrt{\frac{2R(\rho_i - \rho)g}{\rho}} \\
&= 0.65 \times \frac{\pi}{4} \times 0.0457^2 \times \sqrt{\frac{2 \times 0.6 \times (13600 - 1600) \times 9.81}{1600}} \\
&= 0.01\mathrm{m^3/s}
\end{aligned}
$$

第四节　流体在管内的流动阻力

对流体作机械能衡算时，要计算流体在管内流动时用于克服流动阻力的能量损失。流体在管内的流动阻力分为两大类，即直管阻力和局部阻力。直管阻力是流体在一定的管道中流动时，为克服流体黏性阻力而消耗的机械能，亦可称为沿程阻力。局部阻力是流体流过弯头、阀门等管件时，因流体的流速和方向发生改变而损失的机械能。柏努利方程式中的 $\sum h_f$ 为单位质量流体在所研究管路系统中流动时的总能量损失，它为直管阻力 h_f 与局部阻力 h_f' 之和。即：

$$\sum h_f = h_f + h_f' \qquad (1-40)$$

流体的流动阻力大小与流体的流动现象等有着密切的关系，这里首先讨论流体的流动类型及其特征，然后分析流动阻力与它们之间的关系，最后再解决流动阻力数值的计算方法。

一、流体的两种流动类型

（一）雷诺实验及流体的两种流动类型

雷诺实验装置如图 1-16 所示，在水箱 A 的侧壁上接一玻璃管 B，玻璃管末端安装阀 C，用来控制管内流体的流速。在水箱上方安置一小容器 D，其中装有密度与水箱中液体接近的有颜色水。

从小容器引出一细管 E，其出口伸入玻璃管进口中心位置上，有颜色水的流量用 F 阀门控制。

实验之前首先将水箱中加满水，利用水箱上部的溢流装置，使水箱中水位维持恒定。实验开始时，先徐徐开启管路上的阀门 C，让水从玻璃管中流出。为了观察玻璃管中水的流动状态，开启细管上的 F 阀，使得有颜色的水流入玻璃管。

当玻璃管水的流速较小时，细管流出的颜色水是一条界限分明的直线，与周围清水不相混，如图 1-17(a) 所示。这种现象表明玻璃管内水的质点是沿着与管轴平行的方向作直线运动，这种流动状态（流型）称为层流或滞流；若逐渐加大阀门 C 的开启度，当玻璃管内水的流速增加到某一临界值时，有色液体的直线开始抖动、弯曲，继而断裂，有色液体从细管流出后随即破碎为小旋涡，向四处扩散，与周围清水完全混合，如图 1-17(b) 所示。现象表明管中水的质点运动轨迹没有规律，水质点在管中不仅有轴向运动，而且还有径向运动，各质点之间彼此相互碰撞且相互混合，质点速度的大小和方向随时发生变化，这种流动状态称为湍流或紊流。

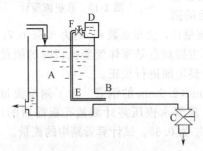

图 1-16　雷诺实验装置

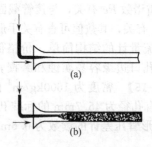

图 1-17　流体的流动类型

（二）流动类型的判断依据

两种不同流型对流动阻力产生不同的影响，因此计算阻力时需要能首先判定流型。实验表明不仅流体的流速 u 能引起流型的变化，而且管径 d、流体的黏度 μ 和密度 ρ 都能引起流型的变化。雷诺（Reynolds）通过分析研究，发现可将这些影响因素组合成为一个数群来作为流型的判断依据，此数群被称为雷诺数，用 Re 表示，其表达式为：

$$Re = \frac{ud\rho}{\mu} \tag{1-41}$$

若将各物理量的单位代入，即：

$$[Re] = \left[\frac{ud\rho}{\mu}\right] = \frac{m/s \cdot m \cdot kg/m^3}{kg/(m \cdot s)} = m^0 \cdot kg^0 \cdot s^0$$

可见 Re 是一个没有单位的数群，将其称为无量纲数群（或无因次数群）。利用雷诺数的大小判断流体的流型时，无论管径大小，流体的密度、黏度、流动速度如何不同，只要是雷诺数相同，流动类型必然相同。

判断流体流动类型的依据为：

$Re \leqslant 2000$ 时，是层流流动；

$Re \geqslant 4000$ 时，是湍流流动；

$2000 < Re < 4000$ 时，有时出现层流，有时出现湍流，是一个不稳定的区域，称为过渡区。

必须指出，流动只有两种流型：层流和湍流。过渡区并非表示有一种过渡的流型，它只是表示在此区域内可能出现层流，也可能出现湍流。究竟会出现哪一种流型，需视外界扰动情况而定。但是在一般工程计算中，当 $Re > 2000$ 时可按湍流处理。

【例 1-16】 某油的黏度为 70mPa·s，密度为 1050kg/m³，在 ϕ114mm×4mm 的管路中流动。若油的流量为 30m³/h，试确定管内油的流动类型。

解 已知 $\mu=70\times10^{-3}$Pa·s，$\rho=1050$kg/m³，$d=d_i=114-2\times4=106$mm$=0.106$m

$$u=\frac{V_s}{\frac{\pi}{4}d^2}=\frac{30}{3600\times0.785\times0.106^2}=0.945\text{m/s}$$

$$Re=\frac{ud\rho}{\mu}=\frac{0.945\times0.106\times1050}{70\times10^{-3}}=1502<2000$$

管内流体流动类型为层流。

（三）流体在圆形管内的流速分布

流体的黏度一节已经介绍，当流体流过固体壁面时，紧贴着固体壁面的流体由于附着力使得这一部分流体速度为零。同理流体在圆形管内流动时，无论是滞流还是湍流，管壁上的流体速度为零，其他部位的质点速度沿着管径方向变化。离开管壁越远，其速度越大，直至管中心处速度最大。至于圆形管内的流体质点速度如何分布，要取决于流体的流动类型如何。下面对层流和湍流分别讨论。

流体在圆形管内作层流流动时，流体质点仅随主流沿管轴向作规则的平行运动，由实验测得其流速分布如图 1-18 中曲线所示。呈抛物线状分布，管中心处的流体质点速度最大。用理论分析法和实验均可证明，管内流体的平均流速 u 等于管中心处最大流速 u_{max} 的 0.5 倍，即：

$$\frac{u}{u_{max}}=0.5$$

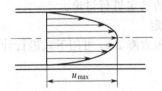
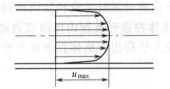

图 1-18 层流流动的流速分布　　　　　图 1-19 湍流流动的流速分布

流体在管内作湍流流动时，流体质点运动十分复杂，经实验测定，湍流时圆形管内流体的流速分布如图 1-19 所示。在湍流流体中，流体质点互相碰撞和混合，速度快的质点碰到速度慢的质点，使得速度慢的质点加快了速度，而速度慢的质点则阻碍了速度快的质点运动，质点之间有了动量交换。最终使得管内截面上的各质点速度趋于一致，各质点速度差别不是十分大。所以在图 1-19 中可以看出，截面上靠管中心部分各点速度彼此扯平，速度分布比较均匀，管内的流速分布不再是严格的抛物线。实验证明，雷诺数 Re 越大，管中心的速度分布曲线越平坦。湍流时，管内流体的平均流速 u 与管中心最大流速 u_{max} 随雷诺数 Re 变化而变化，一般可认为 $u\approx0.8u_{max}$。

湍流流动时，流体主体质点充分湍动，速度梯度很小。但是靠近管壁处的质点速度骤然减小，速度梯度很大，在壁面上，流体速度仍然为零，此处的流体在作层流（或滞流）流动。所以流体在管内作湍流流动时，靠近管壁处仍有一层作层流流动的流体薄层，将该层流体称为层流内层或滞流内层。该层流体的厚度随雷诺数 Re 的增加而减薄。由层流内层向管中心推移，流体速度逐渐增大，出现了一个层流和湍流交替出现的缓冲区，再向管中心推移才是稳定的湍流主体。尽管层流内层厚度很薄，但它对本章后续内容以及传热、传质操作有着重要的影响，理解它的意义将会对今后的学习提供很多的帮助。

二、流体在管内流动阻力的计算

(一) 直管阻力计算

经过大量的实验研究发现，流体流过直管的阻力与其流体的动能 $u^2/2$、管长 l 成正比，与其管径成反比，即：

$$h_f = \lambda \frac{l}{d} \times \frac{u^2}{2} \quad (\text{J/kg}) \tag{1-42}$$

式中　h_f——直管阻力，J/kg；

　　　λ——比例系数，又称为摩擦系数；

　　　l——直管长度，m；

　　　d——管内径，m；

　　　u——流体在管内的平均流速，m/s。

式 (1-42) 为直管阻力计算通式，称为范宁（Fanning）公式。范宁公式还可以写为以下两种形式：

$$\Delta p_f = \lambda \frac{l}{d} \times \frac{\rho u^2}{2} \quad (\text{Pa}) \tag{1-43}$$

$$H_f = \lambda \frac{l}{d} \times \frac{u^2}{2g} \quad (\text{m}) \tag{1-44}$$

式中　Δp_f——直管压力降，Pa；

　　　H_f——直管损失压头，m。

范宁公式不仅适用于层流也适用于湍流的阻力计算，但式中摩擦系数 λ 的处理方法不同。以下内容分别对层流和湍流两种情况的摩擦系数 λ 的确定进行讨论。

1. 流体在圆形直管内作层流流动时摩擦系数 λ 的确定

理论分析得出，流体在圆形直管内作层流流动时的压力降 Δp_f 可用下式进行计算，即：

$$\Delta p_f = \frac{32\mu l u}{d^2} \tag{1-45}$$

式 (1-45) 称为哈根（Hagen）-泊谡叶（Poiseuille）公式。由式 (1-45) 可得出，流体在圆形直管内作层流流动时的压力降 Δp_f 与平均流速 u 和管长 l 成正比；进一步分析后可得到，当流量一定时，压力降 Δp_f 与其管径 d 的四次方成反比。

由于 $\Delta p_f = h_f \rho$，再将式 (1-45) 作如下变化：

$$h_f = \frac{32\mu l u}{d^2 \rho} = \frac{32 \times 2}{\frac{du\rho}{\mu}} \times \frac{l}{d} \times \frac{u^2}{2} = \frac{64}{Re} \times \frac{l}{d} \times \frac{u^2}{2}$$

与范宁公式比较，可得：

$$\lambda = \frac{64}{Re} \tag{1-46}$$

式 (1-46) 为流体在圆形直管内作层流流动时摩擦系数 λ 的计算式，由此式可得出此时的 λ 仅与 Re 有关，且成反比关系。

【例 1-17】 若 [例 1-16] 中的直管长度为 120m，试确定该管路的直管阻力；若管路的长度和流体的流量不变，仅将管径增大为 ϕ165mm×4.5mm，试确定此时的直管阻力。

解　由 [例 1-16] 解得其 Re 为 1502，属层流流动，因其为圆形管，所以：

$$\lambda = \frac{64}{Re} = \frac{64}{1502} = 0.0426$$

$$h_f = \lambda \frac{l}{d} \times \frac{u^2}{2} = 0.0426 \times \frac{120}{0.106} \times \frac{0.945^2}{2} = 21.53 \text{J/kg}$$

当管径增大后，其内径为：

$$d' = 165 - 4.5 \times 2 = 156 \text{mm} = 0.156 \text{m}$$

管内的流速为：

$$u' = \frac{30}{3600 \times 0.785 \times 0.156^2} = 0.4362 \text{m/s}$$

$$Re' = \frac{u'd'\rho}{\mu} = \frac{0.4362 \times 0.156 \times 1050}{70 \times 10^{-3}} = 1021 < 2000$$

流动阻力为：

$$h_f' = \lambda \frac{l}{d} \times \frac{u^2}{2} = \frac{64}{1021} \times \frac{120}{0.156} \times \frac{0.4362^2}{2} = 4.587 \text{J/kg}$$

由此例得出管路直径增大，阻力可大幅度地减少。

2. 流体在圆形管内作湍流流动时摩擦系数 λ 的确定

在湍流情况下，流体质点在管内作无规则的运动，此时不仅有流体质点之间的内摩擦，而且还有质点之间的碰撞。此种流动类型的能量损失要比层流时大得多，其内摩擦力不能简单地用牛顿黏性定律来表示，用理论分析方法导出计算摩擦系数 λ 的公式是不可能的。工程上常采用实验来解决。实验发现，流体在管内作湍流流动时，其摩擦系数不仅与 u、d、ρ 和 μ 有关，而且还与管壁的粗糙程度有关。

(1) 管壁的粗糙度对摩擦系数的影响。化工生产中所采用的管道，按其材料的性质和加工情况，大致可分为光滑管和粗糙管。通常把玻璃管、黄铜管、塑料管等列为光滑管，把钢管和铸铁管等列为粗糙管。实际上，即使使用同一材质的管子铺设的管路，由于使用时间的长短、腐蚀与结垢的程度不同，管壁的粗糙程度也会有较大的差异。

管壁的粗糙度可用绝对粗糙度与相对粗糙度来表示。绝对粗糙度指的是管壁面凸出部分的平均高度，以 ε 表示。表 1-2 列出了某些工业管道的绝对粗糙度数值。在选取管壁的绝对粗糙度 ε 值时，必须考虑到流体对管壁的腐蚀性，流体中的固体杂质是否会黏附在壁面上以及使用情况等因素。

表 1-2　某些工业管道的绝对粗糙度

管 道 类 型		绝对粗糙度 ε /mm
金属管	无缝黄铜管、铜管及铝管	0.01~0.05
	新无缝钢管或镀锌铁管	0.1~0.2
	新铸铁管	0.3
	具有轻度腐蚀的无缝钢管	0.2~0.3
	具有显著腐蚀的无缝钢管	0.5 以上
	旧的铸铁管	0.85 以上
非金属管	干净的玻璃管	0.0015~0.01
	橡皮软管	0.01~0.03
	木管道	0.25~1.25
	陶土排水管	0.45~6.0
	很好整平的水泥管	0.33
	石棉水泥管	0.03~0.8

相对粗糙度指的是绝对粗糙度与管道直径之比值，即 ε/d。管壁粗糙度对摩擦系数 λ 的影响程度与管径大小有关，绝对粗糙度相同而管径不同的管道，对摩擦系数 λ 的影响就不同，管路直径越小其影响越大。

流体在作滞流流动时，管壁上凹凸不平的地方都被有规则的流体层所覆盖，而流动速度又比较缓慢，流体质点对管壁凸出的地方不会有碰撞作用。所以，在滞流流动时，摩擦系数与管壁粗糙度无关。当流体作湍流流动时，靠近管壁处总有一层滞流内层，如滞流内层厚度 δ_b 大于壁面的绝对粗糙度 ε，即 $\delta_b > \varepsilon$，如图 1-20(a) 所示，此时管壁粗糙度对摩擦系数的影响与滞流相近。随着雷诺数 Re 的增大，滞流内层的厚度逐渐减薄，当 $\delta_b < \varepsilon$ 时，如图 1-20(b) 所示，壁面的凸出部分便伸入湍流区内与流体质点发生碰撞，使湍动加剧，此时壁面粗糙度对摩擦系数的影响便成为重要的因素。雷诺数 Re 愈大，滞流内层的厚度愈薄，这种影响愈显著。

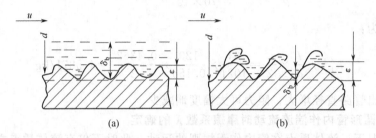

图 1-20　流体流过管壁面的情况

(2) 湍流时 λ 的确定。用于计算湍流时 λ 的关联式很多，但都很复杂，使用起来很不方便，工程计算中，一般是将实验数据进行整理后，以 Re 为横坐标，λ 为纵坐标，ε/d 为参数，绘出 Re 与 λ 之间的关系，如图 1-21，该图又称为莫迪图。这样，就可以根据 Re 与 ε/d 的值在莫迪图中查得 λ 值。

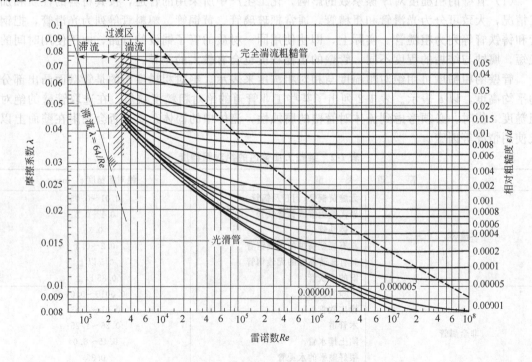

图 1-21　λ 与 Re、ε/d 的关系曲线

由莫迪图可以看出有四个不同的区域。

① 滞流区（$Re \leqslant 2000$）。λ 与管壁粗糙度无关，与 Re 成直线关系，且随 Re 增加而减小。对圆形管表达这一直线的方程即为式(1-46)。

② 过渡区（$2000 < Re < 4000$）。在此区域内滞流或湍流 λ-Re 曲线都可使用，但为了安全起见一般将湍流时的曲线延伸，以查取 λ 值。

③ 湍流光滑区（湍流区）（$Re \geqslant 4000$ 及图 1-21 中虚线以下的区域）。在此区域内 λ 不仅与 Re 有关，而且还与 ε/d 有关。当 ε/d 一定时，λ 随 Re 增加而减小；当 Re 一定时，λ 随 ε/d 值的增加而增大。

④ 湍流粗糙区（$Re \geqslant 4000$ 及图 1-21 中虚线以上的区域）。在此区域内，发现各条 λ-Re 曲线趋于水平线，即 λ 仅与 ε/d 有关，而与 Re 无关。也就是说若流动处于该区域，对一定的管路，其 ε/d 为定值，λ 为一常数。显然，在此区域内流体的流动阻力与流速 u 的平方成正比，所以该区域又称为阻力平方区，或称为完全湍流区。

3. 流体在非圆形管内的阻力计算

化工生产中由于需要会有一些非圆形的管道和设备，流体在这些管道和设备中流动时，其阻力计算中涉及 Re、ε/d、l/d 中 d 的确定问题，工程中习惯用当量直径 d_e 来代替。当量直径 d_e 由下式确定。

$$d_e = 4 \times \frac{\text{流道的流通面积}}{\text{润湿周边长度}} = 4\frac{A}{\Pi} \tag{1-47}$$

对于边长为 a 和 b 的矩形截面的管子，其当量直径 d_e 为：

$$d_e = 4 \times \frac{ab}{2(a+b)} = \frac{2ab}{a+b}$$

对于一个大直径管子套在一个小直径管子上的套管，若大管（外管）的内径为 D_i，小管（内管）的外径为 d_o，两个管子之间环隙的当量直径 d_e 为：

$$d_e = 4 \times \frac{\frac{\pi}{4}(D_i^2 - d_o^2)}{\pi(D_i + d_o)} = D_i - d_o$$

对于流体在非圆形直管内作层流流动的 λ 计算，可将圆形直管内的 λ 计算公式 $\lambda = \dfrac{64}{Re}$ 写为下面的一般表达式。

$$\lambda = \frac{C}{Re}$$

式中，C 为一常数，对不同截面形状的管子 C 值不同，某些常见的非圆形管的 C 值见表 1-3。

表 1-3 某些常见的非圆形管的 C 值

管截面形状	正方形	等边三角形	环形	长方形长：宽=2：1	长方形长：宽=4：1
C	57	53	96	62	73

【例 1-18】 水管为一根长 30m、内径为 75mm 的新铸铁管，绝对粗糙度 ε 为 0.25mm，流量为 7.25L/s，水温为 10℃，试求该管段的压头损失 H_f。

解 首先计算 Re、ε/d 确定 λ。

$$u = \frac{V_s}{A} = \frac{0.00725}{\frac{\pi}{4} \times 0.075^2} = 1.641\text{m/s}$$

查 10℃时水的黏度为 1.308mPa·s，密度为 1000kg/m³。

$$Re = \frac{ud\rho}{\mu} = \frac{1.641 \times 0.075 \times 1000}{1.308 \times 10^{-3}} = 94094 > 4000 \text{ 为湍流流动。}$$

$$\frac{\varepsilon}{d} = \frac{0.25}{75} = 0.0033$$

由莫迪图（图 1-21）查得 $\lambda = 0.028$。

$$H_f = \lambda \frac{l}{d} \times \frac{u^2}{2g} = 0.028 \times \frac{30}{0.075} \times \frac{1.641^2}{2 \times 9.81} = 1.54m$$

【例 1-19】 某套管换热器，内管与外管的规格分别为 $\phi 30mm \times 2.5mm$ 与 $\phi 56mm \times 3mm$。每小时有 $10m^3$ 的某种油流过套管的环隙，油在操作温度下的密度为 $992kg/m^3$，黏度为 65.6mPa·s。试估算该油通过环隙时每米管长的压强降 Δp_f。

解 先计算 Re 确定流动类型

$$u = \frac{V_s}{A} = \frac{10}{3600 \times \frac{\pi}{4} \times (0.05^2 - 0.03^2)} = 2.21m/s$$

套管环隙的当量直径为：

$$d_e = D_i - d_o = 0.05 - 0.03 = 0.02m$$

$$Re = \frac{ud_e\rho}{\mu} = \frac{2.21 \times 0.02 \times 992}{65.6 \times 10^{-3}} = 668.4 < 2000$$

为流体在套管环隙内作层流流动，摩擦系数计算式为 $\lambda = \dfrac{C}{Re} = \dfrac{96}{Re}$

$$\lambda = \frac{96}{Re} = \frac{96}{668.4} = 0.1436$$

$$h_f = \lambda \frac{l}{d_e} \times \frac{u^2}{2} = 0.1436 \times \frac{1}{0.02} \times \frac{2.21^2}{2} = 17.53J/kg$$

$$\Delta p_f = h_f\rho = 17.53 \times 992 = 17400Pa$$

（二）局部阻力

在工业管道中往往设有阀门、弯头、三通等管部件，流体流经这些部件时，不仅有流体质点之间的内摩擦，而且由于部件形体的改变引起流速的大小、方向或分布发生了变化，由此所产生的摩擦阻力与形体阻力之和称为局部阻力。所引起的能量损失称为局部损失。实验证明，即使流体在直管内作滞流流动，但流过管件或阀门时也容易变为湍流，由此多消耗了一部分能量。为克服局部阻力所引起的能量损失有两种计算方法，一种是阻力系数法，一种是当量长度法。

1. 阻力系数法

克服局部阻力所引起的能量损失，与管路中流体的动能 $u^2/2$ 成正比，即：

$$h_f' = \zeta \frac{u^2}{2} \tag{1-48}$$

式中，ζ 称为局部阻力系数，一般由实验测定。其数值与管件和阀门的类型以及阀门的开启度有关，即不同的管件和阀门的类型以及阀门的开启度有不同的 ζ 值。下面介绍一些典型的管件和阀门阻力系数的确定方法。

（1）突然扩大和突然缩小的局部阻力系数。图 1-22（a）所示为突然扩大管道，图1-22（b）所示为突然缩小管道。两种管道中的局部阻力均可用式（1-48）进行计算，式中的局部阻力系数由图 1-22（c）查取，必须注意的是式中流速应以小管内流速为准。

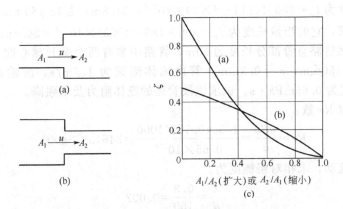

图 1-22 突然扩大和突然缩小的局部阻力系数

对于管路出口（流体由管路排入大气或排入某容器），显然它是属于突然扩大管类型，且 A_2 很大，A_1/A_2 接近于零，由图 1-22 可得出此时的局部阻力系数 $\zeta=1.0$。

对于管路进口（流体由容器流入管路），显然它是属于突然缩小管类型，且 A_1 很大，A_2/A_1 接近于零，由图 1-22 可得出此时的局部阻力系数 $\zeta=0.5$。

（2）其他管件和阀门的局部阻力系数。表 1-4 列出了常见的管件和阀门的局部阻力系数，供计算时查取。

2. 当量长度法

为了便于管路计算，常将流体流过某管件或阀门时的局部阻力折算成同样流体流过具有相同直径、长度为 l_e 的直管阻力，这个直管长度 l_e 称为该管件或阀门的当量长度。此时的局部阻力所造成的能量损失计算公式可仿照直管阻力计算式写出，即：

$$h_f' = \lambda \frac{l_e}{d} \times \frac{u^2}{2} \quad (\text{J/kg}) \tag{1-49}$$

式中，d、u、λ 分别为与管件相连接的直管管径、管内流体平均流速以及摩擦系数。各种管件和阀门的当量长度可由有关手册查得，表 1-4 列出了常见管件的 l_e/d 值，即当量长度 l_e 与管内径 d 的比值。

表 1-4 常见管件和阀门的 l_e/d 值

名　称	ζ	$\dfrac{l_e}{d}$	名　称	ζ	$\dfrac{l_e}{d}$
45°标准弯头	0.35	15	截止阀(球心阀)(全开)	6.4	300
90°标准弯头	0.75	30～40	角阀(标准式)(全开)	3	145
180°回弯头	1.5	50～75	（3/4 开）	0.9	40
三通管,流向为(标准)			（1/2 开）	4.5	200
⟶↑⟶	0.7	40	（1/4 开）	24	800
			单向阀(摇板式)(全开)	2	135
			带有滤水器的底阀(全开)		420
⟵↑⟵	1.0	60	蝶阀(6in 以上)(全开)		20
			吸入阀或盘形阀		70
			盘式流量计(水表)		400
⟶↓⟵	1.5	90	文氏流量计		12
			转子流量计		200～300
			由容器入管口	0.5	20

注：1in=0.0254m，下同。

如截止阀在全开时的 l_e/d 为 300 时，若在 $\phi114\text{mm}\times4\text{mm}$ 的管路内安装全开的截止

阀，它的当量长度为 $l_e = 300 \times (114 - 4 \times 2) \times 10^{-3} = 31.8\text{m}$；若在 $\phi 89\text{mm} \times 4\text{mm}$ 的管路内安装全开的截止阀，它的当量长度为 $l_e = 300 \times (89 - 4 \times 2) \times 10^{-3} = 24.3\text{m}$。

【例 1-20】 某管路直管部分长度为 50m，管路中装有两个全开球心阀、3 个 90°的标准弯头，管内径为 150mm，$\varepsilon = 0.3\text{mm}$。管内流体流速为 1.5m/s，所输送的流体密度为 1000kg/m^3，黏度为 0.65mPa·s。试求该段管路的流体阻力及压强降。

解 首先求取 Re 数：

$$Re = \frac{ud\rho}{\mu} = \frac{1.5 \times 0.15 \times 1000}{0.65 \times 10^{-3}} = 346153 > 4000$$

管内为湍流流动，求相对粗糙度为：

$$\frac{\varepsilon}{d} = \frac{0.3}{150} = 0.002$$

根据莫迪图（图 1-21）查得 $\lambda = 0.024$，直管阻力为：

$$h_f = \lambda \frac{l}{d} \times \frac{u^2}{2} = 0.024 \times \frac{50}{0.15} \times \frac{1.5^2}{2} = 9\text{J/kg}$$

若局部阻力用阻力系数法确定，由表 1-4 查得标准弯头局部阻力系数为 $\zeta = 0.75$；全开球心阀局部阻力系数为 $\zeta = 6.4$。

$$h'_f = (3 \times 0.75 + 2 \times 6.4) \times \frac{1.5^2}{2} = 17\text{J/kg}$$

管路总阻力为：

$$\sum h_f = h_f + h'_f = 9 + 17 = 26\text{J/kg}$$

若局部阻力用当量长度法确定，查表 1-4，90°标准弯头 $l_e/d = 35$，全开球心阀 $l_e/d = 300$，管内径为 150mm 时，其当量长度分别为：

90°标准弯头 $l_e = 35 \times 150 \times 10^{-3} = 5.25\text{m}$

全开球心阀 $l_e = 300 \times 150 \times 10^{-3} = 45\text{m}$

$$h'_f = \lambda \frac{\sum l_e}{d} \times \frac{u^2}{2} = 0.024 \times \frac{5.25 \times 3 + 45 \times 2}{0.15} \times \frac{1.5^2}{2} = 19\text{J/kg}$$

管路总阻力为：

$$\sum h_f = h_f + h'_f = 9 + 19 = 28\text{J/kg}$$

阻力的确定为一个估算过程，所以用不同的计算方法结果有所差异。

三、减小流动阻力的途径

由于流动阻力的存在，必然要造成能量损失。因此，设法减小流动阻力以减小能量损失是流体输送的一个很重要问题。它对于节能、提高系统经济性有着十分重大的意义。

由于直管阻力和局部阻力影响因素不同，故减小流动阻力的途径有所区别，下面分别予以说明。

（一）减小直管阻力的途径

流体在圆形管内流动的直管阻力计算式为：

$$h_f = \lambda \frac{l}{d} \times \frac{u^2}{2}$$

其中 $\lambda = f\left(Re, \frac{\varepsilon}{d}\right)$。

由上式可知，减小直管阻力的途径有以下几种。

（1）减小管长 l。在满足工程需要和工作安全的前提下，管路长度尽可能短一些，尽可能走直线，少拐弯。

（2）适当增加管径 d。流体在管内作层流流动时，流动阻力与管径的四次方成反比；流体在管内流动处于湍流粗糙区内，流动阻力与管径的五次方成反比。可以看出，加大管径可以减小流动阻力，使得能量消耗小，操作费用低。但是，随着管径的加大，管子的价格必然随之增加，设备费用高。因此，在选择管径时，要综合考虑设备费用与操作费用的矛盾，当流动阻力为影响过程经济效益的主要因素时，可适当地增加管径来减小能量消耗。

（3）减小管壁的绝对粗糙度 ε。对于铸造管道，内壁面应清砂和清除毛刺；对焊接钢管，内壁面应清除焊瘤，以减小 ε。

（4）用软管代替硬管，可以减小流动阻力。流体的黏度越大，软管的壁面越薄，减小阻力的效果越好。

（二）减小局部阻力的途径

（1）在管路系统允许的情况下，尽量减少弯头、阀门等局部管件，以减小系统的局部阻力。

（2）对于管路系统中必须装置的管件，可以改善管件的边壁形状来减小阻力。如管子入口可以采用流线型的进口；对弯管可以在弯道内安装呈流线月牙形的导流叶片等。

第五节　流体输送机械

为了将流体从一个设备输送到另一个设备，化工生产中采用的方法有高位槽送料、真空抽料和压缩空气送料以及流体输送机械送料等，其中流体输送机械送料最为常见。根据所输送流体性质的不同，可将流体输送机械分为液体输送机械和气体压送机械两大类。

一、液体输送机械

液体输送机械统称为泵，根据其工作原理的不同可分为离心式、往复式、旋转式和流体作用式。这里以化工生产中最为常见的离心泵作为讨论重点，其他类型的泵只作简单介绍。

（一）离心泵

1. 离心泵的结构与工作原理

图 1-23 所示为一台单级离心泵的结构简图。图中蜗牛形的泵壳内有一叶轮 1，叶轮安装在由原动机带动的泵轴 3 上。泵壳 2 上有两个接口，在泵壳轴心处的接口连接液体吸入管 4，在泵壳切线方向上接口连接液体排出管 6。

在启动离心泵前首先要在泵壳内灌满被输送的液体。泵启动后，泵轴带动叶轮以及其中的液体一起高速旋转，在离心力的作用下，液体自叶轮中心被抛向外周并获得动能和静压能。获得机械能的液体离开叶轮后进入泵壳，由于泵壳内的蜗形通道的面积是逐渐增大的，液体在泵壳内向出口处流动时，大部分动能被转换为静压能，在泵出口处压强达到最大。另外当液体被叶轮从中心抛向外周时，在叶轮中心处形成了

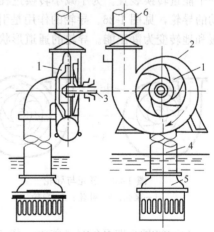

图 1-23　单级离心泵结构简图
1—叶轮；2—泵壳；3—泵轴；
4—液体吸入管；5—单向阀；
6—液体排出管

低压区，当吸入管两端形成一定的压强差时，液体就会被源源不断地吸入泵内，只要叶轮不断地转动，液体就可以连续不断地被吸入和排出。

应当注意，离心泵在启动前泵壳内一定要灌满被输送的液体。否则，由于密度很小的空气存在，叶轮旋转时所产生的离心力小，不能在叶轮中心处形成必要的低压，泵的吸入管两端压强差很小，不能将液体吸入泵内，此时泵只能空转而不能输送液体。这种由于泵内存有气体而造成离心泵不能吸液的现象称为"气缚"。为了使在灌泵或短期停泵时液体不会从吸入管口流出，常在吸入管底端安装有一个带有滤网的单向阀5。

2. 离心泵的主要部件

离心泵的主要部件为叶轮、泵壳和轴封装置。

（1）叶轮。叶轮是离心泵的核心部件，它是由 6～12 片向后弯曲的叶片构成的，其功能是将原动机的机械能传给液体。按叶片两侧是否有盖板可将其分为开式、半开式和闭式三种类型，如图1-24所示。开

(a) 开式　　　(b) 半开式　　　(c) 闭式

图1-24　叶轮类型

式叶轮两侧无盖板，结构简单，但效率较低，适用于输送含有固体悬浮物的液体。半开式叶轮的吸入口一侧无盖板，效率也较低，适用于输送易沉淀或含有固体颗粒的液体。闭式叶轮两侧都有盖板，其效率高，适用于输送不含杂质的清洁液体，化工生产中的离心泵多采用闭式叶轮。

按叶轮的吸液方式可将叶轮分为单吸式和双吸式两种，如图1-25所示。化工生产中常见的是单吸式叶轮 [图1-25（a）]，采用双吸式叶轮 [图1-25（b）] 是为了完全消除离心泵的轴向推力，双吸式叶轮具有较大的吸液能力。

（2）泵壳。离心泵的外壳是蜗壳形的，见图1-26。它是汇集叶轮出口已获得能量的液体，并利用逐渐扩大的蜗壳形通道，将液体的一部分动能转换为静压能，是

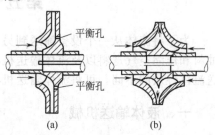

图1-25　叶轮的吸液方式

一个能量转换装置。为了减小转换过程中的能量损失，提高泵的效率，有的泵壳内装有固定不动的导轮，见图1-26。导轮的作用是引导液体逐渐改变方向和流速，使液体的部分动能均匀而缓和地转变为静压能。导轮的通道形状与叶轮的通道形状相似，只是弯曲方向相反。

（3）轴封装置。泵轴与泵壳之间的密封称为轴封。其作用是防止泵内高压液体沿轴外漏或外界空气反向漏入泵内。其类型常见有填料密封和机械密封两种，其结构可参考专门资料。

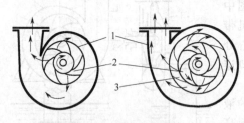

图1-26　泵壳与导轮

1—泵壳；2—叶轮；3—导轮

3. 离心泵的性能参数与性能曲线

要正确选用和使用离心泵，就要了解离心泵的工作性能。离心泵的主要性能有流量、扬程、功率和效率等，这些性能在泵出厂时会标注在铭牌或产品说明书上，供使用者参考。

（1）流量。即泵的送液能力，指离心泵在单位时间内排到管路系统的液体体积，以 Q 表示，单位为 m^3/s 或 m^3/h。离心泵的流量大小与泵的结构、叶轮直径以及转速有关。操作时可在一定的范围内变动，实际流量大小可由实验测定。

（2）扬程。液体通过泵后，泵给予1N液体的有效能量，以 H 表示，单位为 m，扬程又称为压头。扬程与离心泵的结构、叶轮直径、转速以及流量有关。流量越大，扬程越小，两者之间的关系可由实验测定。

（3）效率和轴功率。离心泵运转时泵轴所需的功率称为轴功率。以符号 N 表示，单位为 W 或 kW 。泵在运转时，由于机械摩擦损失、水力损失和容积损失消耗了一部分能量，使得泵轴所做的功要大于液体所获得的能量。将离心泵的有效功率与轴功率之比值称为泵的总效率，用符号 η 表示。若离心泵的有效功率为 $N_e = QH\rho g$，效率则为：

$$\eta = \frac{N_e}{N} = \frac{QH\rho g}{N} \tag{1-50}$$

（4）离心泵的特性曲线。实验表明，离心泵在工作时的扬程、功率及效率并不是固定不变的，而是随流量变化而变化。生产厂家将离心泵的扬程、功率及效率与流量之间的变化关系，在一定的转速下实验测出，并将其关系用图线表示出来，称为离心泵的特性曲线。它包括表示流量与扬程关系的 Q-H 曲线，表示流量与功率关系的 Q-N 曲线和表示流量与效率关系的 Q-η 曲线。图 1-27 是 IS100-80-125 型离心泵在 2900r/min 转速下测定的特性曲线。

从 Q-H 曲线可知，离心泵的扬程随流量增大而减小，这是离心泵的一个重要特性。

从 Q-N 曲线可知，离心泵的功率总是随流量增加而增大，当流量为零时，功率最小，所以离心泵应该在关闭出口阀、流量为零的情况下启动，这样可减小电机的启动功率，防止启动功率过大而损坏电机。

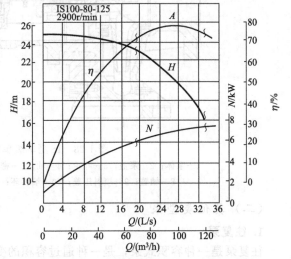

图 1-27　IS100-80-125 型离心泵特性曲线

A 点最高效率的性能参数：$Q = 100\text{m}^3/\text{h}$（27.8L/s）；$H = 20.0\text{m}$；$\eta = 78\%$；$N = 7\text{kW}$；$n = 2900\text{r/min}$；$\Delta h = 4.5\text{m}$

从 Q-η 曲线可知，离心泵效率先随流量增大而升高，达到最大值后，又随流量增加而下降。曲线的最高点称为最高效率点，离心泵铭牌上所标注的各性能参数就是该点所对应数据。在选用和使用离心泵时，应尽可能使该泵在最高效率点附近工作，一般以工作效率不低于最高效率的 92% 为合理。

4. 离心泵的类型

（1）清水泵。常用清水泵为单级单吸式，其系列代号为"IS"，IS 型单级单吸离心泵结构见图 1-28。型号表示以 IS100-80-125 为例，其中 IS 表示该泵为国际标准单级单吸清水泵；100 表示泵吸入口直径 100mm；80 表示泵排出口直径 80mm；125 表示叶轮名义尺寸 125mm。

另外清水泵还有多级泵、双吸泵。多级泵内有两个以上的叶轮安装在一根泵轴上进行串联操作，其系列代号为"D"，它可提供较高压头。双吸泵的泵壳内安装的是双吸式叶轮，系列代号为"S"，它可提供较大的流量。

（2）耐腐蚀泵。单级单吸悬臂式化工流程泵，其系列代号为"IH"，它是取代原"F"型耐腐蚀泵的换代产品。它的所有与液体接触的部件可根据所输送液体的性质，选用不同的耐腐蚀材料制造。

（3）油泵。油泵是用来输送油类及石油产品的泵，其系列代号为"Y"。由于油类及石油产品易燃易爆，此类泵必须有较好的密封装置，必要时还要有冷却装置。

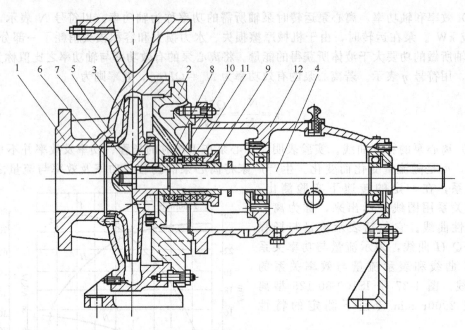

图 1-28　IS 型单级单吸离心泵结构

1—泵体；2—泵盖；3—叶轮；4—轴；5—密封环；6—叶轮螺母；7—止动垫圈；
8—轴盖；9—填料压盖；10—填料环；11—填料；12—悬架轴承部件

（二）其他类型泵

1. 往复泵

往复泵是一种容积式泵，是一种通过容积的变化来对液体做功的机械。往复泵就是一种通过活塞的往复运动将静压能直接传给液体的输送机械。图 1-29 所示为一台单动往复泵的结构简图。它主要由泵缸、活塞（或活柱）以及吸入阀和压出阀构成，其中吸入阀和压出阀都是单向阀。往复泵工作时，活塞在泵缸内作往复运动，当活塞从左向右运动时，泵缸内压力降低，压出阀在出口管内液体压力的作用下而自动关闭，吸入阀则受到吸入管液体压力的作用而自动开启，液体通过吸入管被吸入泵内。当活塞从右向左运动时，泵缸内压力升高，受泵缸内液体压力的作用，吸入阀自动关闭，压出阀自动开启，获得能量的液体沿压出管被排出泵外。活塞不断进行往复运动，液体就不断地被吸入和压出。

单动往复泵活塞每往复一次，吸入和排出各一次，其排液量是间断、不均匀的。为了改善排液量不均匀的状况，可以采用双动往复泵或三联泵。双动往复泵和三联泵可提高管路排液量的均匀性。往复泵的流量与泵的压头无关，仅与泵缸直径、活塞往复次数以及冲程有关。往复泵的压头与泵的几何尺寸无关，只要泵的机械强度和电动机的功率允许，管路系统需要多大的压头往复泵都能满足其要求。因此往复泵多用于要求流量较小而压力较高的液体输送。

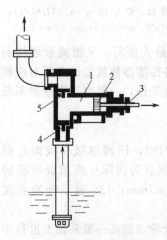

图 1-29　往复泵装置简图

1—泵缸；2—活塞；3—活塞杆；
4—吸入阀；5—压出阀

往复泵有自吸能力，启动前不像离心泵那样需要灌液。往复泵的流量调节不能由泵排出管上的阀门调节，可以采用改变转速和活塞行程的方法调节，常用方法是旁路（回路）调节，因此在安装往复泵时要注意旁路的配置。

2. 齿轮泵

齿轮泵的结构如图 1-30 所示。主要由泵壳和一对互为啮合的齿轮所组成。其中一个齿轮为主动轮，与电动机的轴相连，另一个为从动轮。两个齿轮将泵体分成吸入和排出两个空间，当齿轮按箭头方向转动时，在吸入腔处由于两轮的齿互相分开，空间增大而形成低压将液体吸入。被吸入的液体在齿缝中随齿轮旋转带到排出腔。在排出腔内，由于两齿轮的啮合，使其空间缩小而形成高压将液体压出。

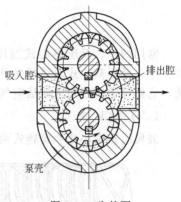

图 1-30 齿轮泵

齿轮泵与往复泵相仿，其送液能力仅与齿轮的尺寸和转速有关，扬程与流量无关，但齿轮泵的流量要比往复泵均匀。齿轮泵也是用旁路阀调节流量。

齿轮泵因齿缝空间有限，流量很小，但它能产生较大的压头。化工生产中常用齿轮泵来输送一些黏稠液体以及膏状物料，但不能输送有固体颗粒的悬浮液。

二、气体输送与压缩机械

用于气体输送与压缩气体的设备统称气体压送机械。气体和液体都是流体，其输送设备在构造上大致相同，但由于气体具有压缩性，当压强发生变化时，其体积和温度也随之变化。因此输送和压缩气体的设备在结构上与液体输送机械有一定的差异。按其气体终压或压缩比的大小可将气体压送机械分为以下几种。

通风机：终压不大于 15kPa（表压），压缩比为 1～1.15。

鼓风机：终压为 15～300kPa（表压），压缩比小于 4。

压缩机：终压在 300kPa（表压）以上，压缩比大于 4。

真空泵：用于减压，终压为大气压，压缩比由真空度决定。

按其结构与工作原理气体压送机械可分为离心式、往复式、旋转式和流体作用式。

(一) 离心式通风机

按所产生的出口气体压力不同，可将离心式通风机分为 3 种，出口风压小于 1kPa（表压）的低压通风机；出口风压在 1～3kPa（表压）的中压通风机；出口风压在 3～15kPa（表压）的高压通风机。

离心式通风机结构与单级离心泵相似。机壳也是蜗壳形，但壳内逐渐增大的气体通道和风机出口截面有矩形和圆形两种，低、中压通风机多为矩形，高压通风机多为圆形。图 1-31 所示为低、中压离心式通风机的简图。叶轮上的叶片数较多且长度较短，中、低压通风机的叶片形状为后弯的，而高压通风机叶片形状是前弯的。离心式通风机工作原理与离心泵也相同，它由机壳内叶轮带动气体快速旋转所产生的离心力，来提高气体的压强。

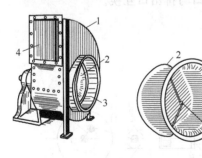

图 1-31 离心式通风机
1—机壳；2—叶轮；3—吸入口；4—排出口

离心式通风机的性能参数有风量、风压、轴功率和效率。

风量指的是单位时间内从风机出口排出的气体体积，但以风机进口状态计，用 Q 表示，

单位为 m^3/s。

风压指的是单位体积气体流过风机时所获得的能量，用 H_T 表示，单位为 Pa。

若用 η 表示通风机的效率，则通风机的轴功率为：

$$N=\frac{H_T Q}{\eta} \tag{1-51}$$

常用的中、低压离心式通风机有 4-72 型和 8-18 型；常用的高压离心式通风机有 9-27 型。中、低压离心式通风机常作为车间通风、换气用，高压离心式通风机主要用于气体输送，它们都适用于输送清洁空气或与空气性质相近的气体。

(二) 鼓风机

鼓风机有离心式和旋转式两种。离心式鼓风机又称为透平鼓风机，其外形和结构与离心泵相似，只是离心式鼓风机的机壳直径较大，叶轮上的叶片数目较多，转速较快。这是因为气体的密度较小，只有采用这样的结构和转速才能达到较高的风压。离心式鼓风机有单级式和多级式，多级离心式鼓风机的结构类似多级离心泵，多级离心式鼓风机的工作原理也与多级离心泵相似。图 1-32 所示为一台五级离心式鼓风机结构示意图。气体由吸气口进入后经过第一级叶轮和导轮，然后进入第二级叶轮入口，依次通过所有的叶轮后由排出口送出。离心式鼓风机的送气量大，但所产生的风压不太高，一般不超过 300kPa（表压）。由于气体的压缩比不高，所以不需要冷却装置。

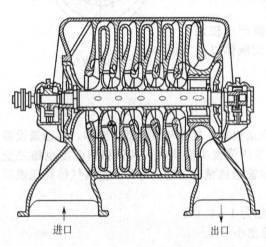

进口　　　　　　出口

图 1-32　五级离心式鼓风机结构示意图

常用旋转式鼓风机有罗茨鼓风机。罗茨鼓风机的工作原理与齿轮泵相似，其构造见图 1-33。机壳内有两个腰形的转子，两转子之间以及转子与机壳之间的缝隙很小，这样转子自由旋转时不会有过多的泄漏。两转子的旋转方向相反，当转子旋转时，在机壳内形成一个高压区和一个低压区，气体从机壳低压区一侧吸入，从另一侧高压区排出，如转子旋转方向改变，则吸入口与排出口互换。

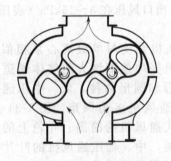

图 1-33　罗茨鼓风机

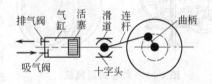

排气阀　气缸　活塞　滑道　连杆　曲柄

吸气阀　　　　　十字头

图 1-34　往复式压缩机工作示意图

罗茨鼓风机的风量与转速成正比，当转速一定时，即使出口压强有变化，排气量也基本保持稳定。罗茨鼓风机的送风量一般在 $2\sim500m^3/min$，气体出口压强为 $15\sim80kPa$。罗茨鼓风机的风量用回流支路调节，使用温度不宜超过 85℃，否则转子受热膨胀而碰撞甚至咬死。罗茨鼓风机不适宜输送含有固体颗粒的气体，所以气体进入风机前，应尽可能除去其中的灰尘和油污。另外在风机出口处要安装气体稳压罐和安全阀，以防止气体压强的波动对管路的冲击。

（三）压缩机

压缩机常见的类型有往复式和离心式。往复式压缩机的构造和工作原理与往复泵相似，主要有气缸、活塞、吸气阀、排气阀以及曲柄、连杆等联动装置，如图 1-34 所示。

往复式压缩机工作时与往复泵相似，也是靠做往复运动的活塞，使得气缸工作容积增大或减小，由此进行吸气或排气。当气缸工作容积增大时，气缸内压强降低，吸气阀自动开启，低压气体从缸外经吸气阀被吸进缸内；当气缸工作容积减小时，气缸内压强逐渐升高，吸气阀自动关闭，当气缸内气体压强升高达到要求时，排气阀自动开启，高压气体从缸内经排气阀被排出缸外。活塞不断地做往复运动，气缸交替地吸入低压气体和排出高压气体，这就是往复式压缩机的工作原理。

由于往复式压缩机所处理的是可压缩的气体，压强增大，体积缩小，而温度则升高，所以为了能使压缩机有较高的效率，并防止操作时发生意外，往复式压缩机必须有气体冷却装置。

往复式压缩机有单动式和双动式，有单级和多级，有卧式和立式等各种类型，化工生产中可根据工艺所要求的送气量、压强以及厂房的空间位置来选用。

离心式压缩机也称为透平压缩机。其结构、工作原理与多级离心式鼓风机相似，只是压缩机的叶轮级数较多，可达 10 级以上，这样才能获得较高出口压力。当压缩比较大时，由于气体温度升高较为显著，离心式压缩机也可分为几段，每段包括若干级叶轮，段间设有冷却器以冷却气体。由于气体压缩后体积缩小，叶轮的宽度是逐级减小，而叶轮的直径是逐段减小。

与往复式压缩机比较，离心式压缩机的突出优点是体积小，质量轻，生产能力大，运转周期长，易损部件少，维护方便，气体不与润滑系统接触，不会被油污染。目前离心式压缩机已广泛地应用于大型化工生产中。

（四）真空泵

化工生产中常用的真空泵有往复真空泵和喷射泵。有关往复真空泵的内容这里不再介绍，这里仅介绍喷射泵。喷射泵属于流体作用泵，它是利用工作流体流动时的机械能转换关系来输送液体和气体。化工生产中主要用于蒸发和蒸馏过程产生真空。喷射泵的工作流体可以是水，也可以是蒸汽。用蒸汽作为工作介质的喷射泵称为蒸汽喷射泵，图 1-35 所示为一个单级蒸汽喷射泵。

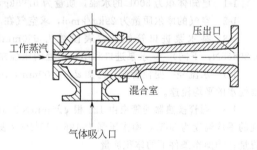

图 1-35　单级蒸汽喷射泵

工作蒸汽在高压下从喷嘴内以极高的流速喷出，在喷射过程中，蒸汽的静压能转化为动能，因此在吸入口处产生低压，将气体吸入，吸入气体与蒸汽混合后进入扩大室，流速在扩大室内逐渐降低，压强随之升高，最后从压出口排出。

单级蒸汽喷射泵所抽的真空度不高，若要获取较高的真空度，则可采用多级蒸汽喷射泵。若生产中要求真空度不高时，可利用具有一定压强的水为工作流体，虽然产生的真空度没有蒸汽喷射泵的高，但由于结构简单，水源丰富，且有冷凝水蒸气的作用，因此水喷射泵也在化工生产中广为应用。

喷射泵的结构简单，没有活动部件，操作可靠。但效率较低，蒸汽消耗量大，这就是它很少用于输送流体而常用于抽取真空的原因。

复习思考题

1. 说明下列概念的意义：

密度、比容、相对密度、定态流动、理想流体、绝压、表压、真空度、质量流量、质量流速、动压头、位压头、静压头、气缚、扬程、风压、风量。

2. 写出绝压、表压、真空度三者之间的关系。

3. 写出黏度的物理意义；当温度升高时，流体黏度如何变化？

4. 一定流量，管径越小输送费用越少，这种说法对吗？为什么？

5. 说明柏努利方程式的应用条件，在应用柏努利方程式时要注意哪些事项？

6. 何谓等压面？在解决流体静力学问题时，如何选择等压面？

7. 流体流动有哪几种流型？如何判断？

8. 流体在圆形管内作层流流动时，其流速分布是什么形状？管中心处的流体流速是管内平均流速的几倍？

9. 何谓层流内层？

10. 流体在圆形直管内作层流流动，若流速增加 1 倍，流动阻力如何变化？若流量不变，将管径减小到原来的 1/2，阻力又如何变化？

11. 非圆管内的流动阻力如何确定？

12. 说明离心泵和往复泵的工作原理。

13. 离心泵的叶轮做成双吸式的目的是什么？

14. 离心泵的泵壳为什么做成蜗牛壳形？

15. 离心泵在启动时，出口阀为什么要处于关闭状态？

16. 按气体终压或压缩比大小对气体压送机械如何分类？

习 题

1-1 已知体积为 500L 的水银，质量为 6795kg，试求水银的密度、相对密度和比容。

1-2 空气的摩尔质量为 29kg/kmol，求空气在 101.3kPa 和 25℃时的密度。

1-3 某水泵进口管处真空表读数为 650mmHg，出口管处的压力表读数为 2.5kgf/cm² （1kgf=9.80665N，下同）。试求泵进口和出口两处的压强差为多少千帕？多少米水柱？

1-4 水流经一变径管道，已知 $d_1=100mm$，$d_2=75mm$，d_1 管段处的平均流速为 1.2m/s，求 d_2 管段处水的平均流速。

1-5 列管换热器的管束由 121 根 $\phi25mm\times2.5mm$ 的钢管组成。空气以 9m/s 流速在列管内流动。空气的平均温度为 50℃，操作压强为 196×10^3Pa （表），当地大气压为 98.7×10^3Pa。试求：①空气的质量流量；②操作条件下的体积流量。

1-6 如图 1-36 所示的水管内径为 50mm，管末端的阀门关闭时，阀门前压力表的读数为 20kN/m²，阀门打开后使得压力表读数降至 5.2kN/m²，如不计管路压头损失，试求此时管内水的流量（m³/h）。

1-7 一水箱下部接一内径为 50mm 的钢管，水箱内水位维持恒定，液面比管出口高出 6m，已知管路的全部能量损失可以用公式 $\sum h_f=40\times\dfrac{u^2}{2}$ 表示（包括管出口阻力）。试求：

(1) 水的流量为多少（m³/h）？

(2) 若要使流量增加 20%，水箱内水位要增加多少（m）？

1-8　水在如图 1-37 所示的管路中流动。截面 1 处的内径为 0.2m，流速为 0.6m/s，水的压强产生的水柱高度为 1m；截面 2 处的内径为 0.1m。若忽略 1 到 2 处的能量损失，试计算截面 2 处由压强所产生的水柱高度 h 为多少（m）？

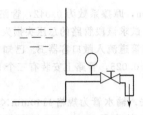

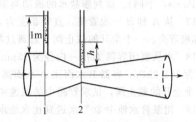

图 1-36　习题 1-6 附图　　　　　　图 1-37　习题 1-8 附图

1-9　用离心泵把 293K 的水从敞口清水池送到水洗塔的顶部（图 1-38）。塔内工作压力为 400kPa（表），操作温度为 308K，从水池水面到水洗塔的顶部垂直高度为 20m，清水池的水面在离心泵进口以下 2m。水洗塔供水量为 350m³/h，水管均为 φ325mm×6mm，泵进口水管压头损失为 2mH₂O，出口水管的压头损失估计为 10mH₂O。若当地大气压为 750mmHg，水的密度取 1000kg/m³，问此离心泵对水提供的有效压头为多少？离心泵入口处压力为多少？

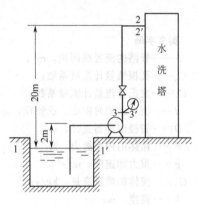

图 1-38　习题 1-9 附图

1-10　如图 1-39 所示的冷冻盐水循环系统，已知盐水的密度为 1100kg/m³，循环量为 40m³/h，从 A 处经换热器至 B 处的总能量损失为 120J/kg，从 B 处到 A 处的总能量损失为 50J/kg，B 处比 A 处高 7m。试求：

（1）泵的有效功率；

（2）若 A 处的压力表读数为 250kPa，求 B 处的表压力。

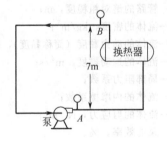

图 1-39　习题 1-10 附图

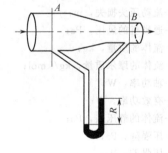

图 1-40　习题 1-11 附图

1-11　如图 1-40 所示，一管段的内径由 200mm 逐渐缩小到 100mm。在粗细两管上连有一 U 形管压差计，指示液为水。当密度为 0.67kg/m³ 的甲烷气从管内流过时，测得 U 形管压差计 R 值为 120mm，设 U 形管压差计两接口之间管路的能量损失可忽略不计，试问甲烷气的流量为多少（m³/h）？

1-12　在内径为 50mm 的圆形管内装有孔径 25mm 的孔板，管内流体为 25℃清水，按标准测压方式以 U 形管压差计测压差，指示液为汞。测得压差计读数 R 为 500mm，设孔板流量系数 C_0 为 0.64，试求圆形管内水的流速。

1-13　283K 的水在内径为 25mm 的钢管中流动，流速为 1m/s，试计算 Re 数值，并判断其流动类型。

1-14　输水管的内径为 150mm，管内油的流量为 16m³/h，油的运动黏度为 0.2cm²/s，密度为 860kg/m³。试求直管长度为 1000m 的沿程能量损失及压强降。

1-15　水在 φ38mm×1.5mm 的水平钢管内流过，流速为 2.5m/s，温度为 20℃，管长为 100m，管子的绝对粗糙度为 0.3mm。试求直管阻力和压强降。

1-16 有一根内管及外管组合成的套管换热器，内管规格为 $\phi57\text{mm}\times3.5\text{mm}$，外管规格为 $\phi108\text{mm}\times4\text{mm}$，套管环隙内流过冷冻盐水，其流量为 5000kg/h。盐水的密度为 1150kg/m^3，黏度为 1.2cP（$1\text{cP}=10^{-3}\text{mPa}\cdot\text{s}$，下同）。试判断盐水的流动类型。

1-17 从 A 到 B 一段管路，直管长度为 20m，管内径为 100mm，摩擦系数为 0.042，管路上装有三个 90°的标准弯头、一个全开的截止阀。若通过的流量为 $0.025\text{m}^3/\text{s}$，试求该段管路的总压头损失。

1-18 水从密闭容器 A 沿一内径为 25mm、直管长度为 10m 的管道流入敞口容器 B。已知容器 A 水面的表压为 196.2kPa，容器 B 水面比 A 水面高出 5m，内摩擦系数为 0.025，管路上安装有三个 90°的标准弯头、一个全开的截止阀，试求管路中的流速和流量（m^3/h）。

1-19 用泵将水池中 20℃水送到比水池水面高 35m 的水塔中去。输水管为规格 $\phi140\text{mm}\times4.5\text{mm}$、长度 1700m 的钢管（包括管件的当量长度，但不包括管路进、出口的当量长度）。已知泵的送液能力为 $100\text{m}^3/\text{h}$，管路的绝对粗糙度为 0.2mm，泵的总效率为 0.65，试求泵的轴功率（kW）。

本章主要符号说明

英文字母

A——管路的流通截面积，m^2；
C_o——孔板流量计流量系数；
C_v——文氏管流量计流量系数；
d——流体的相对密度；或管径，m；
D——管径或容器直径，m；
F——流体的内摩擦力，N；
g——重力加速度，m/s^2；
G_s——流体的质量流量，kg/s；
h——高度，m；
H——泵的扬程，m；
H_e——泵的有效压头，m；
$\sum h_f$——流动阻力损失，J/kg；
$\sum H_f$——流动压头损失，m；
H_T——通风机的风压，Pa；
m——流体的质量，kg；
M——流体的摩尔质量，kg/kmol；
N——轴功率，W；
N_e——有效功率，W；
p——流体的静压强，Pa；
Δp_f——压强降，Pa；
Δp——压强差，Pa；

P——静压力，N；
Q——离心泵流量或通风机风量，m^3/s；
R——理想气体常数，$\text{kJ/(kmol}\cdot\text{K)}$；
R——U 形压差计的读数，m；
S——流体层之间的接触面积，m^2；
u——流体的平均流速，m/s；
v——流体的比容，m^3/kg；
V——流体的体积，m^3；
V_s——流体的体积流量，m^3/s；
W_e——外加能量，J/kg；
w——流体的质量流速，$\text{kg/(m}^2\cdot\text{s)}$；
Z——流体距基准面的高度，m。

希腊字母

ε——管路的绝对粗糙度，m；
ρ——流体的密度，kg/m^3；
μ——流体的动力黏度（简称黏度），$\text{Pa}\cdot\text{s}$；
ν——流体的运动黏度，m^2/s；
ζ——局部阻力系数；
λ——流体的内摩擦系数；
τ——流体的剪应力，N/m^2；
η——泵的效率，%。

第二章

非均相物系的分离与设备

● **知识目标**

掌握沉降、过滤主要设备的结构特点和操作要点。

理解沉降、过滤的工作原理。

了解非均相物系分离的常见分离方法、设备名称与工业应用。

● **能力目标**

能根据不同的非均相物系选择合适的分离方法和设备。

第一节 概 述

一、非均相物系分离在化工生产中的应用

在化工生产中，其原料、半成品以及排放的废物等大多为混合物，为了使生产能顺利进行，以得到高纯度产品或满足环境保护等需要，常常要对混合物进行分离。混合物可分为均相物系与非均相物系两大类，均相物系是指由不同组分的物质混合形成单一相的物系；非均相物系则是指存在两个或两个以上相的物系，其中有气-固、气-液、液-固和液-液等多种形式。

在非均相物系中，处于分散状态的物质称为分散相或分散物质，如雾中的小水滴、烟气中的尘粒、悬浮液中的固体颗粒、乳浊液中的分散液滴。包围分散物质，处于连续状态的介质称为连续相或分散介质，如雾和烟气中的气相、悬浮液中的液相、乳浊液中处于连续状态的液相。根据连续相的存在状态可将非均相物系分为气态非均相物系和液态非均相物系。含尘气体和含雾气体属于气态非均相物系；悬浮液、乳浊液及泡沫液则为液态非均相物系。

本章讨论以流体为连续相、以固体为分散相的非均相物系的分离。它是依据分散相和连续相之间物理性质的差异，采用机械方法进行的分离操作。其应用主要可概括为以下几方面。

(1) 为了满足分散相和连续相进一步加工的需要，应先将物理性质和化学性质不同的两相进行分离。如纯碱生产中，需将重碱从母液中分离出来，并进一步煅烧为纯碱，而母液则循环使用。

(2) 回收有价值的分散物质以获得成品。如从气流干燥器出口的气-固混合物中分离出

干燥产品。

（3）除去对下一工序或对环境有害的一相。如工业废气在排放前，必须除去其中的粉尘和酸雾。在气体进入压缩机之前，必须除去其中的微小液滴或固体颗粒，以避免引起对气缸的冲击和磨损。

二、常见非均相物系的分离方法

根据分离依据的不同，非均相物系的分离可分为以下几种方法。

（1）沉降分离。依据连续相和分散相的密度差异，在外力（重力或离心力）作用下使两相发生相对运动而分离的操作，沉降分离有重力沉降、离心沉降和惯性分离等多种形式。

（2）过滤分离。依据连续相和分散相对某种多孔介质通过性的差异，在重力、压强差或离心力的作用下，使流体通过介质，而固体颗粒被截留的分离操作。其中包括气-固、液-固系统的过滤。

（3）静电分离。依据连续相和分散相电性的差异，在电场力作用下进行分离的操作，如电除尘和电除雾均属此类操作。

按照非均相物系中连续相状态的不同，非均相物系的分离方法也可分为气-固分离和液-固分离两类。本章将分别介绍气-固分离和液-固分离过程及其设备特点。

第二节　气-固分离

气-固分离是从气体中除去悬浮固体粒子的分离操作。常用于原料气的净化；回收气体中有价值的固体粒子；除去排放气中的粉尘等。用于气-固分离的设备有降尘室、旋风分离器、袋滤器、电除尘器等。

一、降尘室

以重力沉降方法除去气体中尘粒的设备称为降尘室，降尘室可分为水平气流降尘室和垂直气流降尘室两种。水平气流降尘室如图 2-1(a) 所示，它在形体上像是输送气体管道的扩大部分，这样能使气流减速，保证粒子有足够的时间可从气流中沉降下来。

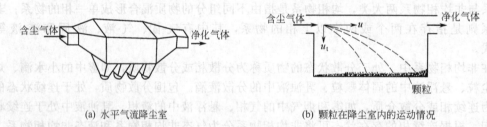

(a) 水平气流降尘室　　　　(b) 颗粒在降尘室内的运动情况

图 2-1　降尘室示意图

(一) 球形颗粒的沉降速度

含有固体颗粒的气体沿水平方向缓慢流过降尘室，气流中颗粒除了具有与气体一样的水平方向速度 u 外，还受重力作用具有向下的沉降速度 u_t。颗粒在降尘室内运动情况如图 2-1(b) 所示。若密度为 ρ_s(kg/m^3)、直径为 d_p(m)的球形颗粒在密度为 ρ(kg/m^3)、黏度为 μ(Pa·s)的流体中沉降，且沉降时无任何干扰，对其下降时的重力、浮力以及流体对颗粒的阻力进行受力分析，可得到沉降速度 u_t 的计算公式为：

$$u_t = \sqrt{\frac{4gd_p(\rho_s - \rho)}{3\rho\zeta}} \quad (2\text{-}1)$$

式中，g 为重力加速度；ζ 为颗粒沉降的阻力系数。ζ 与颗粒沉降过程中的雷诺数 $\left(Re_t = \dfrac{u_t d_p \rho}{\mu}\right)$ 有关。$Re_t \leqslant 2$ 时，沉降处于层流区（斯托克斯区），$\zeta = \dfrac{24}{Re_t}$；$2 < Re_t \leqslant 500$ 时，沉降处于过渡区（艾伦区），$\zeta = \dfrac{18.5}{Re_t^{0.6}}$；$500 < Re_t \leqslant 2 \times 10^5$ 时，沉降处于湍流区（牛顿区），$\zeta = 0.44$。对于 Re_t 不大于 2 时的层流区，将 $\zeta = \dfrac{24}{Re_t}$ 代入式（2-1），可得斯托克斯公式，即：

$$u_t = \frac{gd_p^2(\rho_s - \rho)}{18\mu} \quad (2\text{-}2)$$

若将过渡区和湍流区的阻力系数计算式代入式（2-1）中，可分别得到艾伦公式和牛顿公式，读者可自行处理，这里不再赘述。

（二）降尘室的生产能力

若要在降尘室中将直径为 d_p 的颗粒全部除去，颗粒必须在离开设备前全部沉至室底。位于降尘室最高点直径为 d_p、沉降速度为 u_t 的颗粒，降至室底所需时间 τ_t 为：

$$\tau_t = \frac{H}{u_t}$$

显然要满足除尘要求，气流在降尘室中的停留时间 τ 至少必须与颗粒的沉降时间 τ_t 相等，即 $\tau \geqslant \tau_t$。

单位时间内处理的含尘气体量称为降尘室的生产能力。若降尘室的生产能力为 $V_s(\text{m}^3/\text{s})$，降尘室高为 H，长为 L，宽为 B，三者单位均为 m。若气流在整个流动截面上均匀分布，则任一流体质点在降尘室内停留时间 τ 为：

$$\tau = \frac{L}{u} = \frac{L}{V_s/(BH)} = \frac{BLH}{V_s}$$

由 $\tau \geqslant \tau_t$，可得：

$$\frac{BLH}{V_s} \geqslant \frac{H}{u_t}$$

整理后得：

$$V_s \leqslant BLu_t \quad (2\text{-}3)$$

式中，BL 即为降尘室的底面积。

由上式可知，降尘室的生产能力只取决于降尘室的底面积 BL，而与其高度 H 无关。因此，降尘室一般都设计成扁平形状，或设置多层水平隔板成为多层降尘室，每层高度为 25～100mm。采用多层降尘室可提高生产能力和分离效果，并使设备紧凑，但清灰较为不便。在降尘室操作时，为保证有较好的除尘效果，应控制气体流动的雷诺数处于层流区（$Re \leqslant$ 2000），以免干扰颗粒沉降或将已沉降的颗粒重新卷起。一般对大多数物料，气速应低于 3m/s，对轻质粒子，气速应更低些，通常选用的气速范围为 0.3～3m/s。

降尘室具有结构简单，造价低，阻力小，运行可靠，没有磨损部件，可处理大气量、高温气体等优点。但其体积大，占地面积大，分离效果不理想，通常只能用于捕集 50～100μm 的粗颗粒，所以常作为预除尘设备使用。

二、旋风分离器

（一）旋风分离器工作原理

旋风分离器是工业生产中应用较为广泛的气-固分离设备之一，它是利用离心力的作用从含尘气体中分离出固体粒子的设备。

常见的旋风分离器主要由外圆筒（上部为圆筒形、下部为圆锥形）、进气管、排气管、排灰管和集尘箱组成，如图 2-2 所示。在圆筒上部沿切向开有长方形通道，含尘气体由此切向进入。

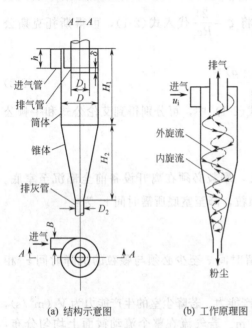

在离心力作用下，形成一个绕筒体中心向下做螺旋运动的外旋流，由于作用于固体颗粒上的离心力比同体积的气体大，固体颗粒在离心力的作用下被甩向器壁，并在重力和向下气流的带动下，沿器壁下滑，最后经排灰口落入集尘箱中。外旋流到达器底后又形成一个与其旋转方向相同而方向向上的内旋流。净化后的气体由内旋流经锥体下端沿中心轴而旋转上升，最后由排气管排出。

旋风分离器的结构简单，价格低廉；压强降适中，动力消耗较低；无活动部件，维修简便；操作条件较宽，不受温度和压强的限制，可以处理高温含尘气体的分离，因此广泛应用于工业生产。通常旋风分离器适宜分离 $5\sim200\mu m$ 的粒子（大于 $200\mu m$ 的粒子应先用重力沉降设备除去，以减少对设备的磨损），固体颗粒浓度为 $0.01\sim500g/m^3$ 的气体，都可使用旋风分离器。在处理风量大（即生产能力大）时，需要采用多个旋风

（a）结构示意图　　（b）工作原理图

图 2-2　旋风分离器

分离器并联操作。但旋风分离器对小于 $5\mu m$ 的粒子其分离效率则较低，且不适用于分离黏性大、含湿量高、腐蚀性强的粒子，否则影响分离效率，甚至堵塞分离器。

（二）旋风分离器结构形式

旋风分离器是一种较为常用的通用设备，已定型生产。其中标准型旋风分离器（见图2-2）最为成熟，使用也最广泛。但标准型旋风分离器在操作时，已收集在圆锥容器内的尘粒有可能被气体内旋流重新卷起，使除尘效率降低。为避免尘粒被重新卷起，开发出了扩散式旋风分离器。该形式分离器圆筒部分与标准型的相同，但圆锥体改为上小下大形状，见图2-3(a)。在集尘箱上侧有一个中心开孔的圆锥形分割屏，可使向下外旋流改变为向上内旋流的过程阻力减小。分割屏中心的圆孔可使随尘粒进入集尘箱的气体顺利返回上升的内旋流。同时，在处理黏性粒子时，可避免排尘口堵塞。

标准型旋风分离器在操作时圆筒内上端中心管外侧会产生"集尘环"。集尘环的存在会降低除尘效率，故宜将这部分气体直接导流至分离器内下部集尘区，于是出现了旁路式旋风分离器，见图2-3(b)。旁路式旋风分离器设置了由集尘环通至分离器底部的外通道，使进入分离器的气流分出一小股夹带着大量尘粒直达器底。这种设备虽然结构复杂一些，但减少了集尘环，提高了小粒子的分离效率。

在标准型旋风分离器的基础上，人们还设计出一种旋流式旋风分离器，见图2-3(c)。它是利用高效的二次气流消除了粒子反弹的影响，使得主气流的方向不发生逆转，且没有标准

型旋风分离器上部的集尘环。缺点是压降较其他形式的高得多。

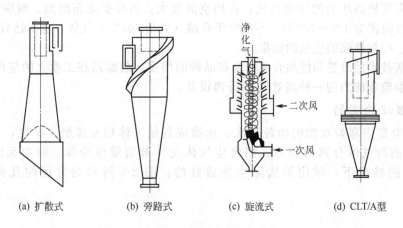

(a) 扩散式　　(b) 旁路式　　(c) 旋流式　　(d) CLT/A 型

图 2-3　旋风分离器的类型

上述三种旋风分离器（扩散式、旁路式和旋流式）均为高效旋风分离器。它们都在不同程度上对分离性能有所改进，但结构都较复杂，推广使用受到一定限制。

同一类型的旋风分离器，各部分尺寸比例的改变会对除尘效率、压降与阻力系数均产生一定影响，对最佳尺寸的探索工作仍将继续。目前应用较广的除了标准型旋风分离器外，还有一些与标准型旋风分离器尺寸比例接近的旋风分离器已定型生产并取得较好的效果，如国产的 CLT/A 型等，见图 2-3(d)。

三、其他常见的气-固分离法

（一）袋滤器

袋滤器是依靠含尘气流通过过滤介质来实现气-固分离的净化设备。袋滤器可除去 $1\mu m$ 以下的尘粒，常用作最后一级的除尘设备。

袋滤器的形式有多种，含尘气体可由滤袋内向外过滤，也可以由外向内过滤。图 2-4 所示为脉冲式袋滤器结构示意图。含尘气体由下部进气管进入，分散通过滤袋时，粉尘被阻留在袋的外侧，通过滤袋净化后的气体，由上部出口排出。

滤袋外附着的粉尘，一部分借重力落至灰斗内，残留在滤袋上的粉尘每隔一段时间用压缩空气反吹一次，使粉尘落入灰斗，经排灰阀排出。图中左边三个滤袋处于除尘状态，右边一个滤袋上的粉尘处于吹落状态。左起第一个是滤袋套在钢架上的外形，第二个是半剖面情况，第三个是全剖面情况。事实上袋滤器有几十个滤袋，分成 3～4 组，其中一组处于吹落卸尘状态，其余各组进行正常除尘。各组的工作状态均由自控阀按规定顺序进行。

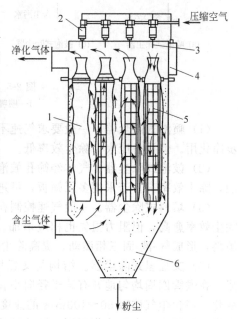

图 2-4　脉冲式袋滤器
1—滤袋；2—电磁阀；3—喷嘴；4—自控器；
5—骨架；6—灰斗

袋滤器可捕集非黏性、非纤维性的工业粉尘，除尘效率高（若设计和使用合理，分离效率可达 99％以上），允许风速大，性能较稳定。袋滤器具有结构简单、维修方便、造价较低等优点。但需要较高压力的压缩空气，占用空间较大。另外受滤布耐温、耐腐蚀性能的限制，适用温度范围为 120～130℃，不适宜于高温（大于 300℃）气体，也不适宜带电荷的尘粒和黏结性、吸湿性强的尘粒的捕集。

随着清灰技术的改进和优质合成纤维布品种的增多，袋滤器在工业上的应用日趋广泛，成为具有较强竞争能力的一种高效气-固分离设备。

（二）湿法除尘器

湿法除尘是依靠亲水性的尘粒与水、水滴或其他液体相互接触、碰撞，使尘粒黏附或凝聚，从而与气体分离的操作。当含尘气体允许被增湿或冷却、粉尘无回收价值且不污染环境的情况下，采用湿法除尘是适宜的。图 2-5 所示为常用的几种湿法除尘设备。

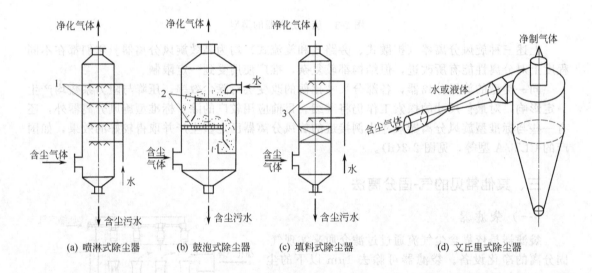

图 2-5　常用湿法除尘设备
1—喷嘴；2—筛板；3—填料

（1）喷淋式除尘器。一般要求气速不超过 1～2m/s，因气速较小，则阻力小，可作为初步净化用。但设备庞大，除尘效率低。

（2）鼓泡式除尘器。气体经筛孔鼓泡上升，产生很多泡沫，气液两相接触充分，扰动激烈，除尘效率高。若采用多层筛板，可进一步提高除尘效率。

（3）填料式除尘器。一般气速控制在 2～3m/s，不超过 4m/s。填料的密度和厚度愈大，除尘效率愈高，但阻力损失也相应增加。也可用直径为 10～40mm 聚氯乙烯空心小球代替填料，形成气-液-固三相湍动，提高除尘效率。

（4）文丘里式除尘器。结构与文丘里流量计相似，由收缩管、喉管及扩大管三部分组成。在喉管四周均匀地开有若干径向小孔，有时扩散管内设置有可调锥，以适应气体负荷的变化。当含尘气体以 50～100m/s 的速度通过喉管时，使液体同时由喉管外围夹套经径向小孔进入喉管内，在气流作用下，液体被喷成细小雾滴，促使尘粒润湿并聚结变大，随后进入旋风分离器等其他分离设备进行分离。

文丘里式除尘器结构简单紧凑、造价较低、操作简便，但阻力较大，其压降一般为 2000～5000Pa，需与其他分离设备联合使用。

第三节　液-固分离

在化工生产中，常形成液-固混合物，如液相反应生成沉淀，溶液浓缩析出晶体等。固体粒子悬浮于液体形成的非均相物系称为悬浮液，液-固分离就是将悬浮液中的液-固两相分离的操作。液-固分离常用于回收固体产品、获取澄清的溶液以及净化排放的废液使之符合规定的排放标准。

根据固体粒子的大小，可将悬浮液分为四类。粒子直径（采用当量直径）大于 $100\mu m$ 的悬浮液称为粗粒子悬浮液；粒子直径在 $0.5\sim100\mu m$ 之间的称为细粒子悬浮液；粒子直径在 $0.1\sim0.5\mu m$ 之间的为浑浊液；粒子直径小于 $0.1\mu m$ 的称为胶体溶液。

当悬浮液中的固体粒子较大、液相黏度较小时，可采用重力沉降法，典型设备为沉降槽；若固体粒子直径较小、液相黏度较大时，可用加压过滤法；若为浑浊液或乳浊液时，则采用离心分离法。本节将分别介绍这几类液-固分离设备。

一、沉降槽

沉降槽也称增稠器或澄清器，是重力沉降设备，用来提高悬浮液浓度并同时得到澄清液。当沉降分离的目的主要是为了得到澄清液时，所用设备称为澄清器；若分离目的是得到含固体粒子的沉淀物时，所用设备为增稠器。由于从沉降槽得到的沉渣中还含有约 50% 的液体，悬浮液的增稠常作为下一步分离的预处理，以减小后工序分离设备的负荷。

沉降槽可间歇操作也可连续操作。在工业生产中比较常见的有沉淀池、多层倾斜板式沉降槽、逆流澄清器、耙式浓密机及沉降锥斗等。沉降槽适用于处理量大而固体含量不高、颗粒不太细微的悬浮料浆。

沉降槽具有双重作用。其一是从料浆中分出大量清液，要求液体向上的速度在任何瞬间都必须小于颗粒的沉降速度，因此沉降槽应有足够的沉降面积，保证清液向上及增浓液向下的通过能力。其二是沉降槽必须要达到增浓液所规定的增浓程度，增浓程度取决于颗粒在槽中的停留时间，为此沉降槽加料口以下应有足够的高度，保证底流紧聚所需的时间。

要使沉降槽获得满意的澄清效果，在接近槽顶处必须保持一个微量固体含量区，在此区域内颗粒接近于自由沉降的状态，在该区域内的颗粒沉降速度由于超过清液向上的速度而下沉。若该区域太浅，一些小颗粒有可能随溢流液体从顶部溢出。由于通过上部清液区液体的体积流量等于料浆与底流中液体的体积流量之差，因此，底流中固体物的浓度和生产能力决定了澄清区的状况。

为了提高给定尺寸和类型的沉降槽的处理能力，除了确保沉降槽具有足够的沉降面积外，还应尽可能提高颗粒的沉降速度。多数情况下，是通过加入凝聚剂或絮凝剂，促使微细颗粒或胶粒凝结成大颗粒而加速沉降。凝聚是通过加入电解质，改变颗粒表面的电性，使颗粒相互吸引而结合；絮凝则是加入高分子聚合物或高聚电解质，使颗粒相互团聚成絮状。常见的凝聚剂和絮凝剂有 $AlCl_3$、$FeCl_3$ 等无机电解质，聚丙烯酰胺、聚乙胺和淀粉等高分子聚合物。也可用加热的方法降低液体黏度，并在溶解小颗粒的同时促使大颗粒长大。沉降槽经常配置缓慢转动的搅拌器，减低悬浮液的表观黏度，紧聚沉淀物。

图 2-6 所示的是连续操作、带锥形底的沉降槽。悬浮液于沉降槽中心液面下 $0.3\sim1m$ 处连续加入，颗粒向下沉降至器底，底部缓慢旋转的齿耙（转速为 $0.025\sim0.5r/min$）将沉降颗粒收集至中心，然后从底部中心处出口连续排出；沉降槽上部得到澄清液体，由四周溢流管连续溢出。

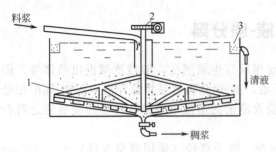

图 2-6　连续沉降槽
1—齿耙；2—转动机构；3—溢流槽

沉降槽一般用于大流量、低浓度、较粗颗粒悬浮液的处理。大的沉降槽直径可达 10～100m，深 2.5～4m，其结构简单，处理量大，操作易实现连续化和机械化。工业上大多数污水处理都采用连续沉降槽。

二、过滤

（一）过滤基本概念

过滤是在推动力作用下，使悬浮液中的液体通过多孔介质而固体粒子被截留的液-固分离的单元操作。过滤操作所处理的悬浮液称为滤浆，通过多孔介质的液体为滤液，被截留的固体粒子为滤饼或滤渣。

1. 过滤介质

过滤操作中用于截留悬浮液中固体粒子的多孔介质称为过滤介质。工业上常用的过滤介质有织物介质（也称滤布），可由棉、毛、丝、麻等天然纤维及各种合成纤维制成，也可以用玻璃丝、金属丝制成丝网。

2. 滤饼过滤和深层过滤

按照固体颗粒被截留的情况，过滤可分为滤饼过滤和深层过滤两类。

深层过滤时，过滤介质表面孔口较大，固体颗粒被截留在过滤介质的内部孔隙中，在介质表面无滤饼生成。这种过滤形式下，起截留作用的是介质内部的曲折细长通道，过滤过程中过滤介质内部通道会逐渐变小，因而常用于澄清固相体积分数小于 0.1％的细颗粒（直径小于 5μm）悬浮液，且过滤介质必须定期更换或清洗再生。

滤饼过滤情况下，滤渣在过滤介质表面上沉积并逐渐增厚，且起过滤介质的作用，过滤时滤液须克服过滤介质和滤饼双重阻力，其中滤饼的阻力随颗粒层的增厚而不断增大，是过滤的主要阻力。滤饼过滤要求滤饼能够迅速生成，常用于分离固相体积分数大于 1％的悬浮液，是化工生产中应用最广的过滤形式，也是本节的主要内容。

3. 过滤推动力和过滤速度

过滤进行的推动力可以是重力、压强差和离心力。单纯依靠重力的过滤速度太慢，工业上很少采用。离心过滤速度快，但受到过滤介质强度及其孔径的限制，设备投资和动力消耗也较大，多用于固相粒度大、浓度高的悬浮液。在工业上应用最广的是压差过滤，包括加压过滤和真空过滤。

单位时间通过单位过滤面积所获得的滤液体积称为过滤速度。实验证明，过滤速度的大小与过滤推动力成正比，而与过滤阻力成反比。过滤阻力与滤饼层的厚度和滤渣性质有关。颗粒层越厚，结构越紧密，则滤饼层的阻力就越大。在操作过程中，随着滤饼层的不断增厚，液体的流动阻力不断增大，使过滤速度逐渐减小，为此应及时清除滤布上的滤渣。若要维持过滤速度恒定不变，需要不断增大压差，此为恒速过滤；若维持压强差不变，过滤速度将逐渐下降，称为恒压过滤。在过滤初始阶段，为避免压差过大引起小颗粒的过分流失或损坏滤布，可先采用低压差低速的恒速过滤，到达规定压差后再进行恒压过滤，直至过滤终了。

4. 滤饼的压缩性

由刚性颗粒形成的滤饼，在过滤过程中颗粒形状和颗粒间的空隙率保持不变（即紧密程度不变），称为不可压缩滤饼。而非刚性颗粒形成的滤饼在压强差作用下会压缩变形（可压缩滤饼），这种滤饼的空隙率会随压强差或滤饼层厚度的增加而减小，使液体流动阻力增加，甚至可能将过滤介质孔道堵塞，使过滤困难。为此，可使用助滤剂改善滤饼层结构。助滤剂是多孔性、不可压缩的细小固体颗粒，如硅藻土、石棉等，可预敷在过滤介质表面以防孔道堵塞，或直接混入悬浮液中以改善滤饼结构，但在滤饼需回收时不宜使用。

5. 过滤机的生产能力

过滤机的生产能力用单位时间内所得滤液量表示。连续式过滤机的生产能力主要取决于过滤速度，间歇式过滤机的生产能力除了与过滤速度有关外，还决定于操作周期。操作周期包括滤浆过滤、滤饼洗涤、卸渣和清理等时间，过滤设备必须能完成各个阶段的不同操作任务。理论和实验表明，过滤所得滤液总量近似地与过滤时间的平方根成正比。因此，过滤时间过长会降低生产能力。

（二）典型过滤设备

过滤悬浮液的设备称为过滤机，过滤机的种类很多。按操作方式可分为间歇式和连续式过滤机；按产生压差的方式不同，可分为重力式、压（吸）滤式和离心式三类，本节主要介绍压（吸）滤式和离心式过滤设备。

1. 板框压滤机

板框压滤机是广泛应用的一种间歇操作的加压过滤设备，主要由机头、滤框、滤板、尾板和压紧装置构成，滤框、滤布和滤板交替排列组成若干个滤室，如图 2-7 所示。滤板和滤框的数量可在机座长度内根据需要自行调整，过滤面积为 $2\sim80m^2$。

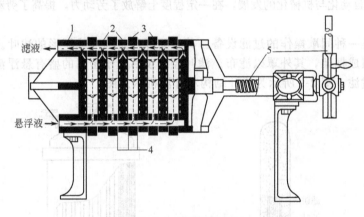

图 2-7　板框压滤机

1—固定头；2—滤板；3—滤框；4—滤布；5—压紧装置

滤板和滤框通常为正方形，如图 2-8 所示。板和框的四个角端均开有圆孔，上端两孔中一个作为悬浮液通道，另一个是洗涤液入口通道；下端一个是滤液通道，另一个是洗涤液出口通道。滤板的中间板面呈凹陷的网格状，作为汇集滤液和洗涤液的通道，凸面支撑滤布，滤布介于交替排列的滤框和滤板之间，滤框内部空间用于容纳滤饼。滤板分洗涤板和非洗涤板两种。两者不同之处在于洗涤板上方一角孔内还开有与板面两侧相通的侧孔道，洗涤液即由此穿过滤布进入框内。为了在装合时不致使板和框的顺序排错，在铸造时常在板和框的外缘铸有小孔钮。在板的外缘铸有一个钮的是非洗涤板；铸有三个钮的是洗涤板；在框的外缘铸有两个钮。板和框的排列次序是按照钮的记号 1-2-3-2-1……的顺序排列的。

过滤时，悬浮液在一定的压差下经悬浮液通道由滤框角端的暗孔进入框内；滤液分别穿过两侧的滤布，再经相邻滤板的凹槽汇集至滤液出口排出，固相则被截留于框内形成滤饼，待框内充满滤饼，过滤即可停止。

若滤饼需要洗涤，要先关闭洗涤板下部的滤液出口，将洗涤液压入洗涤液通道后，经洗涤板角端的侧孔进入两侧板面，洗涤液在压差推动下穿过一层滤布和整个框厚的滤饼层，然

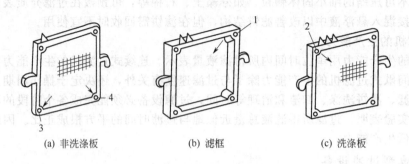

(a) 非洗涤板　　　　　　(b) 滤框　　　　　　(c) 洗涤板

图 2-8　滤板和滤框
1—悬浮液通道；2—洗涤液入口通道；3—滤液通道；4—洗涤液出口通道

后再横穿一层滤布，由过滤板上的凹槽汇集至下部的滤液出口排出。这种洗涤方式称为横穿洗涤法，效果较好。洗涤完毕即可旋开压紧装置，卸渣、洗布、重装，进入下一轮操作。

板框压滤机操作压强较高（3～10at，1at＝98.07kPa，下同），适用范围广泛。较常用于过滤固体含量高的悬浮液，也可用于过滤颗粒较细或液体黏度较大的物料，设备结构紧凑，过滤面积较大。但由于装卸、清洗多为手工劳动，生产效率低，劳动强度较大，滤布损耗比较严重。但随着大型压滤机的自动化与机械化的发展，在一定程度上解放了劳动力，提高了劳动生产率。

2. 叶滤机

叶滤机也是一种间歇操作的过滤设备。其主要部件是圆形或矩形的滤叶。滤叶由金属多孔板或金属网组成框架，其外罩以滤布。滤叶经组装后置于密闭的盛有悬浮液的滤槽中，叶滤机采用加压过滤。图 2-9 所示为滤叶结构和叶滤机示意图。

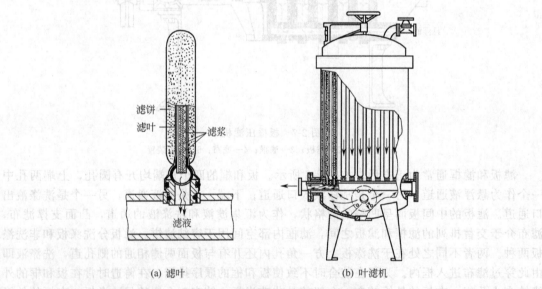

(a) 滤叶　　　　　　　　　(b) 叶滤机

图 2-9　滤叶结构和叶滤机示意图

在压差作用下，滤液穿过滤布进入滤叶中空部分汇集至总管后排出，滤渣则沉积于滤布外表面形成滤饼，滤饼厚度为 5～35mm。过滤结束后，若需洗涤，则向滤槽内通入洗涤液，洗涤液与滤液通过的路径相同，此为置换洗涤法。洗涤结束后，用压缩空气、清水或蒸汽反向吹卸滤渣。

叶滤机采用密闭操作，过滤面积大，过滤速度快，洗涤效果好，劳动条件优越。每次操作时，滤布不用装卸；但一旦破损，更换很麻烦。由于叶滤机采用加压密闭操作，设备结构较复杂，造价较高。

3. 转鼓真空过滤机

转鼓真空过滤机是一种连续操作的过滤设备，在工业上应用很广。

设备主体部分是一个卧式转鼓（转筒），表面覆有金属网，网上覆盖滤布。如图 2-10 所示，转鼓下部浸入滤浆槽中，以 0.1～3r/min 的速度转动。转鼓沿径向等分成若干扇形小室，每个小室与转鼓端面上的带孔圆盘（转动盘）相通。此转动圆盘与另一静止的、上面开有槽和孔的固定盘借弹簧压力紧密贴合，这两个互相紧靠又相对转动的圆盘组成一副分配头，见图 2-11。固定盘上槽 1 和槽 2 分别与真空滤液罐相通，槽 3 与真空洗涤液罐相通，孔 4 和孔 5 分别与压缩空气缓冲罐相通。转动盘上任一小孔旋转一周，先后经历与固定盘上各槽各孔连通的过程，使相应的转鼓小室亦先后同各种罐相通。当转鼓上某一小室转入滤浆中时，与之相通的转动盘上的小孔也与固定盘上槽 1 相通，在真空情况下抽吸滤液，滤布外侧则形成滤饼。当小孔与槽 2 相通时，小室的过滤面已离开滤浆槽，槽 2 的作用是将滤饼中含有的滤液进一步吸出使滤饼含液率降低。转鼓上方有喷嘴将洗涤液喷淋在滤饼上，并由槽 3 抽吸至洗涤液罐。转鼓右侧装有卸渣用的刮刀，刮刀与转鼓表面距离可调。当小室与孔 4 和孔 5 连通时，压缩空气反吹，卸除滤饼，滤布得以再生。

转鼓在滤浆槽中的浸没面积通常为转鼓总面积的 30%～40%。若不需洗涤，则浸没率可增至 60%左右，转鼓表面滤饼厚度为 3～40mm。

转鼓真空过滤机操作连续、自动、节省人力，生产能力大，但过滤面积不大，真空吸滤压差较低，滤饼含液率较高（10%～30%），且洗涤不充分。因是真空操作，物料温度不能过高。该设备较多用于对过滤压差要求不高、处理量很大的悬浮液。在过滤细、黏物料时，可采用助滤剂在滤布上预涂，并将卸料刮刀略微离开转鼓表面一定距离，确保转鼓表面的助滤剂层不被刮下，长时间起到助滤作用。

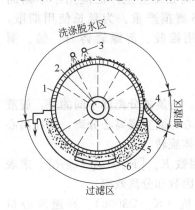
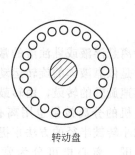
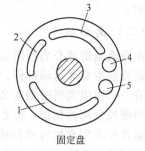

图 2-10 转鼓真空过滤机操作简图
1—转鼓；2—分配头；3—洗涤液喷嘴；
4—刮刀；5—滤浆槽；6—搅拌器

图 2-11 分配头示意图
1,2—与真空滤液罐相通的槽；3—与真空洗涤液
罐相通的槽；4,5—与压缩空气缓冲罐相通的孔

三、离心分离

（一）旋液分离器

旋液分离器也称为水力旋流器，它是利用离心力作用，使悬浮液中的固体粒子增浓或将不同大小、不同密度的粒子分级的设备，其结构和工作原理与旋风分离器相似。

旋液分离器的主体由圆筒和圆锥两部分构成。悬浮液经入口管以 2～10m/s 的速度沿切线方向进入圆筒部分，形成螺旋形向下的旋流。固体粒子受离心力作用被甩向器壁，并随旋流沿锥筒内壁螺旋下降到锥筒底部。由底流出口排出浓稠悬浮液，称为底流产品或底流。澄清液或含有较细、较轻粒子的液体，则形成螺旋上升的内层旋流，由上端中心溢流管排出，称为顶流产品或顶流。

旋液分离器中固体粒子的沉降速度很大，可以使设备尺寸大为缩小。减小半径和加长锥筒部分，可以充分发挥旋液分离器的分离作用。这是因为固液密度差比固气密度差小，在一定进口切线速度下，这种结构有利于减小旋转半径，增大惯性离心力，提高沉降速度。同时，加长锥形部分的长度，可增大液流行程，从而延长液体在器内的停留时间。旋液分离器的底部出口是敞开的，借助调节出口的开度，可以调节底流与顶流的流量比例，从而使全部或部分固体颗粒从底流中送出。

利用旋液分离器，可以有效地分离出几微米的微细颗粒。用旋液分离器进行固-液分离的缺点是液流中产生的剪切力可能破坏附聚物，对固-液分离不利。为了取得较好的分离效果，可将几个旋液分离器串联操作，或利用循环系统，使料液多次通过旋液分离器，同样可达到提高效率的效果。

若料浆中含有不同密度或不同粒度的颗粒，令大直径或密度大的颗粒从底流送出，小粒度或密度小的颗粒从溢流中送出，这种操作称为分级。分级又可分为筛分（按粒度分级）和分选（按密度分级）。用于分级的旋液分离器称为水力分粒器，分粒器的基本要求在于获得最佳分离程度而不是最高效率。通过调节底流量和顶流量的比例，可以控制两流股中颗粒大小的范围。此外，旋液分离器还可用于不互溶液体的分离、气-液分离，以及传热、传质及雾化等有关操作。

旋液分离器结构简单，没有运动部件，体积小，生产能力大，且能处理腐蚀性悬浮液，不仅可用于固-液分离，而且在分级方面有显著的优点，因而在工业上广泛应用于不同的工艺领域。使用旋液分离器的最大问题是压降太大，设备磨损严重。为延长使用期限，可采用钢、尼龙、陶瓷、聚氨酯等作结构材料，也可采用橡胶、辉绿岩铸石、锰、铜作内衬。

（二）离心机

离心机是借离心力作用分离悬浮液或乳浊液的常用设备。与旋液分离器不同的是：旋液分离器设备本身无运动部件，是依靠液体的旋转运动产生离心力而实现离心分离，而在离心机中有一个由电动机带动的高速旋转的转鼓，由转鼓带动液体旋转。

与旋风分离器相似，离心机的分离效果也用离心分离因数 K_c [$K_c = u_{切}^2/(gR)$] 来表示，通常可采用增加转速和减小转鼓半径的方法来提高分离因数和分离效率。

按照分离因数的大小范围，离心机可分为常速离心机（$K_c < 3000$）、高速离心机（$K_c > 3000$）、超速离心机（$K_c > 50000$）；按照设备构造特性，可分为直立式、横卧式和倾斜式离心机；按操作方式可分为间歇和连续式两种；按操作性质，又可分为沉降式和过滤式离心机。过滤式离心机也称离心过滤机，其主要部件是一个装在垂直或水平轴上作高速旋转的转鼓，转鼓侧壁上有许多小孔，内壁覆以滤布。当转鼓旋转时，由于离心力的作用滤液由滤孔排出，而滤渣则截留于滤布上。沉降式离心机也称离心沉降机，与过滤式离心机不同之处在于转鼓侧壁上没有小孔，也没有覆滤布。当转鼓旋转时，由于离心力的作用料液按密度大小而分层沉降。下面介绍几种化工生产中常见的过滤式离心机。

1. 三足式离心机

这是一种常用的人工卸料的间歇式过滤离心机。其主要部件为一篮式转鼓，如图2-12所示。为便于拆卸并减轻转鼓的摆动，将转鼓、外壳和联动装置都固定在机座上，机座则借拉杆悬挂在三个支柱上，故称三足式离心机。操作时，将料浆加入转鼓后启动，滤液经转鼓和滤布由机座底部排出，滤渣沉积于转鼓内壁。过滤完毕，继续运转一段时间以沥干滤液或减少滤饼中含液量，必要时可进行洗涤。停车卸料，清洗设备。

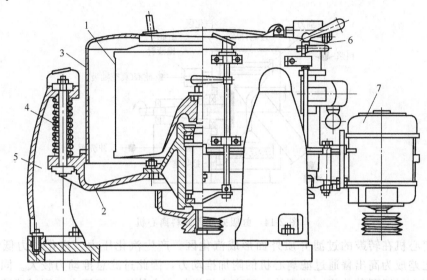

图 2-12　三足式离心机
1—转鼓；2—机座；3—外壳；4—拉杆；5—支架；6—制动器；7—电机

三足式离心机的转鼓直径大多在1m左右，分离因数一般在430～655之间。设备结构简单，运转周期可灵活掌握，多用于小批量物料的处理，颗粒破损较轻。但需从设备上部卸渣，工作繁重，很不方便。轴承和传动装置在机座下部，检修不便，且液体可能漏入，导致设备腐蚀。

2. 卧式刮刀卸料离心机

这是连续操作的过滤离心机，每个周期包括进料、分离、洗涤、甩干、卸料和洗网等工序，各工序操作均在转鼓全速运转下连续自动进行。

卧式刮刀卸料离心机如图 2-13 所示，进料阀定时开启，悬浮液经进料管加入卧式转鼓内。在离心力作用下，滤液经滤网和转鼓上的小孔被甩至鼓外排出，固体颗粒则被截留，机内设有耙齿将沉积的滤渣均布于转鼓内壁的滤网上。当滤饼达到一定厚度，进料阀自动关闭。然后冲洗阀自动开启，洗涤水经冲洗管喷淋在滤渣上。洗涤完毕后持续甩干一定时间，刮刀在液压传动下上升，将滤饼刮入卸料斗沿倾斜的溜槽卸出。刮刀架升至极限位置后退下，冲洗阀开启，清洗滤网，进入下一周期。

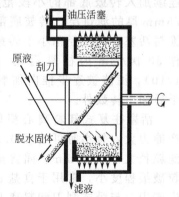

图 2-13　卧式刮刀卸料离心机

每一操作周期约为35～90s，连续运转，生产能力较大，劳动条件好，适宜于过滤固体粒径大于0.1mm的悬浮液。采用刮刀卸料时，颗粒会有一定程度的磨损。

在原有的刮刀卸料离心机的基础上，又开发出了具有独特结构的虹吸式刮刀卸料离心机（简称虹吸离心机），如图2-14所示。在普通刮刀卸料离心机内增加一套同轴转动的虹吸装置，将过滤式转鼓改进为带有虹吸室的转鼓。由于虹吸作用增加了新的过滤推动力，使总推动力增大，过滤速度相应增大，生产能力比普通过滤离心机高 1.5～2.0 倍以上，且允许在较低的分离因数下操作，所需功率比普通过滤离心机低约 30％。调节虹吸作用可改变过滤速度，进料时减低过滤速度可防止料浆分布不均。

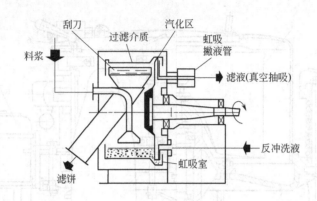

图 2-14　虹吸式刮刀卸料离心机

虹吸离心机在转鼓的过滤介质外面形成汽化区，产生汽化压力。汽化压力低于环境压力，两者之差成为高出普通过滤离心机的附加推动力，因此过滤总推动力较大。同时具有离心过滤和真空过滤两种功能。若再给虹吸离心机增加一个外加的正压力，则过滤速度因推动力的增大而进一步增大，此种加压的虹吸过滤离心机同时具有离心过滤、真空过滤和加压过滤三种功能。

由于虹吸式刮刀卸料离心机的过滤推动力比普通离心机大，所以过滤时间短，生产能力较大。同时，可用滤液或其他液体对残余滤饼层进行反冲洗，使滤布恢复过滤能力，因此滤布的有效使用周期比普通离心机长，对细小颗粒组成的滤饼进行反冲洗，可使产品进一步得到洗净，提高产品质量。

3. 活塞往复式卸料离心机

活塞往复式卸料离心机也是一种自动卸料、连续操作的过滤离心机，加料、过滤、洗涤、沥干和卸料等操作在转鼓内的不同部位同时进行，如图 2-15 所示。原料液由旋转的锥形料斗连续加入转鼓底部的小段范围内过滤，形成约 25～75mm 厚的滤饼层。转鼓底部装有与转鼓一起旋转的推料活塞，其直径稍小于转鼓内壁。活塞与料斗一起作 30 次/min 的往复运动（冲程约为转鼓全长的 1/10），滤渣被逐步推向加料斗的外缘，经洗涤、沥干后卸出转鼓外。

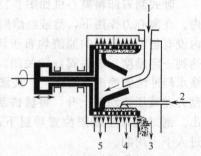

图 2-15　活塞往复式卸料离心机
1—原料液；2—洗涤液；3—洗脱液；
4—洗出液；5—滤液

活塞往复式卸料离心机转速低于 1000r/min，生产能力大，每小时可处理 0.3～2.5t 固体，适合于过滤粒径大于 0.15mm、固含量小于 10％的悬浮液，颗粒破损程度小，常用于食盐、硫酸铵、尿素等产品的生产中。与卧式刮刀卸料离心机相比，控制系统较简单，但对悬浮液浓度较为敏感。若料浆太稀，则来不及过滤即直接流出转鼓；料浆太稠，则流动性差，使滤渣分布不均，引起转鼓震动。

复习思考题

1. 非均相物系的分离方法有哪些？分别是如何实现分离的？
2. 气-固分离应用在哪些方面？有哪些分离方法和设备？
3. 说明旋风分离器的结构形式和操作原理。
4. 湿法除尘有哪些设备，说明它们的结构特点。
5. 离心沉降与重力沉降有何异同？
6. 如何提高离心分离因数？
7. 液-固分离应用在哪些方面？有哪些分离方法和设备？
8. 说明沉降、过滤的区别。
9. 简述常用离心机的结构及特点。
10. 提高过滤速度的方法有哪些？

本章主要符号说明

英文字母

B——降尘室宽度，m；

d_p——颗粒直径，m；

H——降尘室高度，m；

K_c——分离因数；

L——降尘室长度，m；

u——流体流动速度，m/s；

u_t——沉降速度，m/s。

希腊字母

μ——流体的黏度，Pa·s；

ρ——流体的密度，kg/m³；

ρ_s——颗粒的密度，kg/m³；

τ——停留时间，s；

τ_t——沉降时间，s。

第三章

传热与换热器

知识目标

掌握传热基本方式，工业换热的方法；平壁、圆筒壁定态导热计算，热导率、给热系数的影响因素；传热推动力和热阻的概念；热负荷、平均温度差、传热系数的计算；强化传热的途径。

理解热传导、热对流、热辐射的机理、特点和影响因素；对流给热的相关概念。

了解辐射传热概念、对流给热的相关计算；工业生产中其他换热器的结构、特点和应用，各种新型换热器结构。

能力目标

能识别不同形式列管换热器的结构，完成间壁式换热器传热面积的计算；会分析换热器换热能力的影响因素。

第一节 概 述

一、传热在化工生产中的应用

无论是气体、液体还是固体，凡是存在着温度的差异，就必然导致热自发地从高温处向低温处传递，这一过程被称为热量传递，简称传热。

化工生产中的化学反应通常要在一定的温度下进行，如合成氨生产中的氢气、氮气合成为氨为放热反应，所使用的催化剂的活性温度为673K，最高的耐热温度为823K，实际操作温度只有控制在743～793K之间，才能获得较大的反应速率和转化率。因此进入合成塔的氢气、氮气要首先加热至673K，再进入催化剂层，才能保证催化剂的活性。而反应放出的热量要及时冷却将其移走，才能保证在最佳的温度范围操作，延长催化剂的使用寿命。另外化工生产中的设备保温、热能的回收利用，以及一些单元操作，如蒸发、蒸馏和干燥等也都存在供热和放热的问题。由此可见，传热是化工生产中必不可少的单元操作。

化工生产中的传热过程，多数都是在两流体之间进行。参与传热的两流体均称为载热体，其中温度较高的流体称为热载热体，温度较低的流体称为冷载热体。若传热过程的目的是将冷载热体加热，则所采用的热载热体称为加热剂；若目的是将热载热体冷却，则所采用的冷载热体称为冷却剂。工业上常见的加热剂有烟道气、水蒸气、热油、热水或其他高温流体，常用的冷却剂有空气、冷水和冷冻盐水等。

用于冷、热两流体进行热量交换的设备称为换热器。在一般化工生产中，换热设备约占设备总数的 40%，这个数字可充分说明传热在化工生产中的重要性。

二、工业生产中的换热方法

（一）间壁式换热

这是工业生产中普遍采用的换热方法，其特点是冷、热两种热载体被一固体间壁隔开，在换热过程中两载热体互相不接触、不混合，热流体通过传热壁面将其热量传递给冷流体，用此种换热方法进行传热的设备称为间壁式换热器。由于化工生产中参与传热的冷、热流体大多数是不允许互相混合的，因此间壁式换热是实际生产中应用最广泛的一种形式。间壁式换热器的类型很多，图 3-1 所示为最常用的列管式换热器。

（二）混合式换热

混合式换热的特点为冷、热两载体之间的热交换是在两流体直接接触和混合的过程中实现的，它具有传热速度快、效率高、设备简单的优点。这种换热方法一般用于用水与空气之间的换热或用水冷凝水蒸气等允许两流体直接接触并混合的场合。

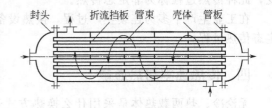

图 3-1 列管式换热器

图 3-2 所示为一种机械通风式凉水塔。需要冷却的热水被集中到凉水塔的底部，用泵将其输送到塔顶，经淋水装置分散成水滴或水膜自上而下流动，与自下而上流动的空气相接触，在接触过程中热水将热量传递给空气，达到了冷却热水的目的。

（三）蓄热式换热

蓄热式换热的特点是冷、热两载体间的热交换是通过对蓄热体的周期性加热和冷却来实现的。图 3-3 所示为一蓄热式换热器，在器内装有空隙较大的充填物（如架砌耐火砖之类）作为蓄热体。当热流体流经蓄热器时是加热期，热流体将热量传递给蓄热体，热量被贮存在蓄热体内；当冷流体流过蓄热器时是冷却期，蓄热体将贮存的热量传递给冷流体。这样冷、热两载体交替流过蓄热体，利用蓄热体的贮存和释放热量来达到冷、热两个载体之间的换热目的。

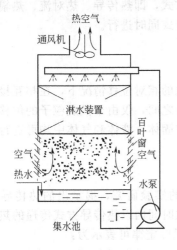

图 3-2 机械通风式凉水塔

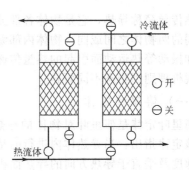

图 3-3 蓄热式换热器

蓄热式换热器结构简单，能耐高温，一般常用于高低温气体介质间的换热。但由于该类设备的操作要在两个蓄热器之间间歇交替进行，且两流体会有一定程度的混合，故这类设备在化工生产中很少使用，常用于冶金行业。

三、定态传热与非定态传热

传热过程既可连续进行也可间歇进行。对于连续进行正常操作的传热过程，传热系统（如换热器）中没有热能积累，输入系统的热能等于输出系统的热能，系统中各点温度仅随位置变化而与时间无关，该过程称为定态传热。定态传热的特点是单位时间内所传递的热量（即传热速率）为一常数，不随时间而变。

对于间歇进行或连续操作的传热设备处于开、停车阶段的传热过程，传热系统中有热能积累，传热系统中各点的温度既随位置又随时间而变，冷、热物体之间传递的热量随时间而变，此种传热过程称为非定态传热。

在工业生产中多为连续生产过程，换热设备中多为定态传热过程。所以本章主要是讨论定态传热过程。

四、传热速率与热通量

无论冷、热两载热体是采用什么换热方式进行热量交换，都存在着热量传递快慢的问题，在换热计算和分析过程中常用传热速率和热通量两个指标来表示。

传热速率 Q，指的是单位时间内通过传热面传递的热量，单位为 W。它表征了换热器传热能力的大小，对一定换热面积的换热器，其值越大，表示换热器的效能越高。

热通量 q，指的是单位时间内通过单位传热面积所传递的热量，单位为 W/m^2。在一定的传热速率 Q 下，热通量 q 越大，则表明所需传热面积 S 越小，它是一个反映传热强度的指标，所以又称为热流强度。热通量与传热速率之间的关系如式(3-1) 所示：

$$q = \frac{Q}{S} \quad (W/m^2) \tag{3-1}$$

第二节 传 热 方 式

根据物理本质的不同，热量传递可分为三种基本方式，即热传导、热对流、热辐射。化工生产中的传热可以依靠其中的一种方式进行或几种方式同时进行。

一、热传导

热传导简称导热，它是物体各部分之间不发生宏观的相对位移情况下，在相互接触而温度不同的两物体之间或同一物体内部温度不同的各部分之间，仅由于微观粒子的位移、分子转动和振动等热运动而引起的热量传递现象。热传导在固体、液体和气体中均可进行，但它的微观机理则因物态不同而异。

（一）傅里叶定律

傅里叶定律是傅里叶对物体的导热现象进行大量的实验研究，揭示出的热传导基本定律。该定律指出：当导热体内进行的是纯导热时，单位时间内以热传导方式传递的热量，与温度梯度及垂直于导热方向的导热面积 S 成正比。傅里叶定律可表示为：

$$Q = -\lambda S \frac{dt}{dx} \tag{3-2}$$

式中　Q——导热速率，即单位时间内传递过导热面的热量，W；

　　　S——导热面积，m^2；

　　　λ——比例系数，称为热导率，W/(m·K)；

　　　$\dfrac{dt}{dx}$——温度梯度，传热方向上单位距离的温度变化率，K/m。

式中的负号表示热总是沿着温度降低的方向传递。

（二）热导率

热导率与流体黏度一样，是物质粒子微观运动特性的表现，它表示了物质导热能力的大小，是物质的物理性质之一。由式(3-2)得出，热导率在数值上为导热面积为 1m^2，厚度为 1m，两侧温度差为 1K 时，单位时间内所传导的热量。物质的热导率越大，其导热性能越好。

各种物质的热导率通常是由实验方法测定，它的数值与物质的组成、结构、密度、温度及压强有关。热导率的数值变化范围很大，一般来说，金属的热导率最大，非金属固体的次之，液体的热导率较小，气体的热导率最小。工程上常见物质的热导率可从有关手册中查得，本书附录中也有部分摘录，供计算时查用。

不同的物质具有不同的热导率，而相同的物质又会因其结构、密度、温度及压强的改变而改变。以下对影响固体、液体及气体热导率的因素分别加以讨论。

（1）固体的热导率。在所有的固体中，金属是最好的导热体，纯金属的热导率一般随温度升高而降低。金属的热导率大多随其纯度的增高而增大，合金的热导率一般比纯金属要低。

非金属的建筑材料或绝热材料的热导率与温度、组成及结构的紧密程度有关，通常是随温度升高而增大，随密度增加而增大。

（2）液体的热导率。液体可分为金属液体和非金属液体。金属液体的热导率要比一般液体的要高，大多数金属液体的热导率随温度升高而降低。在非金属液体中，水的热导率最大。除水和甘油以外，液体的热导率随温度升高略有减小。一般来说，纯液体的热导率要比其溶液的大。

（3）气体的热导率。气体的热导率随温度升高而增大。在相当大的压强范围内，气体的热导率随压强变化甚微，可以忽略不计。只有在过高或过低的压强（高于 2×10^5 kPa 或低于 3kPa）下，才考虑压强的影响，此时气体的热导率随压强增高而增大。

气体的热导率很小，对传热不利，但有利于保温、绝热，工业上所用的保温材料，一般是多孔性或纤维性材料，由于材料的孔隙中存有气体，所以其热导率低，适用于保温隔热。

（三）平壁定态热传导

1. 单层平壁的热传导

图 3-4 所示的是一个面积为 S，厚度为 δ，材料均匀，热导率 λ 不随温度而变化（或取平均热导率）的单层平壁。两壁面为保持一定温度 t_{w1} 和 t_{w2} 的等温面，平壁内部平行于壁面的每一个平面也必然为等温面。平壁内的温度只是在导热方向上有变化，对此平壁定态导热，导热速率 Q 和传热面积 S 都为常量。若在平壁内距离表面 x 处取一厚度为 dx 的微元薄层，根据傅里叶定律，对于这一微元薄层可写为：

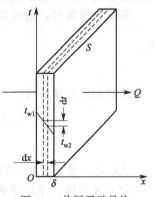

图 3-4　单层平壁导热

$$Q = -\lambda S \frac{dt}{dx}$$

当 $x=0$ 时，$t=t_{w1}$；$x=\delta$ 时，$t=t_{w2}$，且 $t_{w1}>t_{w2}$，积分上式可得：

$$Q=\frac{\lambda}{\delta}S(t_{w1}-t_{w2}) \tag{3-3}$$

或写成：

$$Q=\frac{t_{w1}-t_{w2}}{\dfrac{\delta}{\lambda S}}=\frac{\Delta t}{R} \tag{3-4}$$

式中　Δt——平壁两侧壁面的温度差，为导热推动力，K；

$R=\dfrac{\delta}{\lambda S}$——导热热阻，K/W。

式(3-4) 表明导热速率与导热推动力成正比，与导热阻力成反比。即

$$导热速率=\frac{导热推动力}{导热阻力}$$

其导热距离越大，传热面积和热导率越小，导热阻力则越大。

应予指出，式(3-3)、式(3-4) 适用于热导率 λ 为常数的定态导热过程。实际上，在物体内不同的位置上，热导率并不相同。在工程计算中，热导率可取固体两侧壁面温度下 λ 的算术平均值。事实证明，当热导率随温度变化呈线性关系时，用物体的平均热导率进行热传导计算，将不会引起大的误差。

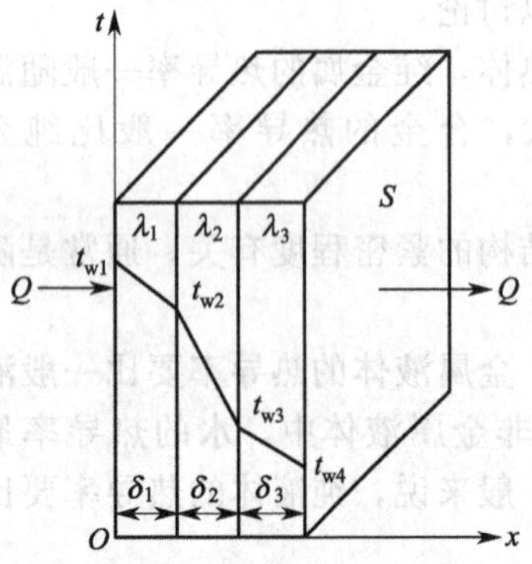

图 3-5　多层平壁导热

2. 多层平壁的热传导

在工程计算中，常常遇到的是多层平壁导热，即由几种不同材料组成的平壁。例如房屋的墙壁，以红砖为主，内有石灰层，外抹水泥浆；锅炉的炉壁，最内层为耐火材料层，中间层为隔热层，最外层为钢板，这些都是多层平壁的事例。

图 3-5 表示一个三层不同材料组成的大平壁，各层的壁厚分别为 δ_1、δ_2 和 δ_3，热导率分别为 λ_1、λ_2 和 λ_3。平壁的表面积为 S。假定层与层之间接触良好，即相接触的两表面温度相同，各接触表面的温度分别为 t_{w1}、t_{w2}、t_{w3} 和 t_{w4}，且 $t_{w1}>t_{w2}>t_{w3}>t_{w4}$。

在定态导热时，通过各层的导热速率必然相等，即：$Q=Q_1=Q_2=Q_3$

或：

$$Q=\frac{t_{w1}-t_{w2}}{\dfrac{\delta_1}{\lambda_1 S}}=\frac{t_{w2}-t_{w3}}{\dfrac{\delta_2}{\lambda_2 S}}=\frac{t_{w3}-t_{w4}}{\dfrac{\delta_3}{\lambda_3 S}}$$

根据加比定律可得：

$$Q=\frac{(t_{w1}-t_{w2})+(t_{w2}-t_{w3})+(t_{w3}-t_{w4})}{\dfrac{\delta_1}{\lambda_1 S}+\dfrac{\delta_2}{\lambda_2 S}+\dfrac{\delta_3}{\lambda_3 S}}=\frac{t_{w1}-t_{w4}}{\dfrac{\delta_1}{\lambda_1 S}+\dfrac{\delta_2}{\lambda_2 S}+\dfrac{\delta_3}{\lambda_3 S}} \tag{3-5}$$

式(3-5) 为三层平壁的热传导速率方程式。

对 n 层平壁，热传导速率方程式为：

$$Q=\frac{t_{w1}-t_{w(n+1)}}{\displaystyle\sum_{i=1}^{n}\dfrac{\delta_i}{\lambda_i S}}=\frac{\sum \Delta t}{\sum R} \tag{3-6}$$

式(3-5) 和式(3-6) 说明，多层平壁热传导的总推动力为各层推动力之和；总热阻为各

层热阻之和。多层平壁的导热热阻计算如同直流电路中串联电阻，若用电路中欧姆定律分析有关传热的问题是相当直观的。

必须指出的是，在上述多层平壁的计算中，是假设层与层之间接触良好，两个相接触的表面具有相同的温度。而实际多层平壁的导热过程中，固体表面并非是理想平整的，总是存在着一定的粗糙度，因而使固体表面接触不可避免地出现附加热阻，工程上称为"接触热阻"，接触热阻的大小与固体表面的粗糙度、接触面的挤压力和材料间硬度匹配等有关，也与界面间隙内的流体性质有关。工程上常采用增加挤压力、在接触面之间插入容易变形的高热导率的填隙材料等措施来减小接触热阻。接触热阻的大小主要依靠实验确定，有关数据可查有关资料。

【例 3-1】　有一工业炉，其炉壁由三层不同材料组成。内层为厚度 240mm 的耐火砖，热导率为 0.9W/(m·K)；中间为 120mm 绝热砖，热导率为 0.2W/(m·K)；最外层是厚度为 240mm 普通建筑砖，$\lambda_3=0.63\text{W/(m·K)}$。已知耐火砖内壁表面温度为 940℃，建筑砖外壁温度为 50℃，试求单位面积炉壁上因导热所散失的热量，并求出各砖层接触面的温度。

解　先求单位面积炉壁的导热量 q 值，由题意可知为三层平壁导热，根据式(3-6)可得 $n=3$：

$$q=\frac{Q}{S}=\frac{t_{w1}-t_{w4}}{\dfrac{\delta_1}{\lambda_1}+\dfrac{\delta_2}{\lambda_2}+\dfrac{\delta_3}{\lambda_3}}=\frac{940-50}{\dfrac{0.24}{0.9}+\dfrac{0.12}{0.2}+\dfrac{0.24}{0.63}}=713\text{W/m}^2$$

再求各接触面的温度 t_{w2} 和 t_{w3}，由于为定态导热，$q=q_1=q_2=q_3$，所以应有：

$$q=\frac{t_{w1}-t_{w2}}{\dfrac{\delta_1}{\lambda_1}}\qquad t_{w2}=t_{w1}-q\frac{\delta_1}{\lambda_1}=940-713\times\frac{0.24}{0.9}=750℃$$

$$q=\frac{t_{w3}-t_{w4}}{\dfrac{\delta_3}{\lambda_3}}\qquad t_{w3}=t_{w4}+q\frac{\delta_3}{\lambda_3}=50+713\times\frac{0.24}{0.63}=322℃$$

将各层热阻和温差分别计算列入表 3-1。

表 3-1　[例 3-1] 计算结果

项　目	耐火砖层	绝热砖层	建筑砖层
热阻/(m²·K/W)	0.267	0.6	0.381
温差/K	190	428	272

由表 3-1 可知：系统中任一层的热阻与该层的温差（推动力）成正比，即该层温差越大，热阻也就越大。利用这一概念可从系统温度分布情况判断各部分热阻的大小。

【例 3-2】　铜板的一侧壁面黏附着污垢，铜板的面积为 2m^2，厚度为 3mm，热导率为 380W/(m·K)；污垢厚度为 0.5mm，热导率为 0.5W/(m·K)；铜板一侧壁面温度为 400℃，污垢一侧壁面温度为 100℃。试求导热量；并确定忽略铜板热阻时的导热量。

解　按两层平壁计算：

$$Q=\frac{t_{w1}-t_{w3}}{\dfrac{\delta_1}{\lambda_1 S}+\dfrac{\delta_2}{\lambda_2 S}}=\frac{400-100}{\dfrac{0.003}{380\times2}+\dfrac{0.0005}{0.5\times2}}=5.953\times10^5\text{W}$$

若铜板的热阻可忽略不计，则该导热过程可按单层平壁计算。

$$Q=\frac{t_{w1}-t_{w3}}{\dfrac{\delta_2}{\lambda_2 S}}=\frac{400-100}{\dfrac{0.0005}{0.5\times 2}}=6\times 10^5\,\mathrm{W/m^2}$$

相对误差为：

$$\frac{6\times 10^5-5.953\times 10^5}{5.953\times 10^5}\times 100\%=0.79\%$$

由此可见，忽略了铜板的热阻所造成的误差极小，这是因为 $\lambda_1\gg\lambda_2$，它们所组成的热阻不在一个数量级上，也就是说该导热过程的铜板的热阻极小，热阻主要集中在污垢中。由此可得出，在多层壁导热计算中，对极小热阻层，完全可以忽略不计，这样可以简化计算，所造成的误差也是很小的。

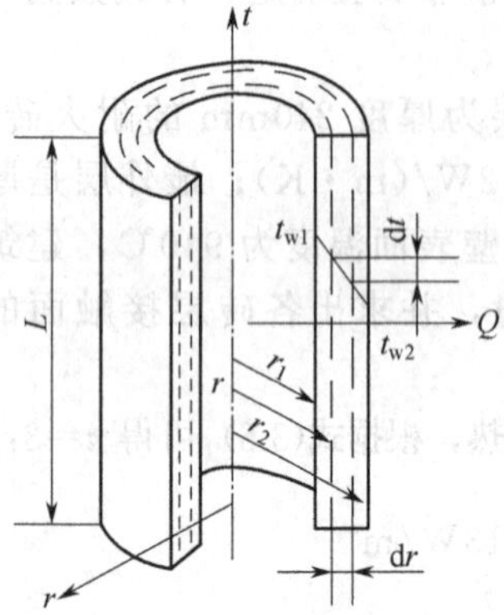

（四）圆筒壁定态导热

化工生产中的管道、换热器、塔器、容器等绝大部分设备为圆筒形。通过此类设备壁面的导热属于圆筒壁导热。圆筒壁与平壁导热的不同之处，就在于圆筒壁的传热面积不是常数，它随圆筒的半径变化，同时温度也随半径而变。

1. 单层圆筒壁导热

单层圆筒壁导热如图 3-6 所示。设圆筒的内半径为 r_1，外半径为 r_2，长度为 L。圆筒的内、外表面温度分别为 t_{w1} 和 t_{w2}，且 $t_{w1}>t_{w2}$。圆筒壁的热导率为 λ，并可视为常数。若在

图 3-6　单层圆筒壁导热

圆筒半径 r 处沿半径方向取一厚度 $\mathrm{d}r$ 的薄壁圆筒。根据傅里叶定律，通过该薄圆筒壁的导热速率可以表示为：

$$Q=-\lambda S\frac{\mathrm{d}t}{\mathrm{d}r}=-\lambda(2\pi rL)\frac{\mathrm{d}t}{\mathrm{d}r}$$

将上式分离变量积分并整理得：

$$Q=\frac{2\pi L\lambda(t_{w1}-t_{w2})}{\ln\dfrac{r_2}{r_1}}=\frac{t_{w1}-t_{w2}}{\dfrac{1}{2\pi L\lambda}\ln\dfrac{r_2}{r_1}}=\frac{t_{w1}-t_{w2}}{R}\qquad(3\text{-}7)$$

式中，$R=\dfrac{1}{2\pi L\lambda}\ln\dfrac{r_2}{r_1}$ 为圆筒壁的导热热阻；$t_{w1}-t_{w2}$ 为导热推动力。

式(3-7) 即为单层圆筒壁热传导速率方程式。式(3-7) 也可写为与平壁热传导速率方程相类似的形式，即：

$$Q=\frac{S_m\lambda(t_{w1}-t_{w2})}{\delta}=\frac{S_m\lambda(t_{w1}-t_{w2})}{r_2-r_1}\qquad(3\text{-}8)$$

式中，S_m 为圆筒壁的平均面积，$S_m=2\pi r_m L$；r_m 为圆筒壁的平均半径，其对数平均值为 $r_m=\dfrac{r_2-r_1}{\ln\dfrac{r_2}{r_1}}$；在计算中，若

$r_2/r_1\leqslant 2$，平均半径可以算术平均值计算，即 $r_m=(r_1+r_2)/2$。

实践证明，当 $r_2/r_1\leqslant 2$ 时，用算术平均半径计算与用对数平均半径计算比较，误差不大于 4%，它在工程计算的允许误差范围之内，因此工程计算中常作这样的简化。

2. 多层圆筒壁定态导热

多层圆筒壁的导热（以三层为例）如图 3-7 所示。假设各

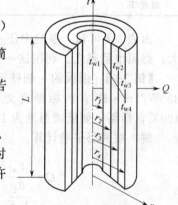

图 3-7　多层圆筒壁导热

层间接触良好，各层材料的热导率分别 λ_1、λ_2、λ_3；各层圆筒的半径分别为 r_1、r_2、r_3、r_4；长度为 L；圆筒的内、外表面及交界面的温度分别为 t_{w1}、t_{w2}、t_{w3}、t_{w4}，且 $t_{w1} > t_{w2} > t_{w3} > t_{w4}$。根据串联热阻的加和性，通过该三层圆筒壁的导热速率方程可以表示为：

$$Q = \frac{\Delta t_{w1} + \Delta t_{w2} + \Delta t_{w3}}{\dfrac{1}{2\pi L\lambda_1}\ln\dfrac{r_2}{r_1} + \dfrac{1}{2\pi L\lambda_2}\ln\dfrac{r_3}{r_2} + \dfrac{1}{2\pi L\lambda_3}\ln\dfrac{r_4}{r_3}}$$

$$= \frac{t_{w1} - t_{w4}}{R_1 + R_2 + R_3} \text{W} \tag{3-9}$$

对 n 层圆筒壁，其导热速率方程可写为：

$$Q = \frac{t_{w1} - t_{w(n+1)}}{\sum\limits_{i=1}^{n}\dfrac{1}{2\pi L\lambda_i}\ln\dfrac{r_{i+1}}{r_i}} \tag{3-10}$$

多层圆筒壁导热速率方程也可按多层平壁导热速率方程的形式写出，但各层的平均面积和厚度要分层计算，不要相互混淆。

【例 3-3】 蒸汽管道的内直径为 160mm，外直径为 170mm，热导率为 50W/(m·K)。管道外包有两层保温材料，第一层保温材料厚度为 30mm，热导率为 0.15W/(m·K)，第二层保温材料厚度为 50mm，热导率为 0.08W/(m·K)。蒸汽管外壁温度为 300℃，两保温层交界面处的温度为 223℃。试求单位管长蒸汽管的热损失以及保温层最外表面的温度；若将两保温层材料互换位置，保持原来的厚度，蒸汽管的外壁面及保温层最外表面的温度维持不变，此时的热损失又为多少？

解 根据题意，已知的温度为第一层保温层两侧壁面的温度 t_{w2} 和 t_{w3}，其 d_2 = 170mm，d_3 = 170+2×30 = 230mm，故单位长度蒸汽管的热损失 q_L 为：

$$q_L = \frac{Q}{L} = \frac{t_{w2} - t_{w3}}{\dfrac{1}{2\pi\lambda_2}\ln\dfrac{r_3}{r_2}} = \frac{t_{w2} - t_{w3}}{\dfrac{1}{2\pi\lambda_2}\ln\dfrac{d_3}{d_2}} = \frac{300 - 223}{\dfrac{1}{2\times\pi\times0.15}\times\ln\dfrac{230}{170}} = 240 \text{W/m}$$

保温层最外表面的直径为 d_4 = 230+2×50 = 330mm，温度为：

$$t_{w4} = t_{w3} - \frac{q_L}{2\pi\lambda_3}\ln\frac{d_4}{d_3} = 223 - \frac{240}{2\times\pi\times0.08}\times\ln\frac{330}{230} = 50.6℃$$

将两保温层位置互换后，d_3' = 170+2×50 = 270mm，λ_2' = 0.08W/(m·K)，λ_3' = 0.15W/(m·K)，并忽略蒸汽管壁热阻，此时的热损失为：

$$\frac{Q'}{L} = \frac{t_{w2} - t_{w4}}{\dfrac{1}{2\pi\lambda_2'}\ln\dfrac{d_3'}{d_2} + \dfrac{1}{2\pi\lambda_3'}\ln\dfrac{d_4}{d_3'}}$$

$$= \frac{300 - 50.6}{\dfrac{1}{2\times\pi\times0.08}\times\ln\dfrac{270}{170} + \dfrac{1}{2\times\pi\times0.15}\times\ln\dfrac{330}{270}}$$

$$= 220 \text{W/m}$$

可见，对圆筒壁保温，尤其是小直径管道的保温，将热导率较小的保温材料放在内层保温效果好。

二、对流给热

由于流体质点之间宏观相对位移而引起的热量传递现象，称为热对流。流体质点之间产生相对位移的原因有两个，一是因流体各部分的温度不同而引起密度的差异，导致流体质点产生相对位移，这种对流称为自然对流；二是由于外力的作用使得流体质点运动，这种对流称为强制对流。流动的原因不同，对流传热的规律也不同，对流传热量也有很大的差异，强制对流的传热效果要比自然对流好。

热对流是一种传热的基本方式，但在化工生产中单纯的热对流是不存在的，实际过程中热对流的同时总是伴随着热传导，研究单纯的热对流没有实际意义。化工生产中需要研究的是流体与固体壁面之间的热量传递，即热流体将热量传递给固体壁面或壁面将热量传递给冷流体的过程，这种传热过程称为对流给热，简称为给热。

（一）对流给热的过程分析与牛顿冷却定律

1. 对流给热过程的分析

在第一章中曾经介绍，流体流经固体壁面时，无论流体主体的湍流程度如何强烈，在紧靠固体壁面处总是存在着层流内层，它像薄膜一样盖住管壁。在层流内层和湍流主体间则存在着缓冲层。流动状况可参见图 3-8(a)。

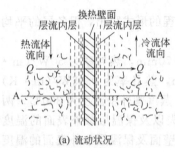

(a) 流动状况

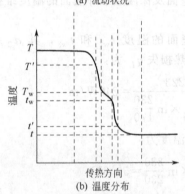

(b) 温度分布

图 3-8　对流给热的流动状况和温度分布

在传热的方向上截取一截面 A—A，该截面上热流动的湍流主体温度为 T，冷流体的湍流主体温度是 t，沿着传热的方向各点的温度分布大致如图 3-8(b) 所示。热流体湍流主体因剧烈地湍动，使流体质点相互混合，故温度是基本一致的，经过缓冲层后温度就从 T 降到 T'，再经过层流内层又降到壁面处的 T_w；冷流体一侧的温度变化趋势正好与热流体相反，各层界面处的温度如图 3-8(b) 所示。

在冷、热流体的湍流主体内，因存在着激烈的湍动，故热量的传递以热对流方式为主，其温度差极小；在缓冲层内，热传导和热对流都起着明显的作用，该层内温度差发生较缓慢的变化；而在层流内层，因各层间质点没有混合现象，热量传递是依靠热传导方式进行，流体的层流内层虽很薄，但温度差却占了相当大的比例。根据多层壁导热分析可知，哪一个分过程的温度差大，则它的热阻也大。由此可知对流给热的热阻主要集中在靠近壁面的层流内层内，因此减薄或破坏层流内层是强化对流给热的主要途径。

2. 牛顿冷却定律

由上述分析可知，对流给热是一个复杂的传热过程，影响对流给热的因素很多，因此，对流给热的纯理论计算是相当困难的。为了计算方便，工程上采用了较为简单的处理方法。根据传递的普遍关系可知，壁面与流体之间的对流给热速率与其接触面积以及温度差成正比。因此，对流给热速率可写为下列形式：

$$Q = \alpha S \Delta t \tag{3-11}$$

式中　α——给热系数，$W/(m^2 \cdot K)$；

S——传热面积，m^2；

Δt——流体与固体壁面之间平均温度差，K。

上式称为对流给热速率方程，又称为牛顿冷却定律。

式中给热系数 α 是一个表达对流给热过程强烈程度的数值，它表示当传热面积为 $1m^2$，流体与壁面之间的平均温度差 Δt 为 1K 时，在单位时间内流体与壁面之间所交换的热量。所以在相同的 Δt 情况下，给热系数的数值越大，交换的热量越多，给热过程越强烈。

在确定 Δt 时必须注意：当流体被壁面加热时式中 $\Delta t = t_w - t$，流体被壁面冷却时 $\Delta t = T - T_w$，其中 T 为热流体主体温度，t 为冷流体主体温度，T_w 为热流体一侧壁面温度，t_w 为冷流体一侧壁面温度。

若将式（3-11）改写成如下形式：

$$Q = \frac{\Delta t}{\frac{1}{\alpha S}} = \frac{\Delta t}{R} = \frac{给热推动力}{给热热阻} \tag{3-11a}$$

由此可见，Δt 又称为给热推动力，而 $1/(\alpha S)$ 为对流给热热阻 R。式（3-11a）表明给热速率与给热推动力成正比，与给热热阻成反比。

（二）给热系数的影响因素

对流给热的特点是存在着流体相对于壁面的流动，所以凡是影响到流动情况的因素，也必然影响对流给热系数的数值，实验表明给热系数 α 值与很多因素有关。这些因素大致可归纳为以下几个方面。

（1）流体流动原因的影响。引起流体流动的原因有自然对流和强制对流。按引起流体流动的原因来分，对流给热可分为"强制对流给热"和"自然对流给热"。在实际生产中，强制对流的流动速度大大地超过自然对流的流动速度，所以，一般来说对性质相近的流体，强制对流的给热系数大于自然对流的给热系数。

（2）流动类型及流速的影响。流体流动时有层流与湍流之区别。对于层流流动，流体与壁面之间的热量传递是以导热方式进行的；而对于湍流流动，除靠近壁面处流体的层流内层内是以导热方式进行外，在湍流主体仍是以热对流传热为主，流体质点间有着剧烈的混合和位移。显然湍流流动的给热要比层流流动给热的效果好。

对于同一种流动类型，当流体的流速增加时，流体的雷诺数增大，流体内部的相对运动加剧，由此将使得传热速率加快。

（3）流体物性的影响。影响流体给热的物性因素很多，常见的有流体的黏度 μ、热导率 λ、密度 ρ、比热容 c_p、体积膨胀系数 β 等，对于有相变的给热，还有相变热的影响。如流体黏度 μ 较大时，在同样流速下，其雷诺数 Re 小，层流内层的厚度较厚，给热系数就小。对热导率 λ 较大的流体，在相同厚度层流内层中的热阻就小，给热系数必然也较大。

（4）流体有无相变的影响。沸腾和冷凝属于有相变给热。当给热过程中流体发生相变时，流体（混合物除外）的温度不发生变化，此时流体与壁面之间的给热不是加热或冷却流体的结果，而是由于流体吸收或放出潜热的结果，流体的运动情况也比较复杂。一般来说，对于同一种流体，有相变时的给热要比无相变时的给热要强烈得多，所以，有相变时的给热系数较大。

（5）换热面几何因素的影响。换热面的几何因素指的是传热面的形状，如管、板、环隙、翅片等；换热面的布置，如水平或垂直放置、管束的排列方式等；换热面的尺寸，如管径、管长、板高等都直接影响给热系数。当流体给热是在圆形管内进行时，在一定的流速条件下，管径越小给热系数越大。

（三）流体无相变时的对流给热系数

由于影响因素较多，要建立一个计算给热系数的通式是十分困难的。目前通常是将这些影响因素经过分析组成若干个无量纲数群，然后再由实验方法确定这些数群之间的关系，从而得到在不同情况下求算给热系数的经验关联式。

对于无相变的对流给热，影响给热系数的因素可以用下式表示：

$$\alpha = f(\mu, \rho, \lambda, c_p, u, l, \Delta t, \beta \cdots) \tag{3-12}$$

经过分析后，可得到无相变给热的数群关系式为：

$$Nu = f(Re, Pr, Gr) \tag{3-13}$$

式(3-13)中各数群的名称、符号和涵义列于表 3-2 中。

表 3-2　数群的符号和涵义

数群名称	符号	准数式	涵义
雷诺数	Re	$\dfrac{ul\rho}{\mu}$	表示流体流动形态对给热系数影响的数群
普兰特数	Pr	$\dfrac{c_p\mu}{\lambda}$	表示流体物性对给热系数影响的数群
格拉斯霍夫数	Gr	$\dfrac{\beta g \Delta t l^3 \rho^2}{\mu^2}$	表示自然对流对给热系数影响的数群
努塞尔数	Nu	$\dfrac{\alpha l}{\lambda}$	表示对流给热过程强度的数群

各数群中物理量的意义为：

α——对流给热系数，$W/(m^2 \cdot K)$；

u——流体的流速，m/s；

ρ——流体的密度，kg/m^3；

l——换热器的特征尺寸，可以是管内径或外径，或平板高度等，m；

μ——流体的黏度，$Pa \cdot s$；

c_p——流体的定压比热容，$J/(kg \cdot K)$；

Δt——流体与壁面之间的温度差，℃或 K；

β——流体的体积膨胀系数，$1/K$；

g——重力加速度，m/s^2；

λ——流体的热导率，$W/(m \cdot K)$。

应用于具体的给热过程时，式(3-13)可以简化。若只存在自然流动时，升力的影响较大，此时雷诺数 Re 的影响则可忽略，而仅以格拉斯霍夫数 Gr 表示；而在强制对流时，代表自然对流影响的数群 Gr 可以忽略，即：

自然对流

$$Nu = f(Pr, Gr) \tag{3-14}$$

强制对流

$$Nu = f(Re, Pr) \tag{3-14a}$$

这种数群之间的具体关系多数为指数函数的形式。对于强制对流的给热过程，Nu，Re，Pr 三个数群之间的关系为：

$$Nu = CRe^m Pr^n \tag{3-15}$$

这种数群之间的关系式称为给热系数经验关联式。式中的 C、m、n 都是常数，都是针对各种不同情况的具体条件进行实验测定的，当这些常数被实验确定后，则可由该式来求算给热系数 α。应用这些关联式求算给热系数 α 时，不能超出其实验条件的范围，并且要按经验关联式中的要求来确定数群中各物理量数值。具体来说，在使用数群关联式来确定给热系数 α 时，必须注意以下三点：

① 应用范围。应用范围就是建立给热系数经验关联式时的实验范围，一般指的是 Re，Pr，Gr 数值范围。使用时不能将经验关联式应用于超出该式的应用范围之外，否则将引起较大的误差。

② 定性温度。流体在换热器内的温度通常是变化的。确定数群中流体物性所依据的温

度就是定性温度。不同的关联式确定定性温度的方法不尽相同,有的是用流体进出换热器温度的算术平均值,有的采用流体平均温度与壁面温度的平均值,也有的是用传热面的壁面温度等。具体是采用哪一种方法,这就要看建立经验关联式时采用什么温度。在使用经验关联式时,要按关联式指定的定性温度来确定流体的物性。

③ 特征尺寸。参与对流给热的传热面几何尺寸往往有几个,实验中发现其中对给热有显著影响的几何尺寸,在建立经验关联式时就定为特征尺寸。如流体在圆形管内对流给热时,特征尺寸一般为管内径,而在非圆形管内对流给热时,则常用当量直径作为特征尺寸。在使用关联式时,应按关联式的要求确定。

1. 流体在管内作强制对流时的经验关联式及修正

(1) 流体在圆形管内作强制对流时的数群关联式。此类关联式很多,这里仅将常用的各种类型关联式列于表 3-3 中,以在计算时选用。

(2) 给热系数计算的修正

① 流体温度的不均匀性对物性影响的修正。在对流给热过程中,流体在传热方向上存在着温度的不均匀性,由此致使流体物性的大小差异,尤其是黏度的影响不能忽略。若液体被加热时,靠近管壁面处层流内层内的液体温度要比液体的平均温度高,黏度就要比平均温度下的黏度小,层流内层的实际厚度要比平均温度下的薄,实际的热阻要比平均温度下的小,能获得较大的给热系数 α。而液体被冷却时,情况恰好与被加热时相反,所能获得的 α 要比按平均温度确定的 α 小。因此在表 3-3 中的式(3-16) 普兰特数群指数 n 在液体被加热时为 0.4,被冷却时为 0.3。对于气体,温度升高会使黏度和给热系数均增大,且增大的幅度基本相同,普兰特数群基本不变,层流内层的厚度增大,给热系数 α 减小。由于大多数气体的 $Pr < 1$,所以有 $Pr^{0.3} > Pr^{0.4}$,取指数为 0.3 可获得较大的 α 值。所以,式(3-16) 普兰特数群指数 n 在气体被加热时仍为 0.4,被冷却时为 0.3。

表 3-3 管内无相变强制对流数群关联式

流型	数群关联式	应用范围	定性温度	特征尺寸
湍流	$Nu = 0.023Re^{0.8}Pr^{n}$ (3-16) 流体被加热时 $n = 0.4$ 流体被冷却时 $n = 0.3$	$Re > 10^4$ $0.7 < Pr < 120$ $\mu \leqslant 2$ 常温下水的黏度 $\dfrac{换热管长}{管内径} > 60$	流体进出口温度的算术平均值	换热管的内径 d_i
湍流	$Nu = 0.027Re^{0.8}Pr^{1/3}\left(\dfrac{\mu}{\mu_w}\right)^{0.14}$ (3-17)	$Re > 10^4$ $0.7 < Pr < 16700$ $\dfrac{换热管长}{管内径} > 60$ 高黏度液体	μ_w 壁面温度下黏度,其余物理量用流体进出口温度的算术平均值	
层流	$Nu = 1.86Re^{1/3}Pr^{1/3}\left(\dfrac{d}{L}\right)^{1/3}\left(\dfrac{\mu}{\mu_w}\right)^{0.14}$ (3-18) 不考虑自然对流的影响	$Re < 2300$ $0.6 < Pr < 6700$ $\left(RePr\dfrac{d_i}{L}\right) > 10$ $\dfrac{换热管长}{管内径} > 60$	μ_w 壁面温度下黏度,其余物理量用流体进出口温度的算术平均值	

对于其他关联式中出现的修正项 $\left(\dfrac{\mu}{\mu_w}\right)^{0.14}$,也可作上述相似的分析。但在计算该修正项时,由于壁面温度是未知的,往往需要用试差法来确定。一般情况下,可以采用以下方法作近似处理:液体被加热时 $\left(\dfrac{\mu}{\mu_w}\right)^{0.14} = 1.05$,液体被冷却时 $\left(\dfrac{\mu}{\mu_w}\right)^{0.14} = 0.95$,对气体无论被加

热还是冷却，均取 $\left(\dfrac{\mu}{\mu_w}\right)^{0.14}$ 值为1。

② 换热管入口效应的修正。在管内强制对流给热系数关联式中，均要求 $L/d_i>60$。这是由于流体进入管口时流速和流向的突然改变，使得管子入口段的扰动较大，给热系数 α 增加较多。经实验发现，当 $L/d_i=30\sim40$ 时，α 值增加2%～7%；对于很短的管子，其值增加更多。所以，当 $L/d_i<60$ 时，可将由表中各关联式计算所得的 α 乘以 ψ 进行修正。短管效应修正系数 ψ 可用下式计算：

$$\psi=1+(d_i/L)^{0.7} \tag{3-19}$$

③ 流体在管内流动处于过渡区时的给热系数的确定。流体在管内流动的给热系数计算中，Re 在2300～10000的范围里作为流体处于过渡区流动。流体在该区域内流动时给热系数的计算，可先按湍流时的公式确定，然后将计算所得的结果乘以修正系数 ϕ，即可得到 Re 在2300～10000之间的给热系数。过渡区修正系数 ϕ 可用下式计算：

$$\phi=1-\frac{6\times10^5}{Re^{1.8}} \tag{3-20}$$

④ 流体在弯管内强制对流时给热系数的修正。当流体在弯管内流动时，因受离心力的作用，增大了流体的湍动程度，使得在同样条件下，给热系数比起在直管内流动时有所提高。弯管内流体的给热系数 α 可先按直管计算后再乘以弯管修正系数 ε 即可获得。

$$\varepsilon=1+1.77\frac{d_i}{R} \tag{3-21}$$

式中　R——弯管的弯曲半径，m；

　　　d_i——管内径，m。

⑤ 流体在非圆管内作强制对流时的给热系数的确定。流体在非圆管内流动时，仍可用在圆形管的公式，一般情况下，只是将特征尺寸用流体阻力计算中的水力当量直径 d_e 代替管内径即可。但有些资料中规定了一些关联式采用传热当量直径 d_e'，其定义为：

$$d_e'=4\ \frac{流体的流通截面积}{流体润湿的传热周边长度} \tag{3-22}$$

若流体在套管环隙内流动时，套管环行截面的传热当量直径为：

$$d_e'=\frac{4\times\dfrac{\pi}{4}(D_i^2-d_o^2)}{\pi d_o}=\frac{D_i^2-d_o^2}{d_o}$$

式中　D_i——套管换热器外管的内径，m；

　　　d_o——套管换热器内管的外径，m。

在传热计算中，究竟采用哪个当量直径，则要由具体的关联式决定。应予指出，将关联式中的管内径改用当量直径只是一个近似的方法，若要获得较为准确的 α 数值，则可通过实验求得计算 α 的数群关联式，此类关联式在这里不再介绍。

【例3-4】 压强为1MPa、温度为120℃的干空气在一由25根 $\phi38mm\times3mm$、长3m钢管并联组成的预热器的管内被加热至480℃。已知空气的流量（标准状态）为4000m³/h，试求空气在管内流动时的对流给热系数；若将空气流量增加1倍，此时的给热系数又为多少？

解　此题为管内强制对流给热。定性温度为 $t_m=\dfrac{120+480}{2}=300℃$，查定性温度下空气的物性参数分别为：$c_p=1.048kJ/(kg\cdot K)$，$\lambda=4.61\times10^{-2}W/(m\cdot K)$，$\mu=2.97\times10^{-5}Pa\cdot s$，$Pr=0.674$，$\rho=1.293kg/m^3$（标准状态）。

空气流过的横截面积为

$$A = \frac{\pi}{4}d^2 n = 0.785 \times 0.032^2 \times 25 = 0.0201\,\mathrm{m}^2$$

空气在管内的质量流速为

$$W = u\rho = \frac{4000 \times 1.293}{0.0201 \times 3600} = 71.5\,\mathrm{kg/(m^2 \cdot s)}$$

雷诺数为

$$Re = \frac{u\rho d}{\mu} = \frac{Wd}{\mu} = \frac{71.5 \times 0.032}{2.97 \times 10^{-5}} = 7.7 \times 10^4 > 10^4$$

$$Pr = 0.674$$

$$\frac{L}{d} = \frac{3}{0.032} = 94 > 60$$

空气为低黏度流体，根据 Re 和 Pr 的数值，可选用表 3-3 中式（3-16）进行计算给热系数。空气被加热取 $n = 0.4$

$$Nu = 0.023Re^{0.8}Pr^{0.4}$$

$$\alpha = 0.023\frac{\lambda}{d}Re^{0.8}Pr^{0.4}$$

$$= 0.023 \times \frac{4.61 \times 10^{-2}}{0.032} \times (7.7 \times 10^4)^{0.8} \times 0.674^{0.4}$$

$$= 229\,\mathrm{W/(m^2 \cdot K)}$$

当空气的流量增加 1 倍时，空气在管内的流速或质量流速增加 1 倍，管内流动必然还是湍流，若其他参数不变，根据式（3-16）可得出两种情况给热系数之间的关系为：

$$\frac{\alpha'}{\alpha} = \left(\frac{u'}{u}\right)^{0.8} = \left(\frac{W'}{W}\right)^{0.8} = 2^{0.8} = 1.741$$

$$\alpha' = 1.741\alpha = 1.741 \times 229 = 399\,\mathrm{W/(m^2 \cdot K)}$$

给热系数比原来增加了 74.1%。由此可见增加流体的流速可有效地提高给热系数。

2. 流体在管外作强制对流时的经验关联式

流体在管外垂直流过时，分为流过单管和管束两种情况。在化学工业常用的换热器中多为流体垂直流过管束的情况，其中列管换热器是目前化学工业和其他工程中最常见的一种，这里主要介绍流体在列管换热器管间流动时的给热系数数群关联式。

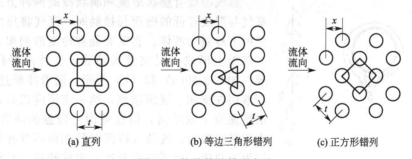

图 3-9　换热管的排列方式

有关列管换热器的简单结构，可见图 3-1。它的外壳是圆形的，壳内由许多根换热管组成了传热面，换热管排列方式分为直列和错列两种。错列中又有正方形和等边三角形两种，如图 3-9 所示。由于流体在错列的管束间流动时，受到阻拦使得湍动程度增强，所以错列时的给热系数 α 比直列的大，但流动阻力也随之增加。为了提高管间流体的流速，增加湍流程度，列管换热器内常装有折流挡板，常见的折流挡板结构有圆缺形（或弓形）和盘环形两种，其详细内容在换热器一节里介绍。

列管换热器的换热管外无挡板时，流体在管间强制对流时的 α 可按表 3-3 中的公式进行估算，但要以当量直径代入计算。装有挡板时，则按挡板的形式来确定计算 α 的经验关联式。

换热器内最常用的挡板形式是圆缺形挡板，当挡板的弓形缺口面积为 25% 的壳体内截面积时，流体在管外的 α 的数群关联式见表 3-4。

表 3-4　管外无相变强制对流数群关联式

数群关联式	应用范围	特征尺寸	定性温度
$Nu=0.23Re^{0.6}Pr^{1/3}(\frac{\mu}{\mu_w})^{0.14}$ (3-23) Re 中流速 u_o 取换热器中心附近管排中最窄通道处的流速	$Re=3\sim2\times10^4$ 壳程装有 25% 圆缺形折流挡板	管外径 d_o	除 μ_w 按壁温取外，其余均取流体进出口温度的算术平均值
$Nu=0.36Re^{0.55}Pr^{1/3}(\frac{\mu}{\mu_w})^{0.14}$ (3-24) Re 中流速 u_o 根据流体流过管间最大截面积计算： $A=hD(1-\frac{d_o}{t})$ 式中　h——两挡板间的距离，m； 　　　D——换热器外壳直径，m； 　　　t——管心距，m	$Re=2\times10^3\sim1\times10^6$ 壳程装有 25% 圆缺形折流挡板	当量直径 d_e，管子为正方形排列时： $d_e=\dfrac{4(t^2-\frac{\pi}{4}d_o^2)}{\pi d_o}$ 管子为正三角形排列时： $d_e=\dfrac{4(\frac{\sqrt{3}}{2}t^2-\frac{\pi}{4}d_o^2)}{\pi d_o}$ d_o——换热管外径	

（四）流体有相变时对流给热

流体在换热器内发生相变的情况有冷凝和沸腾两种。在冷凝器中蒸气被冷凝为液体；在再沸器或蒸发器中，液体在沸腾的状态下被加热汽化，以下将对其两种有相变的传热分别给予介绍。

1. 蒸气冷凝给热

当饱和蒸气与温度较低的壁面接触时，蒸气将释放出潜热而被冷凝为液体的过程为蒸气冷凝。

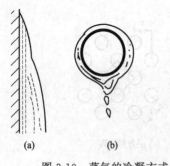

图 3-10　蒸气的冷凝方式

蒸气冷凝有膜状冷凝和滴状冷凝两种方式。当饱和蒸气与温度较低的壁面相接触时，蒸气将放出潜热并在壁面上冷凝为液体。若壁面能被冷凝液润湿，则冷凝液在壁面上形成一层完整的液膜，这种冷凝称为膜状冷凝。如图 3-10(a) 和（b）所示。随着冷凝过程的进行，凝液层在壁面上逐渐增厚，达一定厚度以后，冷凝液将沿壁面流下或坠落，但在壁面上覆盖的液膜始终存在。在膜状冷凝时，纯蒸气冷凝时气相内不存在温度差，所以没有热阻。而蒸气冷凝所放出的热量，必须以热传导的方式通过液膜才能到达壁面，又由于液体的热导率不大，所以液膜几乎集中了冷凝给热的全部热阻。因此壁面上的冷凝液膜越厚，则热阻越大，冷凝的给热系数就越小。膜状冷凝的给热系数主要取决于冷凝液的性质和液膜的厚度。

若冷凝液不能全部润湿壁面，则因表面张力的作用将冷凝液在壁面上集聚为许多液滴，并随机地沿壁面落下，这种冷凝称为滴状冷凝。如图 3-10（c）所示。随着冷凝过程的进行，液滴逐渐增大，待液滴增大到一定程度后，则从壁面上落下，使得壁面重新露出，可供再次生成液滴。由于滴状冷凝时蒸气不必通过液膜的附加热阻，而直接在传热面上冷凝，故其给热系数远比膜状冷凝时的大，有时大到几倍甚至于几十倍。

影响蒸气冷凝的因素很多，其中不凝气的影响尤为突出。所谓不凝性气体指的是在冷凝器内不能被冷凝的气体，如水中的空气等。实际工业用的蒸气不可能绝对纯，其中总会含有微量的不凝性气体，这样的蒸气在工业冷凝器中进行连续的冷凝给热时，蒸气被不断地冷凝，所得的冷凝液由疏水器排出，而不允许气体逸出。在连续运转过程中，不凝性气体将在冷凝空间积聚，越接近冷凝液膜表面，不凝性气体的分压越高。于是可凝性蒸气抵达液膜表面进行冷凝之前，必须以扩散的方式穿过聚集在液膜表面附近的不凝性气体层。扩散过程的阻力造成蒸气分压及其相应的饱和温度的下降，使得液膜表面的蒸气温度低于蒸气主体的饱和温度，这样相当于增加了一项热阻，使得蒸气冷凝给热系数大为下降。实验表明：当冷凝设备内蒸气中含有 0.5% 的空气时，冷凝传热的情况将大大地恶化。当蒸气中含有 1% 的空气时，此时给热系数比不含空气时的冷凝给热系数降低 60% 左右。为了尽量地减少不凝性气体的存在，在冷凝设备上都应设置不凝性气体排放口或抽气器，以备在操作时随时将设备中的不凝性气体排除。

另外还有蒸气流速和流向的影响、蒸气过热的影响、冷凝壁面的位置及形状的影响等，在这里不再赘述，详细内容可参阅其他书籍。

2. 液体沸腾给热

液体与高温壁面相接触被加热并汽化的过程称为液体沸腾。我们这里主要介绍一些有关液体沸腾的基本概念。

液体在加热面上沸腾，按设备的尺寸和形状可分为大容积沸腾和管内沸腾两种。

大容积沸腾指的是加热面被浸在没有强制对流的液体中所发生的沸腾现象。此时，从加热面产生的气泡长大到一定的尺寸后，脱离表面，自由上浮。大容积沸腾时，液体内一方面存在着由温度差引起的自然对流，另一方面又存在着因气泡运动所导致的液体运动。

管内沸腾是液体在一定的压差作用下，以一定的流速流经加热管时所发生的沸腾现象，又称为强制对流沸腾。管内沸腾时，液体的流速对沸腾过程产生影响，而且在加热面上所产生的气泡不是自由上浮，而是被迫与液体一起流动，出现了复杂的气液两相流动。与大容积沸腾相比，管内沸腾更为复杂。

无论是大容积沸腾还是管内沸腾，都有过冷沸腾和饱和沸腾之分。当液体主体温度低于相应压力下的饱和温度，而加热面温度又高于饱和温度时，将产生过冷沸腾。此时，在加热面上产生的气泡将在液体主体重新凝结，热量的传递是通过这种汽化-冷凝过程实现的。过冷沸腾的机理复杂，至今尚未弄清。当液体主体的温度达到其相应压力下的饱和温度时，离开加热面的气泡不再重新凝结，这种沸腾称为饱和沸腾。本节只讨论大容积中的饱和沸腾。

实验观察表明，任何液体的大容积饱和沸腾传热都与壁面和液体之间的温度差 Δt 有关。以常压下水在金属表面上沸腾的实验为例，可得到液体沸腾时给热系数 α 与温度差 Δt 之间的一般关系，如图 3-11 所示。图中 q 为热通量，α 为液体沸腾时的给热系数，Δt 为壁面和液体之间的温度差，即 $\Delta t = t_w - t_s$，t_w 为加热壁面温度，t_s 为液体温度。

（1）自然对流给热区。当 Δt 较小时（常压下的水沸腾 $\Delta t < 5℃$），液体主体没有过热，紧靠加热面液体的过热度也很低，q、α 随 Δt 缓慢增加，如图中 AB 段所示。在此区域内，在加热壁面处的液体过热度很小，不足以产生气泡，加热壁面将壁面附近的流体加热，热水的密度较小，由加热壁面向上浮升，而流体主体的冷流体密度较大，向底部下降，形成自然对流，在此阶段内热量只是以自然对流给热的方式从壁面传递到液体与气相的界面，并使得

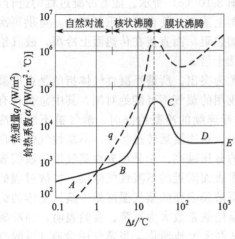

图 3-11 水的沸腾曲线

液体在界面上汽化。由此将该区域称为自然对流给热区。

（2）核状沸腾区。当 Δt 逐渐升高时（常压下的水沸腾 $\Delta t = 5 \sim 25℃$），液体主体和加热面处的液体都已过热，加热面上的局部位置产生气泡，气泡产生的速度随 Δt 的上升而加快，在气泡长大和脱离壁面的过程中，使得加热壁面附近的液体受到了剧烈的扰动，因此 q、α 随 Δt 的增加而急剧地增大，该区域称为核状沸腾区或正常沸腾区，如图中 BC 段所示。

（3）膜状沸腾区。当 Δt 再增大时，液体的过热度大，加热面上的气泡也大大地增加，且气泡产生的速度大于脱离表面的速度，气泡在加热表面上连成一片，形成了一层不稳定的蒸气膜，使得液体不能与加热壁面直接接触。由于蒸气的导热性能差，蒸气膜的附加热阻使得给热系数 α 和热通量 q 都急剧下降，如图中 CD 段所示。由于在该区域内，所形成的蒸气膜不是稳定的，随时可能破裂成为大气泡离开加热壁面，所以该区域称为不稳定膜状沸腾区。当 Δt 增大达 D 点后，传热面几乎全部被蒸气膜所覆盖，开始形成稳定的气膜，以后 α 随 Δt 增加基本不变，而 q 又开始随 Δt 的增大而上升，这是由于加热壁面温度的升高，辐射传热的影响所至，如图中 DE 段所示，此段称为膜状沸腾区。一般将 CDE 段都称为膜状沸腾区。从核状沸腾到膜状沸腾的转折点 C 为临界点，临界点处对应的温度差称为临界温度差，此时的热通量为临界热负荷。

必须指出的是：工业生产中一般总是设法控制在核状沸腾区内操作，不允许在膜状沸腾区内操作。这是由于核状沸腾具有较大的给热系数，而在膜状沸腾区内，虽然热通量 q 也可能较大，但由于液体的液面压力一定，饱和温度一定，Δt 的增大，实质上只是加热壁面温度的不断上升。当壁面温度超过金属材料所能承受的温度时，金属壁会烧坏。因此，工业生产中沸腾传热的温度差 Δt 要严格地控制在临界点以下操作。

影响沸腾给热的因素很多，包括系统的压力、蒸气冷凝温度与冷凝壁面的温度差、冷凝介质的性质、加热壁的材质、壁面的形状以及粗糙程度等。其过程极其复杂，虽然关于沸腾给热的给热系数计算式提出很多，但都不够完善，至今还没有总结出普遍使用的公式，工程计算中多采用经验数值方法。表 3-5 中列出了工业换热器中给热系数的大致范围，可以作为估算时的参考。

表 3-5　工业换热器中给热系数的大致范围

换热方式	$\alpha/[W/(m^2 \cdot K)]$	换热方式	$\alpha/[W/(m^2 \cdot K)]$
空气自然对流	$5 \sim 12$	油的加热或冷却	$58 \sim 1500$
空气强制对流	$12 \sim 120$	水蒸气冷凝	$5000 \sim 15000$
水自然对流	$200 \sim 1000$	有机蒸气冷凝	$500 \sim 2000$
水强制对流	$1000 \sim 11000$	水沸腾	$5800 \sim 50000$

三、辐射传热

（一）基本概念

物体以电磁波形式传递能量的过程称为辐射，被传递的能量称为辐射能。物体可由不同的原因产生辐射能，其中因热的原因引起物质内部微观粒子激发振动，将热能转变成辐射能，以电磁波的形式向外辐射的过程称为热辐射。任何物体在绝对零度以上都可以发射辐射能，它在向外发射辐射能的同时，也可以不断地接收周围其他物体发射来的辐射能，并被物体表面吸收而转换为热能。所以，我们讨论的辐射传热是不同物体之间相互辐射和吸收能量的综合过程，辐射传热量则为高温物体与低温物体之间辐射和吸收结果的净得能量或净失能量。

热辐射和光辐射的本质完全相同，不同的仅仅是波长的范围。理论上热辐射的电磁波波长范围从零到无穷大，但是具有实际意义的波长范围为 $0.4 \sim 40\mu m$，即介于可见光线（波长范围约为 $0.4 \sim 0.8\mu m$）与红外线（波长范围为 $0.8 \sim 500\mu m$）之间。可见光线和红外线统称热射线，不过红外线的热射线对热辐射起决定性的作用，只有在很高的温度下，才能察觉到可见光的热效应。

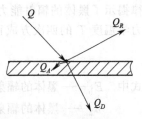

图 3-12　辐射能的吸收、反射和透过

热射线与光一样，都服从反射和折射定律，能以光的速度在空间传递，且不需要任何介质，在真空中也可以传递。热射线可以完全透过大多数的气体（惰性气和对称的双原子气体），但对于大多数的固体和液体，热射线则不能透过。因此只有在能够互相照见的物体间才能进行辐射传热。

当热射线投到某一物体表面时，与光到达物体表面一样，投入物体表面的总能量中有可能分为三部分：一部分能量被物体吸收；一部分能量被反射；一部分能量透过物体，如图 3-12 所示。根据能量守恒定律，可得：

$$Q_A + Q_R + Q_D = Q$$

即

$$\frac{Q_A}{Q} + \frac{Q_R}{Q} + \frac{Q_D}{Q} = 1$$

或写成

$$A + R + D = 1 \tag{3-25}$$

式中，$A = \dfrac{Q_A}{Q}$，物体吸收辐射能的本领，称为吸收率；$R = \dfrac{Q_R}{Q}$，物体反射辐射能的本领，称为反射率；$D = \dfrac{Q_D}{Q}$，物体透过辐射能的本领，称为透过率。

当物体的 $A = 1$，即 $R = D = 0$，此类物体能吸收全部的辐射能，称为黑体或绝对黑体。所谓黑体，并不是光学上的黑白。如纯黑的煤和黑丝绒接近于黑体，其吸收率高达 0.97，而雪在光学上是白色，但它对辐射能的吸收率可达 0.985。白布和黑布同样可吸收辐射能，但在可见光线的波长范围内，白布的吸收率比黑布小，在夏天穿白色的衣服就是这个原因。总之，对吸收率有重大影响的不是物体表面的颜色，而是材料的性质以及其表面的粗糙度。一般来讲，物体的表面越粗糙，吸收率就越大。当 $R = 1$，即 $A = D = 0$ 时，表明投射到物体上的辐射能被全部反射出去，这类物体称为白体或镜体。磨光的金属表面接近于镜体，其反射率可达 0.97。若 $D = 1$，即 $A = R = 0$，表明投射到物体上的辐射能被全部透过，称为透热体。如绝对干燥空气，对称双原子气体 O_2、N_2、H_2 等都是透热体。

一般来讲，固体和液体都是不透热体，即 $D = 0$，$A + R = 1$。气体则不同，其反射率 $R = 0$，$A + R = 1$，某些气体只能部分地吸收一定波长范围的辐射能。

黑体和镜体都是理想物体，实际是不存在的。引入黑体等概念，只是作为实际物体的比较标准，以简化辐射传热的计算。对于实际物体，若能以相同的吸收率部分吸收从零到无穷所有波长范围内辐射能的则称为"灰体"。灰体是不透热体，即 $D = 0$，$A + R = 1$，灰体的吸收率不随热射线波长而变化。灰体也是理想物体，工程上见到的大多数固体材料和液体均可视为"灰体",这样就可使辐射传热计算大为简化。

(二)热辐射的基本定律

1. 斯蒂芬-波尔茨曼定律

物体发射热辐射能的大小与其温度有关。单位面积、单位时间内所发射的总辐射能(包括从零到无穷的一切波长范围)称为物体的辐射能力,用符号 E 表示。斯蒂芬-波尔茨曼定律揭示了黑体的辐射能力与其表面温度之间的关系,它表明黑体的辐射能力 E_b 与其表面热力学温度 T 的四次方成正比。在工程计算中常写成下列形式:

$$E_b = \sigma_b T^4 = C_b \left(\frac{T}{100}\right)^4 \tag{3-26}$$

式中　E_b——黑体的辐射能力,W/m^2;

σ_b——黑体的辐射常数,其值为 $5.67 \times 10^{-8} W/(m^2 \cdot K^4)$;

C_b——黑体的辐射系数,其值为 $5.67 W/(m^2 \cdot K^4)$;

T——黑体表面的热力学温度,K。

式(3-26)即为斯蒂芬-波尔茨曼定律,通常称为四次方定律。

此定律也可推广应用到灰体辐射能力 E 的计算,此时式(3-26)可写为:

$$E = C \left(\frac{T}{100}\right)^4 \tag{3-27}$$

式中　C——灰体的辐射系数,$W/(m^2 \cdot K^4)$。

工程上为了解决灰体与黑体辐射能力之间的联系,引入了"黑度"的概念。黑度表示了同一温度下灰体辐射能力 E 与黑体辐射能力 E_b 之比,用符号 ε 表示。即:

$$\varepsilon = \frac{E}{E_b} = \frac{C}{C_b} \tag{3-28}$$

或

$$E = \varepsilon E_b = \varepsilon C_b \left(\frac{T}{100}\right)^4 \tag{3-28a}$$

与式(3-28)相比较,得灰体的辐射系数 $C = \varepsilon C_b$。只要知道物体的黑度,就可由式(3-28a)计算该物体的辐射能力。由此可见,黑体的黑度为1,实际物体的黑度值在 $0 \sim 1$ 之间。在相同的温度下,物体的黑度值越大,则辐射能力就越强。黑体的辐射能力最强。

表 3-6　某些材料的黑度

物质	温度/K	黑度
铝		
经氧化的铝	473~873	0.11~0.19
磨光的铝	498~848	0.039~0.057
红砖	293	0.93
耐火砖	—	0.8~0.9
经氧化的铜	473~873	0.57~0.87
经氧化的铅	473	0.63
钢板		
经氧化的钢板	473~873	0.8
经磨光的钢板	1213~1373	0.55~0.61
铸铁		
车床旋光的铸铁	1103~1183	0.6~0.7
经氧化的铸铁	473~873	0.64~0.78

物体的黑度值取决于物体的性质、表面状况(如表面粗糙度和氧化程度等),可由实验测定,各种物质的黑度可查阅有关手册。表 3-6 中列出了常用的工业材料黑度数值。

2. 克希霍夫定律

任何物体只要温度大于绝对零度，物体向外辐射和吸收外界的辐射能同时进行。那么，反映物体的辐射能力大小的黑度与反映物体吸收能力的吸收率之间有什么样的关系呢？克希霍夫定律揭示了这个关系。

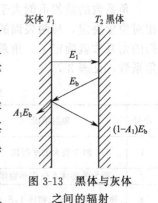

图 3-13 黑体与灰体之间的辐射

两块彼此非常接近、面积均为 S 的平行大平板，两板之间存在着辐射传热，如图 3-13 所示。设板 1 为实际物体（灰体），其辐射能力、吸收率和表面温度分别为 E_1、A_1 和 T_1；板 2 为黑体，其辐射能力、吸收率和表面温度分别为 E_2（即 E_b）、A_2（为 1.0）和 T_2。并设 $T_1 > T_2$，两板之间的介质为透热体。由于两平板之间距离很近且面积又很大，可以认为一块板表面辐射出去的能量将全部落到另一块平行的表面上，没有任何损失。

下面讨论两板之间热平衡情况：板 1 向板 2 辐射的能量为 SE_1，由于板 2 的吸收率为 1，所投入的能量全部被吸收；板 2 向板 1 辐射的能量为 SE_2，即 SE_b，被板 1 吸收了 A_1SE_b，剩余的 $(1-A_1)SE_b$ 被反射回板 2，又被其全部吸收。因此，板 1 得到的能量为 A_1SE_b，而失去的能量为 SE_1，则辐射传热的结果为：

$$Q = SE_1 - A_1SE_b$$

式中 Q——两板之间辐射传热的传热量，W。

当过程进行到两个物体温度相等，即 $T_1 = T_2$ 时，两板之间辐射已达热平衡，辐射虽然继续进行，但传热量 $Q = 0$。此时有 $E_1 = A_1E_b$，即 $E_1/A_1 = E_b$。若板 1 用 2、3、…任何物体来代替，则有：

$$\frac{E}{A} = \frac{E_1}{A_1} = \frac{E_2}{A_2} = \frac{E_3}{A_3} = \cdots = E_b \tag{3-29}$$

式（3-29）即为克希霍夫定律的数学表达式，由此定律可得出这样一个结论：任何物体的辐射能力和其吸收率之比与物体的性质无关，而恒等于同温度下黑体的辐射能力。将式（3-28）与式（3-29）相比较可得出：

$$A = \varepsilon = \frac{E}{E_b}$$

式（3-28a）可以写为：

$$E = AC_b\left(\frac{T}{100}\right)^4 \tag{3-30}$$

可以看出在同一温度下，物体的吸收率与黑度在数值上是相同的。也可得出：物体吸收辐射能的能力越强，其辐射热射线的能力也越强。黑体的吸收能力最大，它的辐射能力也最大。

（三）固体壁面之间的辐射传热

1. 角系数

在辐射传热过程中常遇到这样问题：一个物体表面向外发射的辐射能，可能只有一部分到达另一个物体表面，为此需引入表示几何因素影响的"角系数"的概念。直接落到接收面上的能量与辐射面发射出的全部能量之比称为角系数，用符号 φ 表示。如辐射面 1 发射出的能量为 Q_1，落到接收面 2 上的能量为 $Q_{1\to2}$，则角系数 $\varphi_{1\to2} = \dfrac{Q_{1\to2}}{Q_1}$；反过来，2 为辐射面，向外发射能量为 Q_2，而落到接收面 1 上的能量为 $Q_{2\to1}$，角系数则为 $\varphi_{2\to1} = \dfrac{Q_{2\to1}}{Q_2}$。

角系数的数值不能大于 1，至多等于 1。它的数值大小完全由辐射面和接收面的大小及相对位置决定，与两表面的性质、温度等因素无关，一旦两表面的表面积和位置定下来，它们的角系数就确定了。角系数的确定方法可参考有关技术资料，我们仅介绍几种特殊情况的角系数，见表 3-7。

表 3-7 几种特殊情况的 φ 值与 C_{1-2} 的计算式

序号	辐射情况	面积 S	角系数 φ	总辐射系数 C_{1-2}
1	两个极大的平行面	S_1 或 S_2	1	$C_b \Big/ \left(\dfrac{1}{\varepsilon_1} + \dfrac{1}{\varepsilon_2} - 1 \right)$
2	很大的物体 2 包住小物体 1	S_1		$\varepsilon_1 C_b$
3	物体 2 恰好包住物体 1，$S_1 \approx S_2$	S_1	1	$C_b \Big/ \left(\dfrac{1}{\varepsilon_1} + \dfrac{1}{\varepsilon_2} - 1 \right)$
4	在 2、3 两种情况之间	S_1	1	$C_b \Big/ \left[\dfrac{1}{\varepsilon_1} + \dfrac{S_1}{S_2}\left(\dfrac{1}{\varepsilon_2} - 1 \right) \right]$

2. 两固体间的辐射传热

工程上常见到的是两固体之间的辐射传热。由于大多数固体可视为灰体，在灰体 1、2 两者相互辐射的过程中，物体 1 发射 E_1 到物体 2 表面时，其中一部分被吸收，其余部分被反射。与此同时，物体 2 发射到物体 1 的辐射能 E_2，也只有一部分被吸收、一部分被反射，两者之间进行着辐射能的反复发射和反射的过程。而且由于两物体之间空间位置的关系，往往发射或反射的辐射能不一定全部能投射到对方的表面上。

因此，在计算两固体之间的相互辐射传热量时，远比黑体辐射传热计算复杂。此时必须要考虑到两固体表面的吸收率与反射率、形状与大小以及两者之间的距离和相互位置，即角系数的影响。当固体 1 的壁面温度为 T_1，固体 2 的壁面温度为 T_2，且 $T_1 > T_2$ 时，温度较高的物体 1 由热辐射传递给温度较低物体 2 的净热量可用下式计算：

$$Q_{1-2} = C_{1-2} S \varphi \left[\left(\frac{T_1}{100} \right)^4 - \left(\frac{T_2}{100} \right)^4 \right] \tag{3-31}$$

式中　Q_{1-2}——净辐射传热速率，W；

　　　C_{1-2}——总辐射系数，$W/(m^2 \cdot K^4)$；

　　　S——计算的基准面积，m^2；

　　　φ——角系数。

式 (3-31) 称为辐射传热方程式。几种特殊情况下的总辐射系数 C_{1-2} 的计算、基准面积 S 以及角系数 φ 的确定，可查表 3-7。

【例 3-5】 黑度为 $\varepsilon_1 = 0.3$ 和 $\varepsilon_2 = 0.8$、相距很近、面积均为 S 的两大平板之间进行辐射传热，为了减少散热量，欲在两平板之间设置一遮热板，试问：当在两块板之间设置一黑度 $\varepsilon_3 = 0.04$、面积与两平板相同的用于遮热的铝板后，辐射传热量将减少为原来的百分之几？

解 在没有设置铝板之前，1、2 两平板之间辐射传热属于极大的两平行面，$\varphi = 1$，总辐射系数由下式计算：

$$C_{1-2} = \frac{C_b}{\dfrac{1}{\varepsilon_1} + \dfrac{1}{\varepsilon_2} - 1} = \frac{5.67}{\dfrac{1}{0.3} + \dfrac{1}{0.8} - 1} = 1.582 \, W/(m^2 \cdot K^4)$$

此时 1、2 两平板之间的辐射传热量为：

$$Q_{1-2} = 1.582 S \varphi \left[\left(\frac{T_1}{100} \right)^4 - \left(\frac{T_2}{100} \right)^4 \right] \tag{a}$$

两平板之间设置铝板 3 后，无论是 1、3 板之间辐射，还是 3、2 板之间辐射均属极大的两平行面，$\varphi = 1$，总辐射系数分别为：

$$C_{1\text{-}3} = \frac{C_b}{\frac{1}{\varepsilon_1}+\frac{1}{\varepsilon_3}-1} = \frac{5.67}{\frac{1}{0.3}+\frac{1}{0.04}-1} = 0.2074\,\text{W}/(\text{m}^2\cdot\text{K}^4)$$

$$C_{3\text{-}2} = \frac{C_b}{\frac{1}{\varepsilon_3}+\frac{1}{\varepsilon_2}-1} = \frac{5.67}{\frac{1}{0.04}+\frac{1}{0.8}-1} = 0.2246\,\text{W}/(\text{m}^2\cdot\text{K}^4)$$

$$Q_{1\text{-}3} = 0.2074S\varphi\left[\left(\frac{T_1}{100}\right)^4-\left(\frac{T_3}{100}\right)^4\right] \tag{b}$$

$$Q_{3\text{-}2} = 0.2246S\varphi\left[\left(\frac{T_3}{100}\right)^4-\left(\frac{T_2}{100}\right)^4\right] \tag{c}$$

对定态传热，应有 $Q_{1\text{-}3}=Q_{3\text{-}2}$，由式（b）、式（c）两式可得：

$$\left(\frac{T_3}{100}\right)^4 = \frac{0.2074}{0.432}\left(\frac{T_1}{100}\right)^4 + \frac{0.2246}{0.432}\left(\frac{T_2}{100}\right)^4$$

代入式（c）可得：

$$Q_{3\text{-}2} = 0.2246S\varphi\left[\frac{0.2074}{0.432}\left(\frac{T_1}{100}\right)^4+\frac{0.2246}{0.432}\left(\frac{T_2}{100}\right)^4-\left(\frac{T_2}{100}\right)^4\right]$$
$$= 0.1078S\varphi\left[\left(\frac{T_1}{100}\right)^4-\left(\frac{T_2}{100}\right)^4\right] \tag{d}$$

在定态传热情况下，$Q_{3\text{-}2}$ 在数值上等于加铝板后 1、2 两板之间的辐射传热量，即 $Q_{2-3}=Q'_{1-2}$，将式（d）与式（a）两边相除，可得：

$$\frac{Q_{3\text{-}2}}{Q_{1\text{-}2}} = \frac{0.1078}{1.582} = 0.0681$$

设置遮热板后，辐射散热量仅为原来散热量的 6.81%，由此可见遮热板可减少辐射散热量，遮热板材料的黑度越小，遮热效果越显著。

第三节 间壁式换热器的传热分析和计算

前已述及，化工生产中的换热大多数是通过间壁式换热器来实现的，本节就是主要解决有关间壁式换热器的传热计算的问题。

一、传热速率方程

经过长期生产实践和科学实验总结表明，单位时间内通过换热器传热壁面的热量与传热面积成正比，与冷、热流体间的温度差成正比。用数学式表达则为：

$$Q = KS\Delta t_m = \frac{\Delta t_m}{\frac{1}{KS}} = \frac{\text{传热总推动力}}{\text{传热总阻力}} \tag{3-32}$$

式中　Q——单位时间内通过传热壁面的热量，称为传热速率，W；

Δt_m——冷热流体的平均温度差，K；

S——换热器的传热面积，m^2；

K——比例系数，称为传热系数，$\text{W}/(\text{m}^2\cdot\text{K})$。

式(3-32) 表明传热速率与传热推动力 Δt_m 成正比，与传热热阻 $\dfrac{1}{KS}$ 成反比。

传热系数是一个表示传热过程强弱程度的物理量。若将式(3-32) 改写为以下形式：

$$K = \frac{Q}{S \Delta t_m} \qquad (3\text{-}32\text{a})$$

由式(3-32a) 可看出传热系数的物理意义，即当冷热两流体之间的温度差为 1℃时，单位时间内通过单位传热面积，由热流体传给冷流体的热量。所以 K 值越大，在相同的温度差条件下，所传递的热量越多，热交换过程越强烈。在传热操作中，总是设法提高传热系数的数值，以强化传热过程。

二、换热器的热负荷

单位时间内冷、热两流体在换热器中要交换的热量，称为该换热器的热负荷，以 Q' 表示。这里必须说明，热负荷是生产工艺对换热器换热能力的要求，其数值大小是由工艺换热需要所决定；传热速率 Q 是换热器的换热能力。一个能够满足工艺换热要求的换热器，必须有 $Q \geqslant Q'$。在换热器设计计算时一般取 $Q = Q'$。

（一）换热器的热量衡算

在一个换热器中，若单位时间内热流体在换热器中放出的热量为 Q_h，冷流体在换热器中吸收的热量为 Q_c，换热器的热损失为 Q_f，根据能量守恒定律，则有：

$$Q_h = Q_c + Q_f \qquad (3\text{-}33)$$

若换热器的保温良好，热损失 Q_f 可忽略不计，单位时间内热流体放出的热量 Q_h 等于冷流体吸收的热量 Q_c。对于定态传热过程，也就是等于换热器热负荷 Q'。即：

$$Q' = Q_h = Q_c \qquad (3\text{-}34)$$

当热损失不能忽略不计时，则要考虑冷、热流体流动通道的情况。对于列管式换热器，哪一种流体从换热器管程（换热管内）通过，该流体所放出或吸收的热量即为换热器的热负荷 Q'，如热流体流过列管换热器的管程，则其放出的热量 Q_h 为换热器的热负荷 Q'。

（二）载热体换热量的计算

载热体换热量计算就是参与换热的冷、热流体吸收或放出热量的计算。其具体计算方法如下。

1. 显热法

由于载热体的温度升高或降低而吸收或放出的热称为显热。如将水由 350K 冷却到 293K 所放出的热。显热法适用于载热体在热交换过程中仅有温度变化的情况。计算式如下：

$$Q_h = G_h c_{ph} (T_1 - T_2) \qquad (3\text{-}35)$$
$$Q_c = G_c c_{pc} (t_2 - t_1) \qquad (3\text{-}36)$$

式中　G_h, G_c——热、冷流体的质量流量，kg/s；

　　c_{ph}, c_{pc}——热、冷流体进出口平均温度下的平均比热容，J/(kg·K)；

　　T_1, t_1——热、冷流体的进口温度，℃或 K；

　　T_2, t_2——热、冷流体的出口温度，℃或 K。

比热容的意义是 1kg 物质温度升高 1K 时所需要的热。它是物质的热力性质，其数值由实验测定，不同的物质具有不同的比热容，同一物质的比热容随温度而变化。本书附录中列出一些常见流体的比热容，以供查阅。

【例 3-6】 将 0.417kg/s、353K 的某液体通过一换热器冷却到 313K，冷却水的进口温度为 303K，出口温度不超过 308K，已知液体的比热容 $c_{ph} = 1.38$kJ/(kg·℃)，若热损失可忽略不计，试求该换热器的热负荷及冷却水的用量。

解 由于热损失可忽略不计，换热器的热负荷为：

$$Q' = Q_h = G_h c_{ph}(T_1 - T_2)$$
$$= 0.417 \times 1.38 \times 10^3 \times (353 - 313)$$
$$= 23000\text{W} = 23\text{kW}$$

冷却水的消耗量，可由热量衡算式确定。由于热损失可忽略不计，应有：

$$Q_h = Q_c \quad \text{或} \quad G_c c_{pc}(t_2 - t_1) = Q_h$$

冷却水平均温度为 $(303+308)/2 = 305.5$K，由附录查得水的比热容为 4.18kJ/(kg·℃)，则：

$$G_c = \frac{Q_h}{c_{pc}(t_2 - t_1)} = \frac{23000}{4.18 \times 10^3 \times (308 - 303)} = 1.1\text{kg/s}$$

2. 潜热法

由于载热体的聚集状态发生变化而放出或吸收的热称为潜热。如 373K 水变为 373K 饱和蒸汽时所吸收的热。物质的聚集状态发生变化又称为相变，潜热法适用于载热体在热交换过程中仅有相变化的情况。其相变热计算式如下：

$$Q_h = G_h r_h \tag{3-37}$$
$$Q_c = G_c r_c \tag{3-38}$$

式中 r_h, r_c——热、冷流体的相变热，J/kg。

一定的压强下，载热体由液态汽化为同一温度饱和蒸气时所需的相变热又称为汽化潜热；由气态冷凝为同一温度饱和液体时所放出的相变热又称为冷凝潜热。相变热也是物质的热力性质，其数值由实验测定，流体的相变热与操作温度和操作压强有关，同一流体在同一温度下的汽化与冷凝相变热相同。常见流体的汽化潜热可由本书附录中查得。

【例 3-7】 某列管换热器用压强为 110kN/m² 的饱和蒸汽加热某冷液体；流量为 5m³/h 的冷液体在换热管内流动，温度从 293K 升高到 343K，平均比热容为 1.756kJ/(kg·℃)，密度为 900kg/m³。若换热器的热损失估计为该换热器热负荷的 8%，试求热负荷及蒸汽消耗量。

解 冷液体在列管换热器的管程被加热，该换热器的热负荷在数值上等于冷流体吸收的热量，即：

$$Q' = Q_c = G_c c_{pc}(t_2 - t_1)$$
$$Q' = Q_c = \frac{5 \times 900}{3600} \times 1.756 \times 10^3 \times (343 - 293)$$
$$= 110000\text{W} = 110\text{kW}$$

由本书附录查得 110kN/m² 压力下饱和水蒸气的冷凝潜热为 2245kJ/kg，由热量衡算式可得水蒸气消耗量为：

$$G_h = \frac{Q_c + 8\%Q_c}{r_h} = \frac{110 \times (1+0.08)}{2245} = 0.0529\text{kg/s} = 190\text{kg/h}$$

3. 焓差法

当载热体既有温变又有相变时，采用以上两种方法确定换热量很不方便，焓差法适用于载热体有相变、无相变以及既有温变又有相变的各种情况。其计算式为：

$$Q_h = G_h(H_{h1} - H_{h2}) \tag{3-39}$$
$$Q_c = G_c(H_{c2} - H_{c1}) \tag{3-40}$$

式中 H_{h1}, H_{h2}——热流体进、出换热器的焓，J/kg；
H_{c1}, H_{c2}——冷流体进、出换热器的焓，J/kg。

物质的焓取决于流动物质所处的状态（聚集状态、温度等），文献中查得的焓值是相对值，通常是以 273K 液体作为基准状态，即规定 273K 液体的焓为零。

三、传热系数

工业上生产中常见的间壁式换热器传热壁面温度不太高，辐射传热量很小，辐射传热通常不予考虑，传热壁面两侧冷、热流体之间的传热是由给热-导热-给热三个步骤组合而成的串联传热过程，如图 3-14 所示。由图可见，热量由温度较高的热流体以给热方式传递给与其接触的一侧换热壁面，然后以导热方式传递给间壁的另一侧，再由壁面以给热方式传递给冷流体。

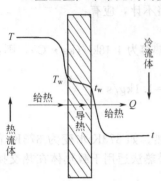

图 3-14 间壁式换热器
串联传热分析

若换热壁面是圆筒壁，其内、外及平均面积分别以 S_i、S_o、S_m 表示，壁面两侧流体的给热系数分别为 α_i 和 α_o。壁面厚度为 σ，圆筒壁材料的热导率为 λ。根据串联传热过程热阻的加和性可得：

$$\frac{1}{KS} = \frac{1}{\alpha_i S_i} + \frac{\delta}{\lambda S_m} + \frac{1}{\alpha_o S_o} \tag{3-41}$$

圆筒壁的表面积 S 随其半径而变，不同的面积有其对应的传热系数，确定传热系数时应考虑面积的影响。若以圆筒壁外表面积 S_o 为基准，传热速率方程式为 $Q = K_o S_o \Delta t_m$，其总热阻为：

$$\frac{1}{K_o S_o} = \frac{1}{\alpha_i S_i} + \frac{\delta}{\lambda S_m} + \frac{1}{\alpha_o S_o} \tag{3-42}$$

若圆筒壁的内径为 d_i，外径为 d_o，平均直径为 d_m，则 $\frac{S_o}{S_i} = \frac{d_o}{d_i}$，$\frac{S_o}{S_m} = \frac{d_o}{d_m}$，式（3-42）又可写为：

$$K_o = \frac{1}{\frac{d_o}{\alpha_i d_i} + \frac{\delta d_o}{\lambda d_m} + \frac{1}{\alpha_o}} \tag{3-43}$$

同理可得以圆筒壁内表面积为计算基准的传热系数 K_i 为：

$$K_i = \frac{1}{\frac{1}{\alpha_i} + \frac{\delta d_i}{\lambda d_m} + \frac{d_i}{\alpha_o d_o}} \tag{3-44}$$

以圆筒壁平均表面积为计算基准的传热系数 K_m 为：

$$K_m = \frac{1}{\frac{d_m}{\alpha_i d_i} + \frac{\delta}{\lambda} + \frac{d_m}{\alpha_o d_o}} \tag{3-45}$$

式（3-43）、式（3-44）及式（3-45）均为总传热系数的计算式。所取的基准面积不同，传热系数 K 值亦不同，但无论以哪一个面积为计算基准，都要与其传热系数相对应，才能得到正确的结果。必须注意：在以下内容或其他的资料中没有指明基准的传热系数，均为以管外表面积为计算基准的传热系数 K_o 值。

一个新的换热器运转一段时间后，在换热管的内外两侧都会有不同程度的污垢沉积。垢层虽薄，但其热导率很小，使得传热系数降低，减小了传热速率。为此，在传热计算中，必须根据流体的情况，对污垢产生的附加热阻加以考虑，以保证换热器在一定的时间内运转时，能保持足够大的传热速率。

若考虑管内、外流体的污垢热阻 R_{si} 和 R_{so}，按串联热阻的概念，式(3-42)可写为：

$$\frac{1}{K_o} = \frac{d_o}{\alpha_i d_i} + R_{si}\frac{d_o}{d_i} + \frac{\delta d_o}{\lambda d_m} + R_{so} + \frac{1}{\alpha_o} \tag{3-46}$$

由于污垢的厚度及其热导率难以测定，工程计算时，通常是根据经验选用污垢热阻值。表3-8列出了工业上常见流体污垢热阻的大概范围以供参考。

表3-8 污垢热阻 R_s 的大致数值范围

流 体	$R_s/(m^2 \cdot ℃/kW)$	流 体	$R_s/(m^2 \cdot ℃/kW)$
水($u<1m/s, t<50℃$)		液体	
蒸馏水	0.09	处理过的盐水	0.264
海水	0.09	有机物	0.176
清净的河水	0.21	燃料油	1.06
未处理的凉水塔用水	0.58	焦油	1.76
经处理的凉水塔用水	0.26	气体	
经处理的锅炉用水	0.26	空气	0.26~0.53
硬水、井水	0.58	溶剂蒸气	0.14

对于易结垢的流体，或换热器使用时间过长，污垢热阻的增加使得换热器的传热速率严重下降。所以换热器要根据具体的工作条件，定期进行清洗。

当传热面为平壁或薄管壁时，其 $S_o \approx S_i \approx S_m$，式(3-46)可简化为：

$$\frac{1}{K} = \frac{1}{\alpha_i} + R_{si} + \frac{\delta}{\lambda} + R_{so} + \frac{1}{\alpha_o} \tag{3-47}$$

当使用金属薄壁管时，管壁热阻可忽略；若为清洁流体，污垢热阻也可忽略，此时有：

$$\frac{1}{K} \approx \frac{1}{\alpha_i} + \frac{1}{\alpha_o} = \frac{\alpha_i + \alpha_o}{\alpha_i \alpha_o} \tag{3-48}$$

若式(3-48)中的 $\alpha_i \gg \alpha_o$，则 $K \approx \alpha_o$；反之若 $\alpha_o \gg \alpha_i$，则 $K \approx \alpha_i$。由此可知总热阻由热阻大的一侧流体给热所控制。即当冷热两流体的给热系数相差较大时，传热系数 K 值总是接近于热阻大的流体一侧给热系数 α 值。要提高传热系数 K 值，关键是在于提高数值小的给热系数 α，也就是尽量设法减小其中最大的分热阻，即减小关键热阻。

表3-9中列出了常见流体在列管换热器中传热系数 K 的经验值，供设计计算时参考。

表3-9 列管换热器中传热系数 K 的经验值

冷流体	热流体	传热系数/[W/(m²·K)]	冷流体	热流体	传热系数/[W/(m²·K)]
水	水	850~1700	水	水蒸气冷凝	1420~4250
水	气体	17~280	气体	水蒸气冷凝	30~300
水	有机溶剂	280~850	水	低沸点烃类冷凝	455~1140
水	轻油	340~910	水沸腾	水蒸气冷凝	2000~4250
水	重油	60~280	轻油沸腾	水蒸气冷凝	455~1020

【例3-8】 单管程、单壳程列管换热器，采用 $\phi 25mm \times 2mm$ 的钢管作为换热管。某气体在管内流动，某液体在管外流动。已知气体一侧的给热系数为 $50W/(m^2 \cdot K)$，液体一侧的给热系数为 $1700W/(m^2 \cdot K)$，钢的热导率为 $45W/(m^2 \cdot K)$，污垢热阻忽略不计。试求：

(1) 传热系数 K_o；

(2) 若将气体的给热系数提高1倍，其他条件不变，K_o 如何变化？

(3) 若将液体的给热系数提高1倍，其他条件不变，K_o 又如何变化？

解 （1）由式（3-43）知：

$$\frac{1}{K_o}=\frac{d_o}{\alpha_i d_i}+\frac{\delta d_o}{\lambda d_m}+\frac{1}{\alpha_o}$$

$$=\frac{25}{50\times21}+\frac{2\times10^{-3}\times25}{45\times23}+\frac{1}{1700}=2.445\times10^{-2}\,m^2\cdot K/W$$

$$K_o=40.9\,W/(m^2\cdot K)$$

（2）当管内气体 α_i 提高 1 倍时：

$$\frac{1}{K_o'}=\frac{25}{2\times50\times21}+\frac{2\times10^{-3}\times25}{45\times23}+\frac{1}{1700}=1.254\times10^{-2}\,m^2\cdot K/W$$

$$K_o'=79.74\,W/(m^2\cdot K)$$

$$\frac{K_o'-K_o}{K_o}\times100\%=\frac{79.74-40.9}{40.9}\times100\%=95\%$$

传热系数比原来提高了 95%。

（3）当管外液体 α_o 提高 1 倍时：

$$\frac{1}{K_o''}=\frac{25}{50\times21}+\frac{2\times10^{-3}\times25}{45\times23}+\frac{1}{2\times1700}=2.415\times10^{-2}\,m^2\cdot K/W$$

$$K_o''=41.4\,W/(m^2\cdot K)$$

$$\frac{K_o''-K_o}{K_o}\times100\%=\frac{41.4-40.9}{40.9}\times100\%=1.2\%$$

传热系数比原来提高了 1.2%。

可见，气体一侧的热阻远大于液体一侧的热阻，提高空气一侧给热系数 α_i 将有效地增加传热系数。

四、平均温度差

在间壁式换热器中，按流体在沿着传热面流动时的各点温度变化情况，可将传热过程分为恒温传热和变温传热两种。其平均温度差 Δt_m 的计算方法各不相同，下面分别给予介绍。

（一）恒温传热时的传热温度差

若换热器内冷、热两流体的温度在传热过程中都是恒定的，称为恒温传热。通常传热间壁两侧流体在传热过程中均发生相变时，就是恒温传热。如在蒸发器内用饱和蒸汽作为热源，在饱和温度 T_s 下冷凝放出潜热；液体物料在沸点温度 t_s 下吸热汽化。T_s 和 t_s 在整个传热过程中保持不变，其平均温度差为：

$$\Delta t_m=T_s-t_s \qquad (3-49)$$

（二）变温传热时的传热温度差

传热过程中冷、热两流体中有一个或两个流体温度都发生变化时，则称为变温传热。变温传热时的平均温度差，工程上可采用换热器两端热、冷流体温度差的对数平均值，即：

$$\Delta t_m=\frac{\Delta t_大-\Delta t_小}{\ln\dfrac{\Delta t_大}{\Delta t_小}} \qquad (3-50)$$

式中　$\Delta t_大$，$\Delta t_小$——换热器两端热、冷流体温度差中的较大和较小值，℃ 或 K。

当 $\dfrac{\Delta t_大}{\Delta t_小}\leq2$ 时，平均温度差 Δt_m 可用温度差 $\Delta t_大$ 和 $\Delta t_小$ 的算术平均值，即：

$$\Delta t_m = \frac{\Delta t_{大} + \Delta t_{小}}{2} \tag{3-51}$$

变温传热又可分为两种情况。第一种是间壁一侧流体变温而另一侧流体恒温的传热（即一侧流体有相变的传热），其流体温度沿传热面位置的分布情况如图3-15所示，由图可见此种情况的温度差随传热面的位置变化，但与流体的相对流向无关。

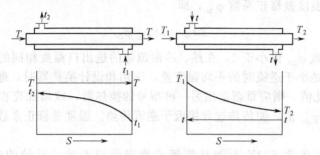

图3-15　一侧流体有相变传热的温度分布

第二种是间壁两侧流体都变温的传热，此种传热的平均温度差与冷热两流体相对流向有关。在此种变温传热中，参与热交换的两种流体大致有并流、逆流、错流和折流四种流向，如图3-16所示。

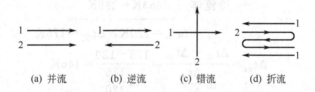

(a) 并流　(b) 逆流　(c) 错流　(d) 折流

图3-16　换热器中流体流动方向示意图

参与热交换的两流体在传热面两侧分别以相同的流向流动，称为并流流动，如图3-16(a)所示。若参与热交换的两流体在传热面两侧分别以相反的流向流动，则为逆流流动，如图3-16(b)所示。并流和逆流时的温度差沿传热面位置变化的分布情况如图3-17所示。

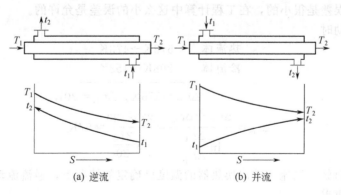

(a) 逆流　　(b) 并流

图3-17　逆流、并流流动时的温度分布

在计算第一种变温传热以及并流和逆流的平均温度差时，只要能正确地判断两流体的相对流向，画出流体温度分布的简图，计算出热、冷流体在换热器两端的温度差 $\Delta t_{大}$ 和 $\Delta t_{小}$，代入式(3-50)或式(3-51)中即可得出传热平均温度差 Δt_m。

若参与热交换的两流体在传热面两侧的流动方向是互相垂直的，称为错流流动，如图 3-16(c) 所示。若传热面两侧的冷热流体中，有一侧或两侧流体都先是由换热器的一端沿着一个方向流动，当到达换热器另一端时折回向相反方向流动，这样的反复来回流动称为折流流动，如图 3-16(d) 所示。

对于错流和折流，其温度分布较为复杂，其 Δt_m 可先按逆流流动的平均温度差 $\Delta t_{m逆}$ 来计算，然后再乘以温度差修正系数 $\varphi_{\Delta t}$，即

$$\Delta t_m = \Delta t_{m逆} \ \varphi_{\Delta t} \tag{3-52}$$

温度差修正系数 $\varphi_{\Delta t}$ 恒小于 1，在热、冷两流体的进出口温度相同的情况下，折流和错流的平均温度差总是小于逆流时的平均温度差。选用和设计换热器时，通常要求 $\varphi_{\Delta t}$ 值要在 0.8 以上，若低于此值，则应重新选用另一种型号的换热器，或增加壳程数改用多台换热器串联操作，以提高 $\varphi_{\Delta t}$ 值，使传热过程接近于逆流传热。温度差修正系数 $\varphi_{\Delta t}$ 值的确定可参考其他资料。

【例 3-9】 用温度为 573K 石油热裂解产物来预热石油。石油的进换热器的温度为 298K，出换热器的温度为 453K，热裂解产物的最终温度不得低于 473K。试分别计算并流和逆流时的平均温度差，并加以比较。

解 (1) 逆流流动时

热流体　　573K→473K
冷流体　　453K←298K

$$\Delta t_小 = 120K，\Delta t_大 = 175K$$

$$\Delta t_m = \frac{\Delta t_大 - \Delta t_小}{\ln \dfrac{\Delta t_大}{\Delta t_小}} = \frac{175 - 120}{\ln \dfrac{175}{120}} = 146K$$

由于 $\dfrac{\Delta t_大}{\Delta t_小} = \dfrac{175}{120} < 2$，所以可以用算术平均值计算平均温度差。

$$\Delta t_m = \frac{\Delta t_大 + \Delta t_小}{2} = \frac{175 + 120}{2} = 147.5K$$

由此可见其误差是很小的，在工程计算中这么小的误差是允许的。

(2) 并流流动时

热流体　　573K→473K
冷流体　　298K→453K

$$\Delta t_大 = 275K，\Delta t_小 = 20K$$

$$\Delta t_m = \frac{\Delta t_大 - \Delta t_小}{\ln \dfrac{\Delta t_大}{\Delta t_小}} = \frac{275 - 20}{\ln \dfrac{275}{20}} = 97K$$

由计算结果可知，当流体进出换热器的温度已确定的情况下，逆流流动比起并流操作具有较大的平均温度差。

【例 3-10】 生产要求在换热器内将流量为 3.0kg/s、温度为 80℃某液体用水冷却到 30℃。水在换热管外与管内的液体呈逆流流动，水的进口温度为 20℃，出口温度 50℃。已知水侧和液体侧的给热系数分别为 1700W/(m² · K) 和 900W/(m² · K)，液体的平均比热容为 1.9×10^3 J/(kg · K)。所采用的列管换热器是由长 3m、φ25mm×2.5mm、热导率为

$45W/(m^2 \cdot K)$ 的钢管束组成。若污垢热阻和换热器的热损失均可忽略不计，试求该换热器的换热管子数。

解 先由传热基本方程式计算传热面积 S，即：

$$S_o = \frac{Q}{K_o \Delta t_m}$$

$$Q = Q' = G_h c_{ph}(T_1 - T_2)$$

$$= 3.0 \times 1.9 \times 10^3 \times (80-30) = 285 \times 10^3 W$$

$$K_o = \frac{1}{\dfrac{d_o}{\alpha_i d_i} + \dfrac{\delta d_o}{\lambda d_m} + \dfrac{1}{\alpha_o}}$$

$$= \frac{1}{\dfrac{25}{900 \times 20} + \dfrac{2.5 \times 10^{-3} \times 25}{45 \times 22.5} + \dfrac{1}{1700}}$$

$$= 490.5 W/(m^2 \cdot K)$$

$$\Delta t_m = \frac{\Delta t_大 - \Delta t_小}{\ln \dfrac{\Delta t_大}{\Delta t_小}} = \frac{(80-50)-(30-20)}{\ln \dfrac{80-50}{30-20}} = 18.2K$$

$$S_o = \frac{Q}{K_o \Delta t_m} = \frac{285 \times 10^3}{490.5 \times 18.2} = 32m^2$$

所需列管换热器的管子数为：

$$n = \frac{S_o}{\pi d_o L} = \frac{32}{3.14 \times 0.025 \times 3} = 136 \text{ 根}$$

五、传热过程的强化

所谓强化传热，就是要用较小的传热面积或用较小体积的传热设备来完成同样的传热任务以提高经济性。从传热基本方程式可以看出，传热速率 Q 的大小由三个因素决定，即冷、热流体之间平均温度差 Δt_m，传热面积 S 和传热系数 K，改变其中任意一个都会对传热带来影响。下面具体分析强化的途径。

1. 增大传热平均温度差

对一定的换热器，其传热平均温度差越大，对传热越有利。传热平均温度差的大小主要取决于两流体的温度条件，其中目的流体温度由生产工艺决定，一般不能随意变动，而加热剂或冷却剂的温度可因所选的介质不同，有很大的差异。当换热器中两流体均无相变时，应尽可能地采用逆流或接近于逆流的相对流向以获得较大的平均温度差。

2. 增大换热器单位体积的传热面积

传热面积的增大，显然是可以提高传热速率，但增大传热面积不能单靠增加换热器的体积来实现，而是应合理地提高设备单位体积的传热面积，也就是从研究改进传热面结构出发增大传热面积，以达到换热设备高效紧凑的目的。如用小直径管，以螺纹管、波纹管代替光管，采用翅片式换热器等各种新型换热器均是增大换热器单位体积传热面积的有效方法。

3. 增大传热系数

提高传热系数 K 是强化传热的最为常用的方法。传热系数的大小与冷、热两流体侧的给热热阻，管壁的导热热阻和污垢热阻有关。由于各项热阻所占的比例不同，应该设法减小其中的关键热阻。

换热器刚使用时，由于没有垢层，换热管壁都是由较薄且热导率大的金属构成，不会成为关键热阻，此时的对流给热热阻是传热过程的主要矛盾。增大给热系数的主要途径是减薄层流内层的厚度，常用的方法有以下几种。

（1）提高流速，增强流体的湍流程度以减薄层流内层的厚度。如增加管程数或壳程的挡板数，这样可分别提高管程和壳程内流体的流速。

（2）增加流体的扰动，以减薄层流内层的厚度。如采用螺旋板式换热器，采用在管内加装麻花铁、螺旋圈或金属丝等添加物均可增加流体湍动程度；采用各种凹凸不平的波纹状或粗糙的换热面，或在壳程的管束间安装折流杆，既取代了折流挡板固定管束的作用，又加强了壳程流体的湍动程度。

（3）采用短管换热器。利用传热进口段换热较强的特点，流道短则层流内层薄，采用短管换热器可以提高管程流体的给热系数。

（4）减小污垢热阻。随着换热器使用时间的增长，污垢热阻逐渐增大，因此防止结垢和及时清除垢层，也是强化传热的关键。

综上所述，强化传热过程的途径是多方面的。因此在对一个具体的传热过程，应作具体的分析，要结合生产实际情况，从设备结构、动力消耗、清洗和检修的难易等作全面的考虑后，再采取经济、合理的强化措施。

第四节　间壁式换热器

工业所使用的换热器可分为三大类，即间壁式、直接接触式和蓄热式。其中以间壁式换热器应用最为普遍，以下讨论仅限于此类换热器。

一、间壁式换热器分类

间壁式换热器的种类很多，按以下两种方法进行分类较为常用。

1. 按换热器在生产过程中的作用分类

在化工生产中将工艺流体进行加热的换热器称为加热器；将工艺流体进行冷却的换热器称为冷却器；将蒸气冷凝为液体的换热器则称为冷凝器。另外还有一些特定场合使用的名称，如蒸馏操作过程中分凝器、再沸器，用于深冷分离工程中的深冷热交换器等。

2. 按换热器传热壁面的形状分类

若换热器的传热壁面由圆形管构成，称为管式换热器，如蛇管式换热器、套管式换热器、列管式换热器等；参与换热的两流体被一个板状固体壁面隔开的间壁式换热器称为板式换热器，常见的有夹套式换热器、平板式换热器、螺旋板式换热器、翅片板式换热器等。

二、常见的间壁式换热器

（一）夹套式换热器

结构如图 3-18 所示。夹套空间是加热介质或冷却介质的通道。当用蒸汽加热时，蒸汽从上部接管进入夹套，冷凝水由下部接管流出。作为冷却器时，冷却介质（如冷却水）由夹套下部接管进入，由上部接管流出。夹套式换热器的结构简单，但由于加热面积受到容器壁面的限制，传热面较小且传热系数不大。这种

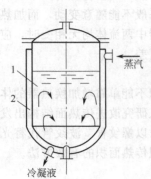

图 3-18　夹套式换热器
1—容器；2—夹套

换热器主要用于反应过程的加热和冷却。

(二) 蛇管式换热器

蛇管式换热器可分为沉浸式和喷淋式两种。

沉浸式蛇管换热器结构如图 3-19 所示，这种换热器是将金属管绕成各种与容器相适应的形状，并沉浸在容器的液体中，两种流体在管内外流动进行传热。沉浸式蛇管换热器的优点是结构简单，价格低廉，能承受高压，可用耐腐蚀材料制造。其缺点是管外容器内的流体湍流程度差，给热系数小，平均温度差也较低。适用于反应器内的传热、高压下的传热以及强腐蚀性流体的传热。

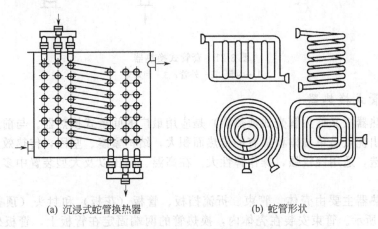

(a) 沉浸式蛇管换热器　　　　　　(b) 蛇管形状

图 3-19　沉浸式蛇管换热器及蛇管形状

喷淋式蛇管换热器的结构如图 3-20 所示。这种换热器多用作冷却器，它是将成排的换热管固定在钢架上，热流体在管内自下而上流动，冷水由最上面的淋水管流出，均匀地分布在换热管上，并沿其表面呈膜状自上而下流动，最后流入水槽排出。喷淋式蛇管换热器常置于室外空气流通处，冷却水在空气中汽化也可带走部分热量，增强冷却效果。其优点是便于检修，传热效果好。缺点是占地面积大，喷淋不易均匀。

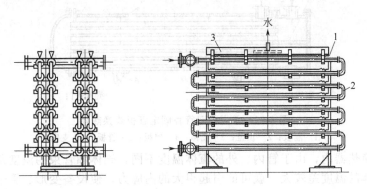

图 3-20　喷淋式蛇管换热器
1—直管；2—U 形管；3—水槽

(三) 套管式换热器

套管式换热器是由直径不同的直管按同轴线相套，并用 180°回弯管连接而成，见图 3-21。这种换热器中的管内和环隙内的流体皆可选用较高的流速，故传热系数较大，并且两流体可安排为纯逆流，传热温度差大。优点是结构简单，能承受高压，传热面积容易增减。缺点是单位传热面的金属消耗量大，不够紧凑，介质流量较小和热负荷不大，一般适用于压强较高的场合。

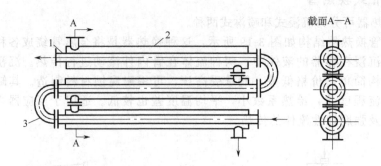

图 3-21　套管式换热器

1—内管；2—外管；3—回弯管

（四）列管式换热器

列管式换热器（又称为管壳式换热器）是应用最广的间壁式换热器。与前述几种换热器相比，它的突出优点是单位体积具有的传热面积大，结构紧凑、坚固，传热效果好，而且能用多种材料制造，适用性较强，操作弹性大。在高温、高压以及大型装置中多采用列管式换热器。

列管式换热器主要由壳体、管束、折流挡板、管板（花板）和封头（顶盖）等部分组成，如图 3-22 所示。管束安装在壳体内，换热管的两端固定在管板上，管板外是封头，供管程流体的进入和流出，以保证各管中流量分配均匀，使其流动情况比较一致。列管式换热器内安装折流挡板的目的，是为了增加壳程流体的流速，使湍流程度加剧，提高壳程流体的给热系数。常用的折流挡板有圆缺形和圆盘形两种，如图 3-23 和图 3-24 所示，其中圆缺形应用最为广泛。

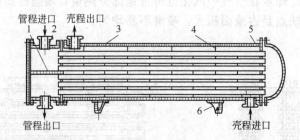

图 3-22　单壳程双管程固定管板式换热器

1—隔板；2—顶盖；3—壳体；4—挡板；5—管板；6—支座

在列管式换热器内，由于管内、外的流体温度不同，壳体和管束的温度及其热膨胀程度不同。若两流体的温度差较大，就可能引起很大的内应力，使设备变形、管子弯曲、断裂甚至从管板上脱落。因此，必须采取适当的措施，以消除或减小热应力的影响。此外有的流体易于结垢，有的腐蚀性较大，也要求换热器便于清理和维修。

目前，已有几种不同形式的换热器系列化生产，以满足不同的工艺要求。

1. 固定管板式换热器

图 3-22 所示的固定管板式换热器，在冷、热流体温度差不大的场合使用这种换热器结构最为简单，加工成本低，但壳程清洗困难，要求流体洁净、不易结垢。当换热管束与壳体的温度差在 60～70K，而壳体压强不超过 600kPa 时，可在壳体上安装膨胀节，依靠膨胀节

的弹性变形来适应外壳与管束之间的不同膨胀。具有膨胀节的固定管板式换热器如图3-25所示。

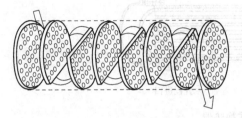 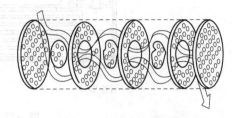

图3-23　圆缺形折流挡板　　　　图3-24　圆盘形折流挡板

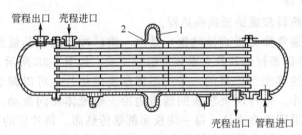

图3-25　具有膨胀节的固定管板式换热器
1—膨胀节；2—导流筒

2. U形管换热器

当壳体与管束的温度差或壳体内的流体压强较大时，由于膨胀节过厚，难以伸缩，失去了补偿作用，就应考虑其他结构进行补偿。图3-26所示的U形管换热器就是其中的一种。U形管换热器结构特点为每根管子都弯成U形，且两端都固定在同一块管板上，封头上用隔板分成两室，故相当于双管程。这样，每根管子都可以自由伸缩，与壳体无关，由此解决了热补偿的问题，结构也不复杂。缺点是为了满足弯管时需有一定的弯曲半径，管板的利用率就差。管内清洗也比较困难。

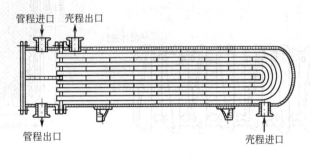

图3-26　U形管换热器

3. 浮头式换热器

浮头式换热器两端的管板中其中有一端不与壳体连接，这一端的封头在壳体内与管束一起自由移动，称为浮头。浮头有内浮头和外浮头两种，浮头在壳体内称为内浮头，内浮头应用较为普遍。图3-27所示为内浮头换热器。这种结构不仅消除了热应力，而且整个管束可从壳体中抽出，便于管内外的清洗和检修。因此，尽管其结构复杂、造价较高，但应用十分广泛。

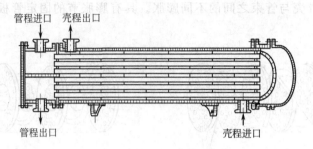

图 3-27　浮头式换热器

（五）板式换热器

常见有平板式换热器和螺旋板式换热器。

平板式换热器（通常称为板式换热器）是由一组已冲压出凹凸波纹的长方形薄金属板（型板）平行排列，并以密封垫片及夹紧装置组装而成。如图 3-28 所示。两相邻板片的边缘衬有垫片，压紧后可达到密封的目的。采用不同厚度的垫片，可以调节相邻两板之间的距离，即流体通道的大小。操作时要求板间通道内冷、热流体相间流动，即一个通道走热流体，其两侧相邻的通道则走冷流体，每一块板面都是传热面。每片板的四个角上各开一个孔道，实际上它是冷、热流体在板面上的进出口。其中有两个孔道可以和板面上的流道相通，一个作为流体的进口，一个作为流体的出口；另外两个孔道依靠垫片与该板面流道隔开，而与两侧相邻的板面流道相接。型板压制成为各种波纹形状，既增加了板的强度和实际传热面积，又使得流体分布均匀，增加了湍流程度。

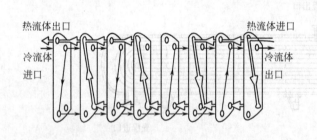

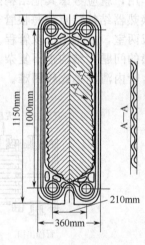

(a) 板式换热器流向示意图　　　　　　　(b) 板式换热器板片

图 3-28　板式换热器

平板式换热器的主要优点是传热系数大，水与水之间的传热系数可达 $1500\sim4700\mathrm{W}/(\mathrm{m}^2\cdot\mathrm{K})$；结构紧凑，一般板间距为 $4\sim6\mathrm{mm}$，单位体积换热器可提供传热面积为 $250\sim1000\mathrm{m}^2/\mathrm{m}^3$（列管式换热器一般为 $40\sim150\mathrm{m}^2/\mathrm{m}^3$）；具有可拆结构，可根据需要，用调节板片数目的方法增减其传热面积，检修和清洗都比较方便。

其主要缺点是操作压强和温度都不能太高。压强过高容易泄漏，一般压强不宜超过 2MPa；操作温度受到垫片材料耐热性能的限制，一般不超过 250℃。另外由于板间距离仅有几毫米，流速又不大，不宜处理容易结垢的物料，单机处理量也小。

螺旋板式换热器结构如图 3-29 所示。螺旋板式换热器是由两块薄金属板分别焊接在一块分隔板的两端并卷成螺旋体而构成。两块薄金属板在器内形成两条螺旋形的通道，冷、热两流体分别进入两条通道，在换热器内作严格的逆流流动，并通过薄金属板进行换热。

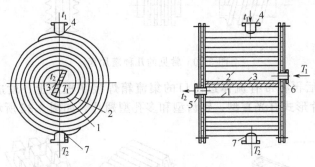

图 3-29　螺旋板式换热器
1,2—金属片；3—隔板；4,5—冷流体连接管；6,7—热流体连接管

螺旋板式换热器的直径一般在 1.6m 以内，板宽在 200～1200mm 之间，板厚为 2～4mm。两板之间的距离由预先焊在板上的定距撑控制，一般为 5～25mm。常用的材料为碳钢和不锈钢。

由于螺旋板式换热器结构的特殊性，使得其传热系数大，水与水换热时的 K 值可达 2000～3000W/(m^2·K)，而在列管式换热器中 K 值一般为 1000～2000W/(m^2·K)；由于流速较高及离心力的作用湍流程度强烈，使流体对壁面有冲刷作用而不易结垢和堵塞；冷热流体在通道内可作纯逆流流动，其平均温度差大，因此在热流体的出口端，热、冷两流体的温度差可控制得很小，这样能充分利用低温热源；结构紧凑，即单位体积换热器传热面积大等。

其主要缺点是操作压强和温度不宜太高，目前最高的操作压强不超过 2MPa，温度在 700K 以下；不易检修，由于换热器被焊接为一体，一旦损坏，修理很困难。

（六）翅片式换热器

常见的有翅片管换热器和板翅式换热器。

翅片管换热器是在换热管的表面上加装翅片制成。常见的翅片有横向和纵向两类，图 3-30 所示的是工业广泛应用的几种翅片形式。翅片与光管表面的连接应紧密，否则连接处的接触热阻很大，影响了传热效果。常用连接方法有热套、镶嵌、缠绕和焊接等。此外翅片管也可以采用整体轧制、整体铸造或机械加工等方法制造。

换热管上装置了翅片后，既可增加传热面积，又可改善翅片侧流体的湍流程度，增加传热量，尤其是对管外流体给热系数很小的传热过程有显著的强化效果。必须注意的是：翅片一侧的流体走向一定要与翅片平行，否则传热效果将会变差，甚至于不如光管的传热效果好。

板翅式换热器是一种更为高效、紧凑、轻巧的换热器，应用甚广。板翅式换热器的结构形式很多，但其基本元件的结构相同，即在两平行薄金属板之间，夹入波纹状或其他形状的金属翅片，并将两侧面封死，这样就构成了一个换热基本元件。将各基本元件进行不同的叠积和适当的排列，并用钎焊固定，即可制成并流、逆流或错流的板束（或称芯部），其结构

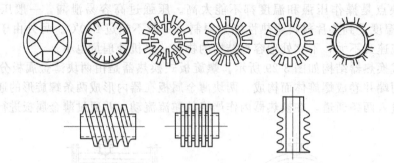

图 3-30 常见的几种翅片管

如图 3-31 所示。然后再将带有流体进出口的集流箱焊接在板束上，就成了板翅式换热器。我国目前常用的翅片形式有光直型、锯齿型和多孔型翅片，如图 3-32 所示。

(a) 光直翅片　(b) 锯齿翅片　(c) 多孔翅片

图 3-31 板翅式换热器的板束　　　　图 3-32 板翅式换热器的翅片类型

　　板翅式换热器的优点是：传热系数大，传热效果好，空气的强制对流给热系数可达 $350W/(m^2 \cdot K)$；结构紧凑，单位体积设备提供的传热面积能达到 $2500 \sim 4300 m^2/m^3$。

　　由于翅片是用铝合金制造的，所以设备质量轻。在相同的传热面积下，其质量约为列管式换热器的 1/10。又因翅片不单是传热面，也是两板间的支撑，故其强度很高。此外板翅式换热器可以用于低温及超低温情况下的传热，其使用范围广。还可以用于多种不同介质在同一个设备内传热，故适应性强。

　　其缺点是设备流道小、易堵塞，且清洗和检修困难，所以，物料应洁净或预先净制。又因隔板和翅片都是由薄铝板制成，参与传热的介质必须对铝不腐蚀。

　　（七）热管

　　热管是在一根抽除不凝性气体的密闭金属管内充以一定量的某种工作液体构成，其结构如图 3-33 所示。工作液体在热端吸收热量而沸腾汽化，产生的蒸气流到冷端放出潜热而凝结为液体，冷凝液回至热端，再次吸热沸腾汽化。如此反复循环，热量不断地由热端传递到冷端。冷凝液的回流可以通过不同的方法来实现，如毛细管作用或重力等。目前常用的方法是将具有毛细结构的吸液芯装在管的内壁上，利用毛细管的作用使冷凝液由冷端回流至热

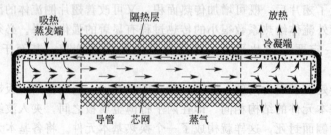

图 3-33 热管

端。热管的工作液体可以是氨、水、丙酮、汞等。采用不同的工作液体，有不同的工作温度范围。

热管传导热量的能力很强，为最优导热性能金属导热能力的 $10^3 \sim 10^4$ 倍。因充分利用了沸腾和冷凝给热系数大的特点，通过管外翅片增大传热面积，且巧妙地将管内、外流体间的传热转变为隔热层两侧管外的传热，使热管成为高效且结构简单、投资少的传热设备。目前，热管换热器已被广泛应用在烟道气废热的回收过程，且取得了很好的节能效果。

复习思考题

1. 说明下列概念的意义：
载热体、定态传热、传热速率、热负荷、热传导、热对流、热辐射、对流给热、接触热阻、关键热阻、黑体、灰体。
2. 传热有哪几种基本方式？工业生产中的换热方法有哪几种？
3. 写出热导率的物理意义，并说明影响各种物质热导率的因素。
4. 说明多层壁导热的总推动力、总阻力与各分层推动力、阻力的关系。
5. 圆筒壁与平壁导热的不同之处是什么？
6. 什么情况下平均半径可用算术平均值计算？如何计算？
7. 对小直径圆筒壁保温，应将热导率小的保温材料放在内层还是外层？
8. 何谓强制对流给热和自然对流给热？
9. 一台运行一段时间的换热器，发现传热效果变差，这是什么原因？如何处理？
10. 当水蒸气与冷空气之间进行换热时，其关键热阻是什么？此时传热系数值接近于哪个流体的给热系数？如何才能有效地提高传热系数？
11. 什么情况下换热过程采用并流操作较为适宜？
12. 强化传热的途径有哪些？
13. 间壁式换热器有哪些分类方法？如何分类？
14. 说明固定管板式换热器"膨胀节"的作用。
15. 说明热管的工作原理。

习 题

3-1 为测定一种材料的热导率，用材料做成厚 5mm 的平板。在定态情况下，保持平板两侧表面温度差为 30K，测得通过平板的热通量为 5200W/m^2。试确定该材料的热导率。

3-2 平壁炉的炉壁由三种材料组成，其厚度和热导率分别为：第一层耐火砖热导率为 1.07W/(m·K)，厚度为 200mm；第二层绝热砖热导率为 0.14W/(m·K)，厚度为 100mm；第三层钢板热导率为 45W/(m·K)，厚度为 6mm；绝热砖与钢板之间有一层很薄的空气层。现测得耐火砖的内表面温度为 1150℃，钢板外表面温度为 30℃，通过炉壁的热损失为 300W/m^2。试求空气层的热阻以及耐火砖与绝热砖交界面的温度。

3-3 规格为 ϕ60mm×3mm 的钢管用 30mm 厚的软木包扎，其外又敷以保温灰作为保温层。现已知钢管外壁面温度为 163K，工程要求绝热层外表面的温度不得高于 283K。软木和保温灰的热导率分别为 0.048W/(m·K) 和 0.07W/(m·K)。试确定每米管长冷量损失不高于 22W 时保温灰层的厚度。

3-4 外径为 120mm 的蒸汽管，包有一层 50mm 厚的绝缘材料 A，热导率为 0.06W/(m·K)，其外再包一层 25mm 的绝缘材料 B，热导率为 0.075W/(m·K)。若绝缘层 A 的内表面及绝缘层 B 的外表面的温度分别为 170℃ 及 38℃。试求每米管长的散热量和 A、B 绝缘层交界面处的温度。

3-5 水流过一内径为 50mm 的圆形直管内被加热，管长为 6m，水的温度由 28℃升高到 50℃，流量为

2000kg/h。试求水对管壁的给热系数 α。定性温度下水的物性为：$\mu = 0.6685$cP，$c_p = 4.174$kJ/(kg·K)，$\lambda = 0.634$W/(m·K)，$\rho = 992.21$kg/m^3。

3-6 两大平板之间相距很近，表面温度分别为 $T_1 = 393$K、$T_2 = 320$K，黑度分别为 $\varepsilon_1 = 0.3$ 和 $\varepsilon_2 = 0.6$，试求两平板之间的每平方米辐射传热量。

3-7 在一列管式换热器中，某液体在管内被加热，其进口温度为 293K，出口温度为 343K，流量为 2500kg/h，平均温度下的比热容为 2.3kJ/(kg·K)。管外为压强 180kPa 的饱和水蒸气冷凝。试求水蒸气的消耗量。

3-8 4000kg/h 的某种油由 360K 被水冷却至 300K，其平均比热容为 1.6kJ/(kg·K)。冷却水的进、出口温度分别为 288K 和 303K。试求冷却水的用量；若将冷却水的用量增加 20%，求冷却水的终温。

3-9 一台列管式换热器，换热管为 $\phi25$mm×2.5mm 的碳钢管，其热导率为 46W/(m·K)。在换热器中用水加热某种气体，热水在管程流动，热水对管壁的给热系数为 1700W/(m^2·K)；气体在壳程流动，管壁与气体之间的给热系数为 35W/(m^2·K)，换热管内壁结有一层水垢，水垢的热阻为 0.0004m^2·K/W。试计算传热系数 K。

3-10 在一间壁式换热器中，某热流体由 560K 降温至 500K，冷流体的温度由 298K 升至 420K，试分别计算两流体作逆流和并流时的平均温度差。

3-11 已知某冷却器的传热面积为 2m^2，某油和水在其中进行换热，油的流量为 2000kg/h，从 350K 冷却到 320K，平均比热容为 1.8kJ/(kg·K)；冷却水温度从 298K 升高到 310K，两流体作逆流流动。试确定该冷却器的传热系数。

3-12 逆流列管式换热器中某油品被水冷却。水的进、出口温度分别为 17℃ 和 35℃，流量为 1.4kg/s；油品的进、出口温度分别为 107℃ 和 32℃，平均比热容 1.84kJ/(kg·K)，若传热系数 K。值为 284W/(m^2·K)。试求油品的流量以及所需的传热面积。

3-13 有一套管式换热器，外管为 $\phi116$mm×4mm，内管为 $\phi54$mm×2mm。内管中的溶液由 40℃ 被加热至 80℃，流量为 4500kg/h，平均比热容为 1.86kJ/(kg·K)。套管环隙内有 120℃ 饱和水蒸气冷凝，冷凝潜热为 2206kJ/kg。管内溶液给热系数为 1030W/(m^2·K)，环隙内蒸汽冷凝给热系数为 6000W/(m^2·K)，垢层热阻及管壁热阻、换热器热损失均可忽略，试求：①加热蒸汽消耗量（kg/h）；②套管换热器的有效长度为多少（m）？

3-14 某列管式换热器的换热管是由多根 2m 长、$\phi25$mm×2.5mm 的钢管组成。将某油由 20℃ 加热到 55℃，油在换热管内流动，其流量为 18000kg/h，平均比热容为 1.8kJ/(kg·K)，加热剂为 100℃ 的饱和水蒸气，在其换热管外冷凝。已知传热系数 K_i 为 700W/(m^2·K)。试求该列管式换热器中的换热管子数。

本章主要符号说明

英文字母

A——流体的流通面积，m^2；

b——常数；

c_p——比定压热容，J/(kg·K)；

d——直径，m；

D——换热器壳体内径，m；

g——重力加速度，m/s^2；

G_s——流体的质量流量，kg/(m^2·s)；

H——焓值，J/kg；

K——传热系数，W/(m^2·K)；

l——特征尺寸，m；

L——管长，m；

m——指数；

n——指数；

q——热通量，W/m^2；

Q——传热速率，W；

r——换热管半径，m；

r——汽化潜热，J/kg；

R——辐射反射率；

S——传热面积，m^2；

t——冷流体温度，K 或 ℃；

T——热流体温度，K 或 ℃；

u——平均流速，m/s；

V_s——体积流量，m^3/s。

希腊字母

δ——壁厚，m；

α——给热系数，W/(m^2·K)；

β——体积膨胀系数，1/K；

$\varphi_{\Delta t}$——折流和错流的温度修正系数；

λ——热导率，W/(m·K)；

μ——流体的黏度，Pa·s；

ρ——密度，kg/m^3。

第四章

气体的吸收

● 知识目标

掌握吸收过程相平衡关系应用及影响因素，吸收过程物料衡算，吸收剂用量确定；吸收推动力概念与计算，填料层高度计算；吸收过程的强化途径。

理解吸收过程原理，传质方向判定，相平衡与吸收过程的关系，气膜控制与液膜控制的相关概念，吸收过程难易程度的判定。

了解气体吸收的工业应用，吸收剂的选择、吸收传质基本方式，各种吸收设备与附属装置。

● 能力目标

能熟悉填料塔结构及性能特点，识别各种常见的填料；能掌握填料吸收塔的开、停车步骤，正常操作的控制要领。

第一节 概 述

一、吸收操作在工业生产中的应用

吸收是用来分离气体混合物的单元操作，是依据气体混合物中各组分在液体溶剂中溶解度的不同而实现分离的过程。吸收分离在化工生产中的应用主要概括为两方面，一是回收或捕集气体混合物中的有用组分以制取产品，二是除去混合气体中的有害成分使气体得以净化，而在实际生产过程中往往同时兼有净化与回收的双重目的。吸收操作中所采用的溶剂称为吸收剂，能够溶解于吸收剂中的气体组分称为溶质，不被吸收的气体组分称为惰性组分；吸收后得到的溶液称为吸收液，排出的气体称为吸收尾气或净化气。

吸收的目的是将混合气体中的溶质和惰性组分分离并得到纯度较高的溶质和惰性组分。但吸收只完成了溶质由气相向液相的传递，将气态混合物转换成液态混合物，并未得到纯度较高的溶质。因此，工业上除了以制取液态产品为目的的吸收之外，大都要将吸收液进行解吸。解吸是使已溶解的溶质由吸收液中释放出来的操作。解吸操作不但能获得纯度较高的气体溶质，而且可使吸收剂得以再生、循环使用，因而完整的工业吸收分离过程应包括吸收和解吸两个过程，其流程见图 4-1。解吸操作的质量和能

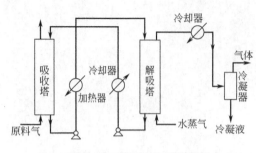

图 4-1 吸收与解吸流程

耗, 直接关系到整个吸收分离过程的质量和经济性。

二、吸收操作分类

吸收操作按其溶质与吸收剂之间发生物理和化学作用的不同, 可分为物理吸收和化学吸收。若溶质与溶剂间不发生显著的化学反应, 溶质仅仅因为在溶剂中的溶解度大而被吸收, 则此过程为物理吸收, 如用水吸收 CO_2 及用洗油吸收粗苯均为物理吸收过程; 若溶质与溶剂之间因为显著的化学反应而被吸收则称为化学吸收, 如用硫酸吸收氨、用碱液吸收 CO_2 等均为化学吸收过程。

吸收操作按其被吸收组分数目的不同, 可分为单组分吸收和多组分吸收。用水吸收 HCl 气体制取盐酸为单组分吸收; 而用洗油处理焦炉气时, 气体中的多种组分均在洗油中有显著的溶解度, 这种吸收过程则属于多组分吸收。

气体被吸收的过程往往伴有溶解热或反应热等热效应。若热效应较大, 会使液相温度升高, 这样的吸收过程称为非等温吸收。若热效应很小, 或被吸收的组分在气相中浓度很低而吸收剂的用量又相对很大时, 温度升高并不显著, 则为等温吸收。

本章以等温、单组分物理吸收过程为重点, 阐明吸收过程原理和有关的工艺计算。

三、吸收剂的选择

吸收操作是气液两相之间接触的传质过程, 吸收操作的成功与否在很大程度上取决于吸收剂的性能, 特别是吸收剂与气体混合物之间的相平衡关系。在选择吸收剂时, 应注意考虑以下几个方面的问题。

(1) 溶解度。溶剂应对混合气中被分离组分 (溶质) 有较大的溶解度, 即在一定的温度和浓度下, 溶质的平衡分压要低。这样, 从平衡角度来说, 处理一定量混合气体所需的溶剂数量较少, 气体中溶质的极限残余浓度亦可降低; 从过程速率角度而言, 溶质平衡分压低, 过程推动力大, 传质速率快, 所需设备的尺寸小。

(2) 选择性。溶剂对混合气体中其他组分的溶解度要小, 即溶剂应具有较高的选择性。否则吸收操作将只能实现组分间某种程度的增浓而不能实现较为完全的分离。

(3) 溶解度随操作条件的变化。溶质在溶剂中的溶解度应对温度的变化比较敏感, 即不仅在低温下溶解度要大, 平衡分压要小, 而且随温度升高, 溶解度应迅速下降, 平衡分压应迅速上升。这样, 被吸收的气体解吸容易, 溶剂再生方便。

(4) 挥发性。操作温度下溶剂的蒸气压要低, 以减少吸收和再生过程中溶剂的挥发损失。

(5) 黏性。操作温度下吸收剂的黏度要低, 这样可以改善吸收塔内的流动状况从而提高吸收速率, 且有助于降低泵的功耗, 减少传质阻力。

(6) 所选择的溶剂应尽可能无毒性, 无腐蚀性, 不易燃, 不发泡, 价廉易得, 有较好的化学稳定性。

通常很难找到一个理想的溶剂能够满足所有要求, 因此, 应对可供选择的溶剂进行全面的评价以作出经济合理的选择。

四、吸收操作相组成表示法

在表示吸收气、液两相组成时, 液相中溶质的浓度通常用摩尔分数 x、摩尔比 X、摩尔

浓度 c（单位体积溶液中所具有的溶质的物质的量，mol）和质量分数表示；气相中溶质的浓度通常用分压 p、摩尔分数 y 和摩尔比 Y 表示。

在吸收操作中，由于气体总量和溶液总量都随吸收的进行而改变，而（在吸收剂对惰性组分不溶及其本身不挥发的前提下）惰性组分和吸收剂的量则始终不变，为简化吸收过程的计算，常采用摩尔比表示相的组成。摩尔比是指混合物中一组分的物质的量与另一组分物质的量的比值，用 X 和 Y 表示。

吸收液中吸收质 A 对吸收剂 S 的摩尔比可以表示为：

$$X_A = \frac{n_A}{n_S} \tag{4-1}$$

摩尔比与摩尔分数的换算关系为：

$$X_A = \frac{x_A}{1-x_A} \tag{4-2}$$

混合气体中，吸收质 A 对惰性组分 B 的摩尔比可以表示为：

$$Y_A = \frac{n_A}{n_B} = \frac{y_A}{1-y_A} \tag{4-3}$$

式中　X_A——吸收液中组分 A 对组分 S 的摩尔比；

Y_A——混合气体中吸收质 A 对惰性组分 B 的摩尔比；

n_A, n_B, n_S——组分 A、B、S 的物质的量，kmol；

x_A——吸收液中组分 A 的摩尔分数；

y_A——混合气中组分 A 的摩尔分数。

为方便起见，本章在表示溶质浓度时，下标 A 一律省略。

第二节　气液相平衡

一、气体在液体中的溶解度

在一定温度下气液两相长期或充分接触之后，两相趋于平衡，此时溶质组分在两相中的浓度服从某种确定的关系，即相平衡关系。平衡状态下气相中的溶质分压称为平衡分压或饱和分压，液相中的溶质浓度称为平衡浓度或饱和浓度，所谓气体在液体中的溶解度，就是指气体在液相中的饱和浓度，可用多种方式表示相平衡关系。

气体在液体中的溶解度表明在一定条件下吸收过程可能达到的极限程度。一般情况下，溶解度与整个物系的温度、压强及溶质在气相中的浓度有关，则在一定的温度和总压下，溶质在液相中的溶解度取决于它在气相中的组成。在一定温度下，分压是直接决定溶解度的参数，当总压不太高时（小于 0.5MPa），总压的变化并不改变分压与溶解度之间的关系。但是，当保持气相中溶质的摩尔分数 y 为定值，总压不同意味着溶质的分压不同，不同总压下 y-x 曲线的位置不同。

以分压表示的溶解度曲线直接反映了相平衡的本质，可直接用于思考和分析问题；而以摩尔分数 x 与 y 表示的相平衡关系，则便于与物料衡算等其他关系式一起对整个吸收过程进行数学计算。

在同一溶剂中，不同气体的溶解度有很大差异。图 4-2～图 4-4 所示为总压不太高时氨、二氧化硫和氧在水中的溶解度与其在气相中的分压之间的关系（以温度为参数）。图中的关系曲线称为溶解度曲线。由图可知，对于同样浓度的溶液，易溶组分在溶液上方的分压小，而难溶组分在溶液上方的分压大。即若要得到一定浓度的溶液，对易溶组分所需分压较低，而对难溶组分所需分压则较高。另外，对于同一种溶质来说，溶解度随温度的升高而降低。

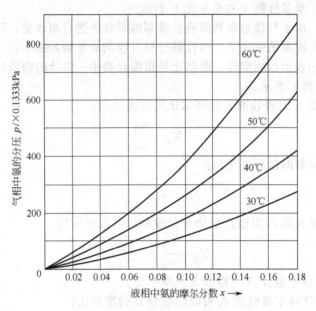

图 4-2　氨在水中的溶解度

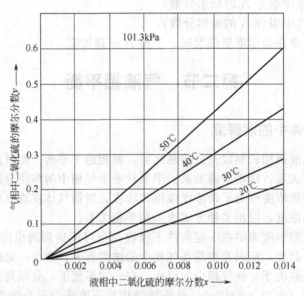

图 4-3　二氧化硫在水中的溶解度

　　由溶解度曲线可总结得出如下结论：加压和降温可提高溶质在液相中的溶解度，对吸收有利；反之，升温和减压则有利于解吸过程。

二、亨利定律

（一）亨利定律的几种表达形式

　　吸收操作常用于分离低浓度的气体混合物，此时吸收操作较为经济。低浓度气体吸收时液相浓度为稀溶液。稀溶液的溶解度曲线通常近似为一条直线，此时溶质在液相中的溶解度

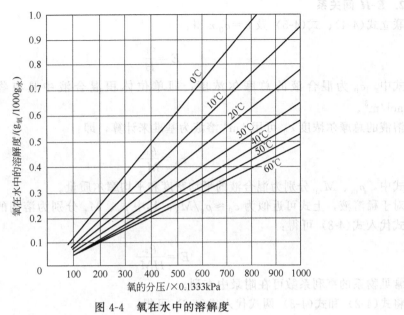

图 4-4 氧在水中的溶解度

与气相中的平衡分压成正比关系。此为亨利定律，即：

$$p^* = Ex \tag{4-4}$$

式中 p^*——溶质在气相中的平衡分压，kPa；

　　　　x——溶质在液相中的摩尔分数；

　　　　E——亨利系数，kPa。

若吸收液为理想溶液，则在全部浓度范围内 p^*-x 关系均符合亨利定律。此时 E 在数值上等于平衡温度下纯溶质的饱和蒸气压，亨利定律与拉乌尔定律相一致。然而大多数情况下吸收液为非理想溶液，只有稀溶液的 p^*-x 关系才服从亨利定律。

若溶质的溶解度以摩尔浓度表示，则亨利定律可写为：

$$p^* = \frac{c}{H} \tag{4-5}$$

式中 c——溶质在液相中的摩尔浓度，kmol/m^3；

　　　　H——溶解度系数，kmol/(m^3·kPa)。

若溶质在气液两相中的组成均以摩尔分数表示，则亨利定律可写为：

$$y^* = mx \tag{4-6}$$

式中 m——亨利系数，也称相平衡常数；

　　　　y^*——与液相中溶质的摩尔分数 x 成平衡的气相溶质的摩尔分数。

（二）亨利常数之间的换算关系

1. E-m 间关系

若气体为理想气体混合物，其总压为 P，则 $p^* = Py^*$，由式(4-4)和式(4-6)对比可得：

$$m = \frac{E}{P} \tag{4-7}$$

对一定的物系，m 值取决于系统的温度和总压。由 m 值的大小可以比较不同气体溶解度的大小。温度升高、总压下降，则 m 值愈大，表明该气体的溶解度愈小，愈不利于吸收操作。

2. *E-H* 间关系

联立式(4-4)、式(4-5)及 $c = c_0 x$ 得：

$$E = \frac{c_0}{H} \tag{4-8}$$

式中，c_0 为混合液的总摩尔浓度，即单位体积混合液中具有物质的量，其单位为 $kmol/m^3$。

溶液的总摩尔浓度 c_0 可用 $1m^3$ 溶液为基准来计算，即：

$$c_0 = \frac{\rho_m}{M_m} \tag{4-9}$$

式中，ρ_m、M_m 分别为混合液的平均密度和平均摩尔质量。

对于稀溶液，上式可近似为 $c_0 \approx \rho_s / M_s$，其中 ρ_s、M_s 分别为溶剂的密度和摩尔质量。将此式代入式(4-8)可得：

$$E = \frac{\rho_s}{H M_s} \tag{4-10}$$

常见物系的亨利系数可在附录中查到。

将式(4-2)和式(4-3)两式代入式(4-6)可得：

$$\frac{Y^*}{1+Y^*} = m \frac{X}{1+X}$$

经整理得：

$$Y^* = \frac{mX}{1+(1-m)X} \tag{4-11}$$

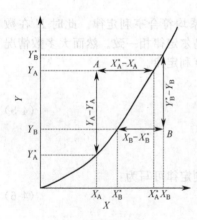

图 4-5　吸收平衡线

式(4-11)在 Y-X 直角坐标图中是一条曲线，称为吸收平衡线，如图 4-5 所示。当溶液浓度很低时，上式可写为：

$$Y^* = mX \tag{4-12}$$

这是亨利定律的又一种表达形式，表明在稀溶液情况下，Y-X 之间的平衡关系在 Y-X 图中近似为一条通过原点的、斜率为 m 的直线。

由亨利定律，已知溶质的液相组成可以计算平衡的气相组成；反之，已知其气相组成亦可计算平衡的液相组成。

【例 4-1】 某吸收塔在 101.3kPa、30℃下操作，含有 29%（体积分数）CO_2 的混合气与水接触，试分别计算以摩尔分数、摩尔比和摩尔浓度表示的混合气组成及液相中 CO_2 的平衡浓度 c^*。

解 气体可视为由溶质 CO_2 和惰性组分组成的双组分混合物。

(1) 气体中溶质浓度的表示

① 摩尔分数。对理想气体而言，组分的摩尔分数就等于其体积分数，则 $y = 0.29$，而比摩尔分数为：

$$Y = \frac{y}{1-y} = \frac{0.29}{1-0.29} = 0.408$$

② 摩尔浓度。由理想气体状态方程知：

$$c_A = \frac{n_A}{V} = \frac{p_A}{RT} = \frac{101.3 \times 0.29}{8.314 \times 303} = 0.01166 \text{kmol/m}^3$$

（2）液相平衡浓度。由亨利定律 $p^* = \frac{c}{H}$ 可得液相平衡浓度 c^* 为：$c^* = Hp$。

其中 H 为30℃时 CO_2 在水中的溶解度系数，且 $H = \frac{\rho}{EM}$，查本书附录可知 CO_2 在水中的亨利系数 $E = 1.88 \times 10^5 \text{kPa}$。又因为 CO_2 难溶于水，溶液浓度很低，溶液密度和摩尔质量可按纯水计算，则：

$$c^* = \frac{\rho_s}{EM} p = \frac{1000}{1.88 \times 10^5 \times 18} \times 101.3 \times 0.29 = 8.68 \times 10^{-3} \text{ kmol/m}^3$$

【例 4-2】 压强为101.3kPa、温度为20℃时，测出100g水中含氨2g，此时溶液上方氨的平衡分压为1.60kPa，试求 E、m 和 H；若在总压不变的情况下将温度升高至50℃，测得此时液面上方氨的分压为5.94kPa，求此时的 E、m 和 H；若通过充惰性气体使总压增为202.6kPa，系统温度仍为20℃，求此时的 E、m 和 H。

解 （1）已知氨的摩尔质量为 $M_A = 17\text{g/mol}$，水的摩尔质量为 $M_s = 18\text{g/mol}$，氨在水中的摩尔浓度可计算得：

$$c_A = \frac{\frac{2}{17}}{\frac{100+2}{1000}} = 1.1534 \text{kmol/m}^3$$

根据亨利定律 $p^* = \frac{c}{H}$ 可得：

$$H = \frac{c_A}{p^*} = \frac{1.1534}{1.60} = 0.721 \text{kmol/(m}^3 \cdot \text{kPa)}$$

由式（4-10）则：$\quad E = \frac{\rho_s}{HM_s} = \frac{1000}{0.721 \times 18} = 77.05 \text{kPa}$

$$m = \frac{E}{P} = \frac{77.05}{101.3} = 0.7606$$

（2）温度升至50℃时，$p^* = 5.94\text{kPa}$，液相浓度不变，于是：

$$x = \frac{\frac{2}{17}}{\frac{2}{17} + \frac{100}{18}} = 0.0207$$

根据亨利定律 $p^* = Ex$ 可得：

$$E = \frac{p^*}{x} = \frac{5.94}{0.0207} = 287.0 \text{kPa}$$

$$m = \frac{E}{P} = \frac{287.0}{101.3} = 2.83$$

由 $E = \frac{\rho_s}{HM_s}$ 得到：

$$H = \frac{\rho_s}{EM_s} = \frac{1000}{287.0 \times 18} = 0.1936 \text{kmol/(m}^3 \cdot \text{kPa)}$$

（3）虽然总压升高至 $P = 202.6\text{kPa}$，但氨的分压仍保持不变，且由于系统温度未变，则 E、H 均维持20℃时的值不变，因为 E、H 仅为温度的函数，与总压无关，但 m 却随总压的变化而变化，这是由于气相中溶质的摩尔分数发生了变化。

$$m=\frac{E}{P}=\frac{77.05}{202.6}=0.380$$

三、物质传递的方向与过程推动力

相平衡是过程进行所能达到的极限状态。根据两相实际浓度与相应条件下平衡浓度的比较，可以判别过程的方向、指明过程的极限并计算传质过程的推动力。

（一）判别过程的方向

设在一定的温度和压力下，使浓度为 Y 的混合气与浓度为 X 的液体接触（Y、X 均为溶质的比摩尔分数，下同），相平衡关系为 $Y^*=mX$，若实际气相浓度 Y 大于与实际液相浓度 X 成平衡的气相浓度 $Y^*=mX$，即 $Y>Y^*$，则两相接触时将有部分溶质自气相转入液相，发生吸收过程。同样，也可理解为实际液相浓度 X 小于与实际气相浓度 Y 成平衡的液相浓度 $X^*=Y/m$，即 $X^*>X$，两相接触时部分溶质自气相转入液相。反之，若 $Y<Y^*$ 或 $X>X^*$，则溶质将由液相转入气相，发生解吸过程。

（二）指明过程的极限

将溶质浓度为 Y_1 的混合气送入某吸收塔底部，溶质浓度为 X_2 的液体自塔顶淋入作逆流吸收。若减少溶剂用量，则塔底液相浓度 X_1 必将升高。但无论塔如何高、溶剂用量如何少，X_1 都不会无限增大，其极限浓度 X_{1max} 为 Y_1 的平衡浓度 X_1^*，即 $X_{1max}=X_1^*=Y_1/m$；反之，当溶剂用量很大而气体流量较小时，即使在无限高的塔内进行逆流吸收，气体出塔浓度 Y_2 也不会低于液体入塔浓度 X_2 的平衡浓度 Y_2^*，即 $Y_{2min}=Y_2^*=mX_2$。

综上所述，相平衡关系限制了出塔液体的最高浓度和离塔气体的最低浓度。

（三）计算过程的推动力

平衡是过程的极限，只有当两相不平衡时，相互接触的两相才会发生自动趋向于平衡的过程。实际浓度偏离平衡浓度愈远，过程推动力愈大，过程速率亦愈快。通常，以实际浓度与平衡浓度的偏离程度来表示过程的推动力。

设塔内某截面上气液两相实际浓度分别为 Y、X，相平衡关系为如图 4-5 所示曲线，两相实际浓度的状态点为 A。该点在平衡线上方，$Y_A>Y_A^*$，$X_A<X_A^*$，过程为吸收。要注意的是，由于存在相平衡关系，两相间的吸收推动力不是 Y_A-X_A，而可以分别用气相或液相浓度差表示。$Y_A-Y_A^*$ 称为以气相浓度差表示的吸收推动力，而 $X_A^*-X_A$ 则称为以液相浓度差表示的吸收推动力。若两相实际浓度的状态点为 B，该点处在平衡线下方，$Y_B^*>Y_B$，$X_B^*<X_B$，过程为解吸。此时，$Y_B^*-Y_B$ 为以气相浓度差表示的解吸推动力，而 $X_B-X_B^*$ 为以液相浓度差表示的解吸推动力。

【例 4-3】 某逆流吸收塔塔底排出液中含溶质 $x=0.0002$，进口气体中含溶质 2.5%（体积分数），操作压强为 101325Pa。气液平衡关系为 $Y^*=50X$。现将操作压强由 101325Pa 增至 202650Pa，问塔底推动力 $Y-Y^*$ 及 X^*-X 各增加至原有的多少倍？

解 先将气液两相浓度换算为比摩尔分数。

塔底液体浓度：$$X=\frac{x}{1-x}=\frac{0.0002}{1-0.0002}=0.0002$$

塔底气体浓度：$$Y=\frac{y}{1-y}=\frac{0.025}{1-0.025}=0.02564$$

（1）当操作压强 $P=101325$Pa 时：

$$Y^* = 50X = 50 \times 0.0002 = 0.01$$

$$X^* = \frac{Y}{m} = \frac{0.02564}{50} = 5.128 \times 10^{-4}$$

则 $Y > Y^*$ 或 $X^* > X$，过程为吸收，塔底推动力为：

$$\Delta X = X^* - X = 5.128 \times 10^{-4} - 0.0002 = 3.128 \times 10^{-4}$$

$$\Delta Y = Y - Y^* = 0.02564 - 0.01 = 0.01564$$

（2）压强 $P = 202650Pa$ 时，因 $m = \frac{E}{P}$，则平衡关系变为 $Y^* = 25X$，于是：

$$Y^{*'} = 25X = 25 \times 0.0002 = 0.005$$

$$X^{*'} = \frac{Y}{m} = \frac{0.02564}{25} = 1.0256 \times 10^{-3}$$

同样，$Y > Y^*$ 或 $X^* > X$，过程仍为吸收，塔底推动力为：

$$\Delta X' = X^{*'} - X = 1.0256 \times 10^{-4} - 0.0002 = 8.256 \times 10^{-4}$$

$$\Delta Y' = Y - Y^{*'} = 0.02564 - 0.005 = 0.02064$$

于是推动力与原来推动力的比值为：

$$n_{\Delta Y} = \frac{0.02064}{0.01564} = 1.32$$

$$n_{\Delta X} = \frac{8.256 \times 10^{-4}}{3.128 \times 10^{-4}} = 2.64$$

由计算结果可知提高压力可增加吸收推动力。

第三节　吸收机理与传质速率

吸收操作本质上是溶质组分由气相扩散迁移至液相的传递过程，即物质在气液两相间的传递过程（简称传质过程）。较之动量传递过程和传热过程，传质过程与它们在微观本质上有许多相似之处，但也有其自身特点。本节将简单介绍传质过程的机理和传质速率问题。

所谓传质速率，指的是在单位时间内通过单位传质面积所传递的溶质物质的量（mol）。溶质由气相向液相传递的总速率，主要取决于溶质在两个单相（即气相与液相）中传递得快慢。经研究发现，物质在单相内的传递基本方式有两种，即分子扩散和涡流扩散。若要了解影响吸收过程的因素和确定吸收过程的速率，就要首先讨论定态传质条件下双组分物系分子扩散和涡流扩散的情况。

一、物质传递的两种基本方式

（一）分子扩散

分子扩散是在一相内部存在组分浓度差时，由于分子微观运动而产生的物质传递现象。分子扩散的现象在日常生活中随处可见，如在空气不流通的室内，即使是少量的芝麻油，也会使整个房间充满扑鼻的香味；向一杯清水中滴入一滴蓝墨水，很快整杯水都变成均匀的蓝色。物质在静止流体中进行传质属于分子扩散；物质通过层流流体且传质方向与流体的流动方向相垂直时也属于分子扩散。分子扩散速率遵循如下的费克定律：

$$J_A = -D \frac{dc_A}{dz} \tag{4-13}$$

式中　D——分子扩散系数，m^2/s，其值与物系性质有关；

$\dfrac{dc_A}{dz}$——组分 A 在 z 方向上的浓度梯度，kmol/m^4；

J_A——组分 A 在 z 方向上的扩散速率，kmol/(m^2·s)。

费克定律表明，只要混合物中存在某组分的浓度梯度，就必然产生物质的分子扩散流，且扩散速率与浓度梯度成正比。式中负号表示扩散沿着组分 A 浓度降低的方向进行，与浓度梯度方向相反。

费克定律在形式上与牛顿黏性定律、傅里叶定律类似，说明在动量、热量和质量三种传递过程中存在相似的规律。在静止流体或在与传递方向相垂直的方向上作层流流动的流体中，这三种传递都是微观分子热运动的结果。由于分子不断发生碰撞，实际分子扩散速率远小于分子热运动速率。

（二）涡流扩散

在传质设备中，流体的流动形态大多为湍流。湍流流动情况下，除了沿主流方向的整体流动外，其他方向上还存在着流体质点的脉动和旋涡运动等无规则运动。涡流扩散就是湍流流体中借质点的脉动或旋涡混合作用使组分由高浓度传至低浓度处的传质现象。在湍流流体中，分子扩散与涡流扩散同时发挥传递作用，但质点是大量分子的集团，在湍流主体中质点传递的规模和速度远大于单个分子的，因此涡流扩散在物质传递中占主导地位。此时的扩散速率可以下式表示：

$$J_A = -(D + D_e)\dfrac{dc_A}{dz} \tag{4-14}$$

式中　D_e——涡流扩散系数，m^2/s。

上式中其他各量与费克定律中的意义相同。该式在形式上与费克定律极其相似，但 D_e 与分子扩散系数 D 不同，前者不仅与物系性质有关，还与流体的湍动程度及质点所处的位置有关。在湍流主体中，由于质点间的剧烈碰撞和混合，涡流扩散起主要作用，此时 $D_e \gg D$，分子扩散的作用可以忽略；在界面附近的层流内层中，$D_e \approx 0$，主要由分子扩散起作用；在过渡区中，D_e 与 D 的数量级相当，两种扩散共同起作用。由上述分析可知，流体的湍动、脉动和旋涡运动强化了传质过程。

由于涡流扩散的复杂性，上式只能用以分析问题，而不能用于积分求解。

二、对流传质

（一）吸收机理模型

对流传质是指流动流体与相界面之间的物质传递。它与流体与固体壁之间的对流传热相类似。

对流传质过程非常复杂，难以作严格的数学描述，无法解析求解。工程上采用数学模型法加以研究。数学模型法是一种半经验、半理论的研究方法。研究者根据各自对过程的理解，抓住主要因素而忽略细枝末节，得到对流传质简化的物理图像即物理模型，并对其进行适当的数学描述，即得数学模型。对简化的数学模型解析求解，得到相应的理论式。将得到的理论式与实验结果比较，可检验其准确性和合理性。目前较能普遍为人们所接受的传质模型有双膜理论、溶质渗透理论、表面更新理论。双膜理论是较早提出的传质模型，它是一个较为成熟且应用最为广泛的理论，本书主要介绍双膜理论，其他模型大家可查阅相关手册。

双膜理论的基本观点如下。

（1）吸收过程中，不论两相主体湍动如何剧烈，气液两相之间总是存在一个稳定的相界面，界面两侧分别有一层稳定的作层流流动的气膜和液膜，膜厚取决于流体的流动状况，溶质以分子扩散的方式先后通过气膜和液膜而进入液相。

（2）在膜外的气、液两相主体中，由于流体充分湍动，溶质的浓度是均匀的，即两相主体中都不存在浓度差，浓度变化都集中于两膜层中，则阻力亦集中于两膜层中。

（3）无论两相主体中溶质的浓度是否达到平衡，相界面处两相浓度总是互成平衡。

双膜理论假想模型如图 4-6 所示。

双膜理论将复杂的相际传质过程归纳简化为溶质通过界面两侧滞流膜层的分子扩散过程。吸收过程的阻力全部集中在两个膜层中，

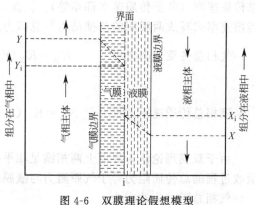

图 4-6 双膜理论假想模型

界面及两相主体中均无阻力存在。则在两相主体浓度一定的情况下，两膜层的阻力决定了传质速率的大小。因此，增大流体流动速度或人为地增大流体的扰动程度，使膜厚减薄以降低膜层阻力，是强化吸收过程的有效途径。

双膜理论用于描述具有固定相界面的系统及速度不高的两流体间的传质过程与实际情况基本相符。按照这一理论的基本概念所确定的传质速率关系，至今仍是传质设备设计计算的主要依据，这一理论对于生产实践发挥了重要的指导作用。但是，对于不具有固定相界面的多数传质设备，双膜理论不能反映传质过程的实质。

（二）对流传质速率

对流传质现象极为复杂，传质速率一般难以解析求解，只能依靠实验测定。但由双膜理论模型可发现，其气、液两相浓度分布情况类似于传热过程中的温度分布，为此，工程上常仿照对流给热的处理方法，将组分 A 在流体与界面之间的传质速率 N_A 写成类似于牛顿冷却定律的形式，即：

气相与界面间的传质 $\qquad N_A = k_Y(Y - Y_i)$ （4-15）

液相与界面间的传质 $\qquad N_A = k_X(X_i - X)$ （4-16）

式中 Y, X——溶质的气、液相主体浓度，以摩尔比表示；

$\quad Y_i, X_i$——界面上的气、液相溶质浓度，以摩尔比表示；

k_Y, k_X——以 $Y - Y_i$ 和 $X_i - X$ 为推动力的气、液相传质分系数（气、液相吸收系数），$kmol/(m^2 \cdot s)$。

注意，上式中气、液两相的主体浓度均指吸收塔内某截面上的平均浓度。

上述处理方法是将一相主体浓度与界面浓度之差作为对流传质的推动力，而将其他所有影响对流传质的因素均包括在气相（或液相）传质分系数中。通过实验可找出所有影响传质分系数的因素，再采用量纲分析法将变量无量纲化，得到若干无量纲数群，然后再通过实验，就可得到适用于不同条件下的经验关联式。但由于实际使用的传质设备形式多样，塔内流动情况十分复杂，两相接触界面难以确定，因而对流传质分系数的经验式远不及对流传热系数的经验式那样完善和可靠。本书不再详述。

相际传质速率 N_A 是反映吸收过程进行快慢的特征量。式（4-15）和式（4-16）为传质速率的计算关系式，但由于式中引入了难以测得的界面浓度，给实用带来不便。

由双膜理论可知，吸收过程中溶质从气相传递到液相分为三个基本步骤串联而成，即溶质由气相主体向两相界面的传递过程，即气相内的传递；溶质在界面上由气相溶解至液相；溶质由界面向液相主体传递，即液相内的传递。在定态吸收条件下，每一步的传质速率即为

总传质速率（各步传质速率都相等）。为此，也可仿照传热过程的处理方法，将相际间的总传质速率式写成两膜间的总推动力与总阻力之比：

气相总传质速率方程
$$N_A = K_Y(Y - Y^*) = \frac{Y - Y^*}{\frac{1}{K_Y}} \tag{4-17}$$

液相总传质速率方程
$$N_A = K_X(X^* - X) = \frac{X^* - X}{\frac{1}{K_X}} \tag{4-18}$$

由于双膜理论认为界面上两相满足相平衡关系，溶质在界面上的溶解过程阻力可忽略，吸收过程的总传质阻力等于气膜阻力与液膜阻力之和。

气相总阻力表达式为：
$$\frac{1}{K_Y} = \frac{1}{k_Y} + \frac{m}{k_X} \tag{4-19}$$

液相总阻力表达式为：
$$\frac{1}{K_X} = \frac{1}{k_Y m} + \frac{1}{k_X} \tag{4-20}$$

式中 K_Y——以气相浓度差$(Y - Y^*)$为总推动力的总传质系数（气相总吸收系数），kmol/$(m^2 \cdot s)$；

$\quad K_X$——以液相浓度差$(X^* - X)$为总推动力的总传质系数（液相总吸收系数），kmol/$(m^2 \cdot s)$；

$\quad Y$——气相主体的摩尔比；

$\quad X$——液相主体的摩尔比；

$\quad Y^*$——与液相主体浓度 X 成平衡的气相摩尔比；

$\quad X^*$——与气相主体浓度 Y 成平衡的液相摩尔比。

对于易溶气体，溶解度大，相平衡常数 m 很小，则$\frac{1}{k_Y} \gg \frac{m}{k_X}$，总阻力接近于气膜阻力，有如下关系：
$$\frac{1}{K_Y} \approx \frac{1}{k_Y} \quad \text{或} \quad K_Y \approx k_Y \tag{4-21}$$

此时的传质阻力集中于气相，液膜阻力可以忽略，称为气膜阻力控制。此时界面浓度接近于液相主体浓度，气相传质推动力接近于总推动力。在定态传质过程中，阻力较大的一相，其推动力也较大。

对于难溶气体，溶质在溶剂中的溶解度很小，相平衡常数 m 很大，$\frac{1}{k_Y m} \ll \frac{1}{k_X}$，则：
$$\frac{1}{K_X} \approx \frac{1}{k_X} \quad \text{或} \quad K_X \approx k_X \tag{4-22}$$

此时传质阻力集中于液相，气膜阻力可忽略不计，称为液膜阻力控制。此时界面浓度接近于气相主体浓度，液相传质推动力接近于总推动力。

在进行计算时，对气膜阻力控制，常习惯于用气相总传质速率方程，而液膜阻力控制则采用液相总传质速率方程。

在吸收操作中，若过程为气膜控制，可通过增大气相流量，降低气膜阻力以减小总阻力来加快吸收速率，此时增大液相流量对吸收速率几乎没有影响。若为液膜控制，就应增大液相流量，降低液膜阻力才能有效地降低总阻力，提高传质速率。若总阻力在气相和液相各占一定比例，则需同时增大两相的流量，方能有效提高传质速率。据此，也可通过实验验证总传质系数随两相流量的变化程度，以确定过程属于气膜控制还是液膜控制。

第四节　吸收过程计算

工业生产中所采用的吸收设备有多种形式，其中以塔式最为常见。按气、液两相接触方式的不同，可将吸收设备分为级式接触和微分接触两大类。如图 4-7 所示。

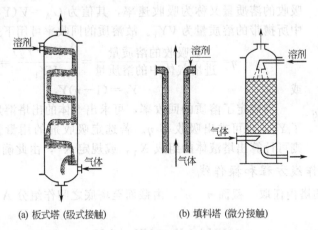

(a) 板式塔 (级式接触)　　　　　(b) 填料塔 (微分接触)

图 4-7　两类吸收设备

在图 4-7(a) 所示的板式吸收塔中，气液两相逐级逆流接触。气体自下而上通过板上小孔逐板上升，在每块板上与溶剂接触，可溶组分被部分溶解。在此类设备中，气液两相中可溶组分的浓度呈阶跃式变化，此时的吸收过程仍可为稳定连续过程。

在图 4-7(b) 所示设备中塔内充以填料，以形成填料层，填料层是塔内实现气液接触的有效部件。气体通过填料间隙所形成的曲折通道中上升与液体作连续的逆流接触，提高了湍动程度；单位体积填料层内有大量的固体表面，液体分布于填料表面呈膜状流下，增大了气液接触面积。在此类设备中，气液两相的浓度连续地变化，这是微分接触式的吸收设备。本章将主要结合填料塔对吸收操作进行分析和讨论。

一、吸收过程的物料衡算和吸收剂用量的确定

（一）全塔物料衡算

在单组分气体吸收过程中，通过吸收塔的惰性组分和纯吸收剂用量可认为不变，在作物料衡算时气液两相组成通常用摩尔比表示比较方便。

图 4-8 所示为一个处于连续稳定操作状态下的逆流接触的吸收塔的物料衡算示意图。图中 V、L 分别为单位时间内通过吸收塔的气体中惰性组分和纯溶剂的摩尔流量，单位为 kmol/s 或 kmol/h；Y_1、Y_2 分别为进塔与出塔气体中溶质组分的摩尔比，X_1、X_2 分别为出塔与进塔液体中溶质的摩尔比。

气体在从塔底至塔顶的流动过程中，溶质浓度不断由 Y_1 下降到 Y_2，而液相中溶质浓度在入塔时最低（X_2），沿塔下降过程中不断增大至 X_1。对单位时间内进、出塔的溶质量作全塔物料衡算，得到下式：

$$VY_1 + LX_2 = VY_2 + LX_1$$

移项整理后可得：

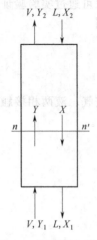

图 4-8　逆流吸收塔的
物料衡算示意图

$$V(Y_1 - Y_2) = L(X_1 - X_2) \tag{4-23}$$

这就是吸收塔的全塔物料衡算关系式。

通常情况下，进塔混合气体的组成和流量是吸收任务规定的。分离要求一般有两种表达方式。当吸收目的是除去气体中的有害物质，一般直接规定吸收后气体中有害溶质的残余浓度 Y_2；当吸收目的为回收有用物质，通常规定溶质的回收率 η。回收率定义为：单位时间内被吸收的溶质量与进塔气体中所携带的溶质量之比值。单位时间内所吸收的溶质量又称为吸收速率，其值为 $G_A = V(Y_1 - Y_2)$，进塔气体中所携带的溶质量为 VY_1。故溶质的回收率可用下式表示：

$$\eta = \frac{被吸收的溶质量}{进塔气体中的溶质量} = \frac{V(Y_1 - Y_2)}{VY_1} = \frac{Y_1 - Y_2}{Y_1} \tag{4-24}$$

或

$$Y_2 = (1 - \eta)Y_1 \tag{4-25}$$

当规定了溶质的回收率，可求出气体的出塔溶质浓度 Y_2；若规定了 Y_2，也可求出吸收率 η。若选定吸收剂的用量及其进塔组成 X_2，则可计算出塔液体的组成 X_1，或规定 X_1，由此确定吸收剂的用量。

（二）吸收操作线方程和操作线

在图 4-8 所示的塔内任取一截面 $n—n'$，由截面至塔底之间作组分 A 的物料衡算，则有如下关系：

$$VY + LX_1 = VY_1 + LX$$

或

$$Y = \frac{L}{V}X + \left(Y_1 - \frac{L}{V}X_1\right) \tag{4-26}$$

若在截面与塔顶之间作组分 A 的物料衡算，得到：

$$Y = \frac{L}{V}X + \left(Y_2 - \frac{L}{V}X_2\right) \tag{4-27}$$

式(4-26) 和式(4-27) 均为逆流吸收塔的操作线方程。它表明塔内任意截面上的气相组成 Y 与液相组成 X 之间成直线关系。直线斜率为 $\frac{L}{V}$，且此直线通过塔顶 $A(X_2, Y_2)$ 和塔底 $B(X_1, Y_1)$ 两状态点，见图 4-9。

吸收塔内任意截面上两相间的传质推动力取决于两相间的平衡关系和操作关系，其值可由操作线和平衡线的相对位置确定。操作线上任一点的坐标代表塔内某一截面上气、液两相的组成状态，该点与平衡线之间的垂直距离即为截面上以气相浓度差表示的吸收总推动力 $(Y - Y^*)$；与平衡线之间的水平距离则表示该截面上以液相浓度差表示的吸收总推动力 $(X^* - X)$。根据图 4-9 中操作线与平衡线之间垂直距离和水平距离的变化情况，可看出整个吸收过程中推动力的变化。操作线与平衡线之间距离越远，则传质推动力越大。

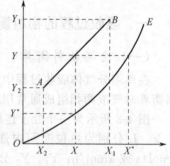

图 4-9　逆流吸收塔的
操作线与推动力

以上讨论均针对两相逆流而言，在两相并流情况下，操作关系也可采用同样方法求得。无论逆流或并流操作的吸收塔，操作关系均由物料衡算确定，与物系的平衡关系、操作条件及设备结构形式无关。在两相进、出口浓度相同的情况下，逆流时的平均推动力总是大于并流，但逆流时液体的向下流动受到上升气体的阻碍作用，这种作用力过大时会妨碍液体的顺利下流，因而限制了吸收塔所允许的液体流率和气体流率。一般情况下，为使过程具有最大的传质推动力，吸收操作均采用逆流。只有在极少数特殊情况下（如平衡线斜率 m 值很小时），逆流并无多大优势，可以考虑采用并流。

由于在吸收过程中，塔内任一横截面上气相中的溶质分压总是高于与其接触的液相平衡分压，因而吸收操作线总是位于平衡线上方，而解吸过程的操作线总是位于平衡线下方。

（三）吸收剂用量的确定

在吸收塔的设计计算中，气体的处理量 V 及气体的进、出塔浓度（Y_1 和 Y_2）由设计任务规定，吸收剂的入塔浓度 X_2 则由工艺条件决定或设计者选定，而吸收剂的用量就要由设计者确定。

由图 4-10 可见，在 V、Y_1、Y_2、X_2 已知的情况下，吸收操作线的一个端点 $A(X_2, Y_2)$ 已经固定，另一个端点 B 则在 $Y=Y_1$ 的水平线上移动，点 B 的横坐标取决于操作线的斜率 $\frac{L}{V}$。$\frac{L}{V}$ 是吸收剂与惰性组分摩尔流量的比值，称为液气比，它表示处理单位气体所需消耗的溶剂用量。液气比是重要的操作参数，其值不但决定塔设备的尺寸大小，还关系着操作费用的高低，它的选择存在一个经济上的优化问题。

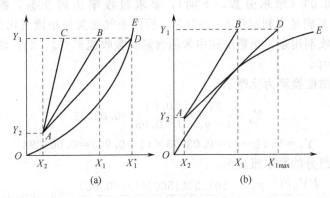

图 4-10 吸收塔的最小液气比

当吸收剂用量增大，即 $\frac{L}{V}$ 增大，出口浓度 X_1 减小，操作线向远离平衡线方向移动，此时操作线与平衡线间的距离增大，过程的平均推动力相应增大，完成规定分离任务所需的塔高降低，设备费用相应减少。但吸收剂用量增大引起的液相出口浓度降低，又必将使吸收剂的再生费用大大增加。

如图 4-10 所示，若减少吸收剂用量，L/V 减小，操作线向平衡线靠近，传质推动力必然减小，完成规定分离任务所需塔高增大，设备费用增大。当吸收剂用量减小到使操作线的一个端点与平衡线相交或使操作线与平衡线在某点相切时，在交点（或切点）处的气液两相已互成平衡，此时过程推动力为零，完成指定分离要求所需的塔高将无限大，此时的吸收剂用量为最小吸收剂用量，用 $L_{\min}$ 表示，相应的液气比称为最小液气比，用 $(L/V)_{\min}$。最小液气比可由物料衡算求得：

$$\left(\frac{L}{V}\right)_{\min} = \frac{Y_1 - Y_2}{X_1^* - X_2} \tag{4-28}$$

此式只适用于在最小液气比情况下，两相最先在塔底达到平衡的情况［即平衡关系满足亨利定律或平衡线如图 4-10(a) 所示］。若平衡线为如图 4-10(b) 所示的形状，则应读出图中 D 点的横坐标 $X_{1\max}$ 的数值，再按下式计算：

$$\left(\frac{L}{V}\right)_{min}=\frac{Y_1-Y_2}{X_{1max}-X_2} \tag{4-29}$$

总之,在液气比下降时,只要塔内某一截面处气液两相趋近平衡,达到指定分离要求所需的塔高即为无穷大,此时的液气比即为最小液气比。要注意的是,最小液气比的这一限制来自规定的分离要求,并非吸收塔不能在更低的液气比下操作,液气比小于此最低值,规定的分离要求将不能达到。

由以上分析可见,吸收剂用量的大小,应从技术和经济两方面综合考虑,权衡利弊,选择适宜的液气比,使设备费用与操作费用之和为最小。一般取操作液气比为最小液气比的1.1~2.0倍较为适宜。即:

$$\frac{L}{V}=(1.1\sim2.0)\left(\frac{L}{V}\right)_{min} \tag{4-30}$$

还需注意,为了确保填料表面能被液体充分润湿,以提供尽可能多的传质表面,单位塔截面上单位时间流下的液体量不得小于某一最低允许值(称为最小喷淋密度)。若按上式算出的吸收剂用量不能满足填料充分润湿的要求,则应采用更大的液气比。

【例 4-4】 在一填料塔中,用洗油逆流吸收混合气中的苯。混合气流量为$1500m^3/h$,进塔气体中含苯0.03(摩尔分数,下同),要求吸收率达到90%,操作条件为25℃、101.3kPa,平衡关系满足亨利定律$Y^*=26X$,操作液气比为最小液气比的1.6倍,试求下列两种情况下的吸收剂用量、出塔洗油中苯的含量及吸收速率G_A。(1)洗油进塔浓度$x_2=0.00015$;(2)$x_2=0$。

解 先将气相浓度换算为比摩尔比:

$$Y_1=\frac{y_1}{1-y_1}=\frac{0.03}{1-0.03}=0.03093$$

$$Y_2=Y_1(1-\eta)=0.03093\times(1-0.90)=0.003093$$

混合气中惰性组分的摩尔流量为:

$$V=\frac{PV_h(1-y_1)}{RT}=\frac{101.3\times1500\times(1-0.03)}{8.314\times(273+25)}=59.5kmol/h$$

或由$V=\frac{V_h}{22.4}\times\frac{273}{273+t}(1-y_1)$计算亦可。

(1)液相浓度极低,则$X_2=x_2=0.00015$。因$Y^*=26X$,则最小液气比为:

$$\left(\frac{L}{V}\right)_{min}=\frac{Y_1-Y_2}{X_1^*-X_2}=\frac{0.03093-0.003093}{\frac{0.03093}{26}-0.00015}=26.78$$

实际液气比为: $\frac{L}{V}=1.6\left(\frac{L}{V}\right)_{min}=1.6\times26.78=42.84$

实际吸收剂用量为: $L=42.84V=42.84\times59.5=2.5\times10^3kmol/h$

出塔洗油中苯的含量可根据物料衡算得:

$$X_1=\frac{V(Y_1-Y_2)}{L}+X_2=\frac{59.5\times(0.03093-0.003093)}{2.5\times10^3}+0.00015$$

$$=8.125\times10^{-4}$$

吸收速率G_A为:

$$G_A=V(Y_1-Y_2)=59.5\times(0.03093-0.003093)/3600$$

$$=4.6\times10^{-4}kmol/s$$

（2）当 $x_2=0$ 时，$X_2=0$，此时最小液气比为：

$$\left(\frac{L}{V}\right)_{\min}=\frac{Y_1-Y_2}{X_1^*-X_2}=\frac{Y_1-Y_2}{\dfrac{Y_1}{m}}=m\eta=26\times0.9=23.4$$

则：

$$\frac{L}{V}=1.6\left(\frac{L}{V}\right)_{\min}=1.6\times23.4=37.44$$

$$L=37.44V=37.44\times59.5=2.23\times10^3\,\text{kmol/h}$$

$$X_1=\frac{V(Y_1-Y_2)}{L}+X_2=\frac{59.5\times(0.03093-0.003093)}{2.23\times10^3}+0=7.435\times10^{-4}$$

吸收速率 G_A 仍维持原值不变。

在此例中，若混合气流量以标准状态给出，又应如何解题？

注意，当 $X_2=0$ 时，$\left(\dfrac{L}{V}\right)_{\min}=m\eta$，这一关系式将最小液气比与吸收率联系起来，使计算更加方便。今后如遇到此类情况，可直接使用。

二、低浓度气体定态吸收过程的填料层高度计算

（一）填料层高度的计算关系式

低浓度气体的吸收过程是一种等温吸收过程，气液两相的传质分系数 k_X、k_Y 在全塔可视为常数。当平衡关系满足直线关系，以及系统为气膜控制或液膜控制时，全塔的 K_X 和 K_Y 也可视为常数。

填料层高度的计算实质是吸收过程相际传质面积的计算问题。它涉及物料衡算、传质速率方程和相平衡方程三个关系式的应用。低浓度气体吸收时填料层高度的基本关系式为：

$$Z=\frac{V}{K_Ya\Omega}\int_{Y_2}^{Y_1}\frac{\mathrm{d}Y}{Y-Y^*}=H_{\mathrm{OG}}N_{\mathrm{OG}} \tag{4-31}$$

$$Z=\frac{L}{K_Xa\Omega}\int_{X_2}^{X_1}\frac{\mathrm{d}X}{X^*-X}=H_{\mathrm{OL}}N_{\mathrm{OL}} \tag{4-32}$$

式中　a——填料层的有效比表面积，1/m；

$\quad\quad\Omega$——塔截面积，m^2；

$\quad\quad H_{\mathrm{OG}}$——气相总传质单元高度，m，$H_{\mathrm{OG}}=\dfrac{V}{K_Ya\Omega}$；

$\quad\quad N_{\mathrm{OG}}$——气相总传质单元数，无量纲，$\quad N_{\mathrm{OG}}=\displaystyle\int_{Y_2}^{Y_1}\frac{\mathrm{d}Y}{Y-Y^*}$；

$\quad\quad H_{\mathrm{OL}}$——液相总传质单元高度，m，$H_{\mathrm{OL}}=\dfrac{L}{K_Xa\Omega}$；

$\quad\quad N_{\mathrm{OL}}$——液相总传质单元数，无量纲，$N_{\mathrm{OL}}=\displaystyle\int_{X_2}^{X_1}\frac{\mathrm{d}X}{X^*-X}$。

因此，填料层高度也可看成是传质单元高度和传质单元数的乘积。式（4-31）和式（4-32）中填料层的有效比表面积 a 即单位体积填料层内气液两相的有效接触面积，其值不仅与填料尺寸、形状、填充方式有关，还与流体的物性及流动状况有关，难以直接测定。为此常将 a 与传质系数的乘积视为一体，称为体积吸收系数。K_Ya 和 K_Xa 分别称为气相总体积吸收系数及液相总体积吸收系数，单位 $\text{kmol/(m}^3\cdot\text{s)}$。

（二）传质单元高度和传质单元数

由式(4-31)可得出，传质单元高度 H_{OG} 是在 N_{OG} 等于 1 时所对应的填料层高度。根据积分中值定理，式(4-31)可写为：

$$N_{OG} = \int_{Y_2}^{Y_1} \frac{dY}{Y - Y^*} = \frac{Y_1 - Y_2}{(Y - Y^*)_m}$$

式中，Y_1 和 Y_2 分别为进入和离开该段填料的气相组成；$(Y-Y^*)_m$ 为该段填料内气相平均推动力。若 N_{OG} 为 1，则有 $Y_1 - Y_2 = (Y-Y^*)_m$。若对式(4-32)进行同样的分析，可得当 N_{OL} 为 1 时，$X_1 - X_2 = (X^* - X)_m$。即经过传质使一相组成的变化恰好等于以此相浓度差表示的传质推动力时，这里称为完成了一个传质单元。完成一个传质单元所要的填料层高度称为传质单元高度，完成规定分离任务所需的传质单元的数目称为传质单元数。传质单元数 N_{OG} 和 N_{OL} 反映了分离任务的难易程度，其数值与液气比、平衡关系以及回收率等因素有关。若 N_{OG} 和 N_{OL} 的数值太大，表明分离要求过高或吸收剂性能太差。传质单元高度 H_{OG} 与 H_{OL} 是吸收设备效能高低的反映，其值大小与设备形式、填料性能以及设备的操作条件等有关。其值越小，说明设备内传质效能越好，完成一个传质单元所需填料层高度越低。常用吸收设备的传质单元高度约为 $0.15\sim1.5m$，具体数值须由实验测定。

（三）传质单元数的计算

1．对数平均推动力法

由前述吸收操作线内容得知：操作线上任一点与平衡线之间的垂直距离或水平距离，可表示为塔内某截面上的气相吸收推动力 $\Delta Y = Y - Y^*$ 或液相吸收推动力 $\Delta X = X^* - X$。不同的塔截面上推动力不尽相同，其推动力的变化规律是由操作线与平衡线共同决定的。

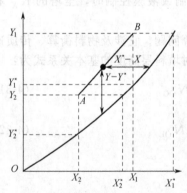

图 4-11　平均推动力法计算
总传质单元数

对于逆流操作的吸收塔，操作线与平衡线之间的关系如图 4-11 所示，它与逆流传热的温度分布具有相似性。若用 $Y_1 - Y_1^*$ 表示塔底气相吸收推动力，$Y_2 - Y_2^*$ 表示塔顶气相吸收推动力，$X_1^* - X_1$ 表示塔底液相吸收推动力，$X_2^* - X_2$ 表示塔顶液相吸收推动力。并且，平衡线在操作范围内为直线或近似为直线关系，则气相对数平均推动力可用下式计算：

$$\Delta Y_m = \frac{\Delta Y_1 - \Delta Y_2}{\ln \dfrac{\Delta Y_1}{\Delta Y_2}} \tag{4-33}$$

式中，$\Delta Y_1 = Y_1 - Y_1^*$；$\Delta Y_2 = Y_2 - Y_2^*$。所对应的气相总传质单元数 N_{OG} 为：

$$N_{OG} = \int_{Y_2}^{Y_1} \frac{dY}{Y - Y^*} = \frac{Y_1 - Y_2}{\Delta Y_m} \tag{4-34}$$

液相对数平均推动力计算式为：

$$\Delta X_m = \frac{\Delta X_1 - \Delta X_2}{\ln \dfrac{\Delta X_1}{\Delta X_2}} \tag{4-35}$$

式中，$\Delta X_1 = X_1^* - X_1$；$\Delta X_2 = X_2^* - X_2$。液相总传质单元数为：

$$N_{OL} = \int_{x_2}^{x_1} \frac{dX}{X^* - X} = \frac{X_1 - X_2}{\Delta X_m} \qquad (4-36)$$

以上得出的结果是在两相逆流接触情况下吸收推动力的确定方法。对于并流吸收，当平衡线为直线或近似为直线时，式(4-33)和式(4-35)仍然适用，有所变化的是由于操作线与平衡线的相对位置不同，必然导致 ΔY_1 和 ΔY_2 或 ΔX_1 和 ΔX_2 数值不同，并流吸收操作流程和推动力（操作线与平衡线的相对位置）如图4-12所示。

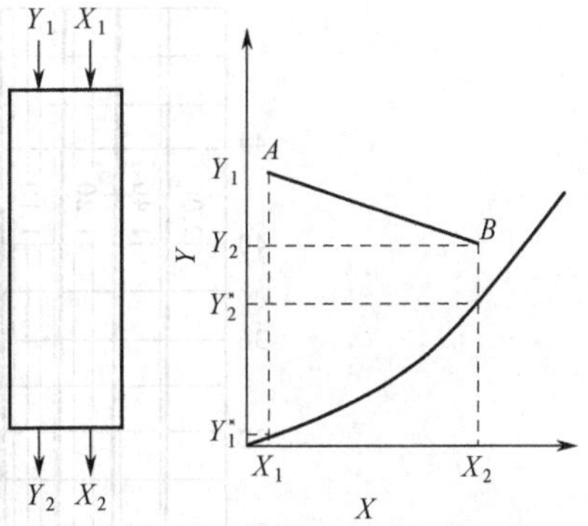

图 4-12 并流吸收操作流程和推动力示意图

2. 吸收因数法

当两相浓度较低时，且平衡关系满足亨利定律 $Y^* = mX$ 时，可将相平衡方程和操作线方程代入传质单元数的关系式(4-34)中，然后直接积分求解。积分结果如下：

$$N_{OG} = \frac{1}{1 - \frac{1}{A}} \ln \left[\left(1 - \frac{1}{A} \right) \frac{Y_1 - mX_2}{Y_2 - mX_2} + \frac{1}{A} \right] \qquad (4-37)$$

式中，$\frac{1}{A} = \frac{mV}{L}$ 称为解吸因数，是平衡线斜率与操作线斜率的比值；$A = \frac{L}{mV}$ 为吸收因数，无量纲。

该式包含 N_{OG}、$1/A$ 和 $(Y_1 - mX_2)/(Y_2 - mX_2)$ 三个数群，三者的关系标绘于图4-13。

在图4-13中，横坐标 $(Y_1 - mX_2)/(Y_2 - mX_2)$ 的值表示溶质吸收率的大小，也反映了分离要求的高低。其值越大，表明分离要求越高，完成分离任务所需的传质单元数越大。$1/A$ 值反映吸收过程推动力的大小。在相平衡关系确定的情况下，要改变 $1/A$，就要调节液气比。$1/A$ 越大，操作液气比越小，则溶液的出口浓度提高，操作线与平衡线之间的距离减小，吸收推动力变小，完成同样吸收任务所需的传质单元数增多，设备费用高，但操作费用较低。

因而，分离要求越高，$1/A$ 值越大，则传质单元数 N_{OG} 越大，分离难度就越大。

图4-13只有在 $(Y_1 - mX_2)/(Y_2 - mX_2) > 20$，$1/A \leqslant 0.75$ 的范围内读数才比较准确。不满足要求时可用式(4-37)计算求得。

同理，当平衡关系满足亨利定律 $Y^* = mX$ 时，也可将相平衡方程和操作线方程代入关系式(4-36)中，积分得下式：

$$N_{OL} = \frac{1}{1 - A} \ln \left[(1 - A) \frac{Y_1 - mX_2}{Y_1 - mX_1} + A \right] \qquad (4-38)$$

此式中也有三个数群：N_{OL}、A 及 $\dfrac{Y_1 - mX_2}{Y_1 - mX_1}$，三者关系也服从图4-13所示的曲线。

当平衡关系为曲线时，平均推动力法和吸收因数法将不再适用，且由于平衡线斜率处处不等，总传质系数也不再为常数，这时填料层高度的计算比较复杂，具体内容可查阅相关资料，本书不再详述。

【例 4-5】 在逆流操作的吸收塔中，于 101.3kPa、25℃ 下用清水吸收混合气中的 H_2S，将其浓度由 2% 降至 0.1%（均为体积分数）。该系统符合亨利定律，亨利系数 $E = 5.52 \times 10^4$ kPa。若取吸收剂用量为最小用量的 1.2 倍，试以平均推动力法和吸收因数法计算 N_{OG} 和 N_{OL}。

解 将气相浓度换算为摩尔比：

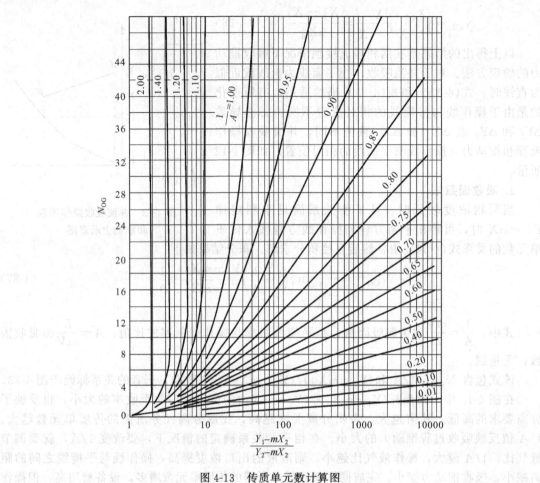

图 4-13 传质单元数计算图

$$Y_1 = \frac{y_1}{1-y_1} = \frac{0.02}{1-0.02} = 0.02041$$

$$Y_2 = \frac{y_2}{1-y_2} = \frac{0.001}{1-0.001} = 0.001$$

相平衡常数：
$$m = \frac{E}{P} = \frac{5.52 \times 10^4}{101.3} = 544.92$$

最小液气比为：
$$\left(\frac{L}{V}\right)_{min} = \frac{Y_1 - Y_2}{X_1^* - X_2} = \frac{0.02041 - 0.001}{0.02041/544.92 - 0} = 518.22$$

操作液气比为：
$$\frac{L}{V} = 1.2\left(\frac{L}{V}\right)_{min} = 1.2 \times 518.22 = 621.9$$

塔底液体浓度为：
$$X_1 = X_2 + \frac{Y_1 - Y_2}{L/V} = 0 + \frac{0.02041 - 0.001}{621.9} = 3.12 \times 10^{-5}$$

(1) 平均推动力法
$$\Delta Y_1 = Y_1 - Y_1^* = 0.02041 - 544.92 \times 3.12 \times 10^{-5} = 0.00341$$
$$\Delta Y_2 = Y_2 - Y_2^* = 0.001 - 544.92 \times 0 = 0.001$$

$$\Delta Y_{\mathrm{m}} = \frac{\Delta Y_1 - \Delta Y_2}{\ln \dfrac{\Delta Y_1}{\Delta Y_2}} = \frac{0.00341 - 0.001}{\ln \dfrac{0.00341}{0.001}} = 1.965 \times 10^{-3}$$

$$N_{\mathrm{OG}} = \frac{Y_1 - Y_2}{\Delta Y_{\mathrm{m}}} = \frac{0.02041 - 0.001}{1.965 \times 10^{-3}} = 9.878$$

$$\Delta X_1 = X_1^* - X_1 = 0.02041/544.92 - 3.12 \times 10^{-5} = 6.255 \times 10^{-6}$$

$$\Delta X_2 = X_2^* - X_2 = 0.001/544.92 - 0 = 1.835 \times 10^{-6}$$

$$\Delta X_{\mathrm{m}} = \frac{\Delta X_1 - \Delta X_2}{\ln \dfrac{\Delta X_1}{\Delta X_2}} = \frac{6.255 \times 10^{-6} - 1.835 \times 10^{-6}}{\ln \dfrac{6.255 \times 10^{-6}}{1.835 \times 10^{-6}}} = 3.6 \times 10^{-6}$$

$$N_{\mathrm{OL}} = \frac{X_1 - X_2}{\Delta X_{\mathrm{m}}} = \frac{3.12 \times 10^{-5} - 0}{3.6 \times 10^{-6}} = 8.67$$

（2）吸收因数法

$$A = \frac{L}{mV} = \frac{621.9}{544.92} = 1.1413$$

$$N_{\mathrm{OG}} = \frac{1}{1 - 1/A} \ln \left[\left(1 - \frac{1}{A}\right) \frac{Y_1 - mX_2}{Y_2 - mX_2} + \frac{1}{A} \right]$$

$$= \frac{1}{1 - 1/1.1413} \times \ln \left[(1 - 1/1.1413) \times \frac{0.02041}{0.001} + 1/1.1413 \right] = 9.892$$

$$N_{\mathrm{OL}} = \frac{1}{1 - A} \ln \left[(1 - A) \frac{Y_1 - mX_2}{Y_1 - mX_1} + A \right]$$

$$= \frac{1}{1 - 1.1413} \times \ln \left[(1 - 1.1413) \times \frac{0.02041}{0.02041 - 544.92 \times 3.12 \times 10^{-5}} + 1.1413 \right]$$

$$= 8.635$$

【例 4-6】 质量流率（单位塔截面上的质量流量）为 $0.4\mathrm{kg/(m^2 \cdot s)}$ 的空气-氨混合气中含氨 2%（体积分数），拟用逆流吸收回收其中 95% 的氨。塔顶淋入浓度为 0.0004（摩尔分数）的稀氨水溶液，设计采用的液气比为最小液气比的 1.5 倍，操作范围内物系服从亨利定律 $Y^* = 1.2X$，所用填料的总传质系数 $K_Y a = 0.052\mathrm{kmol/(m^3 \cdot s)}$，试求所需填料层的高度。

解 根据混合气的质量流率计算惰性组分的摩尔流率：

$$\frac{V}{\Omega} = \frac{0.4 \times (1 - 0.02)}{29 \times 0.98 + 17 \times 0.02} = 0.01363 \mathrm{kmol/(m^2 \cdot s)}$$

浓度换算：

$$Y_1 = \frac{y_1}{1 - y_1} = \frac{0.02}{1 - 0.02} = 0.02041$$

$$X_2 \approx x_2 = 0.0004$$

$$Y_2 = Y_1(1 - \eta) = 0.02041 \times (1 - 0.95) = 0.001021$$

$$\frac{L}{V} = 1.5\left(\frac{L}{V}\right)_{\min} = 1.5 \times \frac{Y_1 - Y_2}{X_1^* - X_2} = 1.5 \times \frac{0.02041 - 0.001021}{0.02041/1.2 - 0.0004} = 1.75$$

$$X_1 = X_2 + \frac{Y_1 - Y_2}{L/V} = 0.0004 + \frac{0.02041 - 0.001021}{1.75} = 0.01148$$

平均推动力为：

$$\Delta Y_m = \frac{(Y_1-mX_1)-(Y_2-mX_2)}{\ln\dfrac{Y_1-mX_1}{Y_2-mX_2}}$$

$$= \frac{(0.02041-1.2\times0.01148)-(0.001021-1.2\times0.0004)}{\ln\dfrac{0.02041-1.2\times0.01148}{0.001021-1.2\times0.0004}} = 0.002431$$

传质单元数为：

$$N_{OG} = \frac{Y_1-Y_2}{\Delta Y_m} = \frac{0.02041-0.001021}{0.002431} = 7.976$$

传质单元高度：

$$H_{OG} = \frac{V}{K_Y a\Omega} = \frac{0.01363}{0.052} = 0.262\,\text{m}$$

填料层高度：

$$Z = H_{OG}N_{OG} = 0.262\times7.976 = 2.09\,\text{m}$$

第五节　填　料　塔

一、填料塔与填料

填料塔问世至今已有一百多年的历史。填料塔的核心元件是填料，随着石油及化工行业的不断发展，填料的结构与性能得到不断改进，推动了填料塔的发展。填料塔具有通量大、压降低、持液量少、弹性大等优点。近年来，由于新型高效填料和塔内件的研究开发，填料塔的工业放大技术取得重大进展，使填料塔实现了大型化，应用也日益广泛。

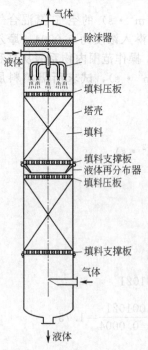

图 4-14　填料塔的结构

填料塔的结构如图 4-14 所示。塔体为立式圆筒形，塔内装有乱堆（或整砌）填料。塔内设有填料支撑板和填料压板，顶部设有液体初始分布器。填料层内气液两相呈逆流接触，填料的润湿表面即为两相的主要传质表面。为减少液体的壁流现象，常将填料分段装置，在两段填料层之间设有液体再分布器。气体经气体分布装置从塔底送入，通过填料支撑装置在填料缝隙中的自由空间上升并与下降的液体相接触，最后由塔顶排出。为了除去排出气体中夹带的少量雾滴，在气体出口处常装有除沫器。

（一）填料的特性

（1）比表面积 σ。单位体积填料所具有的表面积称为比表面积，单位为 m^2/m^3。填料的比表面积越大，所能提供的气液接触面积越大。要注意的是，由于填料堆积时的重叠及填料润湿的不完全，实际的气液接触面积 a 必然小于填料的比表面积 σ。

（2）空隙率 ε。单位体积填料层所具有的空隙体积，称为空隙率，是一个无量纲变量。其值不仅与填料结构有关，还与填料的装填方式有关。在填料塔内气体是在填料间的空隙中通过，流体通过颗粒层的阻力与空隙率密切相关。ε 越大，气体流动阻力越小，通过能力越强。因此，填料层应有尽可能大的空隙率。

（3）单位体积内所堆积的填料数目。对于同一种填料而言，单位体积内所含填料的个数与填料尺寸大小有关。填料尺寸小，填料的数目增加，填料层的比表面积 σ 增大而空隙率 ε 减小，气体流动阻力相应增加，且填料的造价也相应提高。反之，若填料尺寸过大，在靠近塔壁处，填料层与塔壁间的空隙很大，将有大量气体由此短路通过，造成气流分布的不均匀。为控制这种气流分布不均的现象，填料尺寸不应大于塔径的 $1/10 \sim 1/8$。

（4）填料因子。填料因子有干填料因子和湿填料因子两种。σ/ε^3 称为干填料因子，单位为 $1/m$。但填料被润湿后，填料表面覆盖了一层液膜，填料的实际比表面积和空隙率都发生相应变化，此时的填料因子称为湿填料因子（也称填料因子），用 ϕ 表示，单位也是 $1/m$。ϕ 反映了实际操作时填料的流体力学性能，其值可作为衡量各种填料通过能力和压降的依据。ϕ 值越小，表明流体流动阻力越小，液泛速度相应越大。

在填料的选择上，除了要求填料的比表面积及空隙率要大，填料润湿性能好，有足够的机械强度外，还要求单位体积填料的质量要轻，造价低，化学稳定性好且具有耐腐蚀性。

（二）填料的种类

按照堆放形式的不同，填料可分为乱堆填料和整砌填料两种。乱堆填料在塔中分散随机堆放，整砌填料在塔中则呈整齐的有规则排列。下面介绍几种常用填料。

（1）拉西环。拉西环是 1914 年最早开发使用的人造填料。如图 4-15(a) 所示，它是一段高度和外径相等的环形填料，可用陶瓷、金属、石墨和塑料制造。由于拉西环高径比过大，相邻环之间容易形成线接触，填料分布不均，气液通过能力低，壁流和沟流现象严重，传质效率低，在工业中的应用越来越少。在拉西环内加一字形隔板为列辛环，也称为 θ 环；加十字形隔板为十字隔环；加螺旋形隔板为螺旋环。

（2）鲍尔环。鲍尔环是 1948 年在拉西环基础上开发出来的开孔环形填料。如图 4-15(b) 所示，它是在环壁四周开两层长方形窗孔，上下两层窗孔错开排列，窗叶一端与环体相连，另一端弯向环中心。两层叶片的弯曲方向相反。这种构造环内空间和环内表面的有效利用程度，使气液分布均匀、气体流动阻力大大降低。在堆积时即使相邻填料形成线接触，也不会阻碍两相流动引起严重壁流和沟流现象，因而采用鲍尔环的填料塔一般无须分段。

（3）阶梯环。阶梯环是 20 世纪 70 年代初问世的新型填料，其构造[见图 4-15(c)]与鲍尔环相似。环高约为直径的一半，环壁上开有两层长方形孔，环内有两层交错 45°的十字形翅片。环的一端制成喇叭口形，高度为环高的五分之一，小的高径比和喇叭口形结构使填料之间呈点接触，传质表面不断得到更新，床层均匀且空隙率大。较之鲍尔环，其通过能力提

(a) 拉西环　(b) 鲍尔环　(c) 阶梯环　(d) 弧鞍形填料　(e) 矩鞍形填料　(f) 金属环矩鞍形填料

(g) 共轭环　　　　(h) 压延孔环　　　(i) Dixon丝网填料

图 4-15　填料的结构

高了 10%～20%，流动阻力降低 20%左右，生产能力提高了 10%。

（4）弧鞍形填料。弧鞍形填料构造如图 4-15（d）所示，与拉西环相比，弧鞍形填料只有外表面，表面利用率高，气流阻力小。填料的两面是对称的，相邻填料容易重叠，有效接触面积减小。填料均匀性差，易产生沟流。瓷质弧鞍形填料的机械强度低，容易破碎。

（5）矩鞍形填料。矩鞍形填料是在弧鞍形填料的基础上发展起来的。它的结构［见图 4-15（e）］不对称，堆积时不会重叠，与弧鞍形填料相比，矩鞍形填料层的均匀性及其机械强度大为提高。气体流动阻力小，处理能力大，性能优良，制造方便。常用材质为陶瓷。

（6）金属环矩鞍形填料。前面介绍的拉西环、鲍尔环、阶梯环均为环形填料，而弧鞍形填料和矩鞍形填料则属于鞍形填料。通过对这两类填料的研究发现：鞍形填料对流体的分布总是比环形填料好，而通过能力则比环形填料差。结合这两类填料的特点，1978 年 Norton 公司开发出了金属环矩鞍形填料［见图 4-15（f）］，这是一种集鲍尔环（壁上开孔有舌片）、矩鞍（鞍形）环和阶梯环（高径比小，环间呈点接触）的优点于一身的新型填料。在乱堆填料中，金属环矩鞍形填料的流体力学性能最优，其传质性能与阶梯环不相上下，是一种性能优良的填料。

（7）网体填料。上述几种填料均为实体材料制成，也称实体填料。若以金属丝网或多孔金属片制成的填料，则称为网体填料。此类填料种类很多，其特点是网材薄，填料尺寸小，比表面积和空隙率都很大，液体均布能力强，则气体流动阻力小，传质效率高。但这种填料造价高，不适用于大型工业生产。

（8）球形填料。球形填料常用陶瓷和塑料制成。塑料球可制成中空结构，作为浮动填料；陶瓷球为实心，为固定床填料。开孔塑料球形填料显著降低了压强降，增加了通过能力和比表面积。

（9）波纹填料。上述 8 种填料在塔内通常为乱堆形式，这些填料的阻力都较大。在处理高沸点物料或热敏性物料时，常要求在减压下操作。为维持塔底的真空度和较低的沸点，填料塔的压降应尽可能小，为此出现了具有规则气液通道的新型整砌填料。波纹填料即是其中的一种，见图 4-16。它是由许多层波纹薄板或金属网组成，由高度相同但长度不等的若干块波纹薄板搭配排列成波纹填料盘。波纹与水平方向成 45°倾角，相邻盘旋转 90°后重叠放置，使其波纹倾斜方向互相垂直。每一块波纹填料盘的直径略小于塔体内径，若干块波纹填料盘叠放于塔内。气液两相在各波纹盘内呈曲折流动以增加湍动程度。

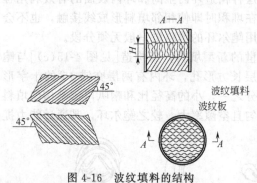

图 4-16　波纹填料的结构

波纹填料具有气液分布均匀、气液接触面积大、通过能力强、传质效率高、流体阻力小等优点，是一种高效节能的新型填料。但这种填料造价较高，装卸、清理不便，不适于有沉淀物、容易结疤、聚合和黏度较大的物料，可用金属、陶瓷、塑料、玻璃钢等材料制造。

除了波纹填料以外，格栅型填料也是一种新型的规整填料。

*二、填料塔的附件

（一）填料支撑装置

填料支撑装置是用来支撑填料层及其所持液体的重量，要求有足够的机械强度，其开孔率（大于 50%）一定要大于填料层的空隙率以确保气液两相能够均匀顺利地通过，否则当气速增大时，填料塔的液泛将首先发生在支撑装置处。常用的填料支撑装置有栅板式和升气管式，如图 4-17 所示。

栅板式支撑装置由扁钢条竖立焊接而成，钢条间距应为填料外径的 0.6～0.7 倍。为防止填料从钢条间隙漏下，在装填料时，先在栅板上铺上一层孔眼小于填料直径的粗金属丝网，或整砌一层大直径的带隔板的环形填料。若处理腐蚀性填料，支撑装置可采用陶瓷多孔板。

升气管式支撑装置是为了适应高空隙率填料的要求制造的，气体由升气管上升，通过气道顶部的孔及侧面的齿缝进入填料层，而液体是由支撑装置底板上的许多小孔流下，气液分道而行，气体流通面积很大，不会在支撑装置处发生液泛。

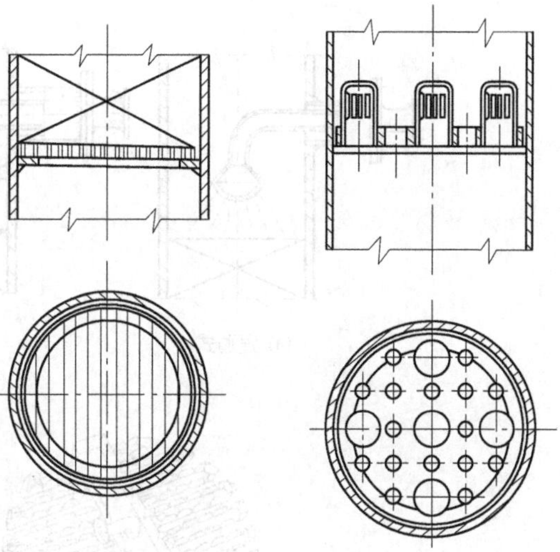

(a) 栅板式　　　　(b) 升气管式

图 4-17　填料支撑装置

（二）液体分布装置

液体分布装置是为了向填料层提供足够数量并分布适当的喷淋点，以保证液体初始分布的均匀而设置的。液体分布装置对填料塔的性能影响很大。若设计不当，液体预分布不均，填料层内的有效润湿面积减小而偏流及沟流现象增加，即使填料性能再好也达不到满意的效果。

填料塔中的壁流效应是由于液体在乱堆填料层中向下流动时具有一种向外发散的趋势，一旦液体触及塔壁，其流动不再具有随机性而沿壁流下。对大直径塔而言，塔壁所占比例越小，偏流现象应该越小，然而实际情况恰恰相反，多年来填料塔内正是由于严重的偏流现象而无法放大。究其原因，除了填料性能方面的原因外，液体初始分布不均，单位塔截面上的喷淋点数太少，是造成上述状况的重要因素。

近几十年来在大型填料塔中的操作实践表明，只要设计正确，保证液体预分布均匀，确保单位塔截面的喷淋点数目（每 $30cm^2$ 塔截面上有一个喷淋点）与小塔相同，填料塔的放大效应并不显著，大型塔与小型塔将具有同样的传质效率。

常见的液体分布装置如图 4-18 所示。图 4-18(a) 所示为喷洒式分布装置（莲蓬式），适用于小型填料塔内。这种喷淋器结构简单，只适用于直径小于 600mm 的塔且喷头上的小孔容易堵塞，当气量较大时雾沫夹带严重。图 4-18(b)、图 4-18(c) 所示均为盘式分布器，盘底装有短管的称为溢流管式，盘底开有筛孔的称为筛孔式。液体加至分布盘上，经筛孔或溢流短管流下。这类分布装置多用于大直径塔中，筛孔式的液体分布好，溢流管式自由截面积大，不易堵塞。但它们对气体的流动阻力较大，不适用于气体流量大的场合。图 4-18(d) 所示为齿槽式分布器，多用于大直径塔中，液体先经过主干齿向其下层各条形齿槽作第一级分布，之后再向填料层分布。这种分布器不易堵塞，对气体阻力小，但对安装水平要求较高，尤其是当液体流量较小时。图 4-18(e) 所示为多孔环管式液体分布器，能适应较大的液体流量波动，对安装水平要求不高，对气体阻力也很小，尤其适用于液量小而气量大的场合。

（三）液体再分布装置

为改善壁流效应而引起的液体分布不均，可在填料层内每隔一定距离设置一个液体

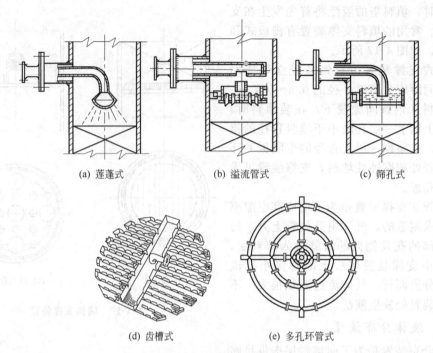

(a) 莲蓬式　　　　　　(b) 溢流管式　　　　　　(c) 筛孔式

(d) 齿槽式　　　　　　　(e) 多孔环管式

图 4-18　液体分布装置

再分布器。每段填料层的高度因填料种类而异，壁流效应越严重，每段填料层的高度越小。一般情况下，拉西环的每段填料层高度约为塔径的 3 倍，而鞍形填料则大约为塔径的 5～10 倍。

常用的液体再分布装置为截锥式，图 4-19(a) 所示为直接将截锥筒体焊在塔壁上，结构最简单。若考虑分段卸出填料，可如图 4-19(b) 所示在再分布器之上另设支撑板。

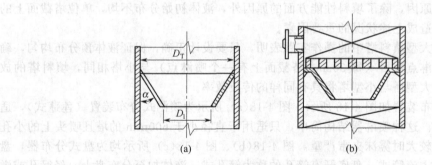

(a)　　　　　　　　　　　(b)

图 4-19　液体再分布装置

（四）液体出口装置

液体出口应保留一段液封，既要保证液体能顺利流出，又要防止气体短路从液体出口排出。如出口管做成∏形使得塔底留有一定的液位用于保证液封。

（五）气体进口装置

气体进口装置既要保证气体分布均匀，又要防止液体进入气体管路。对直径小于 500mm 的塔，可采用图 4-20(a) 和图 4-20(b) 所示的装置，将进气管伸至塔截面中心位置，管端作 45°向下倾斜的切口或向下的缺口。对于直径较大的塔，可采用图 4-20(c) 所示的盘管式分布装置。

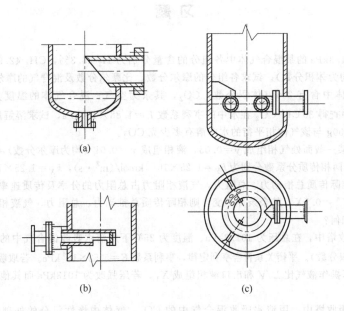

图 4-20　气体进口装置

（六）除沫装置

除沫装置是用来除去由填料层顶部逸出的气体中的雾滴，安装在液体进口管的上方。其种类很多，常见的有折板除沫器、丝网除沫器和旋流板除沫器。

折板除沫器阻力较小（$5\sim10\text{mmH}_2\text{O}$，$1\text{mmH}_2\text{O}=9.80665\text{Pa}$），只能除去 $50\mu\text{m}$ 以上的液滴。丝网除沫器是用金属丝或塑料丝编织而成，用以除去 $5\mu\text{m}$ 以上的微小液滴，压降小于 $25\text{mmH}_2\text{O}$，但造价较高。旋流板除沫器除沫效果比折板除沫器好，压降低于 $30\text{mmH}_2\text{O}$，造价比丝网便宜。

复习思考题

1. 说明下列概念的意义：

溶解度、平衡分压、传质推动力、分子扩散、涡流扩散、对流传质、传质速率、解吸因数、吸收因数、比表面积、空隙率、填料因子、液泛、壁流效应。

2. 吸收分离的依据是什么？如何选择吸收剂？什么情况可视为等温吸收？

3. 何谓平衡分压和溶解度？气体组分的溶解度与哪些因素有关？

4. 温度和压力对吸收操作有何影响？

5. 如何理解吸收推动力？可有哪些表示方法？吸收推动力的大小受到哪些因素的影响？

6. 叙述双膜理论的基本论点。

7. 什么是气膜阻力控制和液膜阻力控制？如何判断？

8. 说明吸收率和吸收操作线的意义。

9. 说明液气比大小对吸收操作的影响。

10. 说明吸收因数的变化对所需填料层高度的影响。

11. 填料的作用是什么？它有哪些特性？

12. 填料塔内在什么情况下要装设液体再分布器？

习 题

4-1　总压为 101.3kPa 的某混合气体中各组分的含量分别为 H_2 23.3%，CH_4 42.9%，C_2H_4 25.5%，C_3H_8 8.3%（以上均为体积分数）。试求各组分的摩尔分数、比摩尔分数及混合气的摩尔质量。

4-2　某混合气体中含有 2%（体积分数）CO_2，其余为空气。混合气体的温度为 30℃，总压强为 506.6kPa。从手册中查得 30℃时 CO_2 在水中的亨利系数 $E=1.88\times10^5$ kPa，试求溶解度系数 H 及相平衡常数 m，并计算每 100g 与该气体相平衡的水中溶有多少克 CO_2。

4-3　吸收塔内某一截面处气相组成 $y=0.05$，液相组成 $x=0.01$（均为摩尔分数），操作条件下的平衡关系为 $Y^*=2X$，若两相传质分系数分别为 $k_Y=1.25\times10^{-5}$ kmol/$(m^2\cdot s)$，$k_X=1.25\times10^{-5}$ kmol/$(m^2\cdot s)$，试求：①该截面上相际传质总推动力、总阻力、气液相阻力占总阻力的分率及传质速率；②若吸收温度降低，平衡关系变为 $Y^*=0.5X$，其余条件不变，则相际传质总推动力、总阻力，气液相阻力占总阻力的分率及传质速率又各如何？

4-4　在逆流吸收塔中，在总压为 101.3kPa、温度为 25℃下用清水吸收混合气中的 H_2S，将其浓度由 2%降至 0.1%（体积分数）。平衡关系符合亨利定律，亨利系数 $E=5.52\times10^4$ kPa。若取吸收剂用量为最小用量的 1.2 倍，试计算操作液气比 L/V 和出口液相组成 X_1。若压强改为 1013kPa 而其他条件不变，L/V 和 X_1 又为多少？

4-5　在一逆流吸收塔中，用清水吸收混合气中的 CO_2，气体中惰性组分的处理量（标准状态）为 300m^3/h，进塔气体中含 CO_2 为 8%（体积分数），要求吸收率为 95%，操作条件下的平衡关系为 $Y^*=1600X$，操作液气比为最小液气比的 1.5 倍。求：①水的用量和出塔液体组成；②写出操作线方程；③每小时该塔能吸收多少 CO_2？

4-6　在一塔填料中用清水逆流吸收混合气中的氨，入塔混合气中含氨 5%（摩尔分数，下同），要求氨的回收率不低于 95%，出塔吸收液含氨 4%。操作条件下平衡关系为 $Y^*=0.95X$，试求：①最小液气比和操作液气比；②所需传质单元数。

4-7　在内径为 0.8m、填料层高为 2.3m 的常压填料塔中，用清水逆流吸收混合气中的氨，进塔混合气量（标准状态）为 500m^3/h，其中含氨 0.0132（摩尔分数），清水用量为 900kg/h，要求回收率为 99.5%，操作条件下体系符合亨利定律。已知：液相浓度为 1g 氨/100g 水，气相中氨的平衡分压为 800Pa。试求：①体系的亨利系数值（kPa）；②气相总体积吸收系数 K_Ya [kmol/$(m^3\cdot h)$]。

4-8　某填料塔填料层高度为 5m，塔径为 1m，用清水逆流吸收混合气中的丙酮。已知混合气用量为 2250m^3/h，入塔混合气含丙酮 0.0476（体积分数，下同），要求出塔气体浓度不超过 0.0026，塔底液体中丙酮为饱和浓度的 70%。操作条件为 101.3kPa、25℃，平衡关系为 $Y^*=2.0X$，求：①该塔的传质单元高度和总体积吸收系数；②每小时回收的丙酮量。

4-9　在逆流操作的吸收塔中，用纯溶剂等温吸收某气体混合物中的溶质。在常压、27℃下操作时混合气体流量为 1200m^3/h，气体混合物的初始浓度为 0.05（摩尔分数），塔截面积为 0.8m^2，填料层高度为 4m，气相总体积吸收系数 K_Ya 为 100kmol/$(m^3\cdot h)$，气液平衡关系服从亨利定律，且已知吸收因数为 1.2。试求：混合气体离开吸收塔的浓度和吸收率。

4-10　在填料层高度为 4m 的填料塔内，用解吸后的循环水吸收混合气中某溶质组分以达到净化目的。已知入塔气中含溶质 2%（体积分数），$L/V=2$，操作条件下的平衡关系为 $Y^*=1.4X$，试求：解吸操作正常，保证入塔吸收剂中溶质浓度 $X_2=0.0001$，要求吸收率为 99%时，①吸收液出塔组成 X_1 为多少；②气相总传质单元高度为多少？

本章主要符号说明

英文字母

a——填料层的有效比表面积，1/m；

A——吸收因数，无量纲；

c——组分的摩尔浓度，kmol/m^3；

c_0——总摩尔浓度，kmol/m^3；

d——直径，m；

D——分子扩散系数，m^2/s；塔径，m；

D_e——涡流扩散系数，m^2/s；

E——亨利系数，kPa；

g——重力加速度，m/s^2；

G_A——单位时间吸收的溶质数，kmol/h；

H——溶解度系数，$kmol/(m^3 \cdot kPa)$；

H_{OG}——气相总传质单元高度，m；

H_{OL}——液相总传质单元高度，m；

J——扩散通量，$kmol/(m^2 \cdot s)$；

k_X——液相吸收系数，$kmol/(m^2 \cdot s)$；

k_Y——气相吸收系数，$kmol/(m^2 \cdot s)$；

K_X——液相总吸收系数，$kmol/(m^2 \cdot s)$；

K_Y——气相总吸收系数，$kmol/(m^2 \cdot s)$；

L——吸收剂用量，kmol/s；

m——相平衡常数，无量纲；

N_A——组分 A 的传质速率，$kmol/(m^2 \cdot s)$；

N_{OG}——气相总传质单元数，无量纲；

N_{OL}——液相总传质单元数，无量纲；

p——组分分压，kPa；

P——总压，kPa；

V——惰性组分的摩尔流量，kmol/s；

V_s——混合气体的体积流量，m^3/s；

x——组分在液相中的摩尔分数，无量纲；

X——组分在液相中的摩尔比，无量纲；

y——组分在气相中的摩尔分数，无量纲；

Y——组分在气相中的摩尔比，无量纲；

Z——填料层高度，m。

希腊字母

η——吸收率，无量纲；

ε——填料层的空隙率，无量纲；

σ——填料层的比表面积，1/m；

ϕ——湿填料因子，1/m；

Ω——塔截面积，m^2。

液体的蒸馏

● **知识目标**

掌握平衡关系的应用、精馏塔物料衡算、塔板数计算、最小回流比的计算和适宜回流比的确定,精馏操作过程分析。

理解精馏原理,气液两相回流在精馏过程的作用;相对挥发度、回流比、理论板等基本概念。

了解蒸馏操作的分离依据及分类,各种蒸馏方式以及特殊蒸馏的过程特点;板式塔流体力学特性。

● **能力目标**

能识别板式塔主要类型的结构、特点;能掌握板式精馏塔的开、停车步骤,正常操作的控制要领。

第一节 概 述

一、蒸馏操作在化工生产中的应用

蒸馏操作是分离均相液体混合物的操作。在炼油、化工、轻工等生产过程中,生产原料、中间产物或粗产品多为混合液,需用蒸馏方法进行分离。如通过蒸馏操作将原油分成汽油、煤油、柴油及重油等馏分作为产品或作为进一步加工的原料;生产聚氯乙烯时,在聚合前要通过蒸馏将单体氯乙烯提纯到超过 99.9%;在有机合成中,反应后的物料多为液体混合物,要通过蒸馏操作将其分离以达到工艺要求。所以,蒸馏操作在化工生产中占有很重要的地位。

各种混合物的分离,其依据都是基于混合物中各组分间某种性质的差异。蒸馏操作就是利用液体混合物中各组分挥发性能不同的特性,使混合液得以分离的单元操作。混合液中沸点低的组分较易挥发,称为易挥发组分,亦可称为轻组分;混合液中沸点高的组分较难挥发,称为难挥发组分,亦可称为重组分。如加热苯与甲苯混合液并使之沸腾并部分汽化,由于苯的沸点较甲苯低,其挥发性要比甲苯强,所得蒸气中苯的含量要比液体中的高。若将蒸气与液体分离并冷凝,所得冷凝液中苯的含量必然高于原混合液,这样原混合液就因此得到了一定程度的分离。在相同的温度下,该混合液中苯的挥发性较大,被称为易挥发组分,而甲苯的挥发性较小，称为难挥发组分。

二、蒸馏操作的分类

化工生产中的蒸馏操作常见有以下几种分类方法。

按蒸馏方式可分为平衡蒸馏（闪蒸）、简单蒸馏、精馏和特殊精馏。平衡蒸馏和简单蒸馏常用于混合物中各组分挥发度相差较大，或分离要求不高的场合。精馏是在一定的回流比下实现高纯度和高回收率的操作，其应用最广。如果混合物中的各组分挥发度相差很小或者形成恒沸物时，则要用特殊精馏。如恒沸精馏、萃取精馏、加盐精馏等。如果在精馏的同时又有化学反应发生则称为反应精馏。

按操作压力可分为加压蒸馏、常压蒸馏和真空蒸馏。常压下为气态的混合物（如轻烃类）可采用加压蒸馏；常压下为液态且沸点不太高（150℃以下）的混合物采用常压蒸馏；常压下沸点较高（150℃以上）或者热敏性混合物（高温时易分解、聚合等）则采用真空蒸馏。

按被分离混合液中的组分数多少可分为双组分蒸馏和多组分蒸馏。被分离的混合物中只有两个组分的蒸馏称为双组分蒸馏，有三个或者更多组分的蒸馏称为多组分蒸馏。

按操作流程可分为间歇蒸馏和连续蒸馏。间歇蒸馏主要应用于批量化的生产中，适用于多品种或者有某些特殊要求的场合。连续蒸馏则作为一个生产环节主要应用在连续化工业生产流程中，完成特定的分离任务。间歇蒸馏是非定态操作，而连续蒸馏为定态操作。工业生产中多为连续蒸馏。

本章主要讨论常压下双组分连续精馏操作的相关概念和计算。

第二节　双组分溶液的气液平衡

平衡关系是指溶液与其上方的蒸气达到平衡时，气、液两相组成的关系。气液相平衡关系在蒸馏操作的计算、工艺条件的确定、操作及过程分析上是很重要的。在讨论蒸馏气液平衡关系时，通常用摩尔分数表示其气、液两相组成。以 x_A 表示液相中易挥发组分摩尔分数，x_B 表示液相中难挥发组分摩尔分数，y_A 表示气相中易挥发组分摩尔分数，y_B 表示气相中难挥发组分摩尔分数。对于双组分体系则有如下关系：

$$x_A + x_B = 1, \quad y_A + y_B = 1 \tag{5-1}$$

在蒸馏计算中，混合液组成常以质量分数表示，这就要将其换算为摩尔分数。对双组分混合物，摩尔分数和质量分数的换算关系如下：

$$a_A = \frac{x_A M_A}{x_A M_A + x_B M_B} \tag{5-2}$$

$$x_A = \frac{a_A / M_A}{a_A / M_A + a_B / M_B} \tag{5-2a}$$

式中　x_A，x_B——组分 A、B 的摩尔分数；

a_A，a_B——组分 A、B 的质量分数；

M_A，M_B——组分 A、B 的摩尔质量。

一、理想溶液的气液平衡

对于双组分混合液，若各组分能以任何比例混合并互溶，混合前后总焓和总体积不变，此混合液称为理想溶液。事实上，真正的理想溶液是不存在的，只有分子量相近、性质相似的两个组分混合而成的溶液，可近似视为理想溶液，如苯与甲苯、烷烃同系物、氯代烃同系物等。

（一）拉乌尔定律

实验证明，理想溶液在达平衡时气相分压与液相组成之间的关系遵循拉乌尔定律。即在一定的温度下，气、液两相达到平衡时，气相中组分的分压等于该组分在溶液同温度下的饱和蒸气压与其溶液中的摩尔分数之乘积。其表达式为：

$$p_A = p_A^0 x_A \tag{5-3}$$

及

$$p_B = p_B^0 x_B = p_B^0 (1 - x_A) \tag{5-3a}$$

式中　p_A，p_B——气相中组分 A、B 的分压，kPa；

　　　　p_A^0，p_B^0——同温度下纯组分 A、B 的饱和蒸气压，kPa；

　　　　x_A，x_B——液相中组分 A、B 的摩尔分数。

若气相为理想气体，必然服从道尔顿分压定律，即：

$$P = p_A + p_B = p_A^0 x_A + p_A^0 (1 - x_A)$$

$$x_A = \frac{P - p_B^0}{p_A^0 - p_B^0} \tag{5-4}$$

及

$$y_A = \frac{p_A^0 x_A}{P} \tag{5-5}$$

式中，P 为蒸馏操作压强，单位为 kPa。

由于组分的饱和蒸气压仅与温度有关，根据式（5-4）和式（5-5）可知，气液两相达平衡时，其组成仅与压强和温度有关。当压强和温度一定时，气、液两相中各组分浓度为定值。式（5-4）和式（5-5）可用于确定在一定压强、不同温度下体系达平衡时气、液相中组分的摩尔分数。

（二）气液平衡相图

1. $t\text{-}x\text{-}y$ 图

$t\text{-}x\text{-}y$ 图又称为温度组成图。蒸馏一般在恒压下进行，所以常用恒压下温度组成图对蒸馏过程进行分析。苯和甲苯混合液在压强为 101.3kPa 条件下的 $t\text{-}x\text{-}y$ 图如图 5-1 所示。该图以温度 t 为纵坐标，以液相组成 x 或气相组成 y 为横坐标。习惯上图中的 x 或 y 均为易挥发组分的摩尔分数。

在图 5-1 中，上、下两条曲线将整个图分成三个区。上曲线以上区域称为过热蒸气区，该区内的任意一点代表一种过热状态的蒸气，其纵坐标和横坐标即表示过热蒸气的温度和组成。下曲线以下称为液相区，该区内的任意一点代表一种尚未沸腾的液体，其纵坐标和横坐标表示液体的温度和组成。

若将温度为 90℃、组成为 0.3 的溶液（图中 A 点）加热至 98.6℃（J 点），溶液刚好成为饱和液体，并开始沸腾产生第一个气泡，98.6℃ 即为该溶液的泡点。故下方曲线称为"泡点线"或"饱和液体线"。如果将温度为 115℃、组成为 0.3 的过热蒸气（图中 B 点）冷

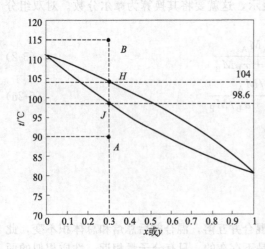

图 5-1　苯-甲苯 $t\text{-}x\text{-}y$ 图

却至 104℃（H 点），蒸气刚好成为饱和蒸气，并开始冷凝产生第一个液滴，104℃即为该蒸气的露点。故上方曲线称为"露点线"或"饱和蒸气线"。泡点线（或露点线）上的任意一点代表一种饱和液体（或饱和蒸气），其纵坐标和横坐标表示饱和液体（或饱和蒸气）的温度和组成。

泡点线和露点线包围的区域称为气、液共存区，该区内的任意一点代表一种气、液两相共存的平衡状态，其纵坐标为该平衡体系的温度，横坐标为该平衡体系的组成。过该区内任意一点的水平线与泡点线交点的横坐标值为平衡液相的组成 x，与露点线交点的横坐标值为平衡气相的组成 y。t-x-y 关系数据通常由实验测得，或用式(5-4)和式(5-5)根据饱和蒸气压来确定。

【例 5-1】　正庚烷（A）和正辛烷（B）的饱和蒸气压与温度的关系数据列于表 5-1。此溶液可认为是理想溶液，服从拉乌尔定律。根据表 5-1 所列数据计算并画出 101.3kPa 下的 t-x-y 图。

表 5-1　［例 5-1］正庚烷（A）和正辛烷（B）的饱和蒸气压与温度的关系

温度 t/℃	p_A^0/kPa	p_B^0/kPa	温度 t/℃	p_A^0/kPa	p_B^0/kPa
98.4	101.3	44.5	115	160.9	74.7
105	122.5	55.0	120	183.4	86.5
110	140.7	64.3	125.6	211.3	101.3

解　因溶液服从拉乌尔定律，故可用式(5-4)、式(5-5)两式求得相应温度下的平衡组成 x 和 y。以温度 105℃ 为例计算如下：

$$x=\frac{101.3-55}{122.5-55}=0.686$$

$$y=\frac{122.5\times 0.686}{101.3}=0.83$$

其他温度下的平衡数据计算结果列入表 5-2，并标绘 t-x-y 图。见图 5-2。

表 5-2　［例 5-1］平衡数据计算结果

t/℃	95.4	105	110	115	120	125.6
x	1.0	0.686	0.484	0.309	0.153	0
y	1.0	0.83	0.672	0.491	0.277	0

2. x-y 图

在一定的外压下，若将各点温度下所对应的气液平衡浓度 y 和 x 标绘在以 y 为纵坐标、以 x 为横坐标的坐标图中，并连接各点成平滑曲线，即为 x-y 图。图 5-3 是用［例 5-1］中正辛烷和正庚烷平衡数据绘制的 x-y 图。

图中绘出的对角线为辅助线。由于气相中易挥发组分的浓度 y 总是高于与之平衡液相中易挥发组分浓度 x，平衡曲线总是位于对角线的上方。平衡曲线离对角线越远，表示气、液两相浓度相差越大，则该溶液越容易分离。

（三）挥发度及相对挥发度

在一定的温度下，气液两相达平衡时，某组分在气相的分压 p_i 与其在液相的摩尔分数 x_i 之比称为该组分的挥发度。对 A、B 两组分混合液，两个组分的挥发度表达式分别为：

$$v_A=\frac{p_A}{x_A} \quad 和 \quad v_B=\frac{p_B}{x_B} \tag{5-6}$$

式中　p_A，p_B——平衡气相中组分 A、B 的分压，kPa；

v_A，v_B——组分 A、B 的挥发度，kPa。

对理想溶液可得：$v_A = p_A^0$；$v_B = p_B^0$。即挥发度等于对应温度下的饱和蒸气压。

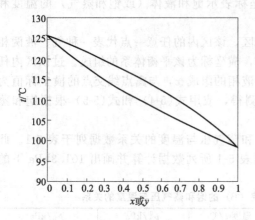

图 5-2　正辛烷-正庚烷 t-x-y 图　　　　图 5-3　正辛烷-正庚烷 x-y 图

对理想气体，气相中各组分分压 $p_i = Py_i$，则：

$$v_A = \frac{Py_A}{x_A}, \quad v_B = \frac{Py_B}{x_B}$$

易挥发组分与难挥发组分挥发度之比即为相对挥发度，若以符号 α 表示相对挥发度，则为：

$$\alpha = \frac{v_A}{v_B} = \frac{y_A/x_A}{y_B/x_B} \tag{5-7}$$

对于理想溶液，将式(5-3)代入式(5-7)并整理得：

$$\alpha = \frac{p_A^0}{p_B^0} \tag{5-8}$$

说明对理想溶液而言，相对挥发度等于同温度下纯组分的饱和蒸气压之比。

对双组分混合液有 $x_A + x_B = 1$，$y_A + y_B = 1$。将其代入式(5-7)整理并略去下标，可得：

$$y = \frac{\alpha x}{1 + (\alpha - 1)x} \tag{5-9}$$

式(5-9)称为相平衡方程。由式可看出，当 $\alpha = 1$ 时，$y = x$，不能用普通蒸馏方法分离。若 $\alpha > 1$，则 $y > x$，α 越大，y 与 x 之差越大，蒸馏分离就越容易。故 α 的大小可用于评价蒸馏分离的难易程度。

实际溶液的相对挥发度随着温度变化。但对温度变化不大、性质接近理想溶液的混合液，可采用操作温度范围内的相对挥发度的平均值，即用平均相对挥发度 α_m 代替式(5-9)中的 α。当蒸馏操作压力一定，可在操作温度范围内，均匀地查取各温度下各纯组分的饱和蒸气压，由式(5-8)计算对应温度下的 α_i，然后由下式估算平均相对挥发度值。

$$\alpha_m = \frac{\alpha_1 + \alpha_2 + \cdots + \alpha_n}{n} \tag{5-10}$$

式中 α_m——平均相对挥发度；

α_1，α_2，$\cdots$，α_n——各点温度下的相对挥发度；

        n——温度点数。

【例 5-2】 利用［例 5-1］所给正庚烷和正辛烷的饱和蒸气压数据计算该物系的平均相对挥发度。再利用平均相对挥发度来确定 x，y 平衡数据，并将求得的平衡数据 x、y 与 ［例 5-1］的 x、y 数据进行对比较。

解 因溶液可近似为理想溶液，用式(5-8)计算相对挥发度。以 105℃ 为例计算如下：

$$\alpha = \frac{122.5}{55} = 2.23$$

采用相同的方法计算其他各温度下的相对挥发度，并列于表 5-3。

表 5-3 各温度下的相对挥发度

$t/℃$	α	$t/℃$	α	$t/℃$	α
98.4	2.28	110	2.19	120	2.12
105	2.23	115	2.15	125.6	2.09

表中各 α 的值相差不大，可用式(5-10)确定其平均相对挥发度。

$$\alpha_m = \frac{2.28 + 2.23 + 2.19 + 2.15 + 2.12 + 2.09}{6} = 2.177$$

再根据［例 5-1］中计算的液相组成 x，将平均相对挥发度代入相平衡方程计算 105℃ 下气相组成。

$$y = \frac{2.177 \times 0.686}{1 + (2.177 - 1) \times 0.686} = 0.826$$

同理可求出其他各点的 y 值，与［例 5-1］中所求的各 x、y 值一同列于表 5-4。

表 5-4 ［例 5-1］与［例 5-2］的计算结果

x	y(由拉乌尔定律计算)	y(由相平衡方程计算)	x	y(由拉乌尔定律计算)	y(由相平衡方程计算)
1.0	1.0	1.0	0.309	0.491	0.493
0.686	0.83	0.826	0.153	0.277	0.282
0.484	0.672	0.671	0	0	0

由表中数据可以看到：对性质与理想溶液相近的溶液，在相同的液相组成情况下，用拉乌尔定律计算的 y 值与用平均相对挥发度计算的 y 值相当接近。

二、非理想溶液的气液平衡

非理想溶液不服从拉乌尔定律。即气、液两相达平衡时，溶液所产生的组分蒸气分压与由拉乌尔定律计算的蒸气分压不符。当蒸气分压大于按拉乌尔定律的计算值时，则说明溶液对拉乌尔定律有正偏差，称为正偏差溶液，反之称为负偏差溶液。组分为 A、B 的双组分溶液中存在着同种分子之间的作用力 A-A、B-B 以及异种分子之间的作用力 A-B。如果这几种作用力相近，则能比较好地符合拉乌尔定律。如果差别较大，则导致对拉乌尔定律有较大的偏差。图 5-4 和图 5-5 所示为常压下甲醇-水混合液的 t-x-y 图和 x-y 图，可见其 t-x-y 图以及 x-y 图与理想溶液的有些相似，这说明该溶液与拉乌尔定律偏差不是很大时的情况。而

图 5-6、图 5-7 所示的醋酸乙酯-乙醇的 t-x-y 图和 x-y 图，以及图 5-8、图 5-9 所示的硝酸-水的 t-x-y 图和 x-y 图，则表现出与拉乌尔定律有较大的偏差。

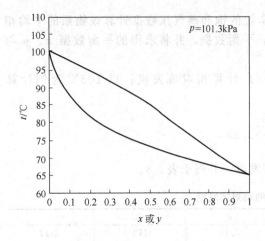

图 5-4 甲醇-水 t-x-y 图

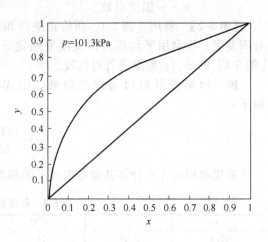

图 5-5 甲醇-水 x-y 图

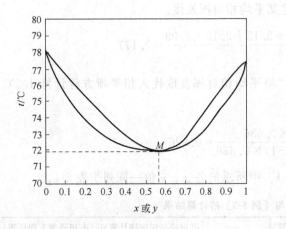

图 5-6 醋酸乙酯-乙醇 t-x-y 图

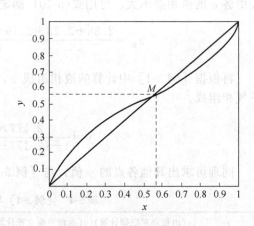

图 5-7 醋酸乙酯-乙醇 x-y 图

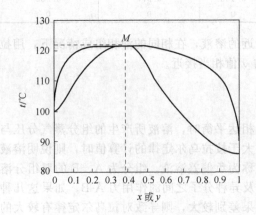

图 5-8 硝酸-水 t-x-y 图

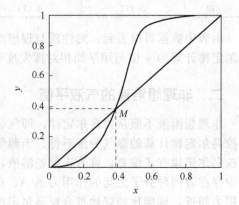

图 5-9 硝酸-水 x-y 图

醋酸乙酯与乙醇混合液对拉乌尔定律是正偏差。由图可发现，在 M 点处液相组成与气相组成相同，即 $y = x$，均为 0.56，称该点为恒沸点，恒沸点的组成称为"恒沸组成"。在 $x_M = 0.56$ 时的泡点为71.9℃，其值最低，比易挥发组分醋酸乙酯的沸点（77.3℃）还低，所以该点又称为"最低恒沸点"。而硝酸和水对拉乌尔定律是负偏差，该溶液的恒沸组成为 $x_M = 0.384$，所对应的泡点为122℃，其值最高即比难挥发组分水的沸点（100℃）还高，称为"最高恒沸点"。在恒沸组成下相对挥发度 $\alpha = 1$，不能用普通蒸馏分离，但可以用特殊蒸馏来分离。

第三节　蒸馏方式

一、平衡蒸馏

平衡蒸馏亦称为闪蒸，是一种单级连续的蒸馏操作。如图 5-10 所示。混合液经预热加压至预定温度，通过节流阀降压进入闪蒸罐。在闪蒸罐内发生部分汽化，气相从顶部离开而液相从底部离开。闪蒸罐内发生液体的自蒸发，离开闪蒸罐的气、液两相互为平衡，所以称为平衡蒸馏。平衡蒸馏适用于大批量且物料只需粗分离的生产过程。

以图 5-11 说明平衡蒸馏的分离原理。图中 A 点组成料液为 0.6，在较高压强下加热至109℃（A 点），通过节流阀减压至1atm进入闪蒸罐，料液自蒸发而部分汽化。所得气相组成 0.705，液相组成 0.52，实现了一定程度的分离。如果闪蒸罐内的压力为1atm而料液温度为112℃，则料液完全汽化，不能实现分离。由此可见，蒸馏操作必须是将液相部分汽化才能使混合液得以分离。

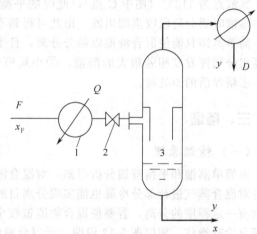

图 5-10　平衡蒸馏装置简图
1—加热器；2—节流阀；3—分离器

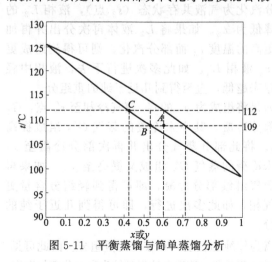

图 5-11　平衡蒸馏与简单蒸馏分析

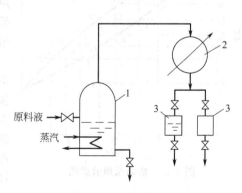

图 5-12　简单蒸馏装置
1—蒸馏釜；2—冷凝器；3—接受器

二、简单蒸馏

简单蒸馏如图 5-12 所示，是单级间歇的蒸馏操作。原料液一次性加入蒸馏釜中，将其加热至沸腾并使之汽化，所产生的蒸气在冷凝器中冷凝为液体，然后进入接受器中作为蒸馏产品，称为馏出液。随着蒸馏的进行，蒸馏釜中残存的液相，即釜液或残液，其中易挥发组分含量不断下降，馏出液中易挥发组分含量亦随之降低，直到残液或者馏出液的组成达到某一规定值停止蒸馏。由于温度随组成变化，可通过残液或者蒸气的温度来判断是否达到了相应要求，来决定何时停止蒸馏。

残液和馏出液组成及其温度随蒸馏进程不断变化的情况可由图 5-11 进行分析。设残液的初始组成为 0.52，加热到泡点 109℃时汽化（图中 B 点），所得的平衡气相组成也就是馏出液组成为 0.705。随着蒸馏的继续，有较多的易挥发组分蒸出进入气相并被冷凝为馏出液，残液中易挥发组分含量不断地下降，相应的蒸馏温度不断地升高，所蒸出气相中的易挥发组分含量也不断地降低，馏出液中易挥发组分含量也随之降低。当残液组成下降到 0.4 时，其泡点为 112℃（图中 C 点），此时的平衡气相组成即馏出液组成已降为 0.6。可见在简单蒸馏时要分阶段收集馏出液，由此可得到不同组成的产品。

简单蒸馏只能使混合液得以部分分离，且生产能力低，它主要用于以下几个方面：①被分离组分间挥发度相差很大的溶液；②小规模生产，分离要求不高；③大宗混合液的粗分离；④精馏前的预处理。

三、精馏

（一）精馏原理

由简单蒸馏和平衡蒸馏分析得知：对混合液进行加热使之部分汽化能使混合液分离，同理若对混合蒸气进行部分冷凝也能实现分离目的。但一次部分汽化或一次部分冷凝只能使混合物有一定程度的分离，若要使混合物能被较全完地分离，则需同时进行多次部分汽化和多次部分冷凝操作。现以图 5-13 说明二元混合液的精馏原理。

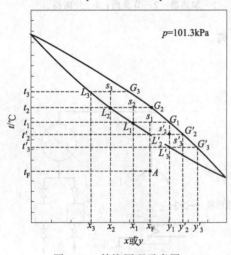

将温度为 t_F、组成为 x_F 的原料加热至 t_1，使其部分汽化处于气液共存状态（s_1 点），所得液相 L_1 的组成为 x_1，气相 G_1 的组成为 y_1。将其中组成为 x_1 的液相 L_1 分出并再加热至 t_2，又部分汽化为气液共存状态（s_2 点），液相 L_2 的组成降低为 x_2。如果将 L_2 液体再次分出并再加热至更高的温度 t_3 而部分汽化，则可得到组成更低的 x_3 液相 L_3。如此多次进行下去，液相中轻组分越来越低，直至得到几近于纯的重组分。

如果将组成为 y_1 的 G_1 蒸气冷却至 s'_2 点，G_1 蒸气部分冷凝，其中未冷的蒸气 G'_2 组成提高到 y'_2。将此部分蒸气分出并再次部分冷凝至 s'_3 点，未冷凝的蒸气 G'_3 组成又提高至 y'_3。如果再将此蒸气继续部分冷凝，即可得到轻组分含量更高的气相，如此多次进行，即可得到几近于纯的轻组分。

图 5-13 精馏原理示意图

经过以上操作，可将组成为 x_F 的混合液分离为较纯的轻组分和较纯的重组分。由此可见，精馏是采用同时进行多次部分汽化和多次部分冷凝的工程手段，使混合液得到较为完全分离的操作。

（二）精馏装置和流程

1. 连续精馏装置和流程

图 5-14 所示为连续精馏操作流程。包括精馏塔、再沸器、冷凝器三个主要设备。原料液从塔中间某个位置连续进入精馏塔中，塔底部溶液经再沸器一部分被汽化为蒸气从塔底返回，剩余的残液排出塔外；塔顶蒸气进入冷凝器冷凝为液体后，一部分作为馏出液连续排出，另一部分作为回流液从塔顶连续返回塔内，回流是精馏区别于简单蒸馏的标志。

通常将进料位置以上的部分称为"精馏段"，它起着精制上升蒸气中易挥发组分的作用。进料位置及以下的部分称为"提馏段"，它起着提浓下降液相中难挥发组分的作用。只有同时具有精馏段和提馏段的精馏塔才能在塔顶和塔底分别得到两个高纯度的产品。仅有提馏段或者仅有精馏段的塔只能在其一端得到一种高纯度的产品，而在另一端得到的是一种纯度不高、仅经过粗分离的产品。

在连续精馏塔内，回流液与上升的蒸气逆流接触，同时发生热量传递和物质传递。因而回流液体在下降过程中被部分汽化，并将轻组分向气相传递而重组分含量逐渐增多；蒸气在上升过程中被部分冷凝，并将重组分向液相传递而轻组分含量逐渐增多。最终在塔顶获得较纯的轻组分，而在塔底可获得较纯的重组分。

由此可以得知，只有保证一定程度的回流才是精馏操作，才能实现高度的分离效果。塔顶液相回流与塔底蒸气回流为塔内物质传递、热量传递提供了必需的气流和液流，保证了塔内正常的浓度分布，是精馏操作能够连续定态进行的必备条件。

2. 间歇精馏装置和流程

图 5-15 为间歇精馏操作流程。原料液一次性加入蒸馏釜中，在有一定程度的回流操作下进行精馏，直到馏出液或残液的组成达到规定值而停止。排出釜内残液后再加入下一批原料液进行蒸馏。间歇精馏适合于小批量、多品种、不同分离要求的生产。

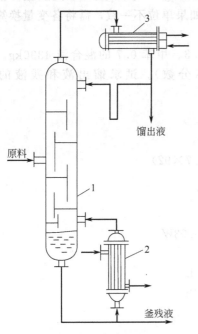

图 5-14 连续精馏操作流程
1—精馏塔；2—再沸器；3—冷凝器

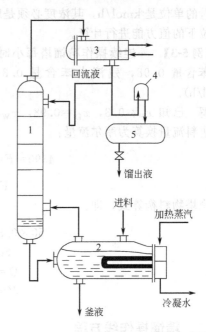

图 5-15 间歇精馏操作流程
1—精馏塔；2—再沸器；3—冷凝器；
4—观察罩；5—贮槽

第四节　双组分连续精馏计算

精馏操作可在板式塔内进行，也可在填料塔进行。在化工生产中常见的是板式精馏塔，本节主要是对板式精馏塔有关计算进行讨论。

一、全塔物料衡算

图 5-16 所示为连续精馏物料衡算示意图，图中虚框为所选的衡算范围。其中：

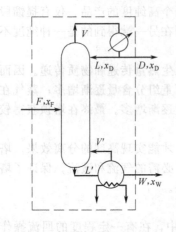

$F，D，W$——进料、馏出液、残液的流量，kmol/h；

$x_F，x_D，x_W$——进料、馏出液、残液的摩尔分数。

对所选的衡算范围进行总物料衡算：

$$F=D+W \tag{5-11}$$

对易挥发组分进行物料衡算：

$$Fx_F=Dx_D+Wx_W \tag{5-12}$$

两式联立即为线性方程组。方程组中共有六个变量，必须已知其中的四个变量，方程组才有唯一解。在实际生产中，进料量 F 和进料组成 x_F 是已知的，还需指定两个，一般是指定 x_D 和 x_W，即指定分离要求。若上述 4 个参数已知，即可由式（5-11）、式（5-12）两式解出 D 和 W。

图 5-16　精馏塔物料
衡算示意图

必须注意的是，进行物料衡算时各变量的单位必须一致。当物料流量单位是 kg/h，其浓度必须是质量分数；如果流量的单位是 kmol/h，其浓度必须是摩尔分数。如果单位不一致，需将各变量换算成一致单位下的值方能进行计算。

【例 5-3】 一连续操作精馏塔每小时处理含苯 0.3、甲苯 0.7 的混合液 4390kg。馏出液中苯含量 0.98，残液中苯含量 0.3（均为摩尔分数）。试求馏出液和残液的流量（kmol/h）。

解 已知 $x_F=0.3$，$x_D=0.98$，$x_W=0.03$

先将进料流量换算为摩尔流量：

$$4390=F(0.3×78+0.7×92)$$

解得：

$$F=50\text{kmol/h}$$

列出全塔物料衡算式，即：

$$50×0.3=0.98D+0.03W$$
$$50=D+W$$

解得：

$$D=14.21\text{kmol/h}$$
$$W=35.79\text{kmol/h}$$

二、精馏操作线方程

（一）恒摩尔流假设

精馏塔内的恒摩尔流如图 5-17 所示。图中符号意义如下：

V，L——精馏段内上升蒸气和下降液体（回流液）的摩尔流量，kmol/h；

V'，L'——提馏段内上升蒸气和下降液体的摩尔流量，kmol/h。

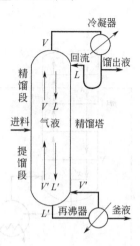

气、液两相在塔内同时进行传质、传热，过程较为复杂，它对上升气相和下降液相的组成和量均有影响。为了便于工程分析和计算，常作以下的假设。

在没有加料和出料的任一塔段内的任意一个横截面上，上升蒸气摩尔流量相等，即恒摩尔上升气流。但精馏段内的 V 和提馏段内的 V' 不一定相等。

在没有加料和出料的任一塔段内的任意一个横截面上，下降液体摩尔流量相等，即恒摩尔下降液流。但精馏段内的 L 和提馏段内的 L' 不一定相等。

恒摩尔流假设只有在物料的摩尔汽化潜热与组成无关，且精馏塔本身为绝热操作时才严格成立。对于简单精馏塔，如果混合液可近似为理想溶液或者各组分的摩尔汽化潜热相近、精馏塔保温良好因而热损失可以忽略时，可近似认为符合恒摩尔流假设。按恒摩尔流假设来处理精馏问题是一种简化了的近似处理，对某些精馏过程的计算和分析不会引起大的偏差。

图 5-17　恒摩尔流示意图

（二）精馏段操作线方程

如图 5-18 所示，取精馏段内第 $n+1$ 塔板以上，包括冷凝器在内作为衡算范围（图中虚线框所示）。

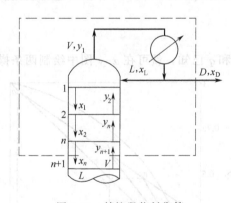

图 5-18　精馏段物料衡算

总物料衡算：

$$V = L + D \tag{5-13}$$

易挥发组分物料衡算：

$$Vy_{n+1} = Lx_n + Dx_D \tag{5-14}$$

联解上两式并整理得：

$$y_{n+1} = \frac{R}{R+1}x_n + \frac{x_D}{R+1} \tag{5-15}$$

式中，R 称为回流比，其表达式为：

$$R = \frac{L}{D} \tag{5-16}$$

回流比是精馏设计计算和操作中的重要参数。

式（5-15）即为精馏段操作线方程。它表示了精馏段内上一层塔板回流液组成 x_n 与相邻的下一层塔板上升蒸气组成 y_{n+1} 之间的关系。对连续精馏操作，R 和 x_D 均为常数，所以精馏段操作线方程为一直线方程，在 x-y 图中是一斜率为 $\frac{R}{R+1}$、截距为 $\frac{x_D}{R+1}$ 的直线，称为精馏段操作线。

（三）提馏段操作线方程

图 5-19 中虚线框所示为提馏段物料衡算范围。参照精馏段物料衡算方法可得：

$$L' = V' + W \tag{5-17}$$

$$L'x_m = V'y_{m+1} + Wx_W \tag{5-18}$$

上两式联解得：

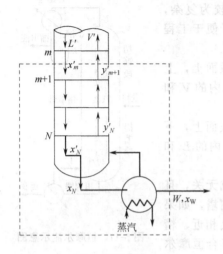

$$y_{m+1} = \frac{L'}{L'-W}x_m - \frac{Wx_W}{L'-W} \quad (5-19)$$

式(5-19)称为提馏段操作线方程。它表示提馏段内上一层板回流液组成 x_m 与相邻的下一层板上升蒸气组成 y_{m+1} 之间的关系。也是提馏段内任意截面上气液两相组成关系。在定态操作时 L'、W 和 x_W 均为常数，所以提馏段操作线方程也是一个直线方程，在 x-y 图中是一斜率为 $\frac{L'}{L'-W}$、截距为 $\frac{-Wx_W}{L'-W}$ 的直线，称为提馏段操作线。

式中，L' 与精馏段回流量 L、进料量 F 及进料热状况参数 q 有关。其中热状态参数 q 值可看成是进料的液相分率，则：

$$L' = L + qF \quad (5-20)$$

代入式(5-19)得：

图 5-19 提馏段物料衡算

$$y_{m+1} = \frac{L+qF}{L+qF-W}x_m - \frac{Wx_W}{L+qF-W} \quad (5-21)$$

精馏操作中进料热状况有如下几种。①冷液体进料，$q>1$；②饱和液体进料（泡点进料），$q=1$；③气液混合物进料，$0<q<1$；④饱和蒸气进料（露点进料），$q=0$；⑤过热蒸气进料，$q<0$。由于进料热状态对提馏段操作线影响的复杂性，以下内容仅以饱和液体和饱和蒸气两种进料热状况来分析问题。

（四）操作线的绘制

在双组分精馏计算中，当 x_F、x_D、x_W 以及 R 和 q 已知，就可在 x-y 图中绘制两条操作线。图 5-20 所示为精馏段操作线和提馏段操作线的绘制方法。叙述如下。

精馏段操作线绘制：作 $x=x_D$ 的垂直线与对角线 $x=y$ 相交于 a 点。联立对角线方程和精馏段操作线方程，可证明 a 点为精馏段操作线上的一个点。然后由精馏段操作线的截距值在 y 轴上确定 b 点。连接 a、b 两点即得精馏段操作线。

提馏段操作线绘制：作 $x=x_W$ 的垂直线与对角线 $x=y$ 相交于 c 点。联立求解对角线方程和提馏段操作线方程，可证明此点为提馏段操作线上的一点。而另一点的确定，则与进料热状况有关。饱和液体进料时，可直接从横轴

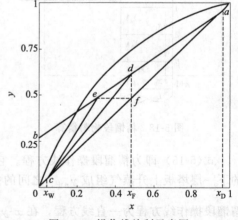

图 5-20 操作线绘制示意图

上的 x_F 点向上作垂线与精馏段操作线相交于 d 点，连接 c 点与 d 点即得提馏段操作线。饱和蒸气进料时，先由横轴上的 x_F 点向上作垂线与对角线交于 f 点，再由 f 点作水平线与精馏段操作线相交于 e 点，连接 c 点与 e 点即得提馏段操作线。由图 5-20 可知，对饱和液体进料，两段操作线交点 d 横坐标值为 x_F，即 $x_d=x_F$；对饱和蒸气进料，两段操作线交点 e 纵坐标值为 x_F，即 $y_e=x_F$。对于其他进料热状况，提馏段操作线的绘制可参考其他资料。

【例 5-4】　用连续精馏塔分离流量为 30kmol/h 的苯和甲苯的混合液，饱和液体进料。进料中苯的摩尔分数（以下同）为 0.35，要求馏出液中苯不小于 0.98，残液中苯不大于 0.03。取回流比为 3。试写出精馏段和提馏段操作线方程，并在 y-x 图上绘制两段操作线。

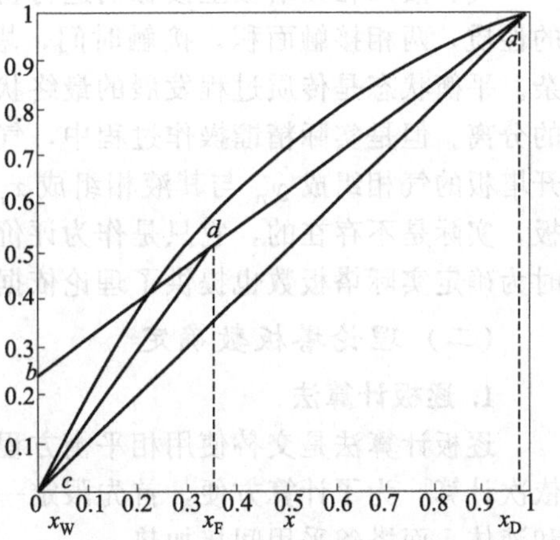

解　（1）写出两段操作线方程。由全塔物料衡算求取 D 和 W。已知 $F=30$kmol/h，$x_D=0.98$，$x_W=0.03$，$x_F=0.35$。将以上数据代入全塔物料衡算式：

$$30=D+W \qquad 30\times0.35=0.98D+0.03W$$

解得：$D=10.11$kmol/h；$W=19.89$kmol/h

$$L=RD=3\times10.11=30.33\text{kmol/h}$$

精馏段操作线方程为：$y_{n+1}=\dfrac{R}{R+1}x_n+\dfrac{x_D}{R+1}$

已知 $R=3$，$x_D=0.98$。将已知数据代入得：

$$y_{n+1}=0.75x_n+0.245$$

提馏段操作线方程为：$y_{m+1}=\dfrac{L+qF}{L+qF-W}x_m-\dfrac{Wx_W}{L+qF-W}$

饱和液体进料 $q=1$，$L=30.33$kmol/h，$F=30$kmol/h，$x_W=0.03$。将已知数据代入得：

$$y_{m+1}=1.492x_m-0.015$$

（2）画操作线。作 $x=x_D=0.98$ 的垂直线与对角线相交于 a 点，其点坐标为（0.98，0.98）；然后由精馏段操作线的截距值在 y 轴上确定 b 点，此点坐标为（0，0.245）。连接两点即得精馏段操作线，如图 5-21 中 ab 线。作 $x=x_W$ 的垂直线与对角线相交于 c 点，其点坐标为（0.03，0.03）；由于为饱和液体进料，可直接从横轴上的 x_F 点向上作垂线与精馏段操作线相交于 d 点，d 点坐标为（0.35，0.507）。连接 c 点与 d 点即得提馏段操作线，见图 5-21 中 cd 线。

图 5-21　[例 5-4] 附图

三、精馏塔的塔板数确定

（一）理论塔板的概念

理论塔板又称为平衡级。如图 5-22 所示为理论塔板与实际塔板的比较。气、液两相在塔板上充分接触，使离开塔板的两相温度相同，且离开该板的气相组成 y_n^* 与其液相组成 x_n 互成平衡，该板则称为理论塔板。

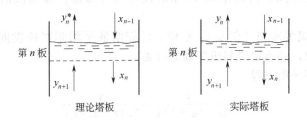

图 5-22　理论塔板与实际塔板的比较

气、液两相在塔板上接触而进行物质传递，传递速率的快慢、分离效率的高低均与物系的性质，两相接触面积，接触时间，塔板结构以及气、液两相流动情况有关，过程十分复杂。平衡状态是传质过程发展的最终状态，因此通过理论塔板的气、液两相得到了最大程度的分离。但是实际精馏操作过程中，气、液两相在塔板上的接触时间和接触面积均有限，离开塔板的气相组成 y_n 与其液相组成 x_n 不可能达到平衡。所以理论塔板只是一种理想的塔板，实际是不存在的，它只是作为评价实际塔板性能好坏、分离效果如何而引入的概念，同时为确定实际塔板数也提供了理论依据。

（二）理论塔板数确定

1. 逐板计算法

逐板计算法是交替使用相平衡方程和操作线方程，由塔顶开始，对塔内每一块塔板进行依次计算。为了计算方便，首先限定一些初始条件。即设塔顶冷凝器为全凝器，回流液为饱和液体，而塔釜采用间接加热。

由于塔顶蒸气在全凝器中冷凝为饱和液体，所以塔顶第一块板上升的蒸气组成 $y_1 = x_D$。根据理论板的概念，离开第一块板上的气、液两相互为平衡，所以可由 y_1 用相平衡方程确定 x_1。根据操作线意义可知，第二块板上升蒸气组成 y_2 与第一块板回流液相组成 x_1 符合精馏段操作线方程，因而可由 x_1 求得 y_2。再根据相平衡方程由 y_2 确定 x_2。依此逐板向下，可表示如下：

$$x_D = y_1 \xrightarrow{\text{相平衡方程求}} x_1 \quad \text{精馏段第一块板}$$

$$x_1 \xrightarrow{\text{精馏段操作线方程求}} y_2 \xrightarrow{\text{相平衡方程求}} x_2 \quad \text{精馏段第二块板}$$

$$x_{n-1} \xrightarrow{\text{精馏段操作线方程求}} y_n \xrightarrow{\text{相平衡方程求}} x_n \leqslant x_d \quad \text{提馏段第一块板}$$

直到 $x_n \leqslant x_d$ 为止。x_d 为提馏段操作线与精馏段操作线的交点横坐标值，可通过两段操作线方程联解确定。精馏段理论板数为 $n-1$ 块，而第 n 块板则为进料板，也是提馏段的第一块板。

当计算到 $x_n \leqslant x_d$ 后，改用提馏段操作线方程继续逐板向下计算，来确定提馏段理论塔板数，直到 $x \leqslant x_W$ 为止。

$$x_n = x_1 \xrightarrow{\text{提馏段操作线方程求}} y_2 \xrightarrow{\text{相平衡方程求}} x_2 \quad \text{提馏段第二块板}$$

$$x_2 \xrightarrow{\text{提馏段操作线方程求}} y_3 \xrightarrow{\text{相平衡方程求}} x_3 \quad \text{提馏段第三块板}$$

$$x_{m-1} \xrightarrow{\text{提馏段操作线方程求}} y_m \xrightarrow{\text{相平衡方程求}} x_m \leqslant x_W \quad \text{提馏段第 } m \text{ 块板}$$

因为物料在再沸器中加热停留时间较长，离开再沸器的气、液两相已达平衡，它起到了一块理论塔板的分离作用，所以第 m 块理论板应为再沸器。提馏段的理论板数应为 $m-1$ 块。

【例 5-5】 若分离要求与［例 5-4］相同，已知溶液平均相对挥发度为 2.47。试确定该精馏塔的理论塔板数，并确定进料板所处的位置。

解 首先写出相平衡方程：

$$x = \frac{y}{\alpha - (\alpha - 1)y} = \frac{y}{2.47 - 1.47y}$$

根据［例 5-4］的计算结果得知，精馏段和提馏段操作线方程分别为：

$$y_{n+1} = 0.75x_n + 0.245$$

$$y_{m+1} = 1.492x_m - 0.015$$

由于进料为饱和液体，两个操作线交点的横坐标值为：

$$x_d = x_F = 0.35$$

先对精馏段进行逐板计算：

$$y_1 = x_D = 0.98$$

$$x_1 = \frac{y_1}{2.47 - 1.47y_1} = \frac{0.98}{2.47 - 1.47 \times 0.98} = 0.952$$

$$y_2 = 0.75x_1 + 0.245 = 0.75 \times 0.952 + 0.245 = 0.959$$

$$x_2 = \frac{y_2}{2.47 - 1.47y_2} = \frac{0.959}{2.47 - 1.47 \times 0.959} = 0.904$$

这样依次计算，并将计算结果列于表 5-5。

表 5-5　　[例 5-5] 精馏段计算结果

项　目	1	2	3	4	5	6	7	8
y	0.98	0.959	0.923	0.867	0.789	0.697	0.607	0.534
x	0.952	0.904	0.829	0.725	0.602	0.482	0.385	0.317

当 $n = 8$ 时 $x_8 = 0.317 < x_d$。即第 8 块理论板为进料板，也是提馏段第一块理论板，精馏段理论塔板数为 7 块。改用提馏段操作线方程继续计算。

$$y_9 = 1.492x_8 - 0.015 = 1.492 \times 0.317 - 0.015 = 0.458$$

$$x_9 = \frac{y_9}{2.47 - 1.47y_9} = \frac{0.458}{2.47 - 1.47 \times 0.458} = 0.255$$

$$y_{10} = 1.492x_9 - 0.015 = 1.492 \times 0.255 - 0.015 = 0.366$$

$$x_{10} = \frac{y_{10}}{2.47 - 1.47y_{10}} = \frac{0.366}{2.47 - 1.47 \times 0.366} = 0.189$$

同样依次计算，将计算结果列于表 5-6。

表 5-6　　[例 5-5] 提馏段计算结果

项　目	9	10	11	12	13	14
y	0.458	0.366	0.268	0.178	0.106	0.054
x	0.255	0.189	0.129	0.081	0.046	0.023

$x_{14} = 0.023 < x_W$。计算结束。

由计算结果得知，完成分离任务共需 14 块理论板，再沸器相当于一块理论板，塔内理论板实为 13 块，其中精馏段为 7 块，提馏段为 6 块。从上向下数第 8 块板为进料板。

2. 图解法确定理论塔板数

图解法确定理论塔板数的原理与逐板计算法相同，只是用平衡线和操作线代替了相平衡方程和操作线方程，用简便的图解代替了烦琐的计算。当已知 y_i 用相平衡方程求 x_i 时，在 x-y 图中 x_i 则是 $y = y_i$ 的水平线与平衡线的交点横坐标值。当已知 x_i 用操作线方程求 y_{i+1} 时，在 x-y 图中则为 $x = x_i$ 垂直线与操作线的交点纵坐标 y_{i+1}，如图 5-23 所示。

根据以上原理，在已绘制好平衡线和两条操作线的 x-y 图中，作 $x = x_D$ 垂直线与对角线相交于 a 点，其交点的纵坐标值为第一层理论板上升的气相组成 y_1，由此交点作 $y = y_1$ 水平线与平衡线相交，其交点的横坐标值为第一层理论板下降的液相组成 x_1；再从平衡线上作 $x = x_1$ 垂线与精馏段操作线相交，可得第二层理论板上升的气相组成 y_2，由此依次在平衡线与精馏段操作线之间绘制水平线和垂直线构成直角梯级。当梯级跨过两操作线的交点 d 后，则改为在平衡线与提馏段操作线作直角梯级，直到梯级垂直线跨过 c 点为止，说明 x

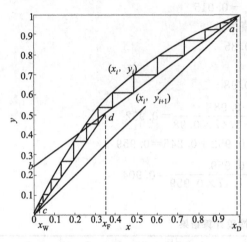

图 5-23　图解法确定理论塔板数

已小于 x_W。此时所获得的梯级总数即为所需的理论塔板数（包括再沸器），其中跨过 d 点梯级为理论进料板。

图 5-23 所示的理论塔板数为 14 层（包括再沸器），如不计再沸器，塔内理论板则为 13 块。其中精馏段理论板 7 层，提馏段理论板为 6 层。第 8 层为理论进料板。

图解计算法避免了烦琐的计算，比较直观，有利于对问题的了解和分析，对平衡关系难以用解析式表达，即各种情况的非理想溶液也适用。但当所需理论板较多时，即平衡线与操作线的距离较近时，会有较大的作图误差。随着计算机应用的普及，烦琐的逐板计算可由计算机快捷地完成。

（三）实际塔板数确定

在讨论理论塔板时指出，理论塔板是板上气液两相达到平衡状态。但实际塔板上气液接触时间有限，一般不能达到平衡，即一块实际的塔板起不到一层理论塔板的作用。因此在指定条件下的精馏操作所需要的实际塔板数比所需要的理论塔板数要多。在已知所需的理论塔板数情况下，可用塔板效率进行修正，就可得到实际塔板数，即：

$$N_p = \frac{N}{E_T} \tag{5-22}$$

式中　E_T——全塔效率；

N——理论塔板数；

N_p——实际塔板数。

理论塔板数与实际塔板数之比称为全塔效率。全塔效率反映了塔内各板的平均效率，其值小于 1。图 5-24 来源于几十个工业泡罩塔和筛板塔的全塔效率数据，将全塔效率与液相黏度和平均相对挥发度乘积关联而得。图 5-24 横坐标 $\alpha\mu_L$ 中的 α 为塔顶与塔底的平均相对挥发度。μ_L 为塔顶与塔底的液相平均黏度，单位为 mPa·s。

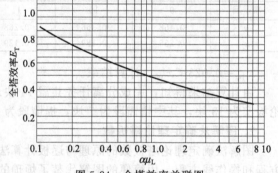

图 5-24　全塔效率关联图

由图 5-24 查得全塔效率后，可由式（5-22）求得实际塔板数。必须说明的是影响塔板效率的因素很多而且复杂，如物系性质、塔板形式与结构、操作条件等，目前还不能对塔板效率做准确的计算。塔板效率计算关联式和关联图尚有数种，在此不一一叙述。

四、回流比的确定

（一）回流比对精馏过程的影响

精馏操作必须有回流。回流为塔内气、液两相的接触提供了条件，使得塔内气液两相接触时可以发生物质和热量的交换，从而在塔的全程上实现多次部分汽化和多次部分冷凝，从而达到分离要求。

回流比选择的大小对精馏分离效果以及精馏经济性有着很大的影响。当回流比 R 较小时，精馏段操作线的斜率较小，提馏段操作线斜率将较大，两操作线离平衡曲线较近，由图解法可看到每一个梯级跨度较小，即每一块理论板分离程度较低。对一定的分离要求所需理论塔板数必然较多，所需的设备费用较高。但当回流比 R 减小时，L 将变小，对一定的馏出液量，其塔内上升蒸气量较少，必然使再沸器热耗量以及冷凝器蒸气冷凝量减少，减少了加热蒸汽和输送冷却水所需的费用，即操作费用较低。反之回流比较大，则所需理论塔板数较少，再沸器热耗量以及冷凝器蒸气冷凝量增多，设备费用较低，操作费用较高。显然回流比不宜太大也不宜太小，设备费用与操作费用之和最小时的回流比为适宜回流比。要确定适宜回流比，就要首先确定最小回流比。

（二）最小回流比和回流比的确定

由图 5-25 可得出，回流比减小，操作线向平衡线靠近。当回流比减小到一定程度时，则两段操作线与平衡曲线这三条线有一个共同的交点 q。在 q 点附近操作线与平衡曲线无限接近，每一块理论板的分离程度趋于零。如果用作图法来求理论板数，则会在 q 点附近得到无穷多的梯级，即对一定的分离任务需要无穷多的理论板。此时回流比即为一定分离要求下的最小回流比 R_{min}，所对应的精馏段操作线斜率为：

$$\frac{R_{min}}{R_{min}+1}=\frac{x_D-y_q}{x_D-x_q}$$

整理后可得：

$$R_{min}=\frac{x_D-y_q}{y_q-x_q} \tag{5-23}$$

式(5-23) 中的 x_q、y_q 与进料热状况、进料组成以及平衡关系有关。其值可用平衡曲线图解确定，饱和液体进料时，$q=1$，$x_q=x_F$。从 x 轴上 x_F 处向上引垂线交平衡线于点 q，所读得的纵坐标值即为 y_q；饱和蒸气进料时，$q=0$，$y_q=x_F$，从 x 轴上 x_F 处向上引垂线交于对角线，再由此交点作水平线交平衡线，所得交点的横坐标值即为 x_q。当平衡关系可用相平衡方程表示时，x_q 与 y_q 之间的关系可用下式表示：

$$y_q=\frac{\alpha x_q}{1+(\alpha-1)x_q}$$

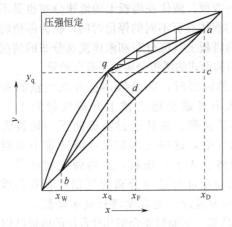

图 5-25 回流比的确定

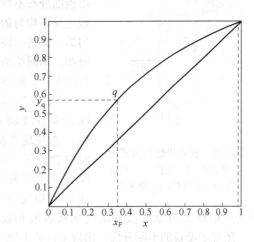

图 5-26 ［例 5-6］附图

最小回流比是回流比的最小极限，实际回流比要大于最小回流比。设备费用与操作费用之和最少，即精馏过程的总费用最低时的回流比为适宜回流比。根据经验，一般可取适宜回流比为最小回流比的 $1.2\sim2.0$ 倍，即：

$$R=(1.2\sim2.0)R_{min} \qquad (5-24)$$

【例 5-6】 用连续精馏塔分离苯和甲苯的混合液，分离要求同〔例 5-4〕所给定的条件。试确定最小回流比；若取操作回流比为最小回流比的 1.6 倍，实际回流比为多少？

解 根据苯和甲苯的混合液平衡数据作 x-y 图，如图 5-26 所示。由于进料为饱和液体，$q=1$，应有 $x_q=x_F=0.35$，从 x 轴的 x_F 处向上作垂线与平衡线相交，交点的纵坐标值即为 $y_q=0.57$。并由〔例 5-4〕知馏出液组成为 0.98。将这些数据代入式(5-23)计算，最小回流比为：

$$R_{min}=\frac{x_D-y_q}{y_q-x_q}=\frac{0.98-0.57}{0.57-0.35}=1.864$$

实际回流比为：$\qquad R=1.6R_{min}=1.6\times1.864=2.982$

实际回流比为 2.982。

第五节 板 式 塔

一、板式塔的结构和类型

板式塔在精馏操作中应用很广，是一种重要的气液接触传质设备。由按一定间距水平设

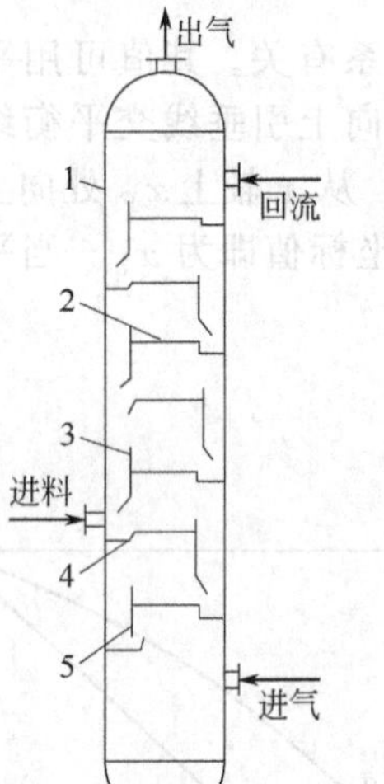

图 5-27 板式塔结构示意图
1—塔壳体；2—塔板；3—溢流堰；4—受液盘；5—降液管

置的塔板和塔体构成，如图 5-27 所示。液体借重力自上向下流动历经各块塔板，蒸气则借压力差作用自下向上穿过各块塔板。蒸气和液体在每一块板上接触并发生传质和传热而实现分离。

为使塔板上维持一定厚度的液层，塔板上设有溢流堰。多数情况下，上一层板的液体通过降液管流到下一层板。液体从塔板一端流到另一端要克服阻力因而塔板上存在液面落差，在进入塔板处液层较厚而在离开塔板处较薄。液面落差的存在使气流穿过塔板的分布不均匀，厚液层处气流通量较小，所以气液接触在塔板上是不均匀的。另一方面，液体在塔板上的流速分布也是不均匀的，流进一块塔板的液体具有不同的停留时间，称为停留时间分布。不同结构形式的塔板上气流分布和液体流速分布的情况也有所不同，致使不同结构形式的塔板分离效果有所差异。

气体穿过塔板上的液层时，部分液体被分散成液滴和雾沫。少量液滴和雾沫不可避免地会被上升蒸气带到上一层板，这种现象称为雾沫夹带。液体通过溢流向下一块板流动时也会夹带一定量的气泡，这些气泡如果在降液管中不能及时分离出来就会随液体进入下一块板，这叫做气泡夹带。雾沫夹带和气泡夹带都会使部分已经分离的气相或者液相重新回到原塔板上与原塔板上的气相或者液相混合，称为返混。返混使塔板效率降低。

随着塔设备的不断开发，出现了许多不同类型的塔板，下面简要介绍几种常用的塔板结构。

（一）泡罩塔板

泡罩塔板如图 5-28 所示。气体通过升气管进入泡罩，再从泡罩的侧孔及下边排出并与

塔板上的液体接触。因为不易漏液，当气液负荷有较大的波动时对操作的影响不大，操作弹性较好，塔板效率比较高，对物料的适应性较好、不易堵塞等优点使泡罩塔板长期以来应用较广。但泡罩塔板的结构复杂，制造成本高，流动阻力大，液面落差大。

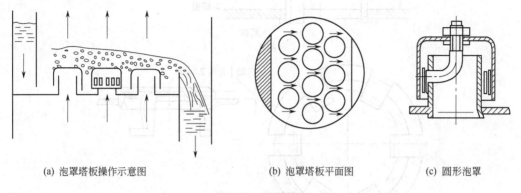

(a) 泡罩塔板操作示意图　　　　(b) 泡罩塔板平面图　　　(c) 圆形泡罩

图 5-28　泡罩塔板

（二）筛孔塔板

筛孔塔板简称筛板，如图 5-29 所示。塔板上开有一定数量的孔，气体穿过这些孔与板上的液体接触。它的突出优点是结构简单，制造成本低，流动阻力小。过去认为它易漏液、易堵塞，操作弹性较差，经长期研究发现只要设计合理和操作适当，采用较大的孔径可以克服易堵塞的缺点，效率较高，已成为一种广泛使用的塔板。

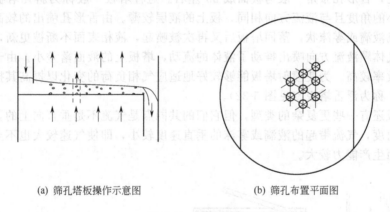

(a) 筛孔塔板操作示意图　　　　　　(b) 筛孔布置平面图

图 5-29　筛孔塔板

（三）浮阀塔板

浮阀塔板如图 5-30 所示。泡罩塔板和筛孔塔板是历史悠久的两种主要形式的塔板。为综合两者的优点开发出了浮阀塔板。它取消了升液管和泡罩，开的孔较大，孔中装有可以上下浮动的阀片称为浮阀。浮阀可随上升蒸气的流速变化而上下浮动，阀片上升的最大限度受三条阀腿的限制。当气体负荷较大时阀片上升而不致产生较大的阻力，当气体负荷较低时阀片下降而不致产生漏液。浮阀的最大开度受到底脚的限制而不致被吹走，浮阀的最小开度受到定距片的限制，定距片使浮阀与塔板面点接触可防止停工时与塔板粘住。这种塔板的操作弹性大，阻力低，效率较高。其主要缺点是浮阀频繁滑动，用久后易脱落和卡住。

（四）喷射塔板

上述几种塔板气体主要以鼓泡或泡沫状态与液体接触，气体基本上垂直向上穿过液层。

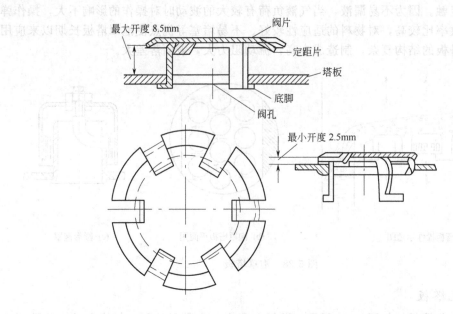

图 5-30　浮阀塔板示意图

若气速较高时液沫夹带量较大，阻力也大。另外塔板上的液面落差引起气流分布不均匀对传质不利。针对上述问题发展出了几种喷射型塔板，其中舌形塔板结构如图 5-31。塔板上冲出许多舌形孔，舌形孔张角一般与板面成 20°左右。这种塔板一般称为斜孔塔板。气流方向与板面成较小的角度且与液流方向相同，板上的液层较薄。由舌形孔喷出的较高速度的气流将液体分散成液滴或雾沫状，落回塔板后又再次被喷起，液相表面不断被更新，相际间传质速率较高。气体顺液流方向喷出推动了液体的流动，塔板上的液面落差小。由于以上优点使喷射塔板的效率较高。为使喷射塔板能够较好地适应气相负荷的变化以提高其操作弹性，可用浮动舌片，称为浮舌塔板（见图 5-32）。

喷射塔板还有一些更复杂的类型，但它们的共同点是气流不是垂直向上的，而是与板面成一较小的角度，气流带起的液滴或雾沫的垂直速度较小，即使气速较大也不至有过大的液沫夹带，因而生产能力较大。

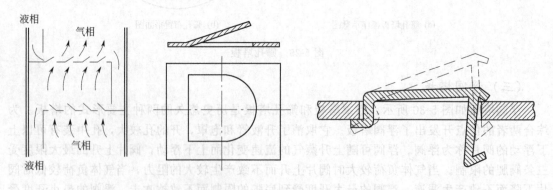

图 5-31　舌形塔板结构示意图　　　　　图 5-32　浮舌塔板示意图

（五）林德筛板

林德筛板是一种专为减压塔设计的低阻力筛孔塔板（见图 5-33）。减压蒸馏要求塔板阻力低，板上液层不能太厚。为此将塔板的液体进口处略为抬高形成斜台，有利于板上液体向另一端流动以减小液面落差。在板上还可开导向喷气孔推动液体流动进一步减小液面落差。

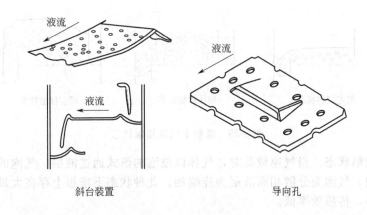

斜台装置　　　　　　　　　　　　导向孔

图 5-33　林德筛板

（六）无溢流塔板

前几种塔板都是带有降液管的有溢流塔板。降液管占据了塔板的一定面积，使得气液接触面积和气流通道减小，因而降低了生产能力。无溢流塔板则没有降液管，其形式见图5-34。板上的某些孔随机的是气体上升的通道，某些孔随机的是液体下降的通道，即液体和气体都穿过塔板，所以也有人称这种塔板为穿流板。此种塔板对设计的可靠性要求较高，塔板效率也较低。其主要优点为生产能力较大，阻力低，结构简单，所需的板间距小。

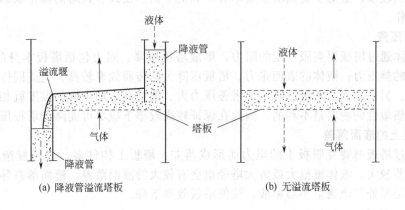

(a) 降液管溢流塔板　　　　　　　　　　　(b) 无溢流塔板

图 5-34　有溢流和无溢流塔板示意图

二、板式塔的流体力学特性与操作性能

板式塔能否发挥最佳的传热和传质，关键在于塔板上的气液两相流动。塔内两相流动状态即为板式塔的流体力学特性。流体力学特性包括气液两相的接触状态；气体通过塔板的压力降（即塔板压降）；塔板上的液面落差。板式塔的操作性能与流体流动状态有密切关系。

（一）板式塔的流体力学特性

1. 塔板上气液两相的接触状态

通过实验观察，当塔板上的液体流量一定时，随着气速增加，塔板上的气液两相接触状态有下列三种类型（见图 5-35）。

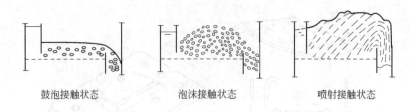

鼓泡接触状态   泡沫接触状态   喷射接触状态

图 5-35 塔板上气液接触状态

（1）鼓泡接触状态。当气速较低时，气体以鼓泡的形式通过液层，气泡的数量不多，基本上是球形气泡，气泡为分散相而液层为连续相。此种状态下塔板上存在大量的清液，气液两相接触面积小，传质效率低。

（2）泡沫接触状态。当气速继续增加时，气泡数量骤然增多，频繁发生气泡的合并与破裂。液体则多以膜状存在于气泡之间，气泡合并与破裂时液膜也会发生破裂与合并。因而相界面更新速度高，接触面积大，传质和传热良好，是较好的塔板工作状态。

（3）喷射接触状态。当气速继续增大时，气体的动能很大，板上的液体被气体向上喷成大小不一的液滴。较大的液滴可回落到塔板上，而较小的液滴则被气流带到上一层板形成雾沫夹带。大量的液滴在回落与喷起的过程中发生频繁的碰撞、合并、破裂，因而相界面更新速度高，接触面积大，传质和传热良好，也是较好的塔板工作状态。

泡沫接触状态和喷射接触状态是良好的工作状态。因喷射状态下气速高，生产能力大，但雾沫夹带也较多，这对于提高塔板效率有不利的一面。所以多数塔的操作状态都控制在泡沫状态下工作。

2. 塔板压降

上升气体通过塔板要克服一定的阻力，形成塔板压降。阻力包括塔板本身的干板阻力；板上气液层的静压力；液体的表面张力。塔板压降大则传质效率较高，完成同样的任务所需塔板数较少。另一方面，塔板压降大使塔釜压力大、温度高，加热源的温度就相应提高，能耗高，对于热敏性的物料是不利的。因此在保证较高效率下应尽可能降低塔板压降。

3. 塔板上的液面落差

液体流过塔板时要克服板上的阻力而形成落差，塔板上构件多、结构复杂，则阻力较大，液面落差较大。液体流量大或者大塔径也会有较大的液面落差。液面落差导致气流分布不均匀，液层厚处气流通量小易漏液，致使塔板效率下降。

（二）板式塔的操作性能

1. 塔板上的异常现象

（1）漏液。漏液是液体不经正常的降液管通道而穿过塔板流到了下一层塔板。原因是气速小而塔板上液面落差大，气流分布不均匀。工业上漏液量大于 10% 为操作气速的下限。

（2）液沫夹带。液沫夹带是上升的气流带着液滴在塔板的空间上升来不及回落而随气体进入上层塔板。主要原因是气速过大或者塔板间距小。工业上允许的液沫夹带量应小于 $0.1kg_{液}/kg_{气}$。

（3）泡沫夹带。泡沫夹带是气泡随着液体进入到降液管，停留时间不够来不及实现气液分离，而随液体进入到下层塔板。工程上规定液流在降液管中至少停留 5s。

（4）液泛。塔板上的液体充满塔板之间的空间的现象叫做液泛。当液体流量一定时气速过大会发生液泛，或者当气速一定时液体流量过大也会发生液泛。液泛严重时塔顶与塔釜的压力降急剧增加，甚至所有塔板都被液体充满。

以上不正常现象使气液分离效率下降，在操作中应当予以避免。

2. 塔板负荷性能图

对于一定结构的塔板，在一定的气体流量和液体流量下操作，气体和液体能正常流通进行接触传质，不会造成不正常的现象发生使塔板效率明显下降。气液两相的流量有一定的正常范围，以液相体积流量 L 为横坐标，以气相体积流量 V 为纵坐标，在图中围成的正常范围叫做塔板负荷性能图。如图 5-36 所示。

（1）漏液线。又称为气相负荷下限线。是塔板在漏液点时气体流量和液体流量间的关系曲线，气体流量如在此线以下则发生严重漏液，是塔的操作气速下限。

（2）液沫夹带线。又称为气相负荷上限线。是塔板在发生一定程度的液沫夹带（一般规定小于 $0.1\text{kg}_{液}/\text{kg}_{气}$ 时气液两相流量的关系曲线，气相流量如高于此线则发生明显的液沫夹带。

（3）液相负荷下限线。以平直堰为例，当塔板上的液体流量过小，使溢流堰上液头小于 6mm 时，堰上的液体流量就变得不稳定。这种情况就称为液体流量的下限。不同的堰有不同的最小液头，可通过有关设计手册查取相应计算式。

（4）液相负荷上限线。液体在降液管中的停留时间由液体的流量决定。对于确定尺寸的降液管，液体流量大则停留时间短，反之则停留时间长。当液体流量过大而超过此线时，液体在降液管中的停留时间过短，使液相中的气泡来不及与液层分离而发生过多的泡沫夹带。

（5）液泛线。随着气体和液体流量的增大，降液管中液层高度将增大，当降液管内的液层高于板间距时塔内将发生液泛。所以操作时的气液两相的流量均不能过大，如果超过此线则发生液泛。

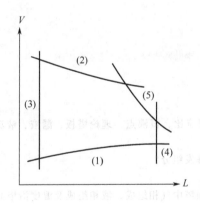

图 5-36　塔板负荷性能图

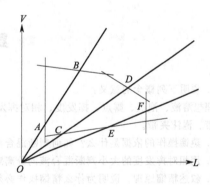

图 5-37　负荷分析图

3. 板式塔的操作分析

如果在一定的气液比 V/L 下操作，则在负荷性能图上可用通过原点的一条斜率为 V/L 的直线表示。此直线与负荷性能图上的线条有两个交点，分别代表操作的上下限。如图 5-37 中的 OAB 代表气液比比较大的操作状态，减压操作的塔有这种特点，上限 B 点受过量液沫夹带控制，下限 A 点受最小液相负荷控制。直线 OCD 代表气液比中等的状态，上限 D 点受液泛控制，下限 C 点受漏液即最小气相负荷控制。直线 OEF 代表较小气液比的状态，上限 F 点受过量泡沫夹带即最大液相负荷控制，下限 E 点受漏液即最小气相负荷控制。

以操作线 OAB 为例，负荷上限与下限的气体流量之比（V_B/V_A）或者负荷上限与下限的液体流量之比（即 L_B/L_A）表示塔的操作极限负荷比。塔的操作弹性应当小于极限负荷比，因为在极限负荷上塔的操作稳定性差，塔板效率也较低。操作点应当选在负荷性能图的中间一带，如果太靠近某条边界线，则当负荷稍有变化就会出现不正常现象。

三、板式塔与填料塔的比较

板式塔和填料塔都是传质操作中常用的设备，它们在性能上各有特点，了解其不同点对于合理选用和正确操作是有帮助的。

（1）填料塔的操作弹性较小，特别是对液相负荷的变化更敏感。当液体负荷较小时，填料表面的润湿率低，传质效果变差。而设计良好的板式塔具有较大的操作弹性。

（2）填料塔不宜处理易聚合或含固体悬浮颗粒物的物料，而某些类型的板式塔如大孔筛板塔、泡罩塔则可有效地处理这一类物料。板式塔的清洗也比较方便。

（3）当操作中需要在塔的某个部位加热或者冷却时，以及需侧线采出液体时板式塔比较方便。因为填料塔中涉及液体均匀分布的问题而会使结构复杂化。

（4）板式塔的设计资料比较丰富和可靠，因而板式塔的设计比较准确，安全系数可能取得小一些。

（5）填料对泡沫有限制和破坏作用，因而填料塔适合于处理易起泡物料。填料塔的持液量小，因而物料在填料塔中的停留时间短，适合于处理热敏性物料。填料可以用耐腐蚀的材料制成，因而填料塔适合于处理腐蚀性的物料。填料塔的气体压降低，因而适合于减压特别是高真空操作。

（6）过去认为填料塔的直径不宜过大，处理量低。但随着新型填料和新型塔件的开发，及填料制造技术的发展和填料塔操作与设计资料的积累，大直径的填料塔得到越来越广泛的应用。

复习思考题

1. 说明下列概念的意义：
理想溶液、泡点、露点、挥发度、相对挥发度、回流、回流比、恒沸点、理论塔板、漏液、液泛、液沫夹带、泡沫夹带。
2. 蒸馏操作的依据是什么？如何判断混合液中的难、易挥发组分？
3. 用相对挥发度的大小判断混合液的分离难易。
4. 叙述精馏原理。说明为什么精馏操作必须有回流？精馏塔中气相组成、液相组成及温度沿塔高如何变化？
5. 精馏塔为什么要分为上、下两段？精馏段和提馏段的作用分别是什么？
6. 恒摩尔流假设与理论板的意义和作用是什么？实际操作的精馏塔中在什么情况下可近似符合恒摩尔流假设？
7. 逐板计算和图解计算求理论板数的关系是什么？在什么情况下用图解法求理论板数会引起较大误差？
8. 为什么说再沸器就是一块理论板？用全塔效率将理论板数校核至实际板数时，为什么再沸器不应计在理论板数中？
9. 为什么取较小的回流比和取较大的回流比所需理论塔板数不同？怎样确定最小回流比和实际回流比？
10. 板式塔操作有哪些不正常现象，是什么原因引起的，会产生怎样的不良后果？为什么液体在降液管中停留时间不能太短？
11. 泡罩塔、筛孔塔、浮阀塔、喷射塔各有哪些优缺点？

习 题

5-1 质量分数和摩尔分数的换算：

① 甲醇-水溶液中，甲醇的摩尔分数为 0.45，求甲醇的质量分数；

② 苯-甲苯混合液中，苯的质量分数为 0.21，求苯的摩尔分数。

5-2 在 101.3kPa 压力下，苯-甲苯混合液在 96℃开始沸腾。已知 96℃时各组分的饱和蒸气压：$p_A^0 = 160.52$kPa；$p_B^0 = 65.66$kPa。求 96℃时的气液相平衡组成。

5-3 常压下苯-甲苯的气液平衡数据见附录。试求①不同温度下对应的相对挥发度；②平均相对挥发度。

5-4 在常压连续操作的精馏塔中分离含苯 40%（质量分数，以下同）的苯-甲苯混合液，处理量为 15000kg/h。要求馏出液含苯 97%，残液含苯 2%。求馏出液和残液的流量（kmol/h）。

5-5 习题 5-4 的操作中，饱和液体进料，回流比 3.5，求①精馏塔内下降液体量 L 和 L' 以及上升蒸气量 V 和 V'（均以摩尔流量表示）；②写出精馏段和提馏段操作线方程。

5-6 连续精馏的操作线方程为：精馏段 $y = 0.8x + 0.18$；提馏段 $y = 1.2x - 0.02$。泡点进料时，求回流比及馏出液、残液、进料液组成。

5-7 苯-甲苯混合液进料组成为 0.5（摩尔分数，下同）。馏出液组成为 0.98，残液组成为 0.02。泡点进料，回流比为 3。逐板计算求理论板数（不含再沸器）及进料理论板位置。气液平衡关系用习题 5-3 中的平均相对挥发度计算。

5-8 某双组分混合液用连续精馏进行分离，其平均相对挥发度为 2.4，饱和液体进料，原料量为 100kmol/h，其中易挥发组分含量为 0.4（摩尔分数，下同），要求馏出液中易挥发组分含量不低于 0.95，残液中易挥发组分含量不高于 0.02。若回流比为最小回流比的 1.8 倍，试写出精馏段和提馏段的操作线方程式，并计算从塔顶向下数的第二块理论板上升的气相组成 y_2。

5-9 苯-甲苯混合液进料组成 0.35（摩尔分数，下同），要求馏出液组成为 0.96，残液组成为 0.05。进料为饱和液体，求①最小回流比；②若操作回流比取最小回流比的 2 倍，图解法求理论板数（不含再沸器）及确定进料理论板位置。

5-10 连续蒸馏分离甲醇-水混合液。原料含甲醇 25%（质量分数，下同），年产 94% 的甲醇 10000t（320 天计），残液甲醇含量 1%。泡点进料，回流比取最小回流比的 1.7 倍。求①F、W（kmol/h）；②图解法求理论塔板数（不含再沸器）；③若塔板效率为 0.6，确定实际进料板位置和实际塔板数。甲醇-水溶液气液平衡数据见附录。

本章主要符号说明

英文字母

a——混合液中组分的质量分数；

D——馏出液流量，kmol/h；塔径，m；

E_T——全塔效率；

F——原料流量，kmol/h；

L——精馏段内下降液体量，kmol/h；

L'——提馏段内下降液体量，kmol/h；

L_s——液体体积流量，m^3/s；

M——流体的摩尔质量，kg/kmol；

N——理论塔板数；

N_p——实际塔板数；

p——组分的分压，kPa；

P——系统的总压或外压，kPa；

q——进料热状态参数；

R——回流比；

v——组分挥发度；

V——精馏段内上升的蒸气量，kmol/h；

V'——提馏段内上升的蒸气量，kmol/h；

V_s——气体体积流量，m^3/s；

W——残液（塔底产品）流量，kmol/h；

x——液相中易挥发组分的摩尔分数；

y——气相中易挥发组分的摩尔分数；

x_D——馏出液中易挥发组分的摩尔分数；

x_F——进料中易挥发组分的摩尔分数；

x_W——残液中易挥发组分的摩尔分数。

希腊字母

α——相对挥发度；

μ_L——混合液的黏度，Pa·s。

第六章 干 燥

学习目标

● 知识目标

掌握湿空气性质的计算与湿度图的应用，干燥过程的物料衡算和热量衡算。

理解湿空气的性质相关概念；固体物料中所含水分的性质及平衡关系；影响干燥速率的因素。

了解工业去湿方法和干燥分类、干燥原理及过程分析，干燥器的主要形式及特点。

● 能力目标

能掌握一种干燥器的操作控制。

第一节 概 述

固体物料中含有的水分或有机溶剂称为湿分，过量湿分的存在会影响物料的品质和加工性能。如药品、食品中含有过多的湿分，则在贮存过程中容易变质；塑料、橡胶的助剂中含有过多的湿分，则会使在加工成型的制品中产生气泡，影响产品的质量。为满足化工生产中的许多固体成品（或者半成品）贮存、运输、使用以及进一步加工的需要，常需将其中的湿分除去。

一、固体物料的去湿方法

固体物料的去湿方法有多种。常用的方法有以下几种。

（1）机械去湿法。如过滤、沉降、离心分离等。这些方法除湿不完全，物料中残留的湿分较多，但能量消耗少。

（2）吸附去湿法。如用干燥剂（氯化钙、硅胶等）与湿物料并存，使湿物料中的湿分经空气转入干燥剂中。该法不适合于大规模的工业生产，只适用于实验室中微量湿分的去除。

（3）加热去湿法。向物料供热以使其中的湿分汽化而被除去，在工业过程中应用较多，除湿较彻底，但耗能较高。在工业生产中先用机械除湿法除去大部分水分，然后再用供热干燥去除残余的水分。加热去湿法又称为干燥。

二、干燥过程的分类

（1）按操作压力分为常压干燥和真空干燥。真空干燥适合于热敏性物质和易氧化的物质，或者成品中要求水分极低的物质。

（2）按操作方式分为连续干燥和间歇干燥。间歇干燥适合于处理小批量、多品种或要求干燥时间较长的物料。连续干燥具有生产能力大、产品质量均匀、热效率高及劳动条件好等优点。

（3）按传热方式分为传导干燥、对流干燥、辐射干燥、介电加热干燥等。

化工生产中以连续操作的对流干燥应用最普遍。对流干燥是一个将热能以对流给热方式，由干燥介质（如热空气）传给与其直接接触的湿物料，使得湿物料表面湿分升温汽化，汽化的湿分扩散进入干燥介质，最终由干燥介质带出的干燥过程。由此可知干燥介质是一个载体，它起到载热和载湿的双重作用。干燥介质可以是热空气、烟道气、惰性气体等。要除去的湿分可以是水分也可以是其他化学溶剂。本章主要讨论以空气为干燥介质，湿分为水分的干燥过程。

第二节　湿空气的性质及湿度图

含有湿分的空气称为湿空气，在除去水分的对流干燥过程中，含有水蒸气（水汽）的湿空气是常用的干燥介质。湿空气除去水分的能力与它的性质有关。表示湿空气性质的状态参数有湿度、温度、焓、质量比热容和比体积等。干燥操作多在常压或减压下进行，因此可将湿空气视为理想气体。在干燥过程中湿空气中的水分含量是变化的，但其中非水汽部分的质量是不变的，为计算方便常以非水汽的部分为计算基准。湿空气中非水汽的部分称为干空气。

一、湿空气的性质

（一）湿度 H

湿度指的是湿空气中水汽质量与干空气质量之比，又称为湿含量或者绝对湿度。若将湿空气看成是理想气体，则湿度可表示如下：

$$H=0.622\frac{p_w}{P-p_w} \tag{6-1}$$

式中　H——空气湿度，$kg_{水汽}/kg_{干空气}$；

p_w——空气中水汽的分压，kPa；

P——湿空气总压，kPa。

式中的 0.622 为水的摩尔质量与干空气的平均摩尔质量之比。即：

$$\frac{M_水}{M_{干空气}}=0.622$$

由式(6-1)知，当总压一定时，空气的湿度可由空气中水汽分压决定。当空气中水汽分压 p_w 小于空气温度 t 下的饱和水汽分压 p_s 时，称为不饱和空气。当空气中水汽分压 p_w 等于空气温度 t 下水的饱和蒸气压 p_s 时，称为饱和空气。饱和空气的湿度称为饱和湿度 H_s。

$$H_s=0.622\frac{p_s}{P-p_s} \tag{6-2}$$

因水的饱和蒸气压只与温度有关，所以空气的饱和湿度只与空气温度 t 及空气总压 P 有关。

（二）相对湿度 φ

在总压一定时，空气中水汽分压与同温度水的饱和蒸气压 p_s 之比称为相对湿度，一般表示成百分数。

$$\varphi = \frac{p_{\mathrm{w}}}{p_{\mathrm{s}}} \times 100\% \tag{6-3}$$

相对湿度表示了空气的不饱和程度。$\varphi = 1$（或 100%）表示空气已经被水饱和，不再具有吸收水汽的能力，不能用来干燥物料。φ 越小表示空气的不饱和程度越高，干燥能力越强。当空气中水汽分压一定时，空气温度 t 越高则水的饱和蒸气压 p_{s} 越大，即 φ 越小，空气的干燥能力越强。将空气加热既提供了物料中水汽化的热能又降低了空气的相对湿度，从而提高了空气的干燥能力。

将式(6-3)代入式(6-1)可得：

$$H = 0.622 \frac{\varphi p_{\mathrm{s}}}{P - \varphi p_{\mathrm{s}}} \tag{6-4}$$

当相对湿度为 1 时，式(6-4)即成为式(6-2)。由于水的饱和蒸气压 p_{s} 只与温度有关，式(6-4)表示了总压 P、温度 t 及湿度 H 的关系。或者说空气湿度是总压与温度的函数。

（三）干球温度 t 与湿球温度 t_{w}

用普通温度计与空气直接接触测定的空气温度即干球温度。湿球温度则用湿球温度计来

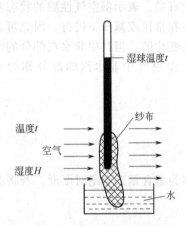

图 6-1 湿球温度计示意图

测定。湿球温度计的示意图见图 6-1，它是在普通温度计感温泡上包裹有保持润湿的纱布而构成。纱布浸于水中使纱布被水润湿，在相对湿度小于 100% 的流动空气中纱布上的水汽化而吸热，纱布温度下降，纱布温度低于空气温度而引起空气向纱布传热。当纱布上水汽化的吸热速率大于空气向纱布传热速率时，纱布温度不断下降，温度计上显示的值亦不断下降。随着纱布温度的下降，空气与纱布之间的温度差增大，两者间传热速率也随之增大，直至纱布上水汽化的吸热速率与空气向纱布传热速率相等，纱布温度不再变化，温度计上显示的值亦不再变化，此时湿球温度计上的读数即为湿球温度。在空气温度一定时，空气的相对湿度越小，水汽化的速率越快，湿球温度就越低。如果空气是相对湿度为 100% 的饱和空气，则纱布上的水不会汽化，湿球温度与空气温度（干球温度）相等，即 $t = t_{\mathrm{w}}$。

通常将干球温度计和湿球温度计组装在一起，称为干湿球温度计，同时测得干球温度和湿球温度。湿球温度的工程意义是在干燥过程中的恒速干燥阶段，湿物料的表面温度就是湿球温度。

（四）露点 t_{d}

在一定的压强下，将空气等湿冷却至刚好成为饱和空气时（$\varphi = 100\%$）的温度称为空气的露点。当空气温度低于露点时将有水雾析出，此即为用冷冻的方法去除不凝性气体中的水汽的原理。露点由空气中水汽分压 p_{w} 决定，根据式(6-3)可知，对一定温度的空气，其相对湿度越低，则水汽分压越低，露点也就越低，干球温度 t 与露点 t_{d} 的差值也就越大。饱和空气中水汽分压 p_{w} 即是空气温度 t 下水的饱和蒸气压，其露点就是空气的温度，即 $t = t_{\mathrm{d}}$。

因此，对于不饱和的空气有 $t > t_{\mathrm{w}} > t_{\mathrm{d}}$，而饱和空气有 $t = t_{\mathrm{w}} = t_{\mathrm{d}}$。

（五）湿空气的焓 I

指的是 1kg 干空气及其所带有的 H kg 水汽焓之和，单位为 kJ/kg$_{干空气}$。可用式(6-5)计算。

$$I = (1.01 + 1.88H)t + 2490H \tag{6-5}$$

式中 I——湿空气的焓，kJ/kg$_{干空气}$；

H——空气的湿度，kg$_{水汽}$/kg$_{干空气}$；

t——空气的干球温度，℃；

1.01——干空气的质量比热容，kJ/(kg·℃)；

1.88——水蒸气的质量比热容，kJ/(kg·℃)。

（六）湿空气的比体积 v_H

指的是1kg干空气及其所带有的 H kg水汽的总体积，又称为湿空气的比容。可用下式计算。

$$v_H = (0.773 + 1.244H)\frac{t+273}{273} \tag{6-6}$$

式中 v_H——湿空气的比体积，m³/kg$_{干空气}$；

0.773——标准状态下 1kg 干空气的体积，m³；

1.244——标准状态下 1kg 水蒸气的体积，m³。

【例 6-1】 已知常压湿空气的温度30℃，湿度0.025kg$_{水汽}$/kg$_{干空气}$。试求：（1）相对湿度；（2）水汽分压；（3）露点。

解 （1）将式(6-4)整理为：

$$\varphi = \frac{PH}{(0.622+H)p_s}$$

查 30℃水的饱和蒸气压 $p_s = 4.246$kPa。代入上式可得相对湿度为：

$$\varphi = \frac{101.3 \times 0.025}{(0.622+0.025) \times 4.246} = 0.922$$

（2）根据式(6-3)： $\varphi = \frac{p_w}{p_s} \times 100\%$

得水汽分压为： $p_w = \varphi p_s = 0.922 \times 4.246 = 3.915$kPa

（3）查水的饱和蒸气压表确定露点。28℃时水的饱和蒸气压为 3.730kPa，29℃时水的饱和蒸气压为 3.953kPa。由插入法求得 3.915kPa 的水蒸气的饱和温度为28.85℃，即露点 $t_d = 28.85$℃。

【例 6-2】 将［例 6-1］提到的空气加热至50℃，试求：（1）相对湿度；（2）湿空气的焓；（3）比体积。

解 （1）查 50℃下水的饱和蒸气压 $p_s = 14.98$kPa，由式(6-3)得相对湿度为：

$$\varphi = \frac{p_w}{p_s} = \frac{3.915}{14.98} = 0.261$$

即相对湿度为 26.1%。

（2）由式(6-5)可得湿空气的焓为：

$$I = (1.01 + 1.88H)t + 2490H$$
$$= (1.01 + 1.88 \times 0.025) \times 50 + 2490 \times 0.025$$
$$= 115\text{kJ/kg}_{干空气}$$

（3）由式(6-6)可得湿空气的比体积为：

$$v_H = (0.773 + 1.244H)\frac{t+273}{273}$$
$$= (0.773 + 1.244 \times 0.025) \times \frac{50+273}{273}$$

$$=0.951 \mathrm{m}^3/\mathrm{kg}_{干空气}$$

【例6-3】 将［例6-1］中的空气冷却至10℃，问是否有水析出？若有水析出，每千克干空气中会有多少水析出？

解 查饱和水蒸气表，10℃时水的饱和蒸气压为1.212kPa，小于原空气中水汽的分压，说明空气已达饱和，并有水分析出。可先计算出该空气在10℃的饱和湿度，然后用原空气的湿度减去饱和湿度即为析出的水分量。饱和湿度为：

$$H_s = 0.622 \frac{p_s}{P-p_s}$$
$$= 0.622 \times \frac{1.212}{101.3-1.212}$$
$$= 7.532 \times 10^{-3} \mathrm{kg}_{水汽}/\mathrm{kg}_{干空气}$$

每千克干空气中析出的水量为：

$$H - H_s = 0.025 - 7.532 \times 10^{-3} = 0.017 \mathrm{kg}_{水汽}/\mathrm{kg}_{干空气}$$

二、湿空气的湿度图及其应用

由以上内容可知，湿空气性质之间都有一定的关系，用于表示湿空气各项性质相互关系的图线，称为湿空气的湿度图。

（一）湿度图的构造

在总压为101.3kPa情况下，以湿空气的焓 I 为纵坐标、湿度 H 为横坐标所构成的湿度图称为 I-H 图（焓湿图），如图6-2所示。为了避免图线过于集中而影响读数，采用纵坐标和横坐标之间的夹角为135°的斜角坐标；为了便于读取，将横坐标上的 H 值投影到与纵坐标正交的水平辅助轴上。I-H 图由五种线束构成，其意义如下。

(1) 等湿度线（等 H 线）。它是一组与纵坐标平行的直线。同一条等 H 线的任意点，H 值相同，其值在辅助轴上读出。

(2) 等焓线（等 I 线）。它是一组与横坐标平行的直线，同一条线上不同点都具有相同的焓值，其值由纵坐标读出。

(3) 等干球温度线。简称等温线（等 t 线）。将湿焓计算式改为如下形式：

$$I = 1.01 + (1.88t + 2490)H$$

当 t 一定时，I 与 H 成直线关系，直线斜率为 $1.88t+2490$。因此等温线也是一组直线，直线斜率随 t 升高而增大。温度值也应在纵坐标上读出。

(4) 等相对湿度线（等 φ 线）。式(6-4)表示了 φ、p_s 和 H 之间的关系，p_s 是温度的函数，所以式(6-4)实际上是表明了 φ、t 和 H 之间的关系。取一定的 φ 值，在不同的温度 t 下求出 H 值，就可以画出一条等 φ 线。等 φ 线是一组曲线。

图6-2中最下面一条等 φ 线为 $\varphi=100\%$ 的曲线，称为饱和空气线，此线上的任意一点均为饱和空气。此线上方区域为未饱和区，在此区域内的空气才作为干燥介质。

(5) 水汽分压线。湿空气中的水汽分压 p_w 与湿度 H 之间的关系如式(6-1)所示，将其关系标绘在饱和空气线下方，因 $p_w \ll P$，关系线近似为一条直线。其分压在右端的纵坐标上读出。

（二）湿度图的应用

1. 查取湿空气的性质

【例6-4】 已知湿空气的总压为101.3kPa，温度为40℃，湿度为 $0.02 \mathrm{kg}_{水汽}/\mathrm{kg}_{干空气}$，试

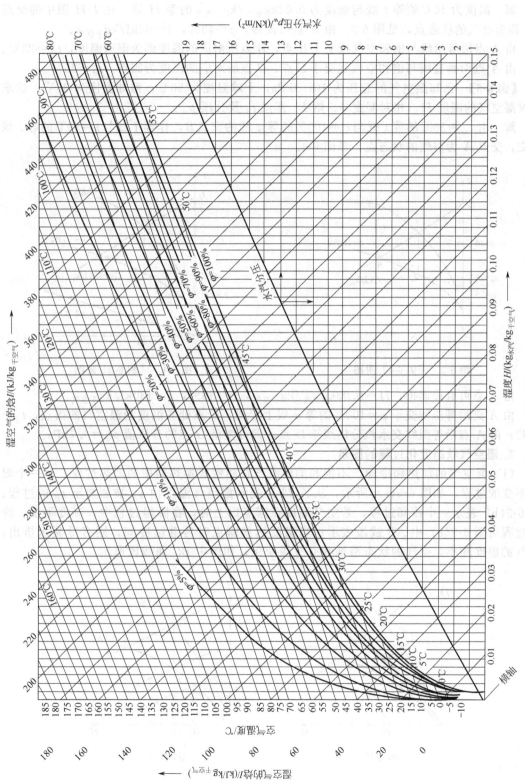

图 6-2 湿空气的 I-H 图

用湿度图求取相对湿度 φ、焓 I、湿球温度 t_w 和露点 t_d。

解 温度为 40℃ 的等 t 线与湿度为 $0.02kg_{水汽}/kg_{干空气}$ 的等 H 线，在 I-H 图中的交点 A，即为空气的状态点，见图 6-3。由 A 点可读得：$\varphi=43\%$，$I=92kJ/kg_{干空气}$。

由 A 点沿等焓线与饱和空气线交于 B 点，B 点所对应的温度即为湿球温度，$t_w=28℃$。

由 A 点引垂直线与饱和空气线交于 C 点，C 点所对应的温度为露点，$t_d=25℃$。

【例 6-5】 已知湿空气的总压为 101.3kPa，干球温度为 50℃，湿球温度为 35℃，试求此时湿空气的湿度 H、相对湿度 φ、焓 I、露点 t_d 及分压 p_w。

解 由 $t_w=35℃$ 的等 t 线与 $\varphi=100\%$ 的等 φ 线的交点 B，作等 I 线与 $t=50℃$ 的等 t 线相交，交点 A 为空气的状态点，见图 6-4。

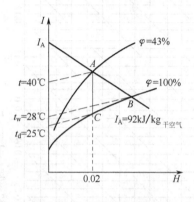

图 6-3　[例 6-4] 附图

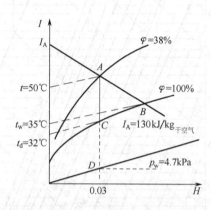

图 6-4　[例 6-5] 附图

由 A 点可直接读得：$H=0.03kg_{水汽}/kg_{干空气}$，$\varphi=38\%$，$I=130kJ/kg_{干空气}$。

由 A 点沿等湿线交于 $\varphi=100\%$ 的等 φ 线上 C 点，C 点处的温度为湿空气的露点，$t_d=32℃$；由 A 点沿等湿线交水汽分压线于 D 点，即可读得 D 点的分压值 $p_w=4.7kPa$。

2. 湿空气状态变化过程的图示

(1) 湿空气的加热和冷却。不饱和的湿空气在间壁式换热器中的加热过程，是一个湿度不变的过程，如图 6-5(a) 所示，从 A 到 B 表示湿空气温度由 t_A 被加热至 t_B 的过程。图 6-5(b) 表示一个冷却过程，若空气温度在露点以上时，在降温过程中，湿度不变，冷却过程由图 6-5(b) 中 AB 线段表示；当温度达到露点时再继续冷却，则有冷凝水析出，空气的湿度减小，空气的状态沿饱和空气线变化，如图中 BC 曲线段所示。

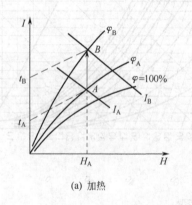

(a) 加热

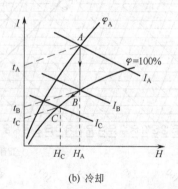

(b) 冷却

图 6-5　空气的加热和冷却

（2）湿空气在干燥器内的状态变化。湿空气在干燥器内与湿物料接触的过程中，湿度必然增加，其他状态参数的变化可由湿度图求得。

第三节　干燥过程的物料衡算和热量衡算

一、干燥过程的物料衡算

物料衡算的目的在于求出干燥过程中的水分蒸发量和空气消耗量，为进一步确定空气预热器的热负荷、选用通风机和确定干燥器的尺寸提供有关数据。

（一）湿物料中含水量表示法

常见湿物料含水量的表示法有两种，湿基含水量 w 和干基含水量 X。

（1）湿基含水量。单位质量湿物料中所含水分的质量，即湿物料中水分的质量分数，称为湿基含水量。

$$w = \frac{\text{湿物料中水分质量}}{\text{湿物料总质量}}$$

（2）干基含水量。湿物料在干燥过程中，水分不断地被汽化移走，湿物料的总质量在不断变化，用湿基含水量有时很不方便。考虑到湿物料中绝干物料量在干燥过程中是不变的，以绝干物料量为基准的干基含水量，在应用时比较方便。所谓干基含水量，就是单位质量绝干物料中所含的水分量。

$$X = \frac{\text{湿物料中水分质量}}{\text{湿物料总质量}-\text{湿物料中水分质量}} \quad (\text{kg}_\text{水}/\text{kg}_\text{绝干物料})$$

两种含水量之间的换算关系为：

$$X = \frac{w}{1-w} \quad \text{或} \quad w = \frac{X}{1+X} \tag{6-7}$$

（二）干燥器的物料衡算

图 6-6 所示为一典型的对流干燥器热量衡算示意图。图中 t_0、H_0、φ_0 分别为进预热器空气的温度、湿度、相对湿度；t_1、H_1、φ_1 分别为进干燥器空气的温度、湿度、相对湿度；t_2、H_2、φ_2 分别为出干燥器空气的温度、湿度、相对湿度。湿物料 G_1（kg/s）进干燥器的温度、湿基含水量分别为 θ_1、w_1；干燥产品 G_2（kg/s）出干燥器的温度、湿基含水量分别为 θ_2、w_2。

1. 水分蒸发量 W

湿物料经过干燥后的水分减少量即为水分蒸发量。设湿物料中绝干物料量为 G（$\text{kg}_\text{绝干物料}$/s）；干燥前后物料中干基含水量分别为 X_1、X_2，则湿物料带入干燥器的水分量为 GX_1，干燥器出口干燥产品中带有的水分量为 GX_2，水分蒸发量 W 为两者之差，即：

$$W = G(X_1 - X_2) \quad (\text{kg}_\text{水}/\text{s}) \tag{6-8}$$

绝干物料量与湿物料量 G_1 和干燥产品量 G_2 之间的关系为：

$$G = G_1(1-w_2) = G_2(1-w_2) \tag{6-9}$$

2. 干空气消耗量

在对流干燥过程中，湿物料中所有被汽化的水分都进入了干燥介质空气中。即物料水分蒸发量等于空气中水分的增加量。若干空气消耗量为 L（$\text{kg}_\text{干空气}$/s），湿空气进入干燥器的湿度为 H_1，干燥器出口废气的湿度为 H_2，进入干燥器时空气中所含的水汽量为 LH_1，干燥器出口废气中所含的水汽量为 LH_2。则有：

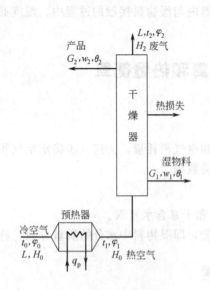

图 6-6　典型对流干燥器
热量衡算示意图

$$W=L(H_2-H_1)$$

$$L=\frac{W}{H_2-H_1}\quad(\text{kg}_{\text{干空气}}/\text{s})\quad(6\text{-}10)$$

蒸发 1kg 水分所需干空气量称为单位空气消耗量 l。

$$l=\frac{L}{W}=\frac{1}{H_2-H_1}\quad(\text{kg}_{\text{干空气}}/\text{kg}_{\text{水}})\quad(6\text{-}11)$$

3. 风机送风量

干燥过程中的风机送风量是湿空气的体积流量 V_s，其数值等于干空气用量 L 与湿空气比体积 v_H 的乘积。

$$V_s=Lv_H=L(0.773+1.244H)\frac{t+273}{273}\quad(6\text{-}12)$$

干燥过程中，风机可安装在预热之前、预热之后或干燥器出口三个不同的位置上。位置的不同，空气的湿度、温度不同，所以式（6-12）中的空气湿度 H 与温度 t 要根据风机所在位置来确定。

【例 6-6】　某干燥器处理湿物料量为 1000kg/h，物料含水量由 40% 减少为 5%（均为湿基）。空气初温 20℃，相对湿度 60%，预热至 120℃ 进入干燥器。要求空气离开干燥器时的温度 40℃，相对湿度 80%。试求：（1）水分蒸发量（kg/s）；（2）空气消耗量（$\text{kg}_{\text{干空气}}$/s）；（3）若无物料损失，求干燥产品量（kg/h）；（4）风机安装在预热进口处的送风量（m^3/s）。

解　（1）湿物料中的绝干物料量：

$$G=\frac{1000\times(1-0.4)}{3600}=0.167\text{kg}_{\text{绝干物料}}/\text{s}$$

湿物料的干基含水量：

$$X_1=\frac{0.4}{1-0.4}=0.667\text{kg}_{\text{水}}/\text{kg}_{\text{绝干物料}}$$

干燥产品的干基含水量：

$$X_2=\frac{0.05}{1-0.05}=0.053\text{kg}_{\text{水}}/\text{kg}_{\text{绝干物料}}$$

水分蒸发量为：

$$W=G(X_1-X_2)=0.167\times(0.667-0.053)=0.102\text{ kg/s}$$

（2）查 20℃ 及 40℃ 水的饱和蒸气压分别为 2.33kPa 和 7.37kPa。湿空气进入预热器时的温度为 20℃ 时，相对湿度 60%，其湿度为：

$$H=0.622\times\frac{0.6\times2.33}{101.3-0.6\times2.33}=0.0087\text{kg}_{\text{干空气}}$$

废气出干燥器时的温度 40℃、相对湿度 80%，其湿度为：

$$H=0.622\times\frac{0.8\times7.37}{101.3-0.8\times7.37}=0.038\text{kg}_{\text{干空气}}$$

则干空气用量：

$$L=\frac{0.102}{0.038-0.0087}=3.481\text{kg}_{\text{干空气}}/\text{s}$$

（3）干燥后的产品量 G_2 为处理湿物料量 G_1 与水分蒸发量 W 之差，即：

$$G_2 = 1000 - 0.102 \times 3600 = 633\text{kg/h}$$

（4）因风机安装在预热器之前，$t_0 = 20℃$，$H_0 = 0.0087\text{kg/kg}_{干空气}$，用式（6-12）计算得：

$$V_s = 3.481 \times (0.773 + 1.244 \times 0.0087) \times \frac{20+273}{273} = 2.928\text{m}^3/\text{s}$$

二、干燥过程的热量衡算与热效率

（一）干燥过程的热量衡算

如图 6-6 所示，若空气进入预热器时的焓为 I_0，干燥器出口废气的焓为 I_2，湿物料进入干燥器时的焓值为 I_1'，干燥产品的焓值为 I_2'。输入干燥系统的热为空气带进热 LI_0、湿物料带进热量 GI_1' 以及预热器加热量为 Q_p 和干燥器内补充热量 Q_D。离开干燥器之热量为废气带出热量 LI_2、产品带出热量 GI_2' 以及干燥系统的热损失为 Q_a。对干燥系统进行热量衡算，可得：

$$Q_p + Q_D + LI_0 + GI_1' = LI_2 + GI_2' + Q_a$$

整理后可得加入干燥系统的热量为：

$$Q_p + Q_D = L(I_2 - I_0) + G(I_2' - I_1') + Q_a \quad (\text{kW}) \tag{6-13}$$

式中，空气的焓 I_0 可以将冷空气温度 t_0、湿度 H_0 带入式（6-5）计算；I_2 可将指定的废气温度 t_2、湿度 H_2 带入式（6-5）计算。而物料焓 I_1' 和 I_2' 可由其对应的温度 θ_1、θ_2 和干基含水量 X_1、X_2 按式（6-14）计算：

$$I' = (c_s + 4.187X)\theta \quad (\text{kJ/kg}) \tag{6-14}$$

式中 c_s——干物料的比热容，$\text{kJ/(kg}_{干物料}\cdot℃)$。

预热器所需的加热量 Q_p 为空气在预热器获得的热量。流量为 L，干空气带入预热器的热为 LI_0，从预热器带出的热为 LI_1。预热器所需的加热量 Q_p 为：

$$Q_p = L(I_1 - I_0) \quad (\text{kW}) \tag{6-15}$$

由于进出预热器空气的湿度不变，$H_0 = H_1$，所以式（6-15）又可简化为：

$$Q_p = L(1.01 + 1.88H_1)(t_1 - t_0) \quad (\text{kW}) \tag{6-16}$$

Q_p 的值可作为计算预热器的传热面积及加热介质的供给量的依据，当 Q_p 已知时，可由式（6-13）确定干燥器补充热量 Q_D。式中热损失 Q_a 可根据经验确定。或者依传热与换热器一章的计算方法确定。如果干燥器保温良好可以不计热损失，即 $Q_a = 0$。当热损失可忽略不计，又有加热物料所用的热量也可忽略，干燥过程中的空气可近似为等焓过程，可在湿度图中沿等焓线确定废气的状态。

（二）干燥器的热效率

干燥器的热效率可以如下定义：

$$\eta = \frac{蒸发水分所消耗的热量\, Q_1}{加入干燥系统的总热量(Q_p + Q_D)} \times 100\% \tag{6-17}$$

其中：

$$Q_1 = W(1.88t_2 + 2490 - 4.2\theta_1) \tag{6-18}$$

加入干燥系统的总热量消耗于四个方面：①汽化水分；②加热物料；③加热空气；④干燥器热损失。由式（6-17）可见，对一定的加热量只有增加汽化水分所用的热量，而尽量减小后三项用热，才能有效地提高热效率。工业生产中提高干燥操作热效率的途径有：①回收废气中热量用来预热冷空气或湿物料；②加强保温措施，减少干燥设备和管道的热损失；③适当降低出口废气温度，减少废气带出热；适当提高废气湿度，减少空气消耗量，从而减少热耗量。但必须注意只降低出口废气温度而不减小湿度，会增大相对湿度，因而降低了干燥速率。通常使废气的出口温度要比热空气进入干燥器时的湿球温度高 20～50℃。

第四节　干燥速率

一、物料中所含水分的性质

（一）平衡水分和自由水分

根据物料在一定干燥条件下其中的水分能否用干燥方法去除来划分，可分为自由水分和平衡水分。

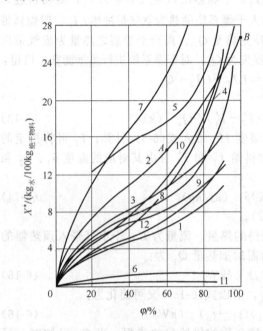

图 6-7　在 298K 时某些物料的平衡湿含量
X^* 与空气相对湿度 φ 的关系

1—新闻纸；2—羊毛、毛织物；3—硝化纤维；
4—丝；5—皮革；6—陶土；7—烟叶；
8—肥皂；9—牛皮胶；10—木材；
11—玻璃绒；12—棉花

当物料与一定温度和相对湿度的空气接触时，物料中的水分或者增加或者减少，直至物料表面产生的水蒸气压与空气中的水汽分压相等，物料中的水分与对应的空气状态达到平衡，物料中的水分不再因与空气接触时间的延长而有增减，此时物料中所含水分即为平衡水分。平衡水分随物料的种类不同有很大的差别，表现为在一定的空气状态下物料吸潮程度的差异；而同一种物料又因空气状态不同有所变化，表现为随空气状态变化物料吸潮或者变干。图 6-7 所示为在 298K 时某些物料平衡湿（水分）含量 X^* 与空气相对湿度 φ 的关系。图中 A 点表示当空气的相对湿度为 60%，温度 298K 时，羊毛的平衡水分含量为 $0.145kg_{水}/kg_{绝干物料}$。随着空气相对湿度的增加或者减少，羊毛中的平衡水分亦随之增加或者减少。

物料中所含水分大于平衡水分的部分为自由水分。如羊毛的水分大于 $0.145kg_{水}/kg_{绝干物料}$，在 298K、相对湿度为 60% 的空气中，羊毛中的水分将减少也就是被干燥，直至羊毛中水分为 $0.145kg_{水}/kg_{绝干物料}$，所减少的水分即为自由水分。

（二）结合水分与非结合水分

根据物料中水分去除的难易程度来划分，可分为结合水分和非结合水分。

当固体物料有结晶结构时，其中可能含有结晶水，结晶水以化学作用与固体物料结合。当固体物料为多孔状或者由细小颗粒堆积而成时，其存于毛细孔中的水受到毛细管作用。当固体表面有吸附性时，水分吸附在物料的内、外表面。当固体物料为可溶物时，水分以溶液的形式存在于物料中。这些水分以化学或者物理化学的作用与固体结合，在一定的温度下产生的水汽分压低于在该温度下水的饱和蒸气压，其性质与液态水不同，较难被除去。称为结合水分。

当物料的含水较多时，有一部分水分只是机械地附着在固体表面或者固体的大孔中，称为非结合水分。在一定的温度下，非结合水分形成的水汽分压等于该温度下水的饱和蒸气压，所以非结合水的性质与液态水相同。

在干燥过程中首先被除去的是非结合水（如果有的话），之后去除的是那些与物料结合较弱的结合水分，然后才是结合较强的水分。

依然以羊毛为例。图 6-7 中在相对湿度为 100％时，羊毛的平衡水分为 $0.265\mathrm{kg}_{水}/\mathrm{kg}_{绝干物料}$，即图中 B 点。这部分水分都是结合水，其蒸气压低于 298K 下水的饱和蒸气压。大于 B 点的水分为羊毛的非结合水分。当空气的相对湿度低于 100％时，羊毛中会失去一部分结合水分，例如 A 点与 B 点的水分之差。所以，干燥过程中去除的水分是非结合水分和一部分结合水分，而剩余在物料中的水分则是在对应的空气状态下不能除去的另一部分结合水分即平衡水分。

二、恒定干燥条件的干燥速率

单位时间在单位干燥面积上汽化的水分质量称为干燥速率。其数值大小与干燥介质的温度、湿度、流速以及与物料的接触方式等有关。而实验得出，对于恒定干燥条件，干燥速率仅与被干燥的物料中含水量有关。所谓恒定干燥条件指的是：干燥介质的温度、湿度、流速以及物料的接触方式等在整个干燥过程中保持不变。大量的空气干燥少量的湿物料可接近恒定干燥条件。

在恒定干燥条件下测得某物料中水分 X 与干燥速率之间关系并作图，即可得如图 6-8 的干燥速率曲线。干燥速率曲线表示物料干燥速率随物料含水量的变化情况。

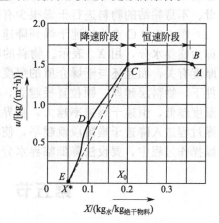

图 6-8　恒定干燥情况下的干燥速率曲线

湿物料最初与热空气接触时有一个短暂的升温阶段即图 6-8 中 AB 段。物料表面温度由初温升至热空气的湿球温度 t_w 时，物料表面温度保持不变，此时热空气传递给物料的热量等于物料表面水分汽化所需的热量，物料内部水分迁移到表面的速率亦等于表面水分的汽化速率，物料表面保持润湿，水分汽化速率即干燥速率为一定值，此阶段称为恒速干燥阶段。如图 6-8 中 BC 段。一般把 AB 段归到恒速干燥阶段处理。在此阶段内干燥速率是由表面水分汽化速率决定的，因此恒速干燥阶段又称为表面汽化控制阶段。

影响恒速阶段干燥速率的因素主要有空气的温度、湿度、流速及空气与物料的接触方式等。增加空气的温度或者降低空气的湿度可以提高传质和传热推动力；加大空气相对于物料的流速可减小传质与传热的阻力；改变空气与物料的接触方式可改变空气与物料的接触面积即干燥面积。在图 6-9 中不同的接触方式其干燥面积是不同的，有时会有很大的差别。当然，干燥不仅是要求有较大的汽化速率，还考虑气流的阻力、气流夹带固体粉末、物料的破碎、物料所能耐受的温度等。

随着干燥进行，物料内部至表面的水分浓度梯度减小，水分从内部向表面迁移速率下降，当物料内部水分向表面迁移的速率低于表面汽化速率时，进入降速干燥阶段，即图 6-8 中的 CDE 段。此时物料表面呈现干燥状态，表面温度上升，水分汽化面已经不是在物料表面而是深入到物料内部，水分是以蒸汽的形式穿过物料表面的干燥层。在降速干燥阶段，热空气放出的热量中，一部分用于加热物料使物料升温，另一部分用于水分的汽化，干燥速率急剧下降，直到物料中含水为平衡水分为止。

在降速干燥阶段，干燥速率是由物料内部的水分迁移速率决定的，故又称为内部迁移控

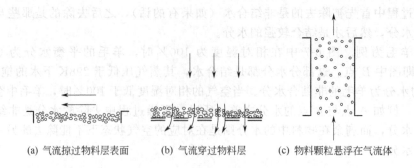

(a) 气流掠过物料层表面　　(b) 气流穿过物料层　　(c) 物料颗粒悬浮在气流体

图 6-9　空气与物料的接触方式

制阶段。降速干燥阶段的干燥速率与外界干燥条件关系不大，主要与物料的物理性质、结构、形状、大小等有关。尽管提高空气温度可提高干燥速率，但在降速干燥阶段内容易造成物料的开裂和变形，在操作时要根据物料的性质谨慎采用。对多孔、有亲水性、表面粗糙、易黏结的物料进行干燥，其过程中多存在有降速干燥阶段；而对密实、有憎水性、表面光滑、不易黏结的物料进行干燥很少有降速干燥阶段。

图 6-8 中 C 点为恒速干燥到降速干燥的转折点，称为临界点，此时物料中所含的水分量称为临界水分，用 X_0 表示。物料的临界水分 X_0 高低不仅与物料的性质、颗粒大小或堆积厚度有关，而且还与干燥介质的湿度、温度、流速以及干燥器的类型有关。在一定的干燥条件下，物料层越厚，颗粒直径越大，临界水分含量 X_0 越高；干燥介质的温度或流速越高，湿度越低，恒速干燥速率越大，临界水分含量 X_0 越高。物料中临界水分含量 X_0 越高，干燥过程进入降速干燥阶段就越早，使得完成相同干燥任务所需的干燥时间就越长。所以在干燥操作过程中，要设法降低临界水分，以减少所需的干燥时间。

第五节　工业上常见的干燥器

一、厢式干燥器

厢式干燥器也称为烘房或盘架式干燥器，如图 6-10 所示。湿物料置于物料盘上，物料盘则置于轨道上或小车上可拖进拖出。空气进入和废气排出均可调节，恒速干燥阶段空气进入量和废气排出量均可大一些，以保持循环空气的温度不太大。降速干燥阶段则空气进入和废气排出量可调小一些，即增大循环量以减小热量损失。厢式干燥器适应性大，设备简单，主要缺点是装料、卸料劳动强度大，劳动条件差，物料干燥不易均匀。

二、气流干燥器

图 6-11 所示为一气流干燥器。空气经预热器 5 升温从干燥管 6 底部进入，湿物料经料斗 1、加料器 2 进入干燥管被吹散并在气流作用下沿干燥管输送至旋风分离器 7。干物料从旋风分离器下部排出，废气经除尘器回收粉尘后排出。气流干燥器适合于处理几乎不含结合水分、不易黏结的物料，但不适用于对晶体形状有一定要求物料的干燥。

气流干燥器的主要优点是气固相间的传质和传热面积大；干燥速率大；气固相接触时间短，可以采用高温气流，对热敏性物料较合适；干燥过程伴随气力输送，因而省去了物料输送装置；设备简单、占地面积小、运动部件少而易于维护。

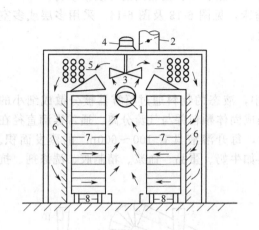

图 6-10　厢式干燥器

1—空气入口；2—空气出口；3—风扇；

4—电动机；5—加热器；6—挡板；

7—盘架；8—移动轮

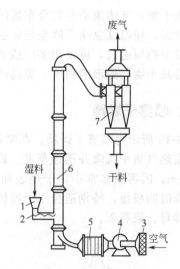

图 6-11　气流干燥器

1—料斗；2—螺旋加料器；3—空气过滤器；

4—风机；5—预热器；6—干燥管；

7—旋风分离器

主要缺点是对除尘器性能要求高；对有毒等易产生环境问题的物料不适用；对结块和不易分散的湿物料需要有性能好的加料装置，有时需对湿物料进行粉碎。

为提高干燥速率，可将干燥管制成变直径的形状，以加强湍动提高传热和传质系数，称为脉冲式干燥器。

三、沸腾床干燥器

沸腾床干燥器亦称为流化床，图 6-12 所示为单层沸腾床干燥器。沸腾床的优点是干燥面积大；物料在热气流中上下翻动，相互碰撞混合，使物料颗粒表面的气膜更新快因而传热和传质系数很大，干燥速率高；气固两相的充分混合床内温度比较均匀，气固相的温度差也较小，因而可采用较高的进气温度；无运动部件，结构简单；既可进行间歇操作，也可进行连续操作。

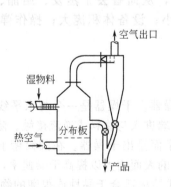

图 6-12　单层沸腾床干燥器

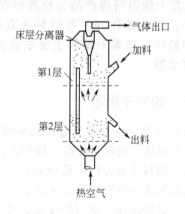

图 6-13　多层沸腾床干燥器

沸腾床的主要缺点是沸腾床中有比较严重的物料"返混"现象，即新进入沸腾床的物料与已经在床内的物料混合在一起，使产品的质量不均匀；对物料粒径分布宽的物料不适合采用沸腾床干燥；气体流动通过分布板的阻力较大，因而动力消耗大；进入床层的高温气体因严重的返混，使温度急速下降至与床层温度相同，降低了气、固相间的传质推动力。

为减少物料返混，可采用多层或者多室沸腾床，见图6-13及图6-14。采用多层或多室沸腾床可减小物料返混的程度，提高产品的质量。

四、喷雾干燥器

图6-15所示为喷雾干燥器。在喷雾干燥器中，液态的物料通过喷雾器被分散成细小的液滴，在热气流中沉降并迅速蒸发，最终被干燥成固体颗粒并与气流分离。通常雾滴直径在 $10\sim60\mu m$，因雾滴非常小，干燥表面积非常大，每升溶液具有 $100\sim600m^2$ 的蒸发面积。因此干燥时间极短，特别适合于干燥热敏性物料如牛奶、蛋品、血浆、精制胶、洗涤剂、抗生素、酵母、染料等。

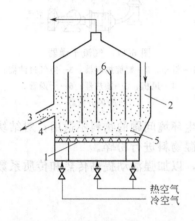
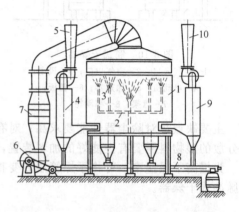

图6-14　卧式多室沸腾床干燥器

1—空气分布板；2—加料口；
3—出料口；4—溢流堰；5—物
料通道（间隙）；6—挡板

图6-15　喷雾干燥器

1—干燥室；2—旋转十字管；3—喷雾器；
4,9—袋滤器；5,10—废气排出管；
6—送风机；7—空气预热器；
8—螺旋卸料器

喷雾干燥器所得产品为松散的空心颗粒，再溶解性能好，质量高；能连续化、自动化操作，劳动条件好；可由料液直接得粉末状产品，从而省去了蒸发、结晶、过滤、粉碎等操作。喷雾干燥的主要缺点是体积传热系数小；设备体积庞大；操作弹性小和热效率低等。

五、转筒干燥器

图6-16所示为热空气直接加热的逆流操作转筒干燥器。干燥器是一个与水平线略成倾斜的旋转圆筒，物料从较高一端加入，热空气在较低一端进入与物料成逆流接触。随着圆筒的转动，物料受重力作用运行到较低的一端便干燥完毕而排出干燥器。在圆筒壁上装有抄板，其作用是将物料抄起来又洒下，使物料与气流接触的表面增大以提高干燥速率，同时可使物料向低端运动。常用的抄板如图6-17所示。直立式抄板适合于黏性或很潮的物料，45°抄板和90°抄板适合于散粒状或较干的物料。

采用逆流还是并流操作是由物料的性质和最终物料含水量来决定的。只有初始含水量较高且允许快速干燥、干燥过程中不会发生裂纹或焦化、干燥后不耐高温且吸湿性又小的物料才适于用并流操作。逆流操作的传热与传质推动力较均匀，故适合于不允许快速干燥，而干

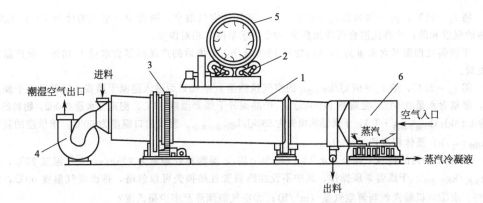

图 6-16 热空气直接加热的逆流操作转筒干燥器
1—圆筒；2—支架；3—驱动齿轮；4—风机；5—抄板；6—蒸汽加热器

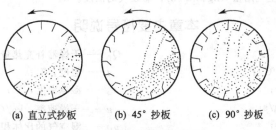

(a) 直立式抄板   (b) 45°抄板   (c) 90°抄板

图 6-17 常用的抄板形式

燥后能耐高温的物料。通常逆流操作的物料出口含水量比并流的为低。

复习思考题

1. 说明下列概念的意义：

湿度、相对湿度、湿球温度、露点、平衡水分、自由水分、结合水分、非结合水分、临界水分、干燥速率。

2. 写出不饱和湿空气的干球温度 t、湿球温度 t_w、露点 t_d 之间排列关系。

3. 对湿空气加热，其湿度和相对湿度如何变化？对湿空气吸湿能力有何影响？

4. 一定温度和湿度的空气当总压增加时，湿度及相对湿度是否变化？

5. 随着天气的变化，纸张会在皱软和紧脆之间变化，这是什么原因？

6. 物料中的自由水分与平衡水分；非结合水分与结合水分各是依据什么来划分的？"平衡水分一定是结合水分"；"自由水分一定是非结合水分"，哪一个说法正确？

7. 若要获得绝干物料，要具有一个什么样的干燥介质？

8. 恒速和降速干燥阶段的干燥速率影响因素分别是什么？如何增加恒速干燥阶段的干燥速率？

9. 在有循环风机的厢式干燥器中，干燥初期应供给较多的新鲜空气而排放较多的废气，在干燥后期则应供给较少的新鲜空气亦排放较少的废气。为什么要这样做？

习题

6-1 温度 60℃、相对湿度 40% 的常压空气，求①空气中水汽分压；②求湿度。

6-2 将露点 22℃、干球温度 27℃的常压空气加热至 80℃，求加热前后的相对湿度。

6-3 将 $t_0 = 25℃$，$\varphi_0 = 50\%$ 和 $t_2 = 50℃$，$\varphi_2 = 80\%$ 的空气混合，两者中干空气的比为 $1:3$。①求混合后气体的湿度和焓；②将此混合气体加热至 90℃ 再求湿度、相对湿度。

6-4 干燥器处理湿基含水量为 50% 的物料 1200kg/h，干燥后的产品湿基含水量为 10%。求产品量和水分蒸发量。

6-5 将 $t_0 = 26℃$，焓 $I_0 = 66kJ/kg_{干空气}$ 的空气预热至 $t_1 = 95℃$ 后进入逆流干燥器。物料进入干燥器温度 25℃，湿基含水量 0.015，处理量 9200kg/h。产品离开干燥器温度 45℃，湿基含水量 0.002。物料的质量比热容为 $1.84kJ/(kg_{绝干物料}·℃)$，干燥器热损失为 $580kJ/kg_{汽化的水分}$。废气出口温度为 50℃。求供应的新鲜空气量（$kg_{湿空气}/h$）及体积流量（m^3/h）。

6-6 将含水 50% 的物料干燥至含水 1%（均为干基），湿物料处理量为 20kg/s。大气温度 25℃，湿度 $0.005kg_{水汽}/kg_{干空气}$。干燥器常压操作，其中不设加热装置且热损失可以忽略，排出废气温度 50℃，相对湿度 60%。求①风机输送的新鲜空气量（m^3/h）；②空气需预热至多少摄氏度？

6-7 常压操作干燥器内不设加热装置且热损失可以忽略，处理含水量 50% 的湿物料 5000kg/h，产品含水 2%（均为干基）。将温度 20℃，湿度 $0.01kg_{水汽}/kg_{干空气}$ 的空气预热至 100℃ 进入干燥器。废气湿度为 $0.03kg_{水汽}/kg_{干空气}$。求①空气用量（$kg_{干空气}/h$）；②废气的温度。

本章主要符号说明

英文符号

c——比热容，$kJ/(kg·℃)$；

G——绝干物料量，kg/s；

G_1——湿物料处理量，kg/s；

G_2——干燥产品量，kg/s；

H——空气的湿度，$kg_{水汽}/kg_{干空气}$；

I——焓，kJ/kg；

l——单位空气消耗量，$kg_{干空气}/kg_{水}$；

L——绝干空气流量，$kg_{干空气}/s$；

M——摩尔质量，$kg/kmol$；

p_w——空气中水汽分压，Pa；

P——总压，Pa；

Q_p——预热器加热量，W；

Q_D——干燥器补充热量，W；

t——温度，$℃$；

t_w——湿球温度，$℃$；

u——干燥速率，$kg/(m^2·s)$；

v_H——湿空气的比体积，$m^3/kg_{干空气}$；

V_s——体积流量，m^3/s；

w——湿基含水量，$kg_{水}/kg_{湿物料}$；

W——水分蒸发量，$kg_{水}/s$；

W'——汽化水分量，kg；

X——干基含水量，$kg_{水}/kg_{绝干物料}$。

希腊字母

η——热效率；

φ——相对湿度。

第七章

现代分离技术

▷▷▷

学习目标

了解吸附、膜分离这两种新型分离方式的过程原理与工业应用。

第一节　吸附技术

一、吸附技术的工业应用与吸附剂

（一）吸附的工业应用

吸附是利用多孔固体选择性地吸附气体或液体混合物中的组分，从而实现气体或液体混合物中组分分离的单元操作过程。通常被吸附的物质称为吸附质，具有吸附作用的固体物质称为吸附剂。

在工业生产中，吸附操作常用于处理精馏、吸收等其他单元操作难以分离的混合物。由于吸附的操作条件温和，尤其是对于热敏性物质的分离更为合适。目前吸附操作已经广泛应用于化工、轻工、环境保护，以及医药、冶金和电子等领域。如常温空气的氧氮分离，酸性气体脱除，从各种混合气体中分离回收 H_2、CO_2、CO、C_2H_4 等气体，从废水中回收有用成分或除去有害成分，化工生产过程中的混合液分离等。

与吸收和解吸过程相类似，工业生产中一个完整的吸附分离过程包括吸附和脱附两个部分，脱附的目的在于回收吸附质和恢复吸附剂用以循环使用。

（二）物理吸附和化学吸附

根据吸附质与吸附剂之间的吸附力不同，可将吸附操作分为物理吸附和化学吸附两大类。

物理吸附作用起因于固体颗粒的表面力，其作用发生在两相的界面上，此表面力是由于范德华力的作用使吸附质分子单层或多层地覆盖于吸附剂的表面，吸附时要放出吸附热，其数值与升华热相当。范德华力弱，容易脱附，所以物理吸附是可逆的，化工吸附分离多为物理吸附。

化学吸附是利用吸附质与吸附剂分子间的化学键作用进行吸附，放出的吸附热量也大得多，与化学反应热数量级相当，化学键结合能力强，不易脱附，所以化学吸附是不可逆的。化学吸附在催化反应中起重要作用，但在分离过程中很少采用，本节主要讨论物理吸附分离过程。

（三）吸附剂

1. 吸附剂的特性参数

吸附剂具有良好的吸附效果，主要是因为它有多孔结构，具有较大的比表面积和吸附量，下面对吸附剂的这些特性参数进行讨论。

（1）比表面积 a。吸附剂的比表面积是指单位质量吸附剂所具有的吸附表面积，单位为 m^2/g。吸附剂的比表面主要由颗粒孔隙内表面构成，吸附剂孔隙的孔径大小直接影响吸附剂的比表面积，按孔径大小可分成三种：孔径大于 200nm 为大孔、孔径在 2～200nm 之间为中孔、孔径小于 2nm 为微孔。吸附剂的比表面积以微孔提供的表面积为主，以活性炭为例，中孔和大孔主要是为吸附质提供进入内部的通道，而微孔的比表面占总比表面的 95% 以上。

（2）吸附量 Γ。吸附量指单位质量吸附剂所吸附的吸附质的量，单位为 $\mu g/g$ 或者 $\mu mol/g$ 等。吸附量表示了吸附剂的吸附能力，吸附量大，则吸附能力强。吸附量与系统温度、系统压力、混合物浓度、吸附剂的孔径大小和孔隙结构形状、吸附剂的性质等有关。

吸附量可以通过观察吸附前后吸附质体积和质量的变化测得，也可用电子显微镜观察吸附剂固体表面的变化测得。吸附量与系统温度、系统压力、混合物浓度的关系一般可用吸附等温线、吸附等压线、吸附等浓线表示。

（3）覆盖率 θ。覆盖率表示吸附量变化，定义为实际吸附量与覆盖单分子层时的吸附量比值。覆盖率可能会大于 1，这是因为吸附可能有多分子层。

（4）吸附剂密度。根据需要，吸附剂密度有装填密度与空隙率、颗粒密度和真实密度等不同的表示方法。

装填密度 ρ_B 是单位填充体积吸附剂的质量，通常将烘干的吸附剂颗粒放入量筒中摇实至体积不变，吸附剂质量与其所占体积的比值即为装填密度。吸附剂颗粒与颗粒之间的空隙体积与吸附剂所占体积之比为空隙率 ε_B，用汞置换法置换颗粒与颗粒之间的空气，即可测得空隙率。

颗粒密度 ρ_P 是指包括颗粒孔腔体积在内的单位颗粒体积的吸附剂质量，它也称为表观密度。

真实密度 ρ_t 是指扣除颗粒内孔腔体积的单位颗粒体积吸附剂质量。内孔腔体积与颗粒总体积之比为内孔隙率 ε_p。

2. 工业吸附对吸附剂的要求

吸附分离过程依靠吸附剂的选择性吸附实现，分离效果很大程度上取决于吸附剂的性能，所以选择合适的吸附剂对操作非常关键。选择吸附剂的要求主要有：

（1）比表面积大。比表面积越大，吸附容量越大，比表面积是衡量吸附剂性能的重要参数。

（2）选择性好和吸附能力强。吸附剂对不同的吸附质具有不同的吸附力，吸附力差异越明显，分离效果越好。不同的吸附剂由于结构、吸附机理不同，对吸附质的选择性有显著的差别。吸附剂可对混合物中一种或几种吸附质有较好的选择性。

（3）具有一定的机械强度和耐磨性。由于吸附剂在生产中要耐温耐压，还要受到流体冲刷，所以要求具有良好的物理机械性能，否则会使分离效果明显下降。

（4）具有良好的物理和化学稳定性、热稳定性，价廉易得，再生容易。

3. 常用吸附剂

化工生产中经常使用天然或人工制备的吸附剂。天然矿物吸附剂有天然沸石、硅藻土、白土等，虽然它们吸附力不高，选择性低，但价廉易得，常在简易加工精制中采用，而且一次性使用后就舍弃，不再进行回收利用。人工制备的吸附剂则有活性炭、硅胶、活性氧化铝、合成沸石等。人工吸附剂选择性好，吸附能力强，可回收再利用，但是制备过程复杂，成本高。

(1) 活性炭。将果核、木材、稻壳、椰子壳等进行炭化，再经活化处理，可制成各种不同性能的活性炭，其比表面积可达 $500\sim1700\text{m}^2/\text{g}$。活性炭具有发达的微孔结构、很大的非极性表面和比表面，是亲有机物和疏水性的吸附剂。它具有性能稳定、抗腐蚀、吸附容量大和解吸容易等优点。经过多次循环操作后，仍然保持原有的吸附能力。

活性炭可用于回收混合气体中的溶剂蒸气和各种油品、溶液的脱色、气体的脱臭、水的净化、空气的净化等。将超细活性炭微粒混入纤维，或将人工合成纤维炭化后制备得到活性炭纤维新型吸附剂。这种纤维可以编织成各种形状的织物，因而可减少吸附剂对流体的阻力，还使装置更为小巧紧凑。活性炭纤维的吸附能力比一般的活性炭高 $1\sim10$ 倍。

分子筛是晶格结构一定、具有许多孔径均一微孔的物质，能选择性地将小于晶格内微孔的分子吸附于其中，从而起到筛选分子的作用。活性炭也可制成炭分子筛，可用于空气分离中氮气的吸附。

(2) 硅胶。硅酸钠溶液和无机酸反应，沉淀所得的胶状物经老化、水洗、干燥处理后，制得硅胶，硅胶的比表面积达 $600\sim800\text{m}^2/\text{g}$。它是一种由无定形的 SiO_2 构成多孔结构的坚硬固体颗粒，也叫无定形水合二氧化硅，其表面羟基产生一定的极性，使硅胶对极性分子和不饱和烷烃具有明显的选择性。根据制备条件的不同，可以控制微孔尺寸、空隙率和比表面积的大小，因此各类硅胶的吸附性能各有特点。硅胶主要用于蒸气回收、气体吸收、液体脱水、石油的精炼、制备催化剂和制备色谱柱等。

(3) 活性氧化铝。活性氧化铝为无定形的多孔结构物质，通常由以三水合物为主的氧化铝加热、脱水和活化而得，其颗粒均匀，机械强度大，比表面积约为 $200\sim500\text{m}^2/\text{g}$。活性氧化铝是一种极性吸附剂，对微量水有极强的吸附能力，主要用于气体或液体的干燥、焦炉气或炼厂气的精制等。由于其微孔表面具有催化反应所要求的特性，如较强的催化活性、较好的热稳定性，所以被广泛地用作化学反应的催化剂和催化剂载体。

(4) 天然沸石和沸石分子筛。天然沸石是一种硅铝酸的矿物晶体，结构是由很多排列有序、彼此贯通并与外界相连的空穴和孔道构成，其比表面积为 $400\sim900\text{m}^2/\text{g}$。它是一种强极性的吸附剂，对水、氨、氮以及酚类、苯胺、苯醌等常见的有机污染物等都有很大的吸附能力。

由于天然沸石的矿物杂质多，粒径不均一，不利于吸附操作，所以目前人工合成较为广泛，选用天然沸石或其他原料合成粒径的大小以及孔径均一的产物，叫做合成沸石，也称分子筛。分子筛能使比其孔道直径小的分子通过孔道，吸附到空穴内部，而比孔径大的物质分子则排斥在外面，从而使分子大小不同的混合物分离，起到了筛选分子的作用，具有很强的选择性。由于分子筛突出的吸附性能，使它在吸附分离中的应用十分广泛，如环境保护中的水处理、脱除重金属离子、海水提钾、各种气体和液体的干燥、烃类气体或液体混合物的分离等。

(5) 吸附树脂。吸附树脂一般为直径 $0.3\sim1.0\text{mm}$ 的小圆球高分子物质，其比表面积为 $100\sim800\text{m}^2/\text{g}$。它是选用纤维素、木质素、甲壳素和淀粉等原料，经过交联反应或引进官能团而制成。吸附树脂有非极性、极性、中极性和强极性之分。它的各种特定性能是由孔径、骨架结构、官能团的性质和它的极性所决定的。吸附树脂可用于废水处理、中药剂分离和提纯，用作化学反应催化剂的载体、气相色谱分析和凝胶渗透色谱分子量分级柱的填料，其特点是容易再生，可以反复使用。

（6）各种活性土（如漂白土、铁矾土、酸性白土等）。用天然矿物或膨润土在一定温度下经无机酸化或盐处理，再经水漂洗、干燥制成的，外观为浅色粉末，无臭，无味，无毒，吸附性能很强，能吸附有色物质、有机物质，其比表面积可达 $100\sim300\mathrm{m^2/g}$。活性土常用于润滑油或石油重馏分的脱色和脱硫精制，食品加工净化，工业催化剂，医用解毒剂等。

二、吸附原理

（一）吸附平衡

在一定条件下，当流体（气体或液体）与固体吸附剂接触时，流体中的吸附质将被吸附剂吸附，经过足够长的时间，吸附质在两相中的浓度不再变化，称为吸附平衡。相同条件下，若流体中吸附质浓度高于其平衡浓度，则吸附质被吸附；反之，若流体中吸附质的浓度低于其平衡浓度，则已吸附在吸附剂上的吸附质将脱附。因此，吸附平衡关系决定了吸附过程的方向和限度，是吸附过程的基本依据。

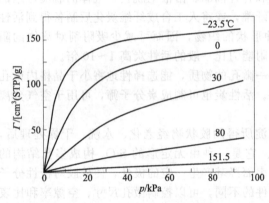

图 7-1 氨在炭上的吸附等温线

吸附平衡关系常用等温下吸附剂中吸附质的含量与流体中吸附质的浓度或分压间的关系表示，叫做吸附等温线。以气固吸附为例，图 7-1 是在不同温度下氨在炭上吸附的 Γ-p 的关系：温度恒定时加压，氨吸附量增大；压力恒定时降温，吸附量也增大。由此可知，降温和加压可提高氨在炭上的吸附量，对吸附有利；反之，升温和减压有利于脱附。

（二）吸附速率

吸附速率是指吸附质在单位时间内被吸附的量（kg/s），它是吸附过程设计与生产操作的重要参数。对于一定体系，在一定操作条件下，两相接触、吸附质被吸附剂吸附的过程如下：开始时吸附质在流体相中浓度较高，在吸附剂上的含量较低，远离平衡状态，传质推动力大，故吸附速率高；随着过程的进行，流体相中吸附质浓度降低，吸附剂上吸附质含量增高，传质推动力降低，吸附速率逐渐下降；经过很长时间，吸附质在两相间接近平衡，吸附速率趋近于零。

（三）吸附机理

通常组分的吸附传质分为下列四个步骤，其每一步的速率都将不同程度地影响总吸附速率：

（1）外扩散指吸附质从流体主体通过分子扩散与对流扩散穿过薄膜或边界层传递到吸附剂的外表面；

（2）内扩散指吸附质通过孔扩散从吸附剂的外表面进入其微孔道的内表面；

（3）吸附质沿孔表面的表面扩散；

（4）吸附质被吸附在孔表面上。

对于化学吸附，吸附质和吸附剂之间有化学键的形成，第四步较慢，一般是控制步骤。但对于物理吸附，由于吸附速率往往取决于孔表面与吸附质分子的碰撞频率和定向作用，几乎是瞬间完成的，吸附速率由前三步控制，统称扩散控制。

对于物理吸附，通常吸附剂表面上的吸附速率往往很快，因此影响吸附总速率的是外扩散与内扩散速率。较多的情况是内扩散的速率比外扩散慢，吸附速率由内扩散速率决定，过程称为内扩散控制。也有少数情况下外扩散速率比内扩散慢得多，吸附速率由外扩散速率决定，称为外扩散控制。

吸附剂的再生即脱附过程则是上述四步的逆过程，物理脱附也是在瞬时完成的。吸附和脱附均伴随有热量传递，吸附放热，脱附吸热。然而，虽然外传质过程的主要方式是对流扩散，但从颗粒外表面穿过围绕固体颗粒边界层的对流传热则只是外传热的一种方式；当流体是气体时，相邻颗粒接触点的热传导以及颗粒间的热辐射是另外两种传热方式；此外在颗粒内部也有热传导和热辐射，通过孔中的流体也进行对流传热。

在装填吸附剂颗粒的固定床中，流体浓度和温度随时间和位置连续变化。图 7-2 给出吸附剂颗粒在某一时刻的温度分布和流动相的吸附质浓度分布，图 7-2(a) 为吸附过程，图 7-2(b) 为脱附过程，温度 T 和浓度 c 的下标 b 和 s 分别表示流动相主体和颗粒外表面。流体的浓度梯度通常在颗粒内部变得陡峭，相反温度梯度在边界层变化较大，由此可分析出，传质阻力主要在吸附剂颗粒里面，而传热阻力主要在颗粒以外。

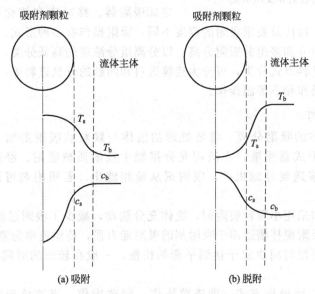

图 7-2 多孔吸附剂中的流体浓度分布和温度分布

（四）影响吸附的因素

影响吸附过程的因素很多，主要有体系性质，如吸附剂、吸附质及其混合物的物理化学性质；吸附过程的操作条件，如操作温度、压力、两相接触状况以及两相组成等。对一定的吸附过程，其操作压强和温度是重要的控制参数。

参见图 7-3，其纵坐标 Γ 为吸附量，横坐标 p 为压强。图中画了两个温度下的吸附等温线，其中 T_1 为低温等温线，T_2 为高温等温线。可见对于一定的吸附剂和吸附质，在同一压强下，不同的温度有着不同的吸附量，温度越高吸附量越低，而温度越低吸附量越高。利用这一性质，工业过程中的吸附操作通常是在低温下进行，然后提高操作温度使被吸附的组分脱附，这就是变温吸附过程。但由于固体吸附剂传热性能较差，变温吸附过程的能量利用和操作效率都较低。

同理在图 7-3 中可以发现，在同一温度下，吸附量随操作压强的升高而增高，这样就可以选择在高压 p_1 下进行吸附操作，吸附效率可显著提高，在低压 p_2 下进行脱附操作，就可将吸附质脱除得更干净，这就是变压吸附操作。分析表明，变压吸附操作要比变温吸附操

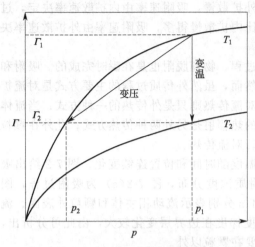

图 7-3 变温吸附和变压吸附

作经济、效率高。变压吸附循环操作可采用常压吸附、真空脱附；加压吸附、常压脱附；加压吸附、真空脱附等几种方法。对一定的吸附剂而言，压强变化得越大，吸附质可脱除得越多。

三、吸附操作过程与常用设备

吸附分离过程大多包括两个步骤：吸附操作和吸附剂的脱附与再生操作。可根据待分离流体中的各组分性质和过程的分离要求（如纯度、回收率、能耗等），在选择适当的吸附剂和解吸剂的基础上，采用相应的工艺过程和设备。

常用的吸附分离设备有：吸附搅拌槽、固定床吸附器、移动床和流化床吸附塔。由于需要处理的流体浓度、性质及要求吸附的程度不同，吸附操作有多种形式。若以分离组分的数量分类，可分为单组分和多组分吸附分离；以分离组分浓度的高低分类，可分为主体分离和痕量组分脱除；以进料方式分类，可分为连续进料和间歇的分批进料等；以床层温度的变化分类，可分为恒温操作和不等温操作。

（一）搅拌吸附

搅拌槽用于液体的吸附分离。将要处理的液体与颗粒状吸附剂加入搅拌槽中，在良好的搅拌下，固液形成悬浮液，在液固充分接触中吸附质被吸附。经过一段时间，吸附剂达到饱和，将料浆送到过滤机中，吸附剂从液相滤出，若吸附剂可用，经适当解吸后回收利用。

由于搅拌作用和采用小颗粒吸附剂，流体充分湍动，减少了吸附过程中的外扩散阻力，因此吸附速率快。吸附搅拌槽适用于吸附剂的吸附能力强，传质速率为液膜控制和脱除少量杂质的场合。吸附停留时间决定于达到平衡的快慢，一般在较短的时间内两相即达到吸附平衡。

搅拌槽吸附有三种操作方式，即连续操作、间歇操作、半连续半间歇操作：连续操作是指液体和吸附剂都连续地输入和流出搅拌槽；间歇操作是指液体和吸附剂经过一定时间的接触，吸附后停止操作，用直接过滤的方法进行液体与吸附剂的分离；半连续半间歇操作是指液体连续流进和流出搅拌槽，在槽中与吸附剂接触，而吸附剂则保留在槽内，逐渐消耗。

对于上述三种操作方式，应从搅拌槽结构和操作上保证良好的搅拌，使悬浮液处于湍流状态，达到槽内物料完全混合。对半连续半间歇操作，在悬浮区域以上要有清液层，以便采出液体。

搅拌槽可以为单级操作，也可以设计成多级错流或多级逆流流程，从理论上分析多级错流和多级逆流比单级操作所用的吸附剂量要少，但在实际操作中多级操作的操作步骤烦琐，装置复杂，总费用较高，因此很少采用。

搅拌槽吸附多用于液体的精制，如利用活性炭脱除糖液中的颜色，废水处理等。吸附剂一般为液体处理量的 $0.1\% \sim 0.2\%$（质量分数），吸附时间为数分钟，廉价的吸附剂一次性使用后弃去。若要回收吸附质，可以选用合适的溶剂解吸，若吸附质是挥发性物质，可以用蒸汽或热空气解吸。

（二）固定床吸附

固定床吸附器结构简单，操作方便，是吸附分离中应用最广泛的一种吸附器。固定床吸附操作是把吸附剂均匀堆放在吸附塔中的多孔支撑板上，含吸附质的流体可自上而下或自下而上流过吸附剂。吸附过程中，吸附剂处于静止状态。

固定床吸附器的结构有立式、环式和卧式等，如图7-4所示。立式吸附器的床层高度，对于气体吸附可取0.5～2m，对于液体吸附可取几米至数十米；环形床层具有压力降较低的优点；卧式填充床层，一般床层高度为0.3～0.8m。对于高床层，为了避免颗粒承受过大的压力，宜将吸附剂分层放置，每层1～2m。

通常固定床的吸附过程与再生过程在两个塔设备中交替进行，属于间歇操作。如以活性炭作为吸附剂，用固定床吸附器回收工业废气中的苯蒸气操作，流程如图7-5所示：先使混合气进入吸附器1，苯被吸附截留，废气则放空。操作一段时间后，活性炭上所吸附的苯逐渐增多，在放空废气中出现了苯蒸气且其浓度达到限定数值后，即切换使用吸附器2。同时在吸附器1中送入水蒸气使苯解吸，苯随水蒸气一起在冷凝器中冷凝，经分层后以回收苯。在吸附器1中通入空气将活性炭干燥并冷却以备再用。

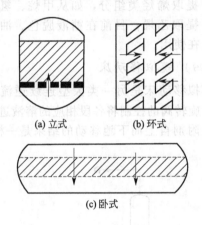

图7-4　固定床吸附器的结构

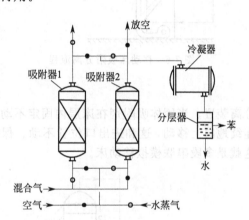

图7-5　固定床吸附流程

固定床适用于传质速率快、选择性高的体系。固定床吸附器广泛用于气体或液体的深度去湿脱水、天然气脱水脱硫、从废气中除去有害物或回收有机蒸气、污水处理等场合。此类设备的最大优点是结构简单、造价低，吸附剂磨损少。但因是间歇操作，操作过程中两个吸附器需不断地周期性切换，操作麻烦；备用设备虽然装有吸附剂，但处于非生产状态，故单位吸附剂生产能力低；吸附剂床层还存在传热性能较差、床层传热不均匀等缺点。

（三）移动床吸附

移动床吸附操作是指待处理的流体和吸附剂可以连续而均匀地在吸附器中移动，稳定地输入和输出，两相接触后，吸附质被吸附，已达饱和的吸附剂从塔内连续或间歇排出，同时向塔内补充新鲜的或再生后的吸附剂。与固定床相比，移动床吸附操作因吸附和再生过程在同一个塔中进行，设备投资费用较少；流体与固体两相接触良好，不致发生两相不均匀现象。吸附剂用量少，但磨损严重，能否降低吸附剂的磨损消耗，减少吸附装置的运转费用，是移动床吸附器能否大规模用于工业生产的关键。

典型的移动床吸附分离流程如图7-6。该分离流程是连续逆流吸附，吸附剂为活性炭，塔的结构使得吸附剂可以连续、稳定地输入和输出，并且使气固两相逆流接触良好，不致发

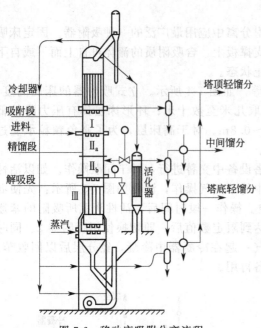

图 7-6 移动床吸附分离流程

生沟流或局部不均匀现象。进料气从塔的中部进入吸附段下部，其中较易被吸附的组分被自上而下的固体吸附剂所吸附，顶部产品只包含有难吸附组分；吸附剂下降到精馏段，与自下而上的气流相遇，吸附剂上较易挥发的组分被置换出去；固相吸附剂离开精馏段时，只剩下易被吸附的组分，起到增浓作用；再往下一段是解吸段，吸附质在此被蒸汽加热和吹扫，吹出的气体，部分作为塔底产品，部分上至精馏段作为回流，固体则下降至提升器底部，经气体提升至提升器顶部，然后循环回到塔顶。

移动床适用于传质速率慢、选择性不高的难分离物系。移动床主要用于从含烃类原料气中提取烯烃类组分，如从甲烷、氢混合气体中提取乙烯；目前在糖液脱色、油品精制中也在使用。

（四）模拟移动床

　　模拟移动床是另一类大型连续逆流吸附分离装置。当固体吸附剂在床层内固定不动，而通过旋转阀的控制将各段相应的溶液进出口连续地向上移动，这和进出口位置不动、保持固体吸附剂自上而下地移动的结果是一样的，这就是多段串联模拟移动床。

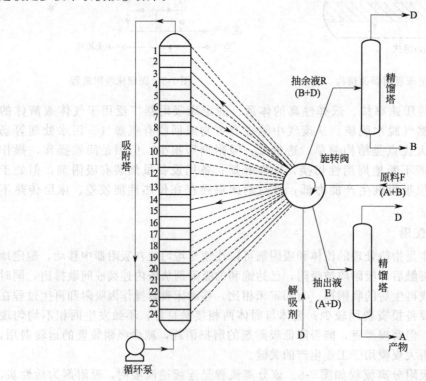

图 7-7 模拟移动床吸附分离流程图

典型的模拟移动床吸附分离流程如图 7-7，塔上一般开 24 个等距离的口，都连接于一个 24 通旋转阀上，在同一时间内旋转阀接通四个口，其余均封闭。如图所示 3、6、15、23 解吸剂（D）进口、抽余液（B+D）出口、原料（A+B）进口、抽出液（A+D）出口，一定时间后，旋转阀向前旋转，则进出口变为 2、5、14、22，依此类推，当进出口升到 1 点后又转回到 24，循环操作。

采用模拟移动床连续操作，吸附剂和解吸剂利用效率高，吸附剂磨损消耗少，其用量仅为固定床的 4%，解吸剂用量仅为固定床的一半，且产品浓度高，能耗小。模拟移动床用于分离各种异构体，如分离芳烃中的对二甲苯、间二甲苯、邻二甲苯，以及分离果糖、葡萄糖异构体等过程。

（五）流化床吸附操作与流化床-移动床联合吸附

流化床吸附操作是使流体自下而上流动，流体的流速控制在一定的范围，保证吸附剂颗粒被托起但不被带出，处于流态化状态进行的吸附操作。该操作的生产能力大，具有连续、吸附效果好的特点。但吸附剂颗粒磨损程度严重，常被加热使吸附剂易老化变性，且由于流态化的限制，操作范围较窄。

流化床-移动床联合吸附操作将吸附再生集于一塔，如图 7-8 所示。塔上部为多层流化床，原料与流态化的吸附剂在这里充分接触，经过一次吸附后的吸附剂进入塔中部带有加热装置的移动床层再经过二次吸附，升温后进入塔下部的解吸段；在解吸段，吸附剂与通入的惰性气体经逆流接触得到再生，最后靠气力输送至塔顶重新进入流化床吸附段；再生后的流体可通过冷却器回收吸附质。流化床-移动床联合吸附操作常用于混合气中溶剂的回收、脱除 CO_2 和水蒸气等场合。

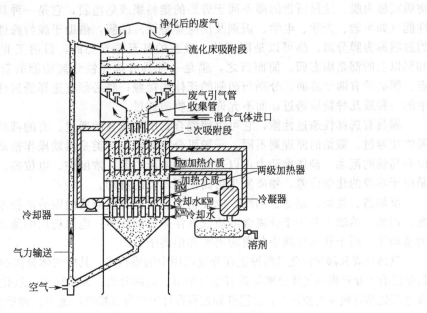

图 7-8　流化床-移动床联合吸附分离图

四、吸附过程的强化与展望

强化吸附过程可从两方面入手，一是对吸附剂进行开发与改进，二是开发新的吸附工艺。

（一）吸附剂的改性与新型吸附剂的开发

吸附效果的好坏以及吸附过程规模化与吸附剂性能的关系非常密切，尽管吸附剂的种类繁多，但实用的吸附剂却有限。目前大多数吸附剂吸附容量小，限制了吸附设备的处理能力，使得吸附过程频繁地进行吸附、解吸再生。工业上希望通过改性或接枝的方法得到各种性能不同的吸附剂，开发出吸附容量大、选择性强、再生容易的吸附剂。目前一些新型吸附剂如炭分子筛、活性炭纤维、金属吸附剂和各种专用吸附剂不同程度地解决了吸附容量小和选择性弱的缺陷，使某些有机异构体、热敏性物质、性能相近的混合物分离成为可能。

（二）开发新的吸附分离工艺

随着食品、医药、精细化工和生物化工的发展，需要开发出新的吸附分离工艺，吸附过程需要完善和大型化已成为一个重要问题。吸附分离工艺与解吸方法有关，而再生方法又取决于物料组分在吸附剂上吸附性能的强弱和进料量的大小等因素。随着各种新型吸附剂的不断开发，吸附分离工艺也得以迅速发展，如大型工业色谱吸附分离工艺、快速变压吸附工艺和参数泵吸附分离工艺等。

第二节　膜分离技术

一、概述

（一）膜分离的概念

在一种流体相或两种流体相之间有一薄层凝聚相物质将流体相分隔成两部分，这层薄层物质就称为膜。这里所指的膜不同于普通的塑料膜或皂泡膜，它是一种具有特殊物理和化学性能（如半透、光学、电学、识别及反应等特性）的膜，借助于膜特殊性能实现混合物分离的过程称为膜分离。膜可以是固态的、液态的甚至是气态的，目前工业生产中所应用的膜99％以上的都是固态膜。简而言之，膜是一种具有选择性分离功能的新材料，它有两个特点：膜必须有两个界面，分别与两侧的流体相接触；膜必须有选择透过性，它可以使流体相中的一种或几种物质透过，而不允许其他物质透过。

膜具有选择性透过性能，它可以使混合物中物质有的通过、有的截留。但不同膜分离过程物质通过、截留的原理则不同，一般可分为两类：一类是借助操作推动力，物质发生由低位到高位的流动，操作推动力可以是膜两侧的压力差、浓度差、电位差、温度差等；另一类是由于本身的化学位差，物质发生由高位到低位的流动。

反渗透、微滤、超滤、纳滤、电渗析为五大已开发应用的膜分离技术。其中反渗透、微滤、超滤、纳滤主要用于分离含溶质或悬浮微粒的液体；电渗析用的是离子交换膜，在电场的推动下，用于从水溶液中分离阴离子和阳离子。

气体分离和渗透汽化是两种正在开发应用中的膜技术，其中气体分离的研究、应用更成熟。目前已有工业规模的气体分离体系有空气中氧、氮的分离，天然气中二氧化碳与甲烷的分离等。渗透汽化是有相变的膜过程，在组件和过程设计中均有其特殊的地方。渗透汽化膜技术主要用于有机物与水、有机物与有机物的分离，是最有希望取代某些高能耗的精馏技术的膜过程。

目前还有膜催化反应器、控制释放、膜生物传感器、膜蒸馏、膜萃取、液膜分离、正渗透、医用人造膜等新兴膜技术正在快速发展中。

膜催化反应器一般是将膜（特别是无机膜）与催化反应结合，在反应的同时，膜能够选择性地脱除产物，以突破反应平衡的限制，或降低反应中产物对反应的抑制作用，提高反应的产率、转化率和选择性。

控制释放是将药物或其他生物活性物质以一定形式与膜结构相结合,使这些活性物质以规定的速度释放到生物体或环境中。其优点是可将药物浓度控制在需要的浓度范围,延长药效作用时间,减少服用量和服用次数。这在医药、农药、化肥的使用上都极有价值。

膜生物传感器是模仿生物膜对化学物质的识别能力制成的,它由生物催化剂酶或微生物合成膜、电极转换装置组成为酶膜传感器或微生物传感器。这些传感器具有很高的识别专一性,已用于发酵过程中葡萄糖、乙醇等成分的在线检测。

(二)膜的分类

膜按照相态上可分为固态膜、液态膜、气态膜。工业应用大部分为固态膜,液态膜已在废水处理中试和某些气体分离中运用,气态膜还处于实验室研究中。固态膜按材料可分为高分子合成膜和无机膜。固态膜按膜断面的物理形态又可分为对称膜、非对称膜和复合膜,如图 7-9。根据对称膜的结构可分为多孔膜和致密膜,如图 7-9(a),左侧图为多孔膜,右侧图为致密膜,它们在膜渗透方向上结构都是均匀的,物质在多孔膜或致密膜中各处的渗透速率相同,所以它们又称均质膜。非对称膜,也叫不对称膜,在膜渗透方向上结构都是不均匀的,具有极薄起分离作用的表面活性层和其下部较厚的多孔支撑层,这两层为同一种膜材料制成,表面活性层决定了分离效果,支撑层起到支撑作用。复合膜则是用两种不同的膜材料分别制成表面活性层和多孔支撑层。

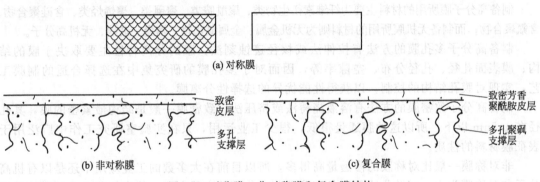

图 7-9 对称膜、非对称膜和复合膜结构

(三)膜的性能参数

膜分离的效果主要取决于膜本身的性能,膜材料的化学性质和膜的结构对膜分离的性能起着决定性影响,而膜材料及膜的制备是膜分离技术发展的制约因素。膜的性能包括物化稳定性及膜的分离透过性两个方面。首先要求膜的分离透过特性好,通常用膜的截留率、透过通量、截留物的分子量等参数表示。不同的膜分离过程,习惯上使用不同的参数以表示膜的分离透过特性。

1. 截留率

对于反渗透过程,通常用截留率表示其分离性能。它是指截留物浓度与料液主体浓度之比。截留率越小,说明膜的分离透过特性越好。

2. 透过通量(透过速率)

透过通量是指单位时间、单位膜面积的透过物量,常用单位为 $kmol/(m^2 \cdot s)$。由于操作过程中膜的浓差极化、污染等多种原因,膜的透过通量将随时间增长而衰减。

3. 截留物的分子量

在超滤和纳滤中,通常用截留分子量表示其分离性能。当分离溶液中的大分子物质时,截留物的分子量在一定程度上反映膜孔的大小。但是通常超滤膜的孔径大小不一,很难确定其孔径,被截留物的分子量将分布在某一范围内,故超滤膜的分离能力一般用截留分子量来予以表述，所以定义能截留为 90% 的物质的分子量称为膜的截留分子量。

截留率大、截留分子量小的膜往往透过通量低，因此在选择膜时需在两者之间做出权衡，其次要求选用分离用膜要有足够的机械强度和化学稳定性。

4. 分离因数

对于气体分离和渗透汽化过程，通常用分离因数表示各组分透过的选择性。对于含有 A、B 两组分的混合物，分离因数 α_{AB} 定义为

$$\alpha_{AB} = \frac{y_A / y_B}{x_A / x_B}$$

式中　x_A, x_B——原料中组分 A 与组分 B 的摩尔分数；

　　　y_A, y_B——透过物中组分 A 与组分 B 的摩尔分数。

通常，用组分 A 表示透过速率快的组分，因此 α_{AB} 的数值大于 1。分离因数的大小反映该体系分离的难易程度，α_{AB} 越大，表明两组分的透过速率相差越大，膜的选择性越好，分离程度越高；α_{AB} 等于 1，则表明膜没有分离能力。

膜的分离性能主要取决于膜材料的化学特性和分离膜的形态结构，同时也与膜分离过程的一些操作条件有关。

（四）膜的制备与改性

制备高分子膜所用的材料主要为纤维素衍生物类、聚酰胺类、聚砜类、聚烯烃类、含硅聚合物、含氟聚合物；而制备无机膜所用的材料则为无机金属、金属氧化物、陶瓷、玻璃、无机高分子。

制备高分子多孔膜的方法有拉伸法或核径迹蚀刻法，膜的分离特性主要取决于膜的结构、膜表面孔径、孔径分布、空隙率等，因而对于多孔膜的研究集中在选择合适的制膜工艺，实现对膜孔结构的控制，以获得性能优异的选择性分离膜。

制备高分子致密膜的方法有溶液浇铸法或挤压法，致密膜一般是结构最紧密的膜，其孔径在 1.5nm 以下，所以这种膜通量很低，很少工业运用，只在实验室研究工作中广泛用于表征膜材料的性质。

非对称膜一般比对称膜的渗透量高得多，所以目前在大多数的工业应用中还是以有机高分子非对称膜为主。相转化法是制备高分子非对称膜的主要方法，绝大部分工业用膜均采用此法制造。相转化法是指将一个均相的高分子铸膜液通过各种途径使高分子从均相溶液中沉析出来，使之分为两相，一相为高分子富相，最后形成高分子膜；另一相为高分子贫相，最后成为膜中之孔。相转化法制备的非对称膜具有以下两个特点：皮层与支撑层为同一种材料；皮层与支撑层是同时制备形成的。

制备高分子复合膜的方法很多，主要有界面聚合、就地聚合、溶液浇铸、溶液浸涂或喷涂，此外还有等离子聚合、水面展开法等。其中界面聚合法在反渗透膜的制造中用得比较多，而溶液浇铸法在气体分离和渗透汽化膜的制造中用得较多。

制备无机膜的方法建立在陶瓷、金属材料制备技术的基础上，主要有：挤压成型法、流延成型法、悬浮粒子法、溶胶凝胶法、阳极氧化法、化学气相沉积法分相法和水热合成法等。

目前膜材料大多是对市场上已有的原材料筛选得到的，很少有为某一分离过程而设计合成的特定材料，要得到同时满足各种条件的膜是困难的，所以常采用改性方法使其具有特定的功能。膜改性是指通过膜材料改性或膜表面改性，改变膜的表面和膜孔，提高膜的选择透过性、稳定性、机械强度等。高分子膜常用方法有接枝、共聚、交联、等离子或放射线刻蚀、溶剂预处理等。无机膜常用方法有浸渍、吸附、薄膜沉积法等。

（五）膜分离过程特点

(1) 膜分离是一个非常高效的分离过程。与扩散过程相比，蒸馏过程中混合物相对挥发度的

值大多是个位数，难分离的混合物相对挥发度接近1，而膜分离的分离因数却可达到几十到几百。

（2）膜分离过程的能耗很低。蒸馏、蒸发等分离过程，都伴随着相态的变化，相变化的能耗很大，而膜分离不需要相变就可将混合物分离。

（3）多数膜分离过程的操作温度在常温附近，特别适用于热敏性物质的处理，在食品加工、医药工业、生物技术等领域有着其独特的适用性。

（4）膜分离设备本身没有运动的部件，很少需要维护，它的操作十分简便。

（5）膜分离设备的体积比较小，可以直接插入已有的生产工艺流程，不需要对生产线进行大的改变。

（6）膜分离过程的规模和处理能力可在很大范围内变化，而它的效率、设备单价、运行费用等都变化不大。

（六）膜组件

膜组件是指以膜为分离核心，以某种形式组装在一个基本单元操作设备内，在外界推动力的作用下，从而实现物质分离，并且便于安装、使用、维修，这种单元操作设备叫膜组件。在膜工业生产装置中，通常安装有几个到几百个，甚至数千个膜组件。

常用膜组件可分为平板膜、管式膜、中空纤维膜、卷式膜、毛细管等。中空纤维和卷式组件膜填充密度高，造价低，组件内流体力学条件好，但这两种组件对制造技术要求高，密封困难，抗污染能力差，对料液预处理要求高。平板式及管式组件则相反，虽然膜填充密度低，造价高，但组件清洗方便，耐污染。因此卷式和中空纤维组件多用于大规模反渗透脱盐、气体膜分离、血液透析；平板式和管式组件多用于中小型生产，特别是超滤和微滤。

二、膜分离设备

（一）板框式膜组件

板框式膜组件使用平板式膜，故又称为平板式膜组件，这类膜器件的结构与常用的板框压滤机类似，由导流板、膜、支撑板交替重叠组成。图7-10是一种系紧螺栓式板框反渗透

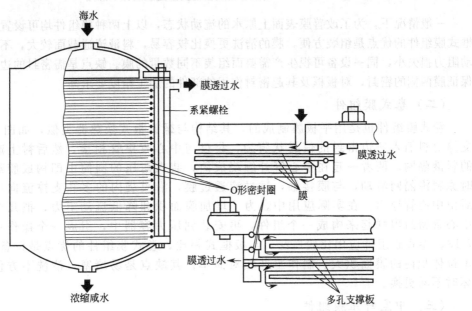

图 7-10　系紧螺栓式板框反渗透膜组件示意图

膜的组件，首先将圆形承压板、多孔支撑板和膜黏结成脱盐板，然后将一定数量的这种脱盐板堆积起来，并用 O 形环密封，最后用上、下头盖以系紧螺栓固定组成。原水由上头盖的进口流经脱盐板的分配孔在膜面上曲折流动，再从下头盖的出口流出。透过水透过膜经多孔支撑板后，于承压板的侧面管口引出。承压板可由耐压、耐腐蚀材料，如环氧-酚醛玻璃钢模压制而成，或由不锈钢、铜等材料制成。支撑板的主要作用是支撑膜使其不被压破，以及为透过水提供通道。支撑板可选用各种工程塑料、金属烧结板，也可选用带有沟槽的模压酚醛板等非多孔材料。

图 7-11 是另一种板框式膜组件，称为耐压容器式板框反渗透膜组件，这种组件是把多层脱盐板堆积组装后放入耐压容器中而组成的，原水从容器的一端进入，浓缩水由容器的另一端排出。耐压容器内的大量脱盐板是根据设计要求进行串、并联联结，其板数从进口到出口依次递减，目的是保持原水流速均匀并减轻浓差极化现象。

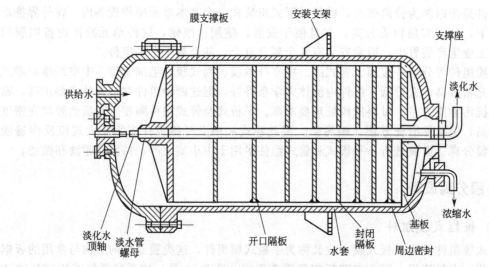

图 7-11　耐压容器式板框反渗透膜组件示意图

一般情况下，为了改善膜表面上原水的流动状态，以上两种膜组件均可设置导流板。板框式膜组件的优点是组装方便，膜的清洗更换比较容易，料液流通截面较大，不易堵塞，流动阻力损失小，同一设备可视生产需要而组装不同数量的膜。缺点是需密封的边界线长，为保证膜两侧的密封，对板框及其起密封作用的部件的加工精度要求高。

（二）卷式膜组件

卷式膜组件也是用平板膜制成的，其结构与螺旋板式换热器类似，如图 7-12 所示，支撑材料插入三边密封的信封状膜袋，袋口与中心收集管相接，然后衬上起导流作用的料液隔网，两者一起在中心管外缠绕成筒，装入耐压的圆筒中即构成膜组件。使用时原料沿隔网流动，与膜接触，透过液透过膜，沿膜袋内的多孔支撑流向中心管，然后由中心管导出。在实际应用中，为了增加膜面积和降低流动阻力，把几个膜组件的中心管密封串联起来构成一个组件，再安装到压力容器中，组成一个操作单元，如图 7-13。卷式膜组件应用比较广泛，与板框式相比，卷式膜组件的优点是设备比较紧凑、单位体积内的膜面积大、制作工艺相对简单；其缺点是易堵塞，清洗不方便，膜有损坏时不易更换。

（三）中空纤维膜组件

中空纤维是种如人的头发粗细的空心管，它是一种自身支撑膜，实际上为一厚壁空心圆

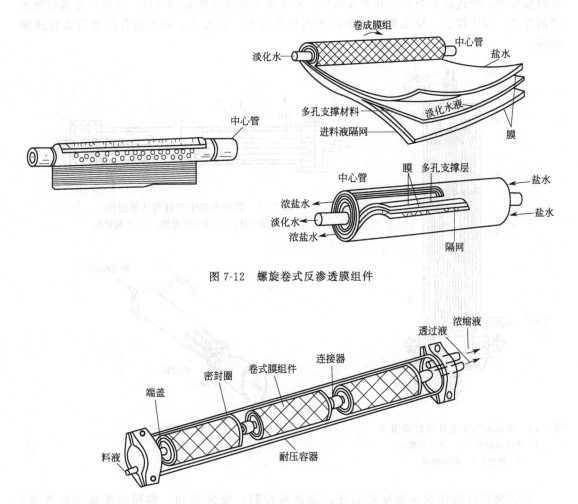

图 7-12　螺旋卷式反渗透膜组件

图 7-13　卷式反渗透膜组件

柱，纤维外径为 $50\sim200\mu m$，内径为 $25\sim42\mu m$，其特点是具有在高压下不产生形变的强度。

图 7-14 是单封头式的中空纤维膜制成的膜组件示意图，由几十万至数百万根中空纤维组成纤维束，装填在耐压壳体中，一端用环氧树脂密封固定，另一端是开口的，用环氧树脂管板固定，推动力作用下，原料从纤维外侧进入，渗透物透过膜进入纤维内腔，从纤维束开口处排出，截留物从另一端壳体出口排出。图 7-15 是双封头式中空纤维式膜组件，纤维束的两段都是开口的，并用环氧树脂固定在壳体的两端。在推动力的作用下，原料液既可以从纤维的腔外，也可以从纤维的腔内进入。

这类膜组件的优点是设备紧凑，单位组件体积内的有效膜面积大，高达 $16000\sim30000m^2/m^3$，膜耐高压，不需要支撑材料；缺点是纤维太细，容易堵塞，流动阻力大，纤维制造技术复杂，管板制造也较困难。

（四）管式膜组件

管式膜组件由管式膜制成，其结构特征是把膜和支撑体均制成管状，两者装在一起；或者把膜直接刮制在支撑管内，再将一定数量的管以一定方式连成一体，其外形类似于列管式换热器，管内与管外分别走料液与透过液，如图 7-16 所示。管式膜的排列形式有列管、排管或盘管等。管式膜分为外压和内压两种：外压即为膜在支撑管的外侧，因外压管需有耐高温的外壳，应用较少。膜在管内侧的则为内压管式膜，亦有内、外压结合的套管式管式膜组件。

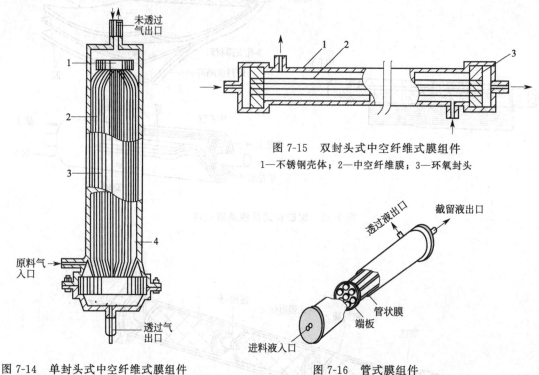

图 7-14　单封头式中空纤维式膜组件
1—纤维束封头；2—中空纤维；
3—外壳；4—耐压容器

图 7-15　双封头式中空纤维式膜组件
1—不锈钢壳体；2—中空纤维膜；3—环氧封头

图 7-16　管式膜组件

管式膜组件的优点是流动状态好，流速易控制；安装拆卸、换膜和维修均较方便；能够处理含有悬浮固体的溶液，机械清除杂质也较容易，合适的流动状态还可以防止浓差极化和膜污染。管式膜组件的缺点是单位体积膜组件安装的膜面积少，一般仅为 $33 \sim 330 \mathrm{m}^2/\mathrm{m}^3$。

（五）毛细管式膜组件

毛细管式膜组件如图 7-17 所示，和管式膜组件的形式基本相同，差别在于膜的规格不同：管式膜膜管直径约为 6~25mm，而毛细管膜管直径约为 3~6mm。

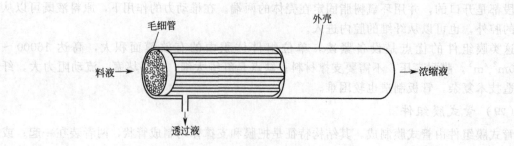

图 7-17　毛细管式膜组件

三、各类膜过程

(一)反渗透

1. 反渗透和渗透压

反渗透是利用反渗透膜选择性地只能透过溶剂（通常是水）而截留离子物质的性质，以膜两侧静压差为推动力，克服溶剂的渗透压，使溶剂通过反渗透膜而实现对液体混合物进行分离的膜过程。

用一个半透膜将水和盐水隔开，若初始时水和盐水的液面高度相同，则纯水将透过膜向盐水侧移动，盐水侧的液面将不断升高，这一现象称为渗透，如图 7-18(a)；待水的渗透过程达到定态后，盐水侧的液位升高不再变动，如图 7-18(b)，$\rho g h$ 即表示盐水的渗透压 π；若在膜两侧施加压差 Δp，且 $\Delta p > \pi$，则水将从盐水侧向纯水侧作反向移动，此即为反渗透，如图 7-18(c) 所示。这样，可利用反渗透现象截留盐而获取纯水，从而达到混合物分离的目的。由此可见，反渗透过程必须满足两个条件：一是有一种高选择性和高透过率，一般是透水的选择性透过膜；二是操作压力必须高于溶液的渗透压。反渗透膜分离过程如图 7-19 所示。

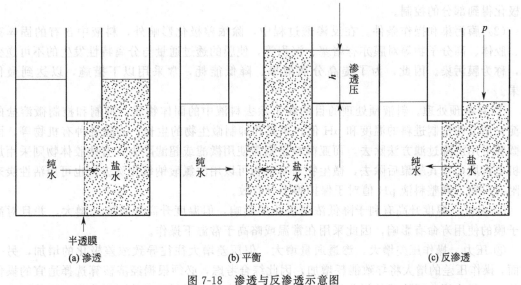

图 7-18 渗透与反渗透示意图
(a) 渗透 (b) 平衡 (c) 反渗透

2. 膜与组件

反渗透膜对溶质的截留机理并非按尺度大小的筛分作用，膜对溶剂和溶质的选择性是由于水和膜之间存在各种亲和力使水分子优先吸附、结合或溶解于膜表面，且水比溶质具有更高的扩散速率，易于在膜中扩散透过，所以反渗透膜表面活性层是亲水的。

反渗透膜常用醋酸纤维、聚酰胺等材料制成，主要用于除去溶液中的小分子盐类。目前工业应用的反渗透膜可分三类：高压海水脱盐反渗透膜、低压苦咸水脱盐反渗透膜、超低压反渗透膜。

膜组件的性能决定了反渗透过程的经济性和实用性，所以膜组件选择和设计中几个方面要注意：组装的

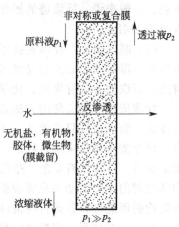

图 7-19 反渗透膜分离过程

膜应能承受规定的压力，且能够多次清洗；应尽量减少料液及液流道上的阻力，以免膜破损；易污染的膜组件需要复杂的预处理体系；组件寿命长，造价低，便于更换。目前工业用反渗透膜组件形式有板框式、管式、中空纤维膜、卷式膜等。

3. 操作

(1) 浓差极化。反渗透过程中，由于膜的选择透过性，溶剂从高压侧透过膜到低压侧表面上，造成由膜表面到主体溶液之间的浓度梯度，引起溶质从膜表面通过边界层向主体溶液扩散，这种现象称为浓差极化。

浓差极化现象的存在会给反渗透带来不利影响。由于浓差极化，导致溶液的渗透压升高，因此反渗透操作压力亦必须相应提高，同时，溶质易在膜表面沉积下来，使膜的传质阻力大为增加，膜的渗透通量下降。因此提高压力也不能明显增加通量，这是由于压力的提高反而会增加沉积层的厚度。

为克服浓差极化的不利影响，一般通过提高料液的流速可以使边界层大大减薄，导致传质系数增大。当然，流速增大，输送料液的能耗亦大，因此对于浓差极化不明显的料液，应尽量减小膜的表面流速。也可在料液流道内增加湍流促进器，增强料液的湍流程度，在同样流速下提高传质系数。在操作方式上，提高温度可使分子运动加快，降低黏度，也可以使浓差极化得到部分的控制。

(2) 膜污染和操作条件。在反渗透过程中，除浓差极化影响外，料液中含有的固体微粒、胶体、高分子物等对膜亦有堵塞、沉积等，使膜的透过通量与分离特性发生的不可逆变化，称为膜污染。因此，为了提高分离效率、降低能耗，常采用以下措施，以达到最佳效果。

① 料液预处理。料液预处理的目的在于除去料液中的固体物质；抑制和控制微溶盐的沉淀；调节和控制进料的温度和 pH 值；杀死和抑制微生物的生长；去除各种有机物等。固体微粒可用沉降过滤方法除去，而亚微粒子则需使用微滤或超滤除去，有些胶体物则采用加无机电解质而使其凝聚后除去，微生物与有机物可以用次氯酸钠氧化除去，也可用活性炭来吸附有机物，调整料液 pH 值对于保护膜十分有效。

② 温度。温度升高有利于降低浓差极化的影响，但温度升高导致能耗增大，并且对高分子膜的使用寿命有影响，因此采用在常温或略高于常温下操作。

③ 压力。操作压差增大，渗透通量增大，但压差增大往往导致浓差极化的增加，另一方面，操作压差的增大将导致能耗增加，因此综合考虑，必须根据经济核算选择适宜的操作压差。一般来说，反渗透的操作压差在 2～10MPa 之间，对低压反渗透膜来说，操作压力一般小于 1MPa。

(3) 膜的清洗。反渗透技术经济性在很大程度上受膜污染和浓差极化的影响，反渗透膜在操作一段时间后必然会受到污染，导致膜通量的下降和盐的脱除率降低，这时就需要进行清洗。清洗的方法有物理、化学和生物清洗三种方法。

物理清洗中最简便的方法是采用流动的清水冲洗膜的表面，也可以采用水和空气的混合后冲洗。物理清洗只能除去一些附着力不牢的污染物，物理清洗方法简单，但清洗不够完全。化学清洗则是采用各种清洗剂来清洗，清洗效果好。清洗剂必须根据料液性质和膜的性质来选择，常用的有草酸、柠檬酸、加酶洗涤剂和双氧水等。生物清洗借助微生物、酶等生物活性剂的生物活动去除膜表面及膜内部污染物。化学清洗和生物清洗都存在向系统引入新污染物的可能性，且运行与清洗之间转换步骤较多。

(4) 工艺流程。根据料液情况和分离要求，流程分为以下几种：一级一段连续流程，一级一段循环流程，一级多段连续流程，一级多段循环流程，多级多段连续流程，多级多段循环流程，此外可根据工艺要求设计回流反渗透等流程。

工业中常用多级多段循环流程，第一级的透过水作为第二级的进料液再次进行反渗透分离，如此延续，将最后一级的透过水作为最终产品。浓水从后级向前一级返回与前一级的进料液进行混合后，再进行分离，这种方式既提高了水的回收率，又提高了透过水的水质，但是能耗较大。对于海水淡化，由于一级脱盐淡化需要有很高的操作压力和高脱盐性能的膜，因此在技术上有很高的要求，采用多级多段循环式分离，可以降低操作压力，减低设备要求，同时对膜的脱盐性能要求也可较低。

在反渗透流程选择和设计中，必须要遵循规定的透水量值。实践经验证明，要使反渗透装置成功运行，一是尽可能提高预处理水平，使给水符合反渗透给水的要求；二是安装足够数量的膜组件，并合理排列，使每个膜元件有合理的透水量。

4. 应用

反渗透适用于从水溶液中将水分离出来，主要应用于苦咸水脱盐、海水淡化、血液透析、制备药用超纯水预处理、少量的废水回收和再循环使用等。现在也向饮用水处理、工业用水以及食品医药等领域快速扩展，已成功运用于生活用水处理、饮料业用水制备、电厂用水处理、电子工业超纯水生产、金属电镀废水再生利用、牛奶或果汁的浓缩、浓缩抗生素水溶液等。

随着环境污染的加剧和人们健康意识的增强，瓶装饮用纯净水、管道纯净水和家用净水器成为家庭供水的有效办法。图 7-20 所示为瓶装饮用纯净水制备系统工艺流程。它由预处理、反渗透和臭氧杀菌三部分组成，预处理除去杂质颗粒、脱色、软化水质，通过预处理可以大大提高膜进水质量，起到保护反渗透膜、延长膜工作寿命的作用。反渗透是饮用纯净水的核心过滤技术，臭氧杀菌则是确保瓶装饮用纯净水微生物达标的关键技术。

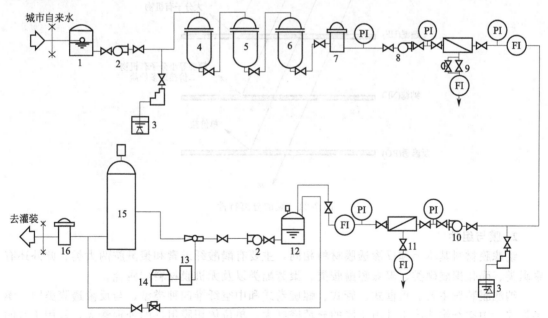

图 7-20 瓶装饮用纯净水制备系统工艺流程

1—原水箱；2—增压泵；3—投药装置；4—多介质过滤器；5—活性炭过滤器；6—软化器；7—保安过滤器；
8—一级高压泵；9—一级 RO 装置；10—二级高压泵；11—二级 RO 装置；12—纯水塔；13—臭氧制备系统；
14—氧气制备系统；15—压力式吸收塔；16—终端过滤器

（二）纳滤

1. 原理

纳滤是以压力差为推动力，介于超滤与反渗透之间的膜分离过程，它能截留分子量约 $200\sim1000$ 的小分子有机物，也可以截留一些无机盐。纳滤膜大多从反渗透膜衍化而来，但制作比反渗透膜更精细，若达到同样的渗透通量，纳滤工艺所需压差要低 $0.5\sim3\text{MPa}$，由于比反渗透膜具有尺寸更大的孔结构，三维交联结构更疏松，因此纳滤又被称为低压反渗透或疏松反渗透。

纳滤膜大多为荷电膜，属于 Donnan 平衡传质机理。Donnan 平衡是指将荷电膜置于含盐溶剂中时，溶液中的反离子在膜内浓度大于其在主体溶液中的浓度，而同名离子在膜内的浓度则低于其在主体溶液中的浓度。由此形成的 Donnan 位差阻止了同名离子从主体溶液向膜内的扩散，为了保持电中性，反离子也被膜截留。

纳滤膜对一价、二价或多价离子截留率上的差别，大多由 Donnan 效应所致，例如随着原料液中二价离子（如硫酸根）浓度的增加，由于 Donnan 平衡，一价离子将进入透过液侧。另外，膜体本身带有电荷也决定了其独特的分离性能。微滤、超滤、纳滤和反渗透的分离特性比较如图 7-21，从该图可看出反渗透膜脱除了所有的盐和有机物；而超滤膜对盐和小分子有机物没有截留效果；纳滤膜截留了糖类等小分子有机物和多价盐（如 $MgSO_4$），对单价盐的截留率仅为 $10\%\sim80\%$，具有相当大的通透性，而二价及多价盐的截留率均在 90% 以上。

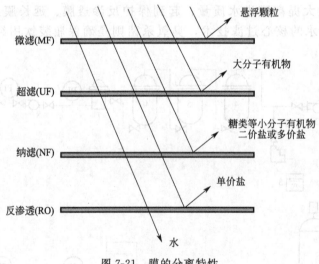

图 7-21 膜的分离特性

2. 膜与组件

纳滤膜材料基本上和反渗透膜材料相同，主要有醋酸纤维素和聚酰胺两大类。此外还有聚砜类、磺化聚醚砜类、聚哌嗪酰胺类、聚芳酯类以及无机膜材料如陶瓷。

纳滤膜装置主要有板框式、管式、螺旋卷式和中空纤维四种类型，与反渗透膜类同。螺旋卷式、中空纤维式膜组件由于膜的充填密度大、单位体积膜组件的处理量大，常用于水的脱盐软化处理过程。而对含悬浮物、黏度较高的溶液则主要采用板框式、管式膜组件。

由于市场上的纳滤膜组件的分离性能差异很大，有的脱盐率较高，有的对有机物截留效果较好，有的在较低操作压力下通量很大，有的则可以耐高压。总之，膜组件和膜材质的选择必须充分考虑处理对象的物性和分离目的。

3. 操作

不同功能性的纳滤膜的操作条件差异较大，但总体还是从操作温度、压力、流量上进行考虑，通过实验直接测定。纳滤工艺流程与反渗透类同，不再赘述。

4. 应用

由于其具有纳米级的膜孔径、膜上大多带电荷等结构特点，以及在低价离子和高价离子的分离方面有独特性能，因而主要用于：不同分子量的有机物质的分离；有机物与小分子无机物的分离；溶液中一价盐类与二价或多价盐类的分离；盐与其对应酸的分离。从而可运用于饮用水和工业用水的软化净化，料液的脱色、浓缩、分离、回收等方面。

（三）超滤

1. 原理

用孔径 2～50nm 的超滤膜来截留分子量 500～1000000 的大分子或胶体粒子，使之从溶液中分离的过程称为超滤，如图 7-22 所示。超滤是介于纳滤与微滤之间的一种膜过程，与反渗透、纳滤类似，超滤的推动力也是压差，在溶液侧加压，使溶剂以及小于膜孔径的溶质透过膜，而阻止大于膜孔径的溶质通过，从而实现组分分离。除了主要的筛分作用外，膜表面的机械截留、膜表面和微孔内的吸附、粒子在膜孔中的滞留也使大分子被截留；有的情况下膜表面的物化性质对超滤分离有重要影响。

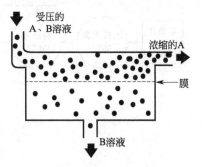

图 7-22 超滤原理示意图

2. 膜与组件

超滤膜多数为非对称膜，按材料可分为有机高分子膜和无机材料膜。超滤膜一般由醋酸纤维素、砜酰胺、聚丙烯腈、聚碳酸酯、聚氯乙烯、芳香聚酰胺、聚四氟乙烯、聚偏氟乙烯、电解质复合物等高分子聚合物材料或者氧化铝、氧化锆、氧化钛等无机材料制备，非对称膜孔径大小不一，故超滤膜的分离能力一般用截留分子量来予以表述。它对去除水中的微粒、胶体、细菌等和各种有机物有较好的效果，但它几乎不能截留无机离子。

超滤膜组件从结构上可分为管式膜组件和板式膜组件。在实际使用中，采用哪种组件形式，一般要由膜材料和被处理液的性能而定。超滤处理的对象大多是含有水溶性大分子、有机胶体、多糖类物体及微生物等的液体，这些物质极易黏附和沉积在膜表面上，所以常采用螺旋导流板、网栅等来强化传质。

3. 操作

由于超滤过程膜通量远高于反渗透、纳滤过程，因此其浓差极化更为明显。当浓差极化产生后，压力继续升高到某一数值，会在膜面形成一层凝胶层，膜表面溶质浓度达到凝胶浓度，此后膜通量将不再随压力增加而升高，这一渗透量称为临界渗透通量。对于一定浓度的某种溶液而言，压差达到一定值后渗透通量达到临界值，所以实际操作压差应控制在接近临界渗透通量附近，操作压差范围一般为 0.3～1.0MPa。

超滤过程操作一般均呈错流，即料液沿着膜面平行高速流动，料液流速影响着膜面边界层的厚度，提高膜面流速有利于降低浓差极化影响，提高过滤通量，另外原料液的预处理操作、膜清洗操作对于延长超滤膜寿命非常重要，这与反渗透过程是类似的。

根据料液情况和分离要求，错流流程分为以下几种：重过滤式，间歇错流式，连续错流式。连续错流式又可分为单级和多级连续操作。多级连续流程工业中运用较多，指的是每一级在一个固定浓度下操作，从第一级到最后一级，料液浓度是逐渐增加的，最后一级的浓度就是浓缩产品的浓度，从贮罐进入第一级时需要一个加料泵，后面几级则依靠压差从前一级进入下一级。

4. 应用

超滤主要适用于热敏性物料、生物活性物等含大分子物质的溶液分离和浓缩。食品工业中用于调味品、果汁、乳制品的加工，可脱除酱油和醋中细菌；用超滤制取纯水可以除去水中的大分子有机物及微粒、细菌、热源等有害物，常用于注射液的净化；超滤还可用于生物酶的浓缩精制、从血液中除去尿毒素等。较传统的工业分离方法，超滤技术显示出经济、可靠、保证质量等优点。如图 7-23，相比两种流程可发现：传统果汁澄清工艺步骤繁多，能耗大，产量低。而使用超滤膜的新工艺流程很短，设备简单，能耗小，产量大，产品澄清度很高，产品附加值高。

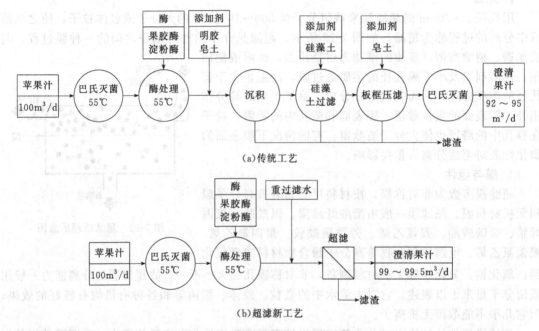

图 7-23 果汁澄清新旧工艺比较

（四）微滤

1. 原理

微滤也是以压差为推动力，利用膜的筛分作用进行分离的膜过程，能够截留直径 $0.05 \sim 10 \mu m$ 的微粒或分子量大于 100 万的高分子物质。在静压差的作用下，小于膜孔的粒子通过滤膜，比膜孔大的粒子则被阻拦在滤膜面上，使大小不同的组分得以分离，其作用相当于过滤。

2. 膜与组件

微滤膜多数为对称膜，一般由聚氯乙烯、再生纤维素酯、聚酰胺等高分子材料制备，具有比较整齐、均匀的多孔结构，而且孔径较大，可直接测得孔径来表示膜孔的大小。

微滤膜组件与超滤类似，不再赘述。

3. 操作

由于每平方厘米微滤膜中约含 1 千万至 1 亿个小孔，孔隙率可达 $70\% \sim 80\%$，故流动阻力很小，过滤速度较快，其操作压差为 $0.1 \sim 0.3 MPa$，主要分离微生物和微粒子。

微滤过程大都采用并流过滤，实验室常用的微滤设备类似于普通的吸滤装置，被截留微粒都沉积在膜上，形成随时间而增厚的滤饼，对于固相含量高的料液无法处理，近年来发展起来的错流微滤技术的过滤过程类似于超滤,不再赘述。

4. 应用

微滤技术在水的精制过程中,可以除去细菌和固体杂质,可用于医药、饮料用水的生产。在电子工业超纯水制备中,微滤可用于超滤和反渗透过程的预处理和产品的终端保安过滤。

目前发展趋势是将反渗透膜系统与超滤、微滤等系统有机地组合应用,充分发挥各种膜分离技术的优势,形成一个完整的系统工程,达到浓缩分离、提纯的目的。反渗透与超滤组合技术回收乳清蛋白、干酪乳清;各种果汁的浓缩、澄清、除菌;葡萄酒的脱色及脱醇等。微滤与反渗透组合工艺,在废水处理领域已相当普遍,一般用于化学品的回收和医用废水的处理。如图7-24,在处理金霉素废水的流程中微滤在反渗透之前,用于清除细小的悬浮物质,起到保安过滤器的作用,可以延长反渗透膜寿命。

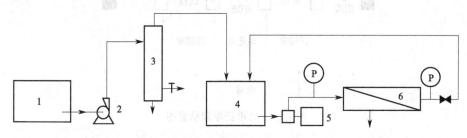

图 7-24　采用二级膜分离技术处理金霉素生产废水工艺流程
1—原料废水贮槽;2—废水输送泵;3—微滤器;4—微滤透析液贮槽;
5—反渗透原料液输送泵;6—反渗透膜分离器

(五) 电渗析

1. 离子交换膜和电渗析

离子交换膜被誉为电渗析的"心脏",是一种膜状的功能性离子交换树脂,用高分子化合物为基膜,在其分子链上接引一些可电离的活性基团,使得膜具有可解离的功能。按膜中所含活性基团的种类可分为阳离子交换膜、阴离子交换膜和特殊离子交换膜三大类。离子交换膜在直流电场作用下,阳膜只允许阳离子透过,而阴膜只允许阴离子透过,这称为离子交换膜对不同电性离子的选择透过性。

电渗析是利用离子交换膜的选择透过性,在直流电场作用下使电解质溶液中形成电位差(推动力),从而产生阴、阳离子的定向迁移,它主要用于海水除盐、溶液提纯等。典型的电渗析过程如图7-25所示,图中的四片离子选择性膜按阴、阳膜交替排列。其中阳膜只允许水中的阳离子通过而阻挡阴离子,阴膜只允许水中的阴离子通过而阻挡阳离子。

电渗析过程除了以上离子迁移过程外,还会发生以下次要迁移过程:同名离子迁移、电解质浓差扩散、水的渗透、水的电渗透、水的解离、压差渗漏等,这些过程都有可能降低电渗析器的生产效率。

2. 电渗析器

电渗析器就是依据电渗析原理设计而成的除盐装置,它由阴、阳离子交换膜,浓淡水隔板,电极框和电极等按一定规则排列起来并用压紧装置压紧而构成。另外辅助设备有:整流器、流量计、压力表、管道、水箱、泵和电导仪等。

电渗析器是按级和段将膜堆组装起来的。级是指电渗析器所具有的电极对数目,一对电极之间的膜堆称为一级,水流方向相同的膜堆称为一段,膜堆是由若干个膜对叠合而成的。膜对是膜堆的基本单元,它由阴膜、淡水隔板、阳膜和浓水隔板各一张按一定顺序组成。

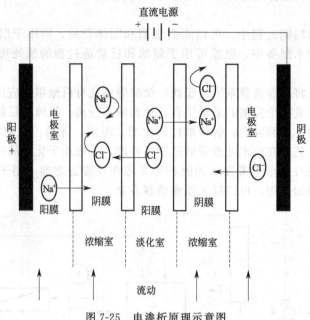

图 7-25 电渗析原理示意图

如在一对电极之间组装一个水流相同方向的膜堆，这样就构成了一级一段；一对电极之间组装两个相邻且水流方向相反的膜堆，则构成一级两段；此外，还有一级三段、一级四段、二级一段、二级二段、多级多段等各种组装方式。

3. 操作

在电渗析过程中，当操作电流达到某一值时，膜液界面附近的离子会迅速进入到浓缩室中去，而溶液中的相应离子来不及扩散补充到界面，造成了膜液界面离子的枯竭，使该离子的浓度达到了零，即到了临界点或极限点，我们称达到临界点的电流密度为极限电流密度。当操作电流密度超过了极限电流密度，水分子将解离成 OH^- 和 H^+，而参与电流的传递，这一现象称为极化。

极化会对电渗析产生极为不利的影响，一部分电能消耗于水的解离，增加了电耗，同时在膜面产生沉淀和结垢，使膜性能恶化。为消除和减轻极化的影响，可采用以下措施：严格控制操作电流，使其低于极限电流密度；定期清洗膜沉淀或采用防垢剂和倒换电极等措施来消除沉淀，也可以对水进行预处理，防止沉淀的产生；适当提高溶液温度可减小黏度，减薄滞流层厚度，提高离子扩散系数。

极限电流密度是电渗析器的一个重要参数，在电渗析投入运行前，必须首先测定。测定极限电流密度的方法较多，有电压-电流法、电阻-电流倒数法和 pH-电流法等。

电渗析器的性能指标包括淡水产量、除盐率、电流效率和电能消耗等。

工艺流程主要为多台电渗析器串联连续式操作、间歇循环式操作等。

4. 应用

电渗析膜技术的主要应用包括：从电解质溶液中分离出部分离子，使电解质溶液浓度降低，如海水与苦盐水的淡化；把溶液中部分电解质离子转移到另一溶液系统中去，并使其浓度增高，或参加反应等，如海水浓缩制盐；从有机溶液中去除电解质离子，如乳清脱盐、氨基酸提纯等；电解质溶液中，同电性但具有不同电荷的离子的分离和同电性同电荷不同离子的分离。

电渗析是水除盐工艺中的一个单元，仅用一个单元就可以独立进行水的除盐，但除盐并不彻底，只能生产一般应用的除盐水。将电渗析与其他水处理技术如离子交换、超滤等相结合，形成集成系统，则能发挥各自的长处，取得更好的处理效果，目前它们已发展成一个大规模的化工单元操作过程，在膜分离领域中占有重要地位，广泛用于苦咸水脱盐，并已在某些地区成为饮用水的主要生产方法。随着具有高选择性低电阻、热稳定性、化学稳定性和力学性能较好的新型离子交换膜的出现，电渗析在食品、医药和化工领域将具有更广阔的应用前景。

（六）膜法气体分离

膜法气体分离的基本原理是根据混合气体中各组分在压力的推动下透过膜的传递速率不同，从而使气体混合物中的各组分得以分离或富集。渗透速率高的气体组分常被称为快气，而渗透速率较低的气体组分被称为慢气。膜法气体分离过程如图 7-26 所示。

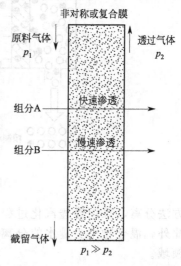

图 7-26　膜法气体分离过程

目前，已大规模用于工业实践的主要采用高分子膜，但近年来随着无机膜的发展，无机膜用于气体分离过程也呈现出良好的发展前景。对不同结构的膜，气体通过膜的传递扩散方式不同，因而分离机理也各异。一般来讲，可将气体通过膜的流动分为两大类，一类是气体通过多孔膜的流动，另一类是气体通过非多孔膜（包括均质膜、非对称膜和复合膜）的流动。虽然非多孔膜上往往也存在孔径为 $0.5 \sim 1nm$ 的小孔，但其性能仍然以非多孔膜来考虑，通常采纳溶解-扩散机理来解释，它由相继的三步实现：吸附于膜表面；扩散透过膜；在膜另一侧解吸。而多孔膜中气体传递机理包括黏性流动、努森扩散、表面扩散和毛细管冷凝等。

膜法气体分离常用单级渗透器流程，当膜的分离性能采用单级渗透器不足以满足所需分离要求时，采用多级串联渗透器流程或循环流程，可大大提高所需产品纯度。

工业上用膜分离气体混合物的典型过程有：从合成氨尾气中回收氢，氢气含量可从尾气中的 60% 提高到 90%，氢的回收率达 95% 以上；从油田气中回收 CO_2，油田气中含 CO_2 为 70%，经膜分离后，渗透气中含 CO_2 达 93% 以上；空气经膜分离以制取含氧约 60% 的富氧气，用于医疗和燃烧；此外还用膜分离除去空气中的水汽；从天然气中提取氦等。

（七）渗透汽化

渗透汽化也称渗透蒸发，是利用液体混合物中各组分被高分子膜选择性吸附溶解，以及膜中扩散速度不同，从而分离混合物的过程。渗透汽化分离过程如图 7-27 所示，进料置于膜的一侧，另一侧抽真空或让快速流动的惰性气体通过，这样，进料中的各液体组分选择性溶解、扩散透过膜，然后从膜的透过侧表面汽化，蒸气直接放空或被冷阱冷却重新转变为液态，从而达到浓缩分离的目的。

膜的渗透速率和分离因数是表征渗透汽化膜分离性能的主要参数，它与膜的物化性质和结构有关，还与分离体系及过程操作参数（温度、压力等）有关。渗透汽化过程的突出优点是分离因数高，可达几十甚至上千，因而分离效率高，但其透过物有相变，需要提供汽化热，因此，此过程对于一些难于分离的近沸点混合物、恒沸物以及混合物中少量杂质的分离十分有效，可以产生良好的经济效益。

用渗透汽化法分离工业酒精制取无水酒精已经实现工业化，并在其他共沸体系的分离中也展示了良好的发展前景。对于近沸点组分，如苯和环己烷，难以用一般的精馏

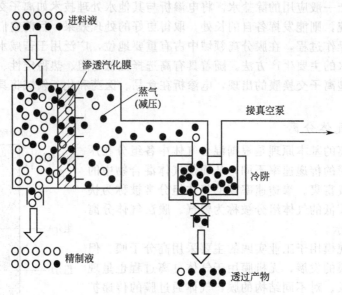

图 7-27　渗透汽化分离过程原理图

方法分离，采用渗透汽化过程，其分离因数可达 200 左右，也显示出很好的分离效果。此外，混合物中少量水的分离和废水中少量有毒有机物质的分离也是渗透汽化应用的领域。

（八）透析

借助膜的扩散使各种溶质得以分离的膜过程称为透析（或渗析），是一种以浓度梯度为驱动力的膜分离方法，溶液中的低分子溶质可从浓度较高的进料液侧，通过扩散透过膜，而进入浓度较低的透析液侧。透析与超滤有共同点，也有不同点：共同点是两者都可以从高分子溶液中去除小分子溶质。不同点是透析的驱动力是膜两侧溶液的浓度差，而超滤为膜两侧的压力差；透析透过膜的是小分子溶质本身的净流，透析速度慢，而超滤透过膜的是小分子溶质和溶剂的混合流，超滤速度快。

如前述的反渗透、超滤等膜过程一样，透析膜也是透析装置的核心。目前透析最主要的用途是血液透析，所以生物相容性、物理机械性能、耐化学及生化物质的稳定性、膜材料的溶出物、抗热原性以及灭菌的难易是选择膜材料的关键。透析膜的高分子材料包括疏水性的聚丙烯腈、聚酰胺及聚甲基丙烯酸甲酯，亲水性的纤维素、聚乙烯及聚乙烯醇等。

以透析膜为核心的人工肾血液透析器，可以除去血液中有毒的低分子量组分，如尿素、肌酸酐、磷酸盐、尿酸等，主要用于治疗肾功能衰竭患者，挽救了很多人的生命。其他较重要的应用包括在黏胶生产中从胶质半纤维素中回收苛性钠、从啤酒中除去醇，还可用于生物及制药行业中生物产品的脱盐和分馏脱盐。

（九）膜反应器

依靠膜的性能来改变反应进程、提高反应效率的系统或设备称为膜反应器。膜作为反应器具有很多优点，如反应、分离与浓缩的一体化，促进化学平衡的移动，快反应中扩散阻力的消除，副反应的消除，复杂反应体系反应进程的调控，催化剂中毒的缓解等等。

常见的膜反应器有膜生物反应器、酶膜反应器、膜发酵器、多相膜反应器、催化无机膜反应器、流化床惰性膜反应器、耦合膜反应器等等。其中膜生物反应器在我国农村污水处理中运用广泛，它是将超滤、微滤膜分离技术与传统的生物反应器相结合的污水处理系统，由曝气系统、膜组件和反冲洗系统三部分组成，如图 7-28 所示。在生物反应器中，曝气系统为微生物提供好氧条件，降解污水中的有机物、悬浮物及部分凝胶物质。超滤、微滤膜平板膜组件作为泥水分离单元，取代了传统工艺中的二次沉淀池，截留活性污泥混合液中微生物絮体和大分子有机物，可获得高生物浓度，延长有机物固体停留时间，再生水经过消毒后，可回用农田灌溉。与传统生物反应器比较，膜生物反应器的优点有：占地面积小，产量大，再生水质好，膜组件清洗方便。

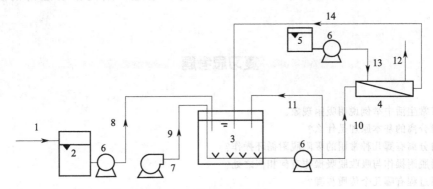

图 7-28　膜生物反应器流程图

1—预处理水；2—贮水池；3—生物反应器；4—膜组件；5—清水池；6—混合液循环泵；7—曝气泵；8—进水管路；
9—曝气管路；10—膜进水管路；11—旁路；12—膜出水管路；13—反冲洗管路；14—混合液循环管路

四、膜分离过程的技术强化

(一) 消除浓差极化和膜污染

浓差极化与膜污染的危害主要在于膜过程推动力下降，渗透通量降低；此外，局部浓度的增高，通常会使溶液饱和，在一定条件下甚至会晶析层积或形成凝胶附着于膜表面，将膜孔堵死，严重时，等于在膜表面上形成一层二次薄膜，使渗透通量大幅度降低，进而引起膜劣化。膜劣化是指膜自身发生了不可逆转的变化导致了膜性能变化。

国内外许多专家学者潜心研究，千方百计寻求解决的措施和方法，实验和创新了多种形式的强化措施。可利用膜表面的改性与改变膜结构；施加电场、超声场、脉动亚声场清洗；流体脉动流强化、旋转动态膜强化、旋转横流等措施。目前最新研究了膜表面改性与改变膜结构，例如，利用低温等离子体进行聚砜膜表面改性，改性后膜表面净电荷减少，抗污染特性提高。又如，研制了孔径沿径向从管外壁到管内壁逐渐减小结构的氧化铝膜管，能有效防止和延缓膜孔堵塞，采用机械清洗方法，就能使膜管的过滤通量得到近 100% 恢复，并不影响膜管的过滤精度，可大大延长膜管的使用寿命。

(二) 膜过滤的数值模拟

膜分离过程的研究，涉及膜面边界层及其附近流区中细小固相粒子的行为。膜的流动边界条件较复杂，使膜表面边界层的测试难度加大，即使采用激光技术，要直接全面地测定它们的流动参数也较为困难。近年来，随着大容量高速计算机的广泛应用和计算流体力学的发展，使得人们对于各种与工程有关的复杂流动进行数值模拟成为现实。

采用数值模拟计算，结合实测，可获得膜过程较为全面的信息，使今后膜分离过程强化机理、膜器放大和优化设计等工作只需少量验证就能得以在计算机上进行。它节省开支、省时省力，可最大限度地减少实验和模型加工等费用，同时为选择适当的膜分离过程强化方法提供了依据。

（三）新的膜分离技术

将膜分离技术与传统的分离技术或反应过程融合在一起，发展出一些崭新的膜分离技术。这些新的膜分离技术在不同程度上吸取了二者的优点而避免了某些原有的缺点，如液膜分离技术、膜萃取、膜亲和分离技术等。膜技术已经不仅仅是用作简单的分离，而是和众多先进技术融合在一起，扬长避短，共同推动经济的发展和社会的进步。

复习思考题

1. 从日常生活中举例说明吸附现象。
2. 吸附分离的基本原理是什么？
3. 吸附分离有哪几种常用的吸附脱附循环操作？
4. 吸附脱附操作与吸收脱吸操作有何相似之处？
5. 吸附过程有哪几个传质步骤？
6. 吸附剂有哪些性能要求？工业上常用的吸附剂有哪些？
7. 什么是膜？膜分离过程是怎样进行的？有哪几种常用的膜分离过程？
8. 分离过程对膜有哪些基本要求？
9. 渗透和反渗透现象是怎样产生的？
10. 膜分离技术在工业上有哪些应用？试举例说明。
11. 膜法气体分离的机理是什么？
12. 比较超滤与微滤的异同点。
13. 电渗析的基本原理是什么？离子交换膜由什么构成？

本章主要符号说明

英文字母

a——比表面积，m^2/g；
x——原料中组分的摩尔分数；
y——透过物中组分的摩尔分数。

希腊字母

Γ——吸附量，$\mu g/g$ 或者 $\mu mol/g$；
θ——覆盖率；

ρ_B——装填密度，kg/m^3；
ρ_P——颗粒密度或表观密度，kg/m^3；
ρ_t——真实密度，kg/m^3；
ε_B——空隙率；
ε_p——内孔隙率；
α_{AB}——分离因数。

第八章

化学反应器

熟悉化工生产中常见化学反应器的结构。

理解流化床反应器的工作原理以及散式流化、聚式流化、腾涌、沟流等相关概念。

了解反应器的分类、化学工业对反应器的要求、釜式反应器的搅拌器类型、固定床反应器的换热装置形式。

第一节 概 述

化学工业是一个多门类、多品种的生产部门，其中任何一种化工产品的生产都是将各种原料通过许多工序和设备，在一定的工艺条件下，进行一系列的加工处理，最后制得产品。只是由于原料、产品的不同，生产过程也各不相同，但概括起来，可认为化工生产过程是由原料处理、化学反应以及产品的分离和提纯三部分组成。其中化学反应过程是化工生产的核心，它对产品是否能够顺利制取以及生产过程的经济效益好坏起着关键的作用。

一、化学反应器的分类

用于化学反应的设备称为化学反应器，反应器是化工生产过程中的核心设备。反应器选用得是否适当，对转化率、能耗等都有很大的影响。由于化学反应种类繁多，操作条件差别很大，物料的聚集状态也各不一样，因此工业生产中反应器的类型是各种各样的。

（一）按反应物料的聚集状态分类

按反应物料的聚集状态可将反应器分为均相反应器和非均相反应器。

若进入反应器参与反应的物料都是一种聚集状态，该类反应器称为均相反应器。其中反应物料均为气体的为气相反应，如石油气的裂解反应；反应物料为互溶液体的为液相反应，如醋酸与乙醇的酯化反应。

若进入反应器参与反应的物料至少有两种聚集状态，该类反应器称为非均相反应器。它可为气固相反应、气液相反应、互不相溶的液液相反应以及气固液三相反应，如合成氨是氢气、氮气与固体催化剂之间的气固相反应，而乙烯气相与苯液相反应生成乙苯的反应是气液相反应等。

（二）按反应器的结构分类

（1）釜式反应器。反应是在一个密闭的釜体中进行，一般反应釜是由筒体、夹套、盖、搅拌器以及蛇管组成。搅拌器的作用是使反应物均匀混合，夹套和蛇管的作用是使反应能够在某一规定温度范围内进行。

（2）管式反应器。反应是在由一根或多根管子串联或并联构成的反应器中进行。如裂解反应所用的管式炉；乙烯直接氧化制取环氧乙烷所用的管式反应器。

（3）塔式反应器。反应是在一个圆柱形塔形设备中进行，如填料塔、板式塔等，它们的结构在精馏、吸收单元操作中已经介绍。这类设备常用于气液相或液液相反应。若在塔式反应器中装填催化剂，则成为以下所述的固定床反应器。

（4）固定床反应器。在塔式或管式反应器中装填一定的固体颗粒（如催化剂），反应物从固体颗粒之间通过，由此达到反应的目的。化工生产中的许多化学反应必须在有催化剂存在的条件下，才能具有较大的反应速率，所以固定床反应器应用十分广泛。

（5）流化床反应器。流化床反应器中也装填有固体颗粒，但其颗粒更小甚至为粉末状。反应物自下而上流过颗粒层，在流体的作用下颗粒被吹起并悬浮在流体中，犹如沸腾的液体，所以流化床又称为沸腾床。

（三）按操作方式分类

（1）间歇操作。将反应物料一次性加入，经过一段时间的反应，达到所规定的转化率后，将物料全部取出，称为放料，对反应器进行清洗后，再进行新的一轮操作。间歇操作设备利用率低，劳动强度大，不宜采用自动控制。常用于小批量、反应时间很长、用一个反应器制取几种不同产品的生产。

（2）连续操作。反应物料连续加入、同时进行反应和取出反应生成物。反应器内各处的温度、浓度和流量都不随时间变化，是一个定态过程。连续操作的设备利用率高，劳动强度小，易于自动控制，适用于大规模生产。

二、对反应器的要求

① 反应器要有足够的反应体积，以保证反应物在反应器中有充分的反应时间，来达到规定的转化率和产品的质量指标。

② 反应器的结构要保证反应物之间、反应物与催化剂之间有着良好的接触。

③ 反应器要有足够的传热面积，保证及时有效地输入或引出热量，使反应能在最适宜的温度下进行。

④ 反应器要有足够的机械强度和耐腐蚀能力，以保证反应过程安全可靠，反应器经济耐用。

⑤ 反应器要尽量做到易操作、易制造、易安装和易维护检修。

第二节　典型化学反应器

一、釜式反应器

釜式反应器是液液相反应或液固相反应最常用的一种反应器。它可以在较大的压力和温度范围内使用，适用于各种不同的生产规模，既可用于间歇操作，又可用于连续操作，既可一个反应器单独操作，也可多个釜式反应器串联操作。釜式反应器具有投资少、投产容易、操作灵活性大的优点。可以方便地改变反应内容，在精细有机合成、制药、染料以及高分子工业中最为常用。

图 8-1 所示为釜式反应器的结构简图。釜式反应器主要是由釜体、换热装置以及搅拌装置构成。釜体由圆筒体和上下封头组成，其高与直径之比一般在 1～3 之间，加压操作时上下封头多为半球形或椭圆形；而在常压操作时，上下封头可作为平盖，为了放料方便，下底

可做成锥形。釜式反应器的材质多采用普通碳钢制成，如果处理的物料有腐蚀性，则可用不锈钢或铸铁制成，亦可在釜内壁喷涂四氟类有机涂料，或在釜内壁衬以搪瓷、搪玻璃、瓷砖、橡胶、树脂及其他保护层。

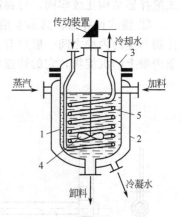

图 8-1　釜式反应器结构
1—筒体；2—夹套；3—盖；
4—搅拌器；5—蛇管

釜式反应器的容积可由下式进行计算：

$$V = \frac{V_R}{\varphi}$$

式中　V——反应釜的设计容积，m^3；

V_R——反应釜的有效容积，每批向反应釜加入的反应物体积，m^3；

φ——反应釜装料系数，其值小于 1 一般在 $0.7 \sim 0.8$ 之间，若反应过程中容易起泡沫或有沸腾现象时，最好取 $0.5 \sim 0.6$ 之间。

为了使反应能在最适宜的温度下进行，常需要对釜内的物料进行加热或冷却。釜式反应器的换热装置常用的有夹套、蛇管和回流冷凝器三种，如图 8-2 所示。

图 8-2(a) 所示为夹套式换热。夹套式换热器多用于设备直径不大，需要面积较小，载热体压力不高，反应釜内装有筐式或锚式搅拌器，反应物腐蚀性较大时的反应釜。图 8-2(b) 所示为蛇管式换热。蛇管式换热器多用于载热体压力高，或夹套换热面积不够时的情况。蛇管式换热器可安装在釜内，也可安装在釜外。如果反应物在反应时沸腾且产生大量的蒸气，则可在反应釜外安装回流冷凝器，以回收反应物料及取出反应放出的热量，见图 8-2(c)。

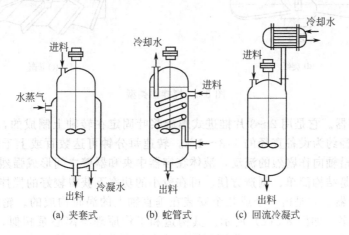

(a) 夹套式　　(b) 蛇管式　　(c) 回流冷凝式

图 8-2　釜式反应器换热类型

为了使釜式反应器中物料充分混合以及具有较好的传热效果，釜中多装有搅拌器，常用的搅拌器有以下几种。

① 桨式搅拌器。这是一种最简单的搅拌器，它是由板状桨叶用螺丝固定在转轴上，随轴在设备中旋转的一种搅拌器，如图 8-3(a) 所示。桨叶的长度约为设备直径的 $1/3 \sim 2/3$，转速为 $15 \sim 80 r/min$。桨叶是水平装置，造成水平液流，一般用于不要求强烈混合的过程。桨式搅拌器的优点是构造简单、制造方便。

② 框式搅拌器。它是桨式搅拌器的一种改进，在水平桨叶外增加垂直桨叶，做成一个框，如图 8-3(b) 所示。这类搅拌器框的边长约为设备直径的 $2/3$，转速为 $15 \sim 80 r/min$。框

式搅拌器结构比较牢固，可提高液体的搅拌程度，适用于黏度比较大的液体。

③ 锚式搅拌器。其基本结构如图 8-3(c) 所示，外形与反应器底部的内壁形状一样，搅拌器与釜的内壁之间一般只有 5mm 左右的间隙。它除了有搅拌作用以外，还可以刮去反应釜内壁上的沉淀物，它的转速约为 15～80r/min。主要用于物料黏度大、有沉淀物的场合。

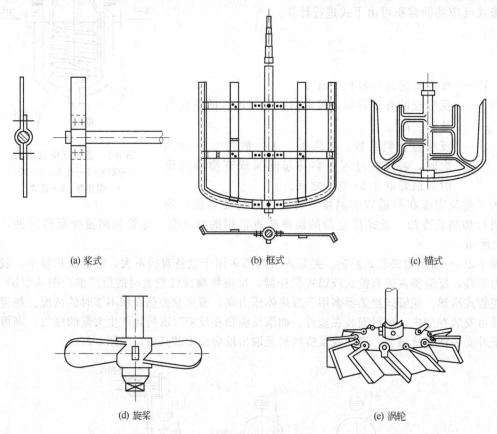

(a) 桨式　　　(b) 框式　　　(c) 锚式

(d) 旋桨　　　(e) 涡轮

图 8-3　搅拌器类型

④ 旋桨搅拌器。它是用 2～3 片推进式螺旋桨叶固定在转轴上制成的，如图 8-3(d) 所示。旋桨叶的直径约为设备直径的 1/3～1/4，转速每分钟可达数百或上千转。高速旋转的桨叶，使得液体沿轴向作剧烈的流动，液体在容器中央和器壁之间形成强烈的循环运动。旋桨搅拌器的优点是结构简单、制造方便、可在较小的功率下获得较好的搅拌效果。

⑤ 涡轮搅拌器。它是由一个或几个安装在垂直轴上的涡轮构成的。轮的轮叶数目可以是 6～16 片或更多，如图 8-3(e) 所示。其构造和工作原理与离心泵相似。当涡轮旋转时，液体由中心沿轴吸入，在离心力的作用下沿轮叶中的通道流向涡轮边缘，在切线方向高速甩出，由此造成剧烈的搅拌。涡轮搅拌器是一种快速搅拌器，其转速可在 300～1000r/min，可将含有固体达 60% 的沉淀搅起，多用于要求迅速溶解和高度分散的操作。涡轮搅拌器的主要缺点是造价较高。

二、管式反应器

管式反应器是由一根或多根管子串联或并联构成的反应器。管式反应器的长度与直径之比一般大于 50～100。管式反应器的结构形式多样，最简单的是单根直管；也可弯成各种形状的蛇管；当多根管子并联时，其形状与列管换热器相似，有利于传热。若在管式反应器中装填催化剂，则可为固定床反应器，如图8-4所示。

管式反应器的结构简单，耐高温、高压，传热面积可大可小，传热系数较高，流体流速较快，在管内停留时间短，便于分段控制温度和浓度。在反应器内任意一截面上反应物浓度和反应速率不随时间变化，仅沿管长变化。管式反应器适用于大型化和连续化的化工生产。

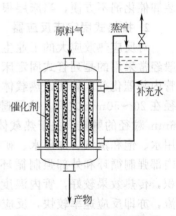

图 8-4　列管式固定床反应器

三、固定床反应器

在塔式或管式反应器中装填一定的固体颗粒，当反应物从颗粒层通过时，颗粒层静止不动，因此称为固定床反应器。固定床反应器中所装填的颗粒多为催化剂，所以也称为固定床催化反应器。这类反应器具有结构简单、操作稳定、控制方便、转化率高等优点，是化工生产中普遍采用的一种反应器，最常用于气固催化反应。

为了减小气流通过催化剂的阻力，催化剂的颗粒不能太小，而操作时催化剂颗粒又固定不动，造成了床层的传热性能不好。因此，固定床反应器的传热问题比起其他类型的反应器更加突出，固定床反应器的结构安排往往在传热问题上考虑得更多一些。按换热方式的不同，可将固定床反应器分为绝热式固定床反应器、换热式固定床反应器和自热式固定床反应器三个类型。

1. 绝热式固定床反应器

图8-5所示的是一种单层绝热式反应器。这种反应器大多数是由金属材料制成圆筒，圆筒下部有一用于支撑催化剂的栅板，在栅板上方堆积固体催化剂。反应器筒体外包有保温层以保证反应器与外界不进行热交换。为了使气体通过床层不会造成床层松动，原料由上往下通过催化剂层进行化学反应。这类反应器结构简单，反应单位体积内催化剂量大，即生产能力大。对于反应热效应不大、反应过程对温度的变化不敏感的情况，用绝热式反应器最为方便。其缺点是轴向温度分布不均，对于热效应大的反应

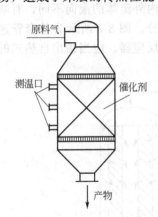

图 8-5　单层绝热式反应器

区温度容易偏离适宜温度。为了改善反应温度条件，可以将几个这种结构的反应器串联起来，在反应器之间安装换热器，这样对物料进行加热或冷却后再进入下一反应器。

在工业生产上，当反应热效应较大时，常常采用多段绝热式反应器。即在圆筒体内放置几层栅板，每层栅板上都装有催化剂，层与层之间设置冷却（或加热）装置进行热交换，以保证每段床层的绝热温升（对于一个放热反应，反应过程所放出的热量假定完全用来提高系统内物料的温度，这个温度的提高称为"绝热温升"）或绝热温降维持在允许的范围内。其结构如图8-6所示。在各段间可以用热交换器与外界进行换热，见图8-6(a)；也可以在各段之间用冷原料直接冷却各段反应后的气体，见图8-6(b)。近代的大型合成氨反应器是采用了中间冷激的多段绝热床形式。多段绝热反应器每一段的温度，可以按最佳温度的需要进行调节，从而提高了催化反应的效率。它的缺点是

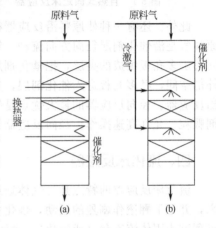

图 8-6　多段绝热式反应器

装卸催化剂不方便,当床层很薄时沿床层轴向气体容易分布不均匀。

2. 换热式固定床反应器

对反应热效应大的工业生产过程,应用最广的是在反应区直接进行热交换的反应器。一般经常采用的是列管式固定床反应器,见图 8-4,这种反应器在结构上与换热器相似。通常管内装催化剂,管间走热载体,管径大小应根据反应热和允许的温度情况而定,一般列管内径在 20~50mm 之间,为了避免壁效应,催化剂的粒径不得超过管径的 1/8,一般采用 2~6mm 粒径的颗粒。关于热载体的选择和循环方法,可根据要控制的温度范围来决定。可采用水、饱和蒸汽、加压水、矿物油、联苯-联苯醚混合物和熔盐等。常用的循环方法有沸腾、内部强制循环和外部强制循环等。列管式反应器由于每根管子较细,故有较大的比换热面积,传热效果较好,管内温度易于控制,又因管径较细,流体在管内流动大体可视为平推流,亦即反应速率较快,反应物的停留时间分布均一,因而,有利于提高反应的转化率和选择性。另外,只要增加管数,便可有把握地进行放大,所以工业上应用广泛,其缺点是结构比较复杂。

3. 自热式固定床反应器

自热式(自己换热式)反应器结构的特点是利用原料气体来降低催化剂床层的温度,同时原料气体本身达到预热的目的,可以说是一举两得。根据床层内外流体的流向不同,有顺流与逆流之别,根据套管数目的多少,又有单套管、双套管等之分。图 8-7 所示为单套管逆流式的自热式固定床反应器。合成氨及合成甲醇广泛采用自热式反应器。应当指出自热式的反应一般热效应是不大的,所以能够做到自己热量平衡。

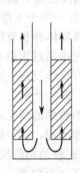

图 8-7　自热式固定床反应器

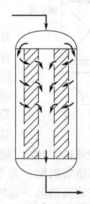

图 8-8　径向反应器示意

此外,还有一种使原料沿反应器径向流动的自热式反应器,即径向反应器。在反应器内原料气是沿催化剂层径向方向流动,结构如图 8-8 所示。反应器的壳体是由两个半径不等的同心圆多孔板组成的夹层,把催化剂放在夹层里。原料气由反应器的上部进入催化剂床层的外部空间,经多孔板进入催化剂层,并沿半径方向向反应器的中心管流动,最后由中心管导出反应器。径向反应器的最大优点是气体通过催化剂床层的压力降小,可以使用很细的催化剂颗粒,允许高速操作。径向反应器已应用于合成氨和石脑油催化重整的过程。

四、流化床反应器

流化床反应器的特点是当气体通过反应器时,反应器内的催化剂在气体的作用下悬浮起来,并上下翻滚作剧烈的运动,催化剂床层如同沸腾的液体,故称为流化床或沸腾床,这个过程称为固体流态化(或流化)。固体流态化时,气、固两相充分接触,有利于传质和传热,有利于反应过程的进行。流化床反应器具有压降低、传热效果好、生产强度大、适应性较强、可实现连续化和自动化等优点。化学工业将固体流态化技术除了应用于催化反应外，还广泛应用于固体燃料燃烧汽化、干燥、吸附等过程中。

（一）流态化现象

1. 固定床阶段

流体流速较低时，流体从静止颗粒间的空隙流动，固体颗粒之间不发生相对运动，犹如前述流体由下而上通过的固定床，所以这时的床层称为固定床，见图 8-9（a）。当流速逐步增大，床层变松，少量颗粒在一定区间内振动或游动，床层高度稍有膨胀，这时的床层为膨胀床。固定床阶段的床层压降随流体的流速增加而增大。

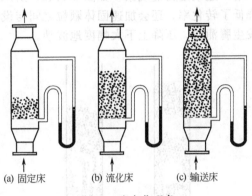

（a）固定床　　（b）流化床　　（c）输送床

图 8-9　流态化现象

2. 流化床阶段

流体流速继续增大，床层继续膨胀、增高，颗粒间空隙增大。当流体通过床层的压降大致等于单位面积上床层颗粒的重量，且压降保持不变时，固体颗粒悬浮在向上流动的流体中，床层开始流化，此时流体的流速称为临界流化速度。流化床具有流体的性质，悬浮的颗粒仍有一个明显上界面。见图 8-9（b）。

3. 输送阶段

再将流体流速增大到一定值时，流化床的上界面消失，颗粒被流体夹带流出，这时变为颗粒的输送阶段（可实现气力输送或液力输送），相应的流速称为带出速度，其值等于颗粒在流体中的沉降速度。输送阶段的压降也随流速增加而增大，见图 8-9（c）。

（二）散式流化和聚式流化

以上所讨论的流化床是理想的流态化现象，实际流态化的情况较为复杂，有散式流化和聚式流化两种。

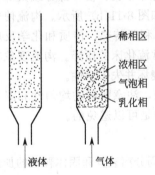

　稀相区
　浓相区
　气泡相
　乳化相

液体　　　气体
（a）散式流化　（b）聚式流化

图 8-10　两种流态化现象

1. 散式流化

若流化床中固体颗粒均匀地分散在流体中，床层各处空隙率大致相等，床层有稳定的上界面，这种流化称为散式流化。在流体与固体之间密度差别较小的情况下可发生散式流化，这种流态化现象多发生在液、固系统中。如图 8-10（a）所示。散式流化是生产中最为理想的流化状态。

2. 聚式流化

这种流态化现象多发生在气、固系统中，由于气固密度差异很大，气体对固体颗粒的浮力很小，颗粒之所以能在气体中悬浮，主要靠气体对颗粒的曳力，这样床层容易产生不均匀现象，在床层中形成若干空穴，如图 8-10（b）所示。空穴内固体颗粒很少，为气体推开固体颗粒后所占据的空间，称为"气泡相"。而非空穴处的颗粒层仍维持刚发生流态化时的状态，通过的气体量少，此处称为"乳化相"。气体通过床层时首先涌向空穴，并夹带少量颗粒以气泡的形式不连续地通过床层，在上升时逐渐长大、合并或破裂，使床层极不稳定、极不均匀，这种流化状态称为聚式流化。聚式流化的上界面波动剧烈，气泡在床层上部破裂时一部分小颗粒被气体抛到上面，形成一个"稀相区"，而较大的颗粒仍留在下部，形成"浓相区"，两个区之间有分界面。由于稀相区的存在，气体极易将细小颗粒带出反应器，容易造成催化剂的损失，也增加了回收颗粒的负担。

在聚式流化中有两种不正常现象，即腾涌现象和沟流现象。

在聚式流化中，如果静止床层的高度与直径之比过大，或气速过高，或气体分布很不均匀，则空穴内的气体在上升过程中合并，增大至与床层直径相等时，床层被大气泡分成几段，整段颗粒如活塞那样被气泡推动上移，部分颗粒在空穴四周落下，或在整个截面上均匀洒落，这就是腾涌现象，如图8-11(a)所示。腾涌不仅使气固接触变坏，床层温度不均匀，降低了转化率，还会加速固体颗粒之间与设备的磨损及颗粒带出，造成设备震动。流化床层发生腾涌时，压降上下大幅度地波动。

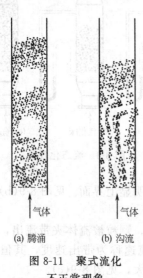

图 8-11 聚式流化
不正常现象

(a) 腾涌　　(b) 沟流

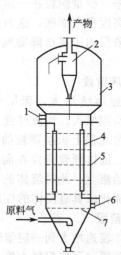

图 8-12 圆筒形流化床反应器
1—加料口；2—旋风分离器；3—壳体；4—换热器；
5—内部构件；6—卸料口；7—气体分布板

在大直径的床层中，由于颗粒堆积不均或湿度较大，或气体分布不良，使一部分或大部分气体经短路通过床层，在床层局部形成沟道，这就是沟流现象，如图8-11(b)所示。沟流使气体不能与全部颗粒良好接触，部分床层成为死床（未被流化），不利于传热、传质和化学反应的进行。由于床层形成沟道时，气体走短路，此时的压降低于正常流化床的压降。沟流现象在催化反应中不仅降低了转化率，而且造成局部过热，使催化剂被烧坏并失去活性。

只要选用适当的静床高度与床径之比，采用适宜的颗粒直径，注意颗粒的均匀性和湿含量，确定适宜的气速与气体分布方式，腾涌和沟流现象在生产中是可以避免的。

（三）流化床反应器结构

流化床一般是由壳体、气体分布装置、内部构件、换热器、气固分离装置和固体颗粒的加卸料装置所组成。图8-12所示为圆筒形流化床反应器，现对各部分的结构和作用作简要介绍。

1. 壳体

壳体由顶盖、筒体和底盖组成，筒体多为圆筒形，顶盖多为椭圆形，底盖可为圆锥形。壳体的上部为气固分离空间，它的直径往往比筒体的直径大，内部装有气固分离装置。壳体的中间部分是流化和反应的基本空间，在此空间设置有内部构件和换热装置。壳体最下部是气体分布空间，安置着气体分布装置。

2. 气体分布装置

气体分布装置的作用是使进入床层的气体均匀分布，以造成良好的起始流化条件，同时要具有一定的强度以支撑床层中的固体颗粒。气体分布装置包括预分布器和分布板两部分。预分布器设置的目的是使进床气体不产生偏流现象，如反应气进口可做成向下弯曲的形式，使气体首先冲向圆锥形的底盖，然后再折回流向分布板。分布板是均匀分布气体的关键部件，制造分布板的基本要求是要使气体均匀分布，阻力小，不漏不堵，制造和操作方便，具有良好的热稳定性和耐磨性等。分布板大致有筛板型、锥帽侧缝型（侧流型，如图 8-13 所示）、密孔型和填料型，目前用得较多的是锥帽侧缝型。

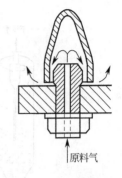

图 8-13　锥帽侧缝型

3. 内部构件

流化床内部构件的作用是改善床层中气固两相的接触、减少轴向返混、改善流化质量以提高反应效率。其形式主要有挡网、挡板、垂直管束或充填物等。挡网一般用金属丝网；挡板一般用大孔筛板或百叶窗式挡板，目前常用的是百叶窗式挡板；垂直管束是将管束垂直插入床层内，它可起到改善流化质量的作用，也可起到传热构件的作用。

4. 换热器

其作用是供给或移走热量，使流化床反应维持在所要求的温度范围内。一般可在床层的外壳上设夹套或在床层内设换热器。在流化床层内设置换热器时，除考虑反应器的换热要求以外，还要考虑对床层流化的影响。换热器有管式和箱式两种，常用的管式换热器是垂直管，均匀布置垂直管相当于纵向分割床层，可限制大尺寸的空穴，破坏气泡的长大；箱式换热器是由蛇管组合而成，换热面积大，便于拆装。

5. 气固分离装置

由于颗粒之间、颗粒与器壁和内部构件间的碰撞与磨损，使固体颗粒被粉化。当气体离开流化床后夹带有不少的细粒和粉尘，若带出反应器外即造成损失，又会污损后工序或降低产品的质量，有时还会堵塞管路或后续设备。故要求气体在离开反应器之前要分离和回收这部分细粒，常用的气固分离装置有两种。

（1）设置沉降分离段。在流化层的上方留有较大的分离空间，并且直径要比流化层处直径大。由于分离段直径较大而使气速降低，因此在床层中被抛散和气流夹带的颗粒可借助重力而降落至流化床。

（2）设置收尘器。在筒体的上部安装收尘器，常用收尘器的结构形式有旋风分离器和过滤器。

旋风分离器是流化床中常用的主要设备之一，利用离心力的作用，能将颗粒收集并返回床层，从而可使床层在细颗粒和高气速下操作时，不至于有太多的夹带损失。过滤器常是在若干根多孔管外包上丝网或玻璃布而制成，当含尘气体通过时，粉尘即被滤掉。过滤管的分离效率高，但阻力大，网孔易堵塞，检修不方便。

（四）流化床反应器的床型

为了适应生产的发展和不同化学反应的需要，因而有各种不同类型的流化床催化反应器，常用的床型有如图 8-14 所示的几种。

1. 圆筒形流化床

这种床型无内部构件，结构简单，制作方便，设备利用率高，床层内混合均匀，是应用较广的床型之一，如图 8-14(a) 所示。它适用于热效应不大、接触时间长、副反应少的反应过程。

2. 锥形流化床

床层的横截面积由下而上逐渐增大，而气体的流速则逐渐减小，如图 8-14（b）所示。锥形流化床宜于气体体积增大的反应，适用于固体颗粒大小不一（或粒度分布较宽，或催化剂易破碎）的物料，大颗粒在床层的下部，因气速大不会停落至分布板上成死床，小颗粒在流速不大的床层上部，减少细颗粒的带出。

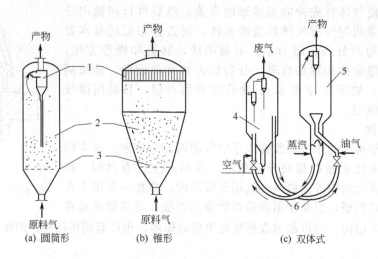

图 8-14　流化床反应器的基本床型

1—分离器；2—催化剂；3—分布板；4—再生器；5—反应器；6—提升管

3. 设有内部构件的流化床

是生产上广泛应用的一种床型，如图 8-12。床层内设有挡板或换热器，或两者兼而有之，既可限制气泡的增大和减少物料返混，又可通过换热来控制一定的温度。这种床型适用于热效应大，又需控制温度在一定范围内，物料返混较轻的反应过程。

4. 双体式流化床

它是由反应器和再生器两部分组成，如图 8-14(c) 所示。反应器内进行流化床催化反应，再生器内使催化剂恢复活性，这样催化剂不断地在反应器与再生器之间循环运动，故这种床型特别适用于催化剂活性降低快，而再生又较容易的反应过程。图 8-14(c) 所示为石油产品的催化裂解过程。在流化过程中，用空气将反应器内结炭的催化剂（失去活性）经提升管引入再生器，在再生器中烧掉催化剂表面的炭，使催化剂被加热而且恢复活性。再生后的催化剂被油气经另一提升管回送到反应器内进行裂解反应。在反应器和再生器内气固相处于流化状态，在提升管内则是气力输送。在这一流态化过程中催化剂不仅起到了加速反应的作用，还起到了传热介质的作用。

复习思考题

1. 说明化学反应器的分类方法。
2. 对化学反应器有哪些要求？
3. 釜式反应器的换热装置形式有哪几种？各适用于什么情况？
4. 釜式反应器常用的搅拌器有哪几种类型？
5. 管式反应器有哪些优点？
6. 固定床反应器的换热方式有哪几种？
7. 什么样的过程称为固体流态化？流化床反应器有什么优点？
8. 为什么说散式流化是生产中最理想的流化状态？
9. 何谓腾涌现象和沟流现象？
10. 流化床反应器的结构包括哪几部分？各部分的作用是什么？

第九章

典型化工生产工艺

掌握一到两个典型化工产品的生产工艺，熟悉其中化学反应原理、工艺流程以及主要设备的结构。

能画出主要工段的工艺流程图，能说明主要工段设置的目的，说明其中主要设备的类型和特点。

理解主要工艺指标（包括温度、压强、流速等）的确定原理以及操作注意事项。

化工生产产品和工艺繁杂，数以万计，进行逐个介绍是不可能的。本章只能通过几个典型的化工生产，讨论在各种化工生产工艺中单元操作设备及反应器的不同组合情况，并根据物理、化学的基本原理分析最优的工艺条件，确定合理的工艺流程，同时对物料和能量的充分利用，以及"三废"处理等进行分析和介绍。较为深入地学习化工生产的内在规律，为其他化工生产过程的分析打好基础。

第一节 合成氨工业

一、概述

氮是一切生物维持生命所必需的营养成分之一，没有氮就不能形成蛋白质。虽然大气中存在着大量的游离氮，却不能被大多数动植物直接吸取作为营养成分。因此，必须将游离氮转变成具有一定化学活性的、能被植物所吸取的化合物，并转而提供给动物。这种将大气中的游离氮转变成氮的化合物的过程，称为固定氮，合成氨工业就是人工固定氮的工业。

化学工业中所制得的氨多是液态氨，它的水溶液称为氨水。液氨和氨水用水稀释后，直接作肥料被植物吸取。氨主要用来制成其他含氮化合物，如硫酸铵、硝酸铵、碳酸氢铵、尿素、磷酸铵和氯化铵等化学肥料。氨用于生产各种氮肥的量约占总产量的 $80\% \sim 90\%$。氨还广泛地被用来制造硝酸、硝酸盐、染料、药品、炸药、有机合成产品、合成纤维和塑料等产品。

氨是利用一定比例氢和氮的混合气在高温高压并有催化剂的条件下直接合成的。氮主要来源于空气，氢主要来源于水和碳氢化合物（如天然气、焦炉气、炼厂气、石油等）。将空气液化分离，或将物料在限量的空气中燃烧或部分氧化，使氧消耗掉可得到氮。将水电解，或将水蒸气与煤、焦炭或碳氢化合物发生氧化还原反应可得到氢。由此可见，合成氨工业中除了廉价的水和空气作原料外，还需要大量的能源，因此节约能源是合成氨生产中的一个重要课题。

氨的合成过程基本上可分为三个步骤，一是原料气的制备，二是原料气的净化，三是氨的合成。氨的合成是整个生产过程的核心，原料气制备和净化为合成的从属工序，一切必须满足氨合成的要求。氨的合成生产方法很多，主要区别在于用不同原料制气，以及相应不同的净化方法，而氨合成则基本雷同。采用哪一种原料制取氨合成所需的原料气，主要取决于能否大量地、经济地获得该原料。以下介绍国内常见的原料气制备、净化以及氨合成的生产过程。

二、合成氨生产工艺

（一）原料气制备

1. 固定燃料气化法

以碳（无烟煤或焦炭）、水蒸气、空气为原料，利用固体燃料的燃烧将水蒸气分解，由此生产 CO、H_2、N_2 混合气的过程称为固定燃料气化法。其主要反应的化学方程式如下：

$$2C+O_2 = 2CO+Q$$
$$C+H_2O = CO+H_2-Q$$

用空气作为气化剂与碳作用生成的混合气称为空气煤气，主要成分为 N_2、CO；用水蒸气作为气化剂与碳作用生成的混合气称为水煤气，主要成分为 H_2 和 CO。要满足合成氨原料气组成的要求，CO 和 H_2 的物质的量之和应为 N_2 的 $3.0\sim3.2$ 倍，这就必须将空气煤气与水煤气按一定比例混合。实际生产中这种混合气是由空气和水蒸气交替与碳反应生成的，所以又称为半水煤气，其制气过程简称为造气。

图 9-1 所示为半水煤气的生产流程示意图，其中煤气发生炉是制造半水煤气的主要设备，它属于非催化固定床反应器。因空气和水蒸气交替与煤气发生炉中的碳反应，故制气可分为吹风和造气两个过程。在实际生产时，为了稳定气化层，为了安全生产，为了制取符合要求的半水煤气，吹风和造气不是交替进行的，而是由吹风和造气按需要编制成一个制气循环，一个制气循环由五个阶段组成。

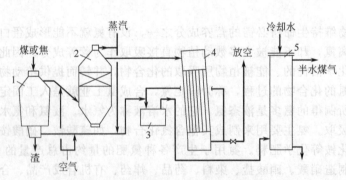

图 9-1　半水煤气生产流程示意图
1—煤气发生炉；2—燃烧蓄热器；3—洗气箱；4—废热锅炉；5—洗涤塔

（1）空气吹风。其目的是送风发热，提高炉内碳层温度。空气从煤气发生炉底进入，由空气中的氧与碳燃烧产生热量，提高炉温。吹风气从炉顶排出，通过燃烧蓄热器贮存热量，再通过废热锅炉，利用其显热产生副产蒸汽，最后从烟囱放空。

（2）蒸汽上吹制气。其目的是制气，水蒸气和空气混合气从炉底吹入、生产半水煤气。制得的半水煤气通过蓄热器、废热锅炉回收热量，经洗气箱、洗涤塔洗去煤灰，再送至气柜。

（3）蒸汽下吹制气。上吹制气后，炉底温度降低，不宜继续制气。但是炉顶温度尚高，可以通过下吹制气予以利用。这时水蒸气和空气混合气经过蓄热器吸取热量后，从炉顶进入炉内与碳反应生成半水煤气，制得的半水煤气从炉底排出，其温度不高，可直接经洗气箱送入气柜。

（4）蒸汽二次上吹。目的是把炉底和下吹管道中积存的半水煤气吹净，并回收到气柜中。防止下阶段从炉底吹入空气时与存留的煤气混合而发生爆炸。水蒸气从炉底吹入，流程与上吹制气相同。

（5）空气吹净。目的是把炉顶及管道中残存的半水煤气吹出并加以回收。空气从炉底吹入、炉顶排出，经废热锅炉、洗气箱、洗涤塔后，送入气柜。

以上五个阶段是一个循环，每一循环需 3～4min。各阶段时间所占百分比分别是：22%～26%、24%～26%、36%～42%、8%～9%、3%～4%。

由煤气发生炉制得的半水煤气，其组成随原料和操作条件而不同，体积分数大约是 H_2 为 38%～42%、CO 为 27%～31%、N_2 为 19%～22%、CO_2 为 6%～9%，此外还有微量 CH_4、O_2 和 H_2S、CS_2、COS 等硫化物，其质量分数在 0.2%～2%以下。

这种方法虽然是间歇的，但满足了热量平衡，反应可以不断交替地进行下去。从整体看，基本上具备了连续生产的优点。

2. 天然气加压两段催化水蒸气转化法

此法不仅适用于天然气，也适用于油田气、焦炉气、炼厂气、轻油等，只是当使用不同的原料时，催化剂反应条件有所不同。

图 9-2 所示为以天然气为原料的工艺流程。在压力为 $3.6×10^6Pa$ 的天然气中配入 0.25%～0.5%的氢气，送入预热器被烟道气预热到 300～400℃，进入脱硫槽中用氧化锌脱除其中硫化氢和简单的有机硫（如 CS_2、COS、硫醇等），使硫的含量在 0.5μL/L 以下，即硫的体积分数在 $0.5×10^{-6}$ 以下，以防止催化剂中毒。脱硫后的气体与压力为 $3.8×10^6Pa$、体积是脱硫后气体 3.5 倍的水蒸气混合，进一步经预热器预热到 500℃，送入一段转化器内进行转化反应。一段转化器是由耐热合金钢管制成的管式反应器，反应管内装有以 α-Al_2O_3 为载体的镍催化剂，反应管外炉膛内用天然气或其他气体加热。在 650～800℃温度下，天

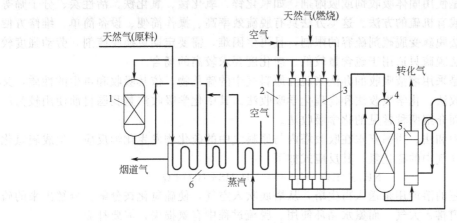

图 9-2　天然气加压两段催化水蒸气转化法流程
1—脱硫槽；2—一段转化炉；3—反应管；4—二段转化炉；5—废热锅炉；6—烟道气预热器

然气与水蒸气发生如下反应：

$$CH_4 + H_2O \Longrightarrow 3H_2 + CO - Q$$
$$CH_4 + 2H_2O \Longrightarrow 4H_2 + CO_2 - Q$$

一段转化反应是体积增大的吸热反应，降低压力和升高温度有利于反应向生成物方向转移。工艺中之所以采用加压操作，是利用了天然气原有的压力，减小了后工序 CO 加压变换的设备体积和动力消耗。而在此处转化反应中是用提高温度的办法来补偿加压造成的不利影响的。

经过一段转化后，约有 90% 的甲烷发生了转化。将转化后的气体送入耐火砖衬里的二段转化炉，同时向二段转化炉内送入压力为 3.5×10^6 Pa、预热至 450℃ 的空气（空气加入量根据合成氨所需氮量配加）。这时空气中的全部氧和转化气中的部分氢燃烧放热。

$$2H_2 + O_2 \Longrightarrow 2H_2O + Q$$

燃烧产生的热使气体温度上升到 1230℃，在较高的温度下，剩余 10% 的甲烷在催化剂的作用下继续发生转化反应。经二段催化转化后，甲烷的含量降至 0.4% 以下，温度约为 1000℃，经废热锅炉回收其热量副产蒸汽，温度降至 370℃ 后送变换工序。

从二段转化炉出来的气体的体积分数大致为 CH_4 0.3%，CO_2 7.6%，CO 12.8%，H_2 57%，N_2 22.3%。

此法的优点是转化率很高，不需要氧气，可以不设空气分离装置，回收的水蒸气量较多。缺点是管式炉需要高级合金钢（含 Ni 20%、Cr 25%）。

（二）原料气的净化

原料气中除了含有氮和氢外，还混有不同数量的二氧化碳、一氧化碳、硫化氢以及其他杂质，这些气体杂质对变换和合成工序的催化剂有毒害作用。所以，原料气在进入合成工序以前，必须将杂质除去。由于制取原料气的原料和方法不同，原料气中杂质的种类和数量也不一样，因而采用的净化方法也不同。此外，由于催化剂的来源、各个过程的工艺要求等原因，即使杂质组成相同的原料气也有不同的净化方法。下面介绍几种清除原料气中杂质的方法。

1. 原料气的脱硫

原料气中的硫化物分为无机硫（硫化氢 H_2S）和有机硫（二硫化碳 CS_2、硫氧化碳 COS、硫醇 RSH、噻吩 C_4H_4S、硫醚 RSR' 等）。其中以 H_2S 含量为最高，约占总硫量的 90%～95%，因此原料气中硫化物的清除主要是 H_2S 的清除。脱硫的目的是防止催化剂中毒，避免腐蚀管道和设备，回收硫黄，做好环境保护工作。

脱硫的方法很多，按脱硫剂的状态通常可分为干法脱硫和湿法脱硫两大类。

干法脱硫是使用固体吸收剂或吸附剂，如氧化锌、氧化锰、氧化铁、活性炭、分子筛等来脱除硫化氢或有机硫的方法。这类方法具有脱硫效率高、操作简便、设备简单、维修方便等优点。但干法脱硫受脱硫剂硫容的限制，且再生困难，需要定期更换脱硫剂，劳动强度较大。因此，干法脱硫只适用于硫含量较低、净化度要求较高的场合。

湿法脱硫是采用溶液吸收的办法来脱除原料气中的硫化物，依其吸收和再生的性质，又可分为物理吸收法、化学吸收法和物理化学吸收法。其中化学吸收法是我国目前使用较为广泛的方法。下面介绍两种常见的化学吸收法。

（1）氨水中和法。用稀氨水在吸收塔内与原料气中的硫化物发生化学反应，生成硫氢化铵，以脱除原料气中的硫化氢。其反应式如下：

$$NH_3 \cdot H_2O + H_2S \Longrightarrow NH_4HS + H_2O + Q$$

吸收硫化氢的溶液用泵送入再生塔，从塔底吹入空气，使硫氢化铵分解。分解出来的硫化氢和空气一道排入大气，而氨水循环使用。脱硫过程中有氨损失，需要补充。

此法的优点是工艺流程简单，原料来自本厂，容易得到。目前国内不少氮肥厂都采用此法。缺点是脱硫效率低，氨损失较大，解吸出的硫化氢直接排入大气，其中硫元素不能加以回收利用，直接造成物料损失和环境污染。

如果在氨水中添加少量对苯二酚作为活化剂以吸收硫化氢，则脱硫效率可提高到 98% 以上，并且可以回收硫黄，纯度达 99% 左右。但半水煤气中 CO_2 含量较高时，采用此法会影响脱硫效果。

（2）改良 ADA 氧化脱硫法。ADA 是蒽醌二磺酸（anthraquinone disulphonic acid）的英文缩写。ADA 脱硫法是以碳酸钠溶液为吸收剂、ADA 为氧化催化剂，将碳酸钠溶液吸收的 H_2S 氧化成单质硫的方法。此法析硫过程缓慢，生成的硫代硫酸盐较多。改良 ADA 氧化脱硫法（简称改良 ADA 法）是在 ADA 法的吸收剂溶液中添加偏钒酸钠，利用偏钒酸钠的氧化还原性质，使氧化析硫速率大大加快。改良 ADA 法脱硫剂的组成见表 9-1。

表 9-1　改良 ADA 法脱硫剂的组成

工　艺	Na_2CO_3/(mol/L)	ADA /(g/L)	$NaVO_3$ /(g/L)	$KNaC_4H_4O_6$ (酒石酸钾钠)/(g/L)
加压,高硫化氢	1	10	5	2
常压,低硫化氢	0.4	5	2~3	1

改良 ADA 法脱硫过程的化学反应原理首先是碳酸钠稀液在 pH 为 8.5~9.5 范围内吸收 H_2S，生成硫氢化钠和碳酸氢钠。

$$Na_2CO_3 + H_2S \Longrightarrow NaHS + NaHCO_3$$

在稀碱液中，硫氢化钠又与偏钒酸钠反应，生成还原性的焦钒酸钠（也称四亚钒酸钠），并析出单质硫。

$$2NaHS + 4NaVO_3 + H_2O \Longrightarrow Na_2V_4O_9 + 4NaOH + 2S\downarrow$$

生成的焦钒酸钠又与氧化态的 ADA 反应，生成还原态 ADA，而本身被氧化成偏钒酸钠。

$$Na_2V_4O_9 + 2ADA(氧化态) + 2NaOH + H_2O \Longrightarrow 4NaVO_3 + 2ADA(还原态)$$

失去脱硫作用的 ADA（还原态）溶液，通入空气可使其氧化再生。

$$2ADA(还原态) + O_2 \Longrightarrow 2ADA(氧化态) + 2H_2O$$

在改良 ADA 脱硫液中，碳酸钠的作用是使 H_2S 变为 NaHS；而 $NaVO_3$ 能迅速将 NaHS 氧化成单质硫，大大增强了脱硫容量；ADA 起催化剂载体的作用；酒石酸钾钠能络合偏钒酸钠，以防止局部硫化氢浓度大于钒所能氧化的速率时，生成硫-氧-钒的复合物，使四价钒溢出。

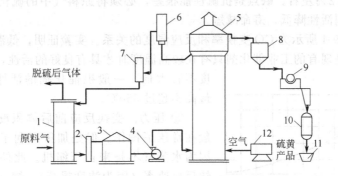

图 9-3　常压改良 ADA 法脱硫工艺流程
1—吸收塔；2—液封槽；3—溶液循环槽；4—循环泵；5—再生塔；6—液位自调器；7—空气
弛放罐；8—泡沫槽；9—真空过滤机；10—熔硫釜；11—铸模；12—空气压缩机

常压改良 ADA 法脱硫的工艺流程如图 9-3 所示。原料气从吸收塔 1 底部进入，与塔顶淋下来的溶液逆流接触，吸收硫化氢后的气体送往压缩或变换工序。从吸收塔底部出来的溶液，经过液封槽 2 进入溶液循环槽 3，然后再经循环泵 4 加压送往再生塔 5 的底部，与空气压缩机 12 送来的空气并流上升，将溶液再生。溶液经液位自调器 6 进入空气弛放罐 7 分离空气后，通过位差的作用流入吸收塔的顶部循环使用。再生空气从再生塔 5 顶部放空。随空气上浮的硫黄泡沫溢流到泡沫槽 8，经真空过滤机 9 过滤后，滤液返回系统使用，硫膏滤饼送往熔硫釜 10 加热成硫黄，然后将硫黄放入铸模 11 中冷却成块，即成硫黄产品。

ADA 法的优点有：①脱硫效率高，可回收单质硫；②溶液易再生，可以循环使用；③ADA 原料价廉、成本低。目前 ADA 法还在不断改进，如加入微量三氯化铁、采用羟基蒽醌磺酸盐和蒽醌磺酰胺代替 ADA 等。加入微量三氯化铁可以大大地提高再生塔中还原态 ADA 的氧化速率，并能改善硫黄的颜色；羟基蒽醌磺酸盐和蒽醌磺酰胺这两种氧化剂的活性都等于或高于 ADA，但水溶性都比 ADA 好。

2. 一氧化碳变换

合成氨原料气中通常含有 15%～48% 的 CO，例如半水煤气中 CO 含量是 28%～34%。CO 虽然不能直接作为合成氨的原料，但是它可以与水蒸气作用，生成 CO_2 和合成氨需要的 H_2，这一过程称为一氧化碳变换。该反应的化学方程式如下：

$$CO + H_2O \rightleftharpoons CO_2 + H_2 + Q$$

变换后的气体称为变换气，变换气中不仅有了合成氨需要的氢气，而且其中二氧化碳也容易除去。

(1) 影响变换的因素和操作条件。一氧化碳变换是一个可逆放热反应，反应前后体积没有变化，在不存在催化剂的条件下，反应进行很慢。为了提高一氧化碳变换率，必须选择适宜的操作条件，现就其影响因素分述如下。

① 催化剂。为了增加变换的反应速率，必须使用催化剂。变换反应的催化剂种类很多，如铁、钴、镍、锰等氧化物。目前工业上采用较多的变换催化剂是以氧化铁为主体的多组分催化剂，并以氧化铬、氧化镁、氧化铝、氧化钾等为促进剂，以增加催化剂的活性。CO 变换催化剂有中温变换和低温变换催化剂两种，常用的中温催化剂有铁铬催化剂和铁镁催化剂。铁铬催化剂的主要成分是 Fe_2O_3、Cr_2O_3，活性温度为 450～500℃；铁镁催化剂的主要成分是 Fe_2O_3、MgO，活性温度为 350～450℃。低温变换催化剂有铜锌铬催化剂（主要成分是 Fe_2O_3、ZnO、Cr_2O_3）或铜锌铝催化剂（主要成分是 Fe_2O_3、ZnO、Al_2O_3），它们的活性温度均在 170～280℃ 范围内。低温变换催化剂的优点是活性温度低，变换气中残余的 CO 量可降低至 0.2% 左右。缺点是抗硫性能很差，必须将原料气中的硫化物脱除至 $1\mu L/L$ 以下，否则催化剂活性降低，寿命减短。

② 温度。图 9-4 所示为 CO 变换率和反应温度的关系。实验证明，低温有利于 CO 变换反应的进行，但是现有的工业催化剂只有在较高温度时才具有良好的活性，因此变换操作温度不宜太低，一般视催化剂的活性温度范围而定，最高不超过 550℃。

③ 压力。变换反应前后体积没有变化，所以一般在常压下操作。但是加压有利于节省能量，这是因为水蒸气不是来自压缩机。此外，加压有利于加快反应速率（因为浓度提高），缩小设备体积，而且变换反应后多余水蒸气的冷凝温度高达 170℃，可以把冷凝热作为一种热源加以利用。但是加压也有限制，压力越大，设备的腐蚀也越严重，所需的水蒸气压力也越大。通常加压变换的压力约为 $2 \times 10^6 \sim 3 \times 10^6\, Pa$。

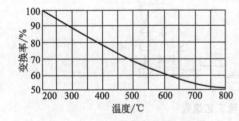

图 9-4　CO 变换率和反应温度的关系

④ 水蒸气添加量和变换率的关系。增加水蒸气量，可以提高变换率。由于受到催化剂活性

温度的限制,变换反应温度不能太低。为了使平衡向右移动,只有采用过量的水蒸气。但是水蒸气过量太多,效果不显著,并且增加水蒸气费用,使设备复杂化。实验测得,在常压和430～520℃时,水蒸气用量与一氧化碳的比值一般维持在5～8最适宜,变换率可达90%～97%。

(2)一氧化碳变换流程图。变换工段中的关键设备是变换炉,在变换炉中催化剂的作用下完成了一氧化碳变换为二氧化碳的反应。为了使反应能始终在最适宜的温度范围内进行,变换炉中分层装填催化剂,属于多段固定床催化反应器,每段之间的气体可采用内部、外部或冷激式换热来降低其温度。

图9-5所示为一个典型的以固体为原料的半水煤气加压中温变换流程。

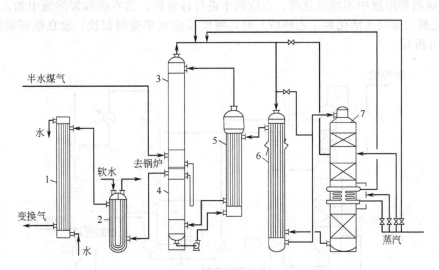

图9-5 半水煤气加压中温变换流程示意图

1—冷却器;2—第二水加热器;3—饱和塔;4—热水塔;5—第一水加热器;6—热交换器;7—变换炉

脱硫并经压缩机加压后的半水煤气进入热水饱和塔3,在饱和塔内气体与塔顶喷淋下来的130～140℃热水逆流接触,两相间进行传热、传质,使半水煤气温度升高而湿度增加;出饱和塔的气体与300～350℃过热蒸汽按一定比例混合后,其中大部分(80%左右)进入热交换器6预热到380℃进入变换炉7的顶部,其余部分不经过热交换器可直接进入变换炉第二段催化剂床层作为冷激气。80%左右的半水煤气经一段催化剂的床层反应升温到480～500℃,与直接进入的冷激气混合降温后进入第二段催化剂的床层进行反应。离开第二段催化剂床层的高温气体经降温并增加气体中水蒸气含量后,进入第三段催化剂床层反应。离开变换炉第三段的变换气的温度约为400℃,残余CO_2含量约为3%。从变换炉底部出来的变换气经过热交换器6用于加热半水煤气,经过第一水加热器5和热水塔4降温减湿后,温度降至100～110℃。再经第二水加热器2加热热水(送到其他工段使用)以回收其中余热,此时变换气温度已降到80℃左右。最后再进入冷却器1,被水冷却至常温去压缩或脱除二氧化碳的工段。

3. 变换气的脱碳和精制

(1)变换气的脱碳。由任何含碳的原料制得的原料气,经变换后,都含有相当数量的二氧化碳,其中CO_2含量根据所用的原料而变,大约在16%～30%之间,如以煤为原料的半水煤气变换后的气体中约含18%的CO_2。一方面CO_2能使氨合成催化剂中毒,给生产造成危害;另一方面CO_2又是生产尿素、碳酸氢铵以及纯碱的重要原料。因此,原料气在进入合成工段之前必须将其清除干净,并有必要加以回收利用。

脱除二氧化碳(简称脱碳)的方法很多,工业上常采用吸收法。根据吸收剂性质的不同，可分为物理吸收法、化学吸收法和物理化学吸收法，生产上用得最多的是化学吸收法。这里主要介绍化学吸收法中常用的改良热钾碱法和 N-甲基二乙醇胺（MDEA）法。

① 改良热钾碱法。以碳酸钾水溶液为吸收剂时，根据向溶液中添加的活化剂不同又分为含砷热碱法（G-V 法）或改良热钾碱法［也称本菲尔特（Benson-Field）法］。由于改良热钾碱法采用了无毒的活化剂，所以又称为无毒脱碳法。

本菲尔特（Benson-Field）法是在活化剂存在下，用热的碳酸钾溶液吸收二氧化碳，其总反应为：

$$CO_2 + K_2CO_3 + H_2O \rightleftharpoons 2KHCO_3 + Q$$

若在碳酸钾溶液中不加活化剂，反应速率进行得较慢，当在碳酸钾溶液中加入 2.5％～5％的活化剂（如加入活化剂二乙醇胺）时，将使反应速率变得很快。改良热钾碱法脱碳流程如图 9-6 所示。

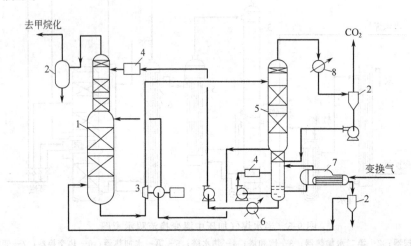

图 9-6　改良热钾碱法脱碳流程示意图

1—吸收塔；2—分离器；3—水力透平机；4—过滤器；5—再生塔；
6—冷却器；7—再沸器；8—冷凝器

由变换炉来的变换气进入再生塔底部再沸器 7，冷凝变换气中水蒸气，使其放出潜热以回收其中热量降温后，通过分离器 2 以除去冷凝液，从吸收塔 1 底部送入，与塔中部进入的半贫液以及塔顶进入的贫液进行逆流吸收反应，经净化后气体中的 CO_2 含量小于 1％，最后经吸收塔出口的分离器 2 送后工段继续精制。吸收塔底部出来的富液经水力透平机 3 减压膨胀回收其中能量后从再生塔 5 的顶部送入，与底部再沸器产生的上升蒸汽逆流接触，其中 CO_2 和部分水蒸气被蒸出，从再生塔顶部出来的气体进入冷凝器 8 降温，冷凝其中的水蒸气，再经再生塔出口的分离器除去冷凝水，所得到的是 CO_2 纯度很高的气体。该法吸收 CO_2 是在压强为（1.82～2.84）×10³kPa、温度为 105～115℃的条件下进行的。

② 有机胺溶液吸收法——MDEA 法。有机胺溶液吸收法中的 MDEA 法是当今低能耗的脱碳工艺。MDEA 法是德国 BASF 公司开发的一种脱碳方法。MDEA（methyl-di-etha-nol-amine）即 N-甲基二乙醇胺，其结构简式为：$(HOCH_2CH_2)_2NCH_3$。

由于 MDEA 是一种叔胺，它的水溶液呈弱碱性，被溶液吸收的二氧化碳易于解吸，因此可以采用减压闪蒸的再生方法，这样可节省大量的热能。再由于 MDEA 蒸气分压较低，因此，净化气及再生气的夹带损失较少，即整个工艺过程的溶剂损失较小。此外，MDEA 性能稳定，对碳钢设备基本不腐蚀，可节省设备投资。

MDEA 吸收二氧化碳的反应如下：

$$(HOCH_2CH_2)_2NCH_3+CO_2+H_2O \Longrightarrow (HOCH_2CH_2)_2(CH_3)NH^+ + HCO_3^-$$

鉴于 MDEA 吸收二氧化碳速率较慢,一般在溶液中加 1%～3% 的活化剂 $R_2'NH$,这样可改变 MDEA 溶液吸收二氧化碳的历程。即活化剂在溶液表面吸收了二氧化碳后,向液相传递,而本身被再生,起到了传递二氧化碳的作用,加快了吸收反应的速率,其反应如下:

$$R_2'NH+CO_2 \Longrightarrow R_2'NCOOH$$

$$R_2'NCOOH+R_2NCH_3+H_2O \Longrightarrow R_2'NH+R_2(CH_3)NH^+ + HCO_3^-$$

活性 MDEA 法脱碳的工艺流程见图 9-7。压力为 2.8MPa 的变换气从底部进入吸收塔 1,与吸收剂逆流接触,下段用降压闪蒸后的半贫液进行洗涤,为了提高气体的净化度,上段再用经过蒸汽加热再生的贫液进行洗涤。从吸收塔出来的富液依次通过两个闪蒸槽 3、4 而降低压力。溶液第一次降压的能量由水力透平 2 回收,用于驱动半贫液泵 5。富液在高压闪蒸槽 3 释放出的闪蒸气中含有较多氢气和氮气,可以回收。

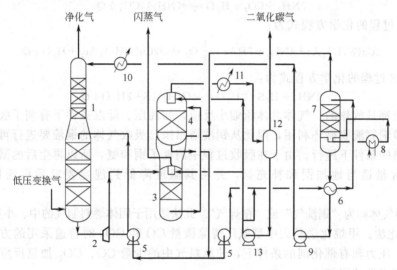

图 9-7 活性 MDEA 法脱碳工艺流程

1—吸收塔;2—水力透平;3—高压闪蒸槽;4—低压闪蒸槽;5—半贫液泵;
6—换热器;7—再生塔;8—低压蒸汽再沸器;9—贫液泵;
10,11—冷却器;12—分离器;13—回收液泵

高压闪蒸槽 3 出口溶液经降压后,进入低压闪蒸槽 4,解吸绝大部分二氧化碳。半贫液从闪蒸槽底部离开,大部分经半贫液泵 5 加送到吸收塔下段,少部分经换热器 6 预热后送到蒸汽加热的再生塔 7 再生,从塔底出来的贫液与进塔的半贫液换热后,经贫液泵 9 加压,再经冷却器 10 送入吸收塔上段。

由再生塔出来的气体进入低压闪蒸槽作为气提介质与热源,低压闪蒸槽出来的气体经冷却器 11 后进入分离器 12,经分离后含二氧化碳 99.0% 左右的气体可作为生产尿素的原料或制作纯净的二氧化碳气体。

MDEA 法脱碳,可使净化气中二氧化碳体积分数小于 0.1%,所耗热能为 $4.3×10^4$ kJ/kmol CO_2,较本菲尔特法降低了 42% 左右,故人们称之为现代低能耗脱碳工艺。

除用化学吸收法脱碳以外,物理吸收法也是合成氨厂常用的方法。由于物理吸收脱碳方法的选择性较差,且只能采用降压闪蒸再生,因此所得到的二氧化碳回收率不高,一般仅在二氧化碳有余的合成氨厂采用。物理吸收法具有的优点是能耗较化学吸收法低。常见的物理吸收法有碳酸丙烯酯法和低温甲醇洗涤法。

(2) 原料气精制。经变换和脱碳后的原料气中还有少量残余的 CO、CO_2 以及 H_2S 和 O_2，为了防止它们对氨合成催化剂的毒害，在送往合成工段以前，还需要进一步的净化，称为原料气的"精制"。由于 CO 在各种无机、有机溶剂中的溶解很小，所以要脱除少量 CO 并不容易。国内目前较多采用的方法是铜氨液洗涤法和甲烷化法。

① 铜氨液洗涤法。铜氨液洗涤法就是利用含有铜氨络离子的溶液（铜液）作为吸收剂，洗涤除去原料气中微量的 CO、CO_2 以及 H_2S 和 O_2，工业上简称为铜洗。铜洗过程是一个化学吸收过程，其吸收剂为醋酸铜氨液，它是利用醋酸（CH_3COOH，简写为 HAc）、紫铜（Cu）和氨气（NH_3）三种原料配制，经过化学反应生成由 $Cu(NH_3)_2Ac$（醋酸亚铜络二氨）和 $Cu(NH_3)_4Ac_2$（醋酸铜络四氨）络合物、游离氨和醋酸组成的混合物。吸收过程在一个装有填料的铜洗塔内进行，其中吸收 CO 过程的化学方程式为：

$$Cu(NH_3)_2Ac + CO + NH_3 \rightleftharpoons [Cu(NH_3)_3CO]Ac + Q$$

吸收 CO_2 过程的化学方程式为：

$$2NH_3 + CO_2 + H_2O \rightleftharpoons (NH_4)_2CO_3 + Q$$

吸收 O_2 过程的化学方程式为：

$$2Cu(NH_3)_2Ac + 4NH_3 + 2HAc + \frac{1}{2}O_2 \rightleftharpoons 2Cu(NH_3)_4Ac_2 + H_2O + Q$$

吸收 H_2S 过程的化学方程式为：

$$2NH_3 + H_2S + 2H_2O \rightleftharpoons (NH_4)_2S + 2H_2O + Q$$

这些反应都是放热的、气体总体积缩小反应，在高压、低温条件下有利于吸收操作。吸收过程中醋酸铜氨液要循环利用，因此从铜洗塔出来已吸收气体的铜液要进行再生，再生要在减压、加热的条件下进行。由于在吸收过程中消耗了铜和氨，所以再生后的醋酸铜氨液要根据总铜的含量适当地加铜和补充氨，并将其温度降低到规定要求后再送回铜洗塔循环使用。

精制后的气体称为"铜洗气"或"精炼气"。此法适用于固体燃料制气的中、小型合成氨厂。

② 甲烷化法。甲烷化法是大中型氨厂清除微量 CO 和 CO_2 时普遍采用的方法。它是在适当的温度、压力和有催化剂的条件下，使原料气中的少量 CO、CO_2 加氢反应生成对氨合成催化剂没有毒性的甲烷：

$$CO + 3H_2 \rightleftharpoons CH_4 + H_2O$$
$$CO_2 + 4H_2 \rightleftharpoons CH_4 + 2H_2O$$

甲烷化反应过程在甲烷化炉中进行，甲烷化炉为固定床反应器，其中装填有镍催化剂，镍催化剂的活性温度范围在 300~400℃。甲烷化是气体总体积缩小的反应，因此高压对反应有利。但在生产中进入甲烷化炉中原料气中的 CO 和 CO_2 总含量不高于 1%，而 H_2 的浓度高达 70% 左右，即使压力不太高，也可以达到满意的效果，故一般甲烷化的操作压力在 2.5MPa 左右。

由于甲烷化法反应要消耗氢气，且生成的甲烷对氨合成反应是无用的惰性气体，这样对原料的利用率不利，所以此法只能适用于净化碳氧化物含量甚少的原料气。

以上介绍的是国内较多采用的两种方法，另外一些具有空气分离技术的国内氨厂，也有的采用液氮洗涤法。液氮洗涤法是在空气分离技术的基础上，以低温下逐级冷凝焦炉气中各个高沸点的组分，最后用液体氮把少量的 CO 和残余的甲烷洗涤除去。此法主要用于重油部分氧化、煤富氧气化的制氨流程中。

目前国外以天然气、石脑油为原料的大型合成氨厂几乎全部采用甲烷化法和液氮法精制原料气，而以重油和煤为原料的大型合成氨厂几乎全部采用低温甲醇洗、串联液氮洗的方法脱除硫、CO_2 和少量的 CO。详细内容可查看有关资料。

经过脱碳和精制后的原料气中，除可用于合成氨的氢、氮气外，仅含有少量的氩和甲烷，其中氢、氮气的体积比是 3：1，此时可将其送往合成工序。

（三）氨的合成

1. 氨合成的基本原理

氮气和氢气合成氨的反应为：

$$N_2+3H_2 \rightleftharpoons 2NH_3+Q$$

这是一个可逆放热反应，反应后体积缩小。如果无催化剂存在，则在常温和常压下反应很难进行，几乎不发生反应。现将影响反应的因素和最适宜的操作条件概述如下。

（1）催化剂。合成氨反应只有在催化剂存在时，才有明显的反应速率。用于合成氨的催化剂的种类很多，目前工业上常用的是铁催化剂。它们都是以 Fe_3O_4 为主体（以 FeO 和 Fe_2O_3 形态存在），加入适当的助催化剂混合熔融，冷却后碎成不规则的小颗粒（几毫米至十几毫米），最后用原料气体氢还原而成。铁催化剂的活性温度为 $450 \sim 500℃$，抗毒性好，不易粉碎，使用寿命长。国产铁系催化剂的组成见表 9-2。

表 9-2 国产铁系催化剂的组成

型 号	主催化剂	助 催 化 剂				
A_{106}	Fe_3O_4	Al_2O_3	K_2O	CaO		微量杂质
A_{109}	Fe_3O_4	Al_2O_3	K_2O	CaO	SiO_2、MgO	微量杂质

（2）温度。合成氨反应是可逆放热反应，所以为了得到较高的氨的合成率，必须尽量保持相应的最适宜温度。对整个氨合成过程来说，最适宜温度不是固定不变的，与催化剂的活性、原料的空间速度（空速）和压力等条件有关。图 9-8 表示在 $3×10^7Pa$ 压力下，气体中的氨含量与温度和空间速度之间的关系。其中适宜温度随气体中的氨含量增大而降低，在实际生产过程中，应使操作温度接近于最适宜温度，要随气体中的氨含量变化而变化。使用铁催化剂的操作温度一般保持在 $480 \sim 550℃$ 之间。

（3）压力。氨合成是体积缩小反应，增加压力可使反应向生成氨的方向转移，并可提高反应速率。但是压力过高，会使设备费用和动力消耗增加，且平衡氨含量并不与压力成正比地增高，压力越高，平衡氨含量增加越缓慢，如图 9-9 所示。目前工业上合成氨的分类方法可根据所采用的操作压力分为高压法、中压法和低压法三种。我国合成氨厂从设备费用和能量消耗等因素考虑，采用中压法较为普遍，其操作压力为 $20.2 \sim 45.6MPa$。

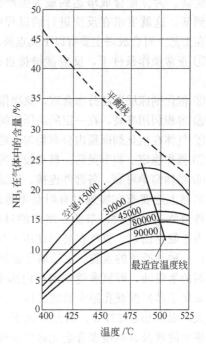

图 9-8 气体中的氨含量与温度和空间速度的关系

[空速单位（标准状态）：$m^3/(m^3_{催化剂} \cdot h)$]

（4）原料气的组成。按氨合成反应式可得氢气、氮气比为 3 能得到最大的平衡氨含量。实际生产中为了提高反应速率，希望氮气过量一些。为此要求净化后的新鲜原料气中的氢、氮气比为 3，循环气的氢、氮气比为 2.5 左右，经混合后进入合成塔的原料气氢、氮气比为 2.8 左右，这样既可保持生产的稳定性，又可提高合成塔出口气体中的氨含量。

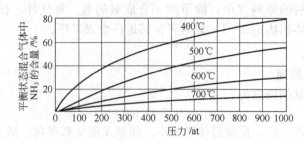

图 9-9　不同温度下平衡氨含量与压力的关系

1at＝98kPa，下同

（5）空间速度。空间速度简称空速，是指单位时间内通过单位体积催化剂的标准气体体积，其单位为 $m^3/(m^3_{催化剂}\cdot h)$。

由图 9-8 可得出，当压强和进塔气体组成一定时，增加空速使塔内气固相催化反应接触时间减小，因而出口气体中氨含量降低。即同一温度下空速愈大，出口气体中氨含量愈低，提高空速似乎对生产不利，但总结果却并非如此，因为单位体积催化剂的生产能力与空速和合成后氨的净增值的乘积成正比。尽管出塔气中氨含量有所降低，但由于空速的增加引起气体流量的增大，氨的总产量不仅不会降低，反而有所增加。

氨合成的空速一般控制在 $2.0\times10^4\sim4.0\times10^4 m^3/(m^3_{催化剂}\cdot h)$。

2. 氨合成塔

氨合成塔是合成氨生产的主要设备之一。它是氢氮混合气体进行氨合成反应的气固相催化反应器。为保证合成塔达到最大生产能力，催化剂床层的温度控制应沿着最适宜温度分布由高到低，这就要求在反应进行的过程中不断地从反应层中移出反应放出的热量。

在工艺上对合成塔主要有以下几点要求：

① 正常操作条件下，反应能维持自热，塔的结构要有利于升温还原、保证催化剂的活性良好；

② 催化剂床层温度分布合理，氨净值高，生产强度较大，热能的回收品位高，能耗低；

③ 容积利用率高，在一定的高压空间内，尽可能多装催化剂，提高生产能力；

④ 气体在催化剂床层内分布均匀，塔的压力降小；

⑤ 操作稳定、调节灵活，具有较大的操作弹性；

⑥ 结构简单可靠，各部件连接、保温合理，内件在塔内有自由伸缩的余地，以减少应力。

当然上述要求在实施时有时是矛盾的，因此合成塔的设计上要兼顾上述所有因素中的最佳条件最终达到高效、节能、增产的目的。

由于氨是由氢、氮气在高温高压下合成，氢、氮气对碳钢有明显的腐蚀作用。造成腐蚀的原因：一种是所谓的氢脆，氢溶解于金属晶格中，使钢材在缓慢变形时发生脆性破坏；另一种是所谓的氢腐蚀，即氢渗透到钢材内部使碳化物分解产生甲烷（$Fe_3C+2H_2 \Longleftrightarrow 3Fe+CH_4$），甲烷聚集于晶界微观孔隙中形成高压，导致应力集中沿晶界出现破坏裂纹。氢腐蚀与压力、温度有关，温度超过 221℃、氢分压大于 1.43MPa，氢腐蚀就开始发生。此外，在高温高压下，氮与钢中的铁及其他很多合金元素生成硬而脆的氮化物，导致金属的力学性能下降。

为了适应氨合成反应的条件，合理解决高温和高压的矛盾，各种结构的氨合成塔相继出现。根据合成塔内件的催化剂床层换热方式的不同，目前国内的合成塔可分为连续换热式、多段间接换热式（段间采用间接换热）和多段冷激式三种塔型。

常用的冷管连续换热式合成塔如图 9-10 所示。

氨合成塔都由内件与外筒两部分组成。进入合成塔的气体先经过内件与外筒间环隙。内件外面设保温层（或死气层），以减少向外筒的散热。因而，外筒主要承受高压，而不承受高温，可以用普通低碳合金钢或优质低碳钢制成，在正常情况下，寿命可达 40～50 年以上。内件虽然在高温下工作，但只承受环隙气流与内件气流的压差，仅为 0.5～2.0MPa，即主要承受高温而不承受高压。内件用镍铬不锈钢制作，由于承受高温和氢腐蚀，内件寿命一般比外筒短些。内件由催化剂床层、热交换器、电加热器三个主要部分构成，大型氨合成塔的内件一般不设电加热器，由塔外加热炉供热。整个合成塔中仅热电偶内管既承受高温又承受高压，但其直径较细，采用厚壁的镍铬不锈钢管即可。

合成塔内热交换器承担回收催化剂床层出口气体的显热并同时预热进口气体的任务。热交换器大都和催化剂床层直径相等，多采用列管式，由于换热管内气体流速过低，通常需要在管内安置麻花条，以提高流速增大湍动程度，由此来增大对流给热系数。一般热交换器传热面积设计留有一定的余量（15%～30%），正常操作时以热交换器旁路来调节温度。

合成塔内热交换器多数置于催化剂床层之下，称为下部热交换器。也有放置于床层之上的，如 Kellogg（凯洛格）多段冷激式合成塔。

多段冷激式合成塔是采用冷流体和反应气体直接混合降温。下面简单介绍大型氨厂立式轴向四段冷激式合成塔（也称凯洛格塔），如图 9-11 所示。该塔外形为上小下大的瓶式，在缩口部位密封，以解决大塔径造成的密封困难。内件包括四层催化剂、层间气体混合装置（冷激管和筛板），以及列管式换热器。气体由塔底封头接管 1 进入塔内，沿内外筒的环隙上升以冷却外筒，气体经缩口环隙向上流过换热器 11 和上筒体 12 间的环隙，然后折流向下穿换热器的管间，被加热到 400℃ 左右，依次进入一、二、三、四段催化剂层 10，由第四层催化剂底部流出，然后折流向上通过中心管 9 和缩口处的换热器管内，换热后经波纹连接管 13 流出塔外。各段催化剂层间采用冷激式降温。

该塔的优点是用冷激气调节反应温度，操作方便，且省去许多冷管，结构简单，内件可靠性好等。

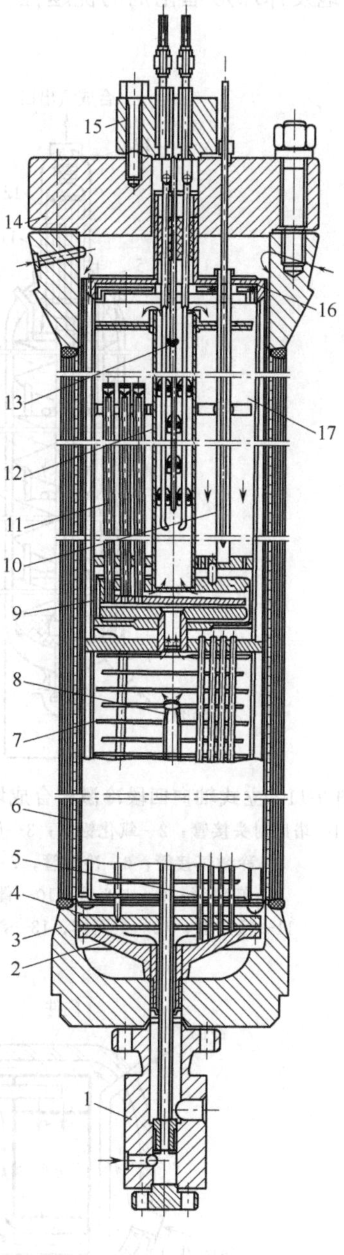

传统的合成塔塔内气体在催化剂床层中是沿轴向流动的，称为轴向塔。轴向塔的主要缺点是气流阻力太大只能采用较大颗粒的催化剂，因而影响催化剂的性能、限制了氨的产量。针对这一缺点出现了径向塔，即气流方向与设备的中心轴方向垂直。如图 9-12、图 9-13 所示，由于气体通过的催化剂层薄，阻力小，可采用较大的空速，也可采用小颗粒的催化剂，这样可提高催化剂的活性，由此增加了氨产量。对于一定氨生产能力的合成塔，催化剂的装填量少，故塔径较小，可采用大盖密封，便于运输、安装与检修。

目前，国外又出现了轴向-径向塔，气体在塔内某一部分以轴向方式通过，而在其余部

图 9-10 冷管连续换热式合成塔
1—塔体下部；2—托架器；3—底盖；4—花板；5—热交换器；6—外筒；7—挡板；8—冷气管；9—分气盒；10—温度计；11—冷管（双套管）；12—中心管；13—电炉；14—大法兰；15—头盖；16—催化剂床盖；17—催化剂

分则以径向方式通过，塔内无死区，使全部催化剂都得到利用，这种结构的合成塔能最大限度地发挥球形催化剂的优越性。

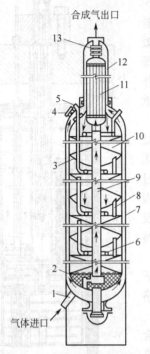

图 9-11　立式轴向四段冷激式合成塔（Kellogg 塔）
1—塔底封头接管；2—氧化铝球；3—筛板；4—人孔；
5—冷激气接管；6—冷激管；7—下筒体；
8—卸料管；9—中心管；10—催化剂层；
11—换热器；12—上筒体；13—波纹连接管

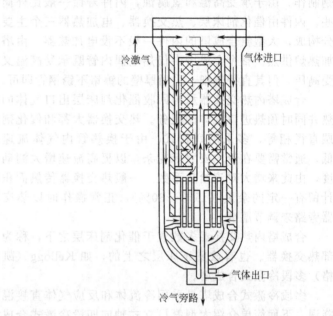

图 9-12　径向冷激式氨合成塔

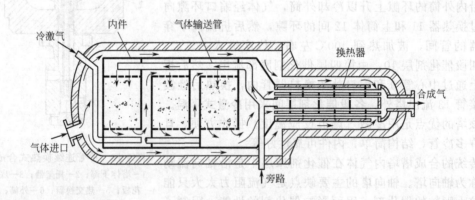

图 9-13　卧式径向合成塔

3. 氨合成工艺流程

由于氢、氮混合气体每次通过合成塔时，只有一小部分反应，所以氨合成的单程转化率较低，为了提高原料的利用率，需要把未反应的氢、氮混合气体经分离氨后再重新送回合成塔。所以氨的合成必须采用原料氢、氮气循环流程。

由于采用压缩机的形式、氨分离的级数、热能回收利用的方式以及各部分的相对位置的差异，氨合成流程有所不同。下面介绍传统的中压氨合成流程。

（1）传统的中压氨合成流程。图 9-14 所示为传统的中压氨合成流程。合成塔出口的气体经水冷器冷却至常温，其中部分气氨被冷凝，液氨在氨分离器中分离出。为降低惰性气体含量，循环气在氨分离器部分放空后，大部分循环气经循环压缩机压缩后进入油分离器，新鲜气也在此补入。其后气体进入冷热交换器的上部换热管内，回收氨冷凝器出口循环气的冷量后再经氨冷凝器冷却到−10℃左右，使气体中大部分氨冷凝下来，在冷热交换器的下部氨分离器中将液氨分离。分离掉液氨的低温循环气经冷热交换器上部的换热管间预冷进氨冷凝器的气体，自身被加热到 10～30℃进入氨合成塔，到此完成了一个循环过程。

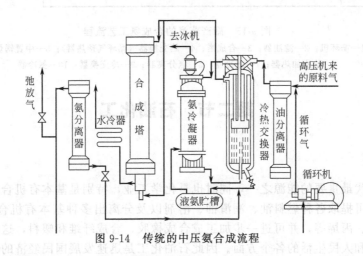

图 9-14　传统的中压氨合成流程

该流程的优点是流程简单、设备投资低；放空气位置在惰性气体含量最高、氨含量较低处，氨和原料损失较少；新鲜气在油水分离中补入，通过氨冷凝器低温液氨洗涤后，可以除去油污以及带入的微量二氧化碳和水分，因此它适用于有油润滑的往复式压缩机。

该流程的缺点是热能未充分回收利用；系统阻力大，这是由于新鲜气中所含微量二氧化碳与循环气中的氨形成氨基甲酸铵之类的结晶，会导致冷交换器管内的阻力较大。

（2）热能回收流程。氨合成反应热较大，综合利用反应放出的热量是合成氨生产节能降耗的主要途径。在合成氨工艺中，热能回收的方法主要有三种，一是用来加热热水，供锅炉和铜液再生时用；二是加热进入饱和塔的热水，供变换所需蒸汽的热能；三是直接利用循环气的高温余热副产蒸汽供变换工序使用。至于采用何种回收方式，取决于全厂的供热平衡设计。目前大型合成氨厂主要采用加热锅炉给水，而中型合成氨厂则多用于副产蒸汽。下面介绍中型合成氨厂普遍采用的副产蒸汽的合成氨工艺流程，如图 9-15 所示。

由循环机 1 来的气体经滤油器 2 后，分三路，一路从合成塔 3 顶部进入塔的内外筒之间，气体沿合成塔内外筒之间的环隙下行以保护塔壁，此路称为一进气体；一路作为冷激气体从合成塔 3 的顶部进入，用来调节各催化剂床层的温度；还有一路是副线，用来调节塔内热交换器进口气体的温度。经过塔壁预热后出来的气体（称为一出气体）进入塔外热交换器 4，提高温度达 160℃后，再从合成塔底部进入塔内的换热器（此处称为二进）继续升温后进入催化剂床层进行反应，反应后的高温气体经塔内换热器降到 300℃左右后出塔（称为二出），进入中置锅炉 5 副产压力为 0.8～1.0MPa 的饱和蒸汽。出锅炉后的气体经热交换器 4 预热原料气后，进入给水加热器 6 预热锅炉用的软水。回收热量后的气体，再依次进入水冷器 7、氨分离器 8、冷交换器 9、氨冷器 10 及冷交换器下部氨分离器等设备冷却、冷凝并分离氨后进循环机，完成一个循环过程。该过程回收的蒸汽供变换工段使用还有余。

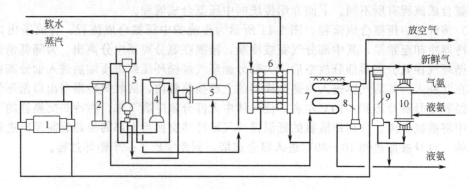

图 9-15　副产蒸汽的合成氨工艺流程

1—循环机；2—滤油器；3—合成塔；4—热交换器（循环气预热器）；5—中置锅炉；
6—给水加热器；7—水冷器；8—氨分离器；9—冷交换器；10—氨冷器

第二节　石油化工

一、概述

石油是当代最重要的能源之一，同时也是化学工业，特别是基本有机合成工业的重要原料。从石油中可提取各种燃料油、润滑油、溶剂以及分离出多种基本有机合成工业的原料，如乙炔、乙烯、丙烯等，并可进一步加工成合成橡胶、合成纤维和塑料，这些产品被广泛地用于经济建设和人民生活的各个方面。因此石油化工是迅速发展国民经济的重要环节，是提高人民生活水平不可缺少的重要工业。

（一）石油的组成

没有经过加工的石油称为原油，它是一种含有大量烃类有机化合物的混合物。其中约含碳 80%～86%、氢 11%～13%、氧 3.5%、硫 0～4%、氮 0～2.5%以及微量的磷、钒、钾、镍、硅、铁、镁、钠等元素，碳氢化合物约占石油总质量的 95%～98%。石油中的烃主要由下列几种组成：

石蜡属烃　　　　　C_nH_{2n+2}　　$n=1～64$
环烷属烃　　　　　C_nH_{2n}　　　$n=5～26$
芳香属烃　　　　　C_nH_{2n-6}

产地不同的石油中各种烃类的数量和比例不同，因而表现出不同的物理和化学性质，同时也决定了石油加工炼制以及综合利用的途径和方法上稍有差异。

（二）石油的分类

根据石油烃类的组成，可将石油分为下述六类。

（1）烃类石油。又称石蜡基石油，富含汽油和煤油的轻质石油属于此类。在其汽油馏分中，石蜡系烃类的含量不低于 50%；而煤油和润滑油馏分中多半为环烷烃；在润滑油中则重质石蜡可达 10%。其中芳烃、树脂和沥青含量不多。我国所产的石油大多数属于石蜡基石油。如大庆原油就属于低硫、低胶质、含有较多高级直链烷烃的高石蜡型石油。

（2）环烷烃石油。这类石油含汽油少，而含煤油和润滑油多，其中环烷烃含量高于 60%，重质石蜡和树脂的含量不多，没有沥青，是提炼高级润滑油的原料。这类石油不多见，我国新疆克拉玛依油田所产的石油属于此种类型。

（3）芳香烃石油。以含芳烃为主，一般含胶质与硫的量不多，这类石油也不多见。

（4）烷烃-环烷烃石油。这类石油中含有环烷烃和重质石蜡，芳烃、硬沥青和树脂的含量少。我国玉门石油属此类型。

（5）环烷烃-芳香烃石油。其中主要含环烷烃和芳香烃，液态和固体石蜡含量不多，但树脂含量则高达15%～20%，含胶质较多。含有重质树脂与沥青的石油都属于此类。这类石油分布极广。

（6）烷烃-环烷烃-芳香烃石油。这类石油最常见。其中三种烃的含量差不多是相等的，一般含有10%的树脂和硬沥青以及0.5%～1%的固体石蜡。

（三）石油的性质

石油是有机化合物的混合物，由于产地不同，组成不同，性质也随之不同。因此对石油物理性质的测定和研究，对其质量鉴别具有重要的意义。通常只要测出某些物理性质如相对密度、沸点、凝固点等，就可以对石油的组成及商品性质作出初步的鉴定。而且，石油的某些物理性质是计算和设计石油运输管道以及正确选择石油加工方案、石油产品的贮存、运输等方面的基础数据。

（1）色泽。石油是有油腻感的可燃液体，通常呈暗褐色或黑色。石油中含有树脂或硬沥青越多，它的颜色越深。

（2）气味。石油具有一种特殊的臭味，主要来自饱和烃与含硫化合物及一部分氧化物。

（3）相对密度。绝大多数石油的相对密度在0.75～1.00之间。若含树脂沥青较多，则相对密度增大。石油中各组分的相对密度是不同的，以碳原子数相同的化合物比较，芳烃的相对密度最大，环烷烃次之，烷烃最小。相对密度小的石油可提炼出较多的汽油和煤油。

（4）黏度。鉴定石油产品的特性时，黏度很重要，特别是对输油管道进行流体动力学计算时意义更大。一般含树脂少而汽油多的石油，其黏度小，含重质沥青和树脂多的石油则黏度大。

（5）闪点。闪点是指可燃液体（石油和石油产品）的蒸气同空气的混合物在临近火焰时能发生短暂燃烧（闪火）的温度。石油含汽油越多则闪点越低。闪点是润滑油的一个指标，润滑油的用途不同，闪点的要求也不同。如锭子油的闪点在120～170℃；涡轮机油在165～200℃；航空润滑油则在185～240℃；最重的汽缸油在215～321℃。

（6）凝固点。石油中含石蜡越多则凝固点越高。凝固点低的石油在实际应用中有较高的价值，尤其在高寒地区。

（7）热值。石油的热值约为4.35461×10^4kJ/kg。高热值是石油产品在燃烧中占有重要地位的原因之一。一般情况下，油的相对密度愈小，热值愈大。

（8）蒸馏温度范围。原油蒸馏方法有常压法和减压法两种。采用常压蒸馏将原油分成汽油、溶剂油、煤油等石油产品的温度范围见表9-3。

表9-3 石油常压蒸馏产品的温度范围

产品名称	蒸馏温度范围/℃	相对密度	产品名称	蒸馏温度范围/℃	相对密度
汽油	<180	0.700～0.750	轻煤油	150～275	0.810～0.820
溶剂油	120～200	0.780～0.790	重煤油	275～350	0.830～0.870

二、石油炼制

从原油出发经分馏得到各种石油产品的生产过程称为石油炼制。根据原油的性质、技术条件以及对产品品种、所需数量和质量的要求不同，原油炼制工艺方案可分为以下三种类型。

（1）燃料油型炼油方案。主要生产汽油、煤油、轻重柴油和锅炉燃料等，此外还可得到燃料气和芳烃、石油焦等。

（2）燃料-润滑油型炼油方案。这种生产工艺除获得燃料油外，还得到各种润滑油。

（3）燃料-化工型炼油方案。以生产燃料油和化工产品为主，这种生产方案属于综合利用型，能获得较高的经济效益。

以上三种工艺方案中原油的常减压蒸馏称为第一次加工；将第一次加工得到的馏分进行裂化、裂解、催化重整、延迟焦化、加氢精制、电化学精制或润滑油加工等生产过程称为第二次加工；第三次加工则是将烯烃、芳烃等制成基本有机化工原料的过程。

（一）石油的预处理和蒸馏

石油作为炼制加工的原料，习惯上称为原油。原油中尽管含有成千上万种有机物，但直到今天，人们还不能将原油中所含的组分一个一个地分离出来加以利用，只能采用蒸馏的方法，取一定沸点范围的馏分，根据各个馏分的物理和化学性质，以及工业上的要求，寻求比较适宜的用途。因此原油无论加工成何种产品，首先必须进行常减压蒸馏，然后将馏分精制成各种燃料产品，或者加工成其他化工产品。

1. 蒸馏前的预处理

油田开采出来的石油，一般都含有水，并溶有无机盐，还掺杂有油泥沙等杂质。这些杂质对炼制过程危害极大，因此原油在未蒸馏前应进行预处理除去杂质。首先是在沉降槽中静置，使泥沙和一部分水沉于槽底而除去，然后加入破乳剂（如 0.01% 苯酚），在 100℃ 以下破乳进一步脱水。脱水的过程实际也是脱盐的过程，除上述方法外，还有静电脱水等其他方法。

2. 原油蒸馏流程

原油的蒸馏通常是常压与减压相结合，故又称常减压蒸馏。方法是：先利用常压蒸馏将易挥发馏分分离出来，再用减压蒸馏分离沸点较高的馏分。一般常压蒸馏的产品为汽油、煤油、柴油，剩余部分称为重油（又称渣油）。由于重油中所含的组分沸点很高，在较高的温度下实现蒸馏操作容易引起分解反应，采取减压的方法可降低蒸馏温度，所以在这里要采用减压蒸馏。重油经减压蒸馏可提取各种润滑油和润滑脂。

常减压蒸馏一般包括三个部分，即初馏部分、常压部分和减压部分。图 9-16 所示为常减压蒸馏工艺流程。

经脱盐脱水后的原油，在换热器内加热到 200～220℃ 进入初馏塔 2，塔顶温度约 95℃，塔底温度约 230℃。初馏塔的任务是从塔顶拔出一部分 95℃ 以下的轻汽油（作重整的原料）及溶解于原油中的气态烃；其塔底排出的叫拔顶原油。将拔顶原油送入常压加热炉 3，加热至 360～370℃，进入常压蒸馏塔 4 中部。所谓常压蒸馏是在大气压强下进行的蒸馏操作。常压蒸馏塔顶温度约 100℃，塔底约 350℃。由于塔内的温度分布从塔底到塔顶是逐渐降低的，故原油中各个不同沸点范围的组分便相应地集中于塔的不同部位，所以可从塔的侧线引出不同沸点范围的产品。如从顶部引出的蒸气经冷凝后得到轻汽油；从侧一线（约 150℃）引出灯用煤油或航空煤油；从侧二线（约 230℃）引出轻柴油；从侧三线（约 300℃）引出重柴油（作催化裂化或润滑油原料）；最后从塔底排出重油（作减压蒸馏的原料）。常压蒸馏塔的操作温度可以根据产品的要求，灵活掌握，适当调整。

从常压塔底排出的重油用泵送到减压加热炉 6 加热至 410℃ 左右，送入减压蒸馏塔 7，减压蒸馏塔顶与一套三级蒸汽喷射泵 8 相连，不断从塔顶抽出不凝性气体，使塔顶压力保持

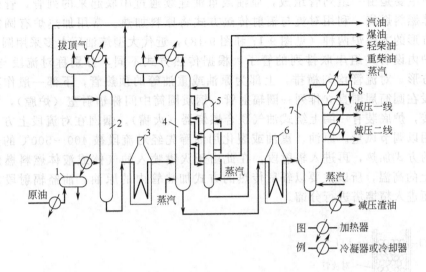

图 9-16 常减压蒸馏工艺流程示意图
1—脱盐罐；2—初馏塔；3—常压加热炉；4—常压蒸馏塔；5—汽提塔；
6—减压加热炉；7—减压蒸馏塔；8—喷射泵

在 2.7~10.7kPa（绝压）。同时在塔底采用吹入直接蒸汽的办法来降低塔底液体的沸腾温度。减压蒸馏塔顶温度约 80℃，塔底温度约 380℃。塔顶获得柴油；侧一线（约 180℃）引出热蜡油（作裂化原料）；侧二线、侧三线和侧四线引出润滑油；塔底则为渣油（作焦化原料）。

常压塔和减压塔从侧线引出的产品都要经过汽提塔 5 处理。这是因为低沸点组分的蒸气是由塔下部往塔上部流动的，因而从塔中部侧线引出的产品必然夹带一些比该产品沸程范围更低的组分，如果不除去，会影响侧线产品的质量。为此，把侧线产品先引入汽提塔内，通入过热蒸汽吹出所带的低沸点组分，并与过热蒸汽一道重新进入主塔内，从而保证侧线产品的沸点在所规定的沸程范围内。常减压蒸馏产品列于表 9-4。

表 9-4　常减压蒸馏产品

沸程范围	馏出位置	产品及用途	产率/%
初馏点~95℃	初馏塔顶	汽油组分(或重整、裂解原料)	3.1
95~130℃	常压塔顶	汽油组分(或重整、裂解原料)	1.1
130~240℃	常压一线	航空煤油(或灯用煤油)	9.9
240~300℃	常压二线	轻柴油组分	6.5
300~350℃	常压三线	柴油组分(或变压器油)	8.0
350~370℃	常压四线	润滑油组分(或催化裂化原油)	4.5
370~400℃	减压一线	润滑油组分(或催化裂化原油)	4.5
400~450℃	减压二线	润滑油组分(或催化裂化原油)	9.5
450~500℃	减压三线	润滑油组分(或催化裂化原油)	11.2
500~535℃	减压四线	润滑油组分(或催化裂化原油)	5.1
大于535℃及损失	减压塔底	丙烷脱沥青原料(或焦化原料)	36.6

3. 炼油的主要设备

常减压蒸馏所用的主要设备有加热炉、热交换器和蒸馏塔。所采用的热交换器是以列管换热器为主，蒸馏塔主要是浮阀塔和浮舌塔，其详细内容已在前面有关章节叙述，这里仅对炼油厂所使用的加热炉结构和使用情况作简要介绍。

加热炉主要是由一组列管组成，原油或重油连续通过串联起来的列管，管外用气体燃料或液体燃料燃烧，利用对流与辐射传热方式将原料加热。常用加热炉有圆筒形管式加热炉与方形的方箱炉两种（见图9-17和图9-18），近代大型炼油厂大多采用圆筒形管式加热炉。炉内设有一组串联排列的管子，根据传热方式不同，分别称对流段与辐射段，对流段为方形，对流管均匀横排，上部为原油或重油等的预热管，下部一般作蒸气过热用；辐射段在圆筒周围直立排列一圈辐射管，钢质圆筒中间称辐射室（炉膛），圆筒内壁衬以耐火砖，炉底装有一圈上绕式油气联合燃烧器（火嘴）。烟囱在对流段上方，并设有烟道挡板用以调节风量。原油、重油或裂化用油等先经对流段被400～500℃的烟道气以对流传热的方式加热，再进入辐射段，在此由于火嘴喷入的气体或液体燃料燃烧而产生1000℃以上的高温，所以主要以辐射传热的方式加热管内的原油，油经辐射段加热后离开加热炉而进入精馏塔进行分馏。

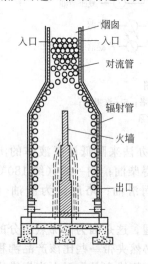

图9-17 圆筒形管式加热炉

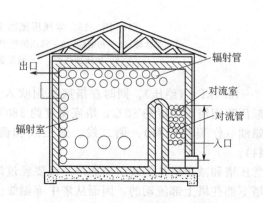

图9-18 方箱炉

方箱炉结构和作用与圆筒形加热炉一样，不同的地方是方箱炉是用耐火材料砌成的，炉中用隔墙分成对流室与辐射室，沿炉壁排列列管。原油等首先进入对流室管组，然后流经辐射室，由辐射室顶部排出。辐射室中部为炉膛，通入气体或液体燃料燃烧，烟道气由辐射室经对流室排入烟囱。

（二）催化裂化

原油直接蒸馏得到的汽油，称为直馏汽油。直馏汽油产率仅相当于原油质量的5%～16%，而且抗震性不佳，不能用于压缩比高的内燃发动机。因此直馏汽油无论从质量还是数量均满足不了工业要求。为了增加汽油产量和提高质量，生产上将常减压蒸馏所得的重质馏分（常压塔侧三线，减压塔侧一线、侧二线以及焦化中间馏分）用裂化的方法进行二次加工，所得的裂化产品，不仅能增加汽油产量，而且能提高汽油的抗震性。裂化方法有三种，热裂化、催化裂化和加氢裂化。热裂化是以加热方法在480～500℃和一定压力下进行，其能耗高，产品质量差；加氢裂化是在氢存在下进行催化裂化，该过程设备投资大；在催化剂上进行的裂化过程称为催化裂化。目前石油炼制过程中多采用催化裂化。

催化裂化是以重质馏分为原料，在450～500℃及98.1～196.2kPa条件下，用硅酸铝作催化剂进行裂化反应，以制取汽油、柴油等轻馏分的二次加工过程。加工得到的汽油质量好，辛烷值高（可达80左右），化学性能稳定，同时生成的气体含有大量丙烯、丁烯等石油化工的重要原料。

1. 催化裂化的化学反应

催化裂化过程不是一种单一的化学反应，这是由于裂化原料是多种烃的复杂混合物，且一次反应的生成物又会继续反应，这就使得催化裂化反应极为复杂。裂化原料油时，在硅酸铝催化剂表面上进行的反应有如下几种类型。

(1) 分解反应。重质馏分中大分子烷烃分解裂化为小分子烃、环烷烃断环裂解为烯烃，带有侧链的芳烃分解为芳烃和烯烃以及二次反应中大分子烯烃再分解为小分子烯烃等。如：

$$C_{16}H_{34} \longrightarrow C_{13}H_{28} + C_3H_8$$

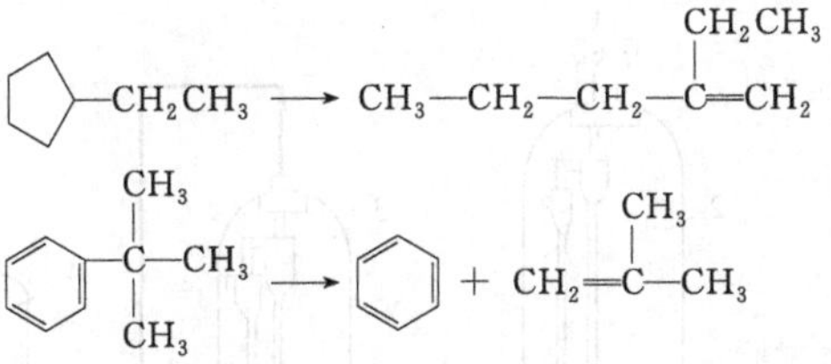

上述反应产物还可连续地进行其他反应。一般来说，烃类分子越大，分解速率也越快；异构烷烃的分解速率比正构烷烃大；烯烃的分解速率比烷烃大；芳烃上的侧链也容易断裂。

(2) 异构化反应。直链烷烃转化为支链烷烃、五碳环烷异构为六碳环烷以及正构烯烃转化为异构烯烃等。如：

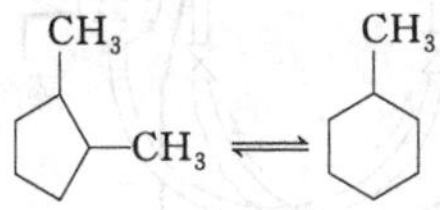

$$CH_3—CH_2—CH_2—CH_3 \longrightarrow CH_3—\underset{}{\overset{CH_3}{\overset{|}{C}H}}—CH_3$$

(3) 芳构化反应。六碳环烷烃脱氢和烯烃环化后脱氢都可生成芳烃。如：

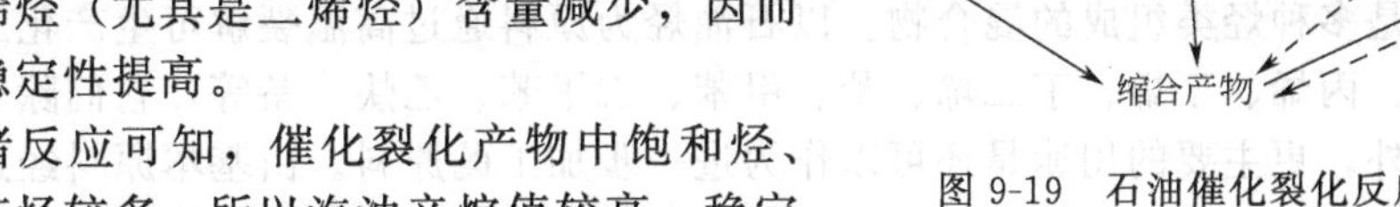

(4) 氢转移反应。多环芳烃逐渐缩合成大分子化合物（即缩合产物）直至焦炭，同时放出氢并转移到烯烃分子中，使烯烃饱和变成烷烃的反应称为氢转移反应。由于这类反应的存在，使反应产物中的烯烃（尤其是二烯烃）含量减少，因而可使油品的稳定性提高。

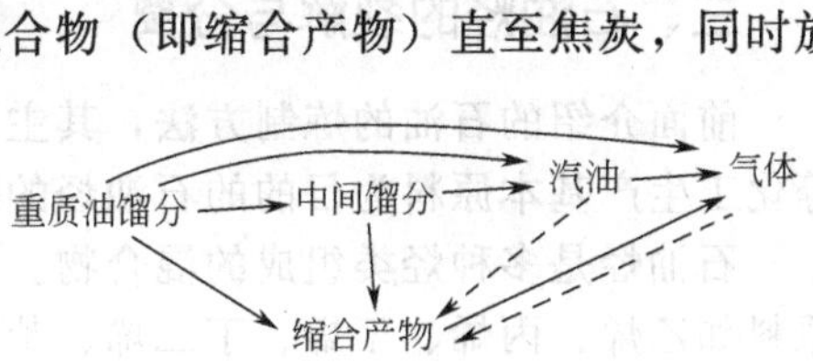

图 9-19　石油催化裂化反应方向

由上述诸反应可知，催化裂化产物中饱和烃、异构烷烃、芳烃较多，所以汽油辛烷值较高，稳定性好。图 9-19 所示为石油催化裂化反应方向的大致描述。由图 9-19 和以上分析可知：原料中各种组分同时发生裂化反应；且同一组分可同时进行几种反应，即平行反应；反应后的产物又会继续发生二次反应，即连串反应。由此可见催化裂化反应是一个复杂的平行-连串反应。

2. 催化裂化的工艺流程

图 9-20 所示为目前普遍采用的催化裂化工艺流程。原料油经加热炉预热后，在出口处与再生后的催化剂汇合［催化剂∶油＝1∶(5～10)］，一起进入反应器，在温度为 450～500℃、空速为 $5h^{-1}$（也有采用 $10\sim20h^{-1}$）的条件下进行反应。反应后的气体引入分馏塔

分离出汽油、轻柴油、重柴油。塔顶不凝性气体称为富气，即含乙烯、丙烷、丙烯等较丰富的气体，可作化工原料。塔底引出的油浆，可作燃料或重新送入反应器。反应器有固定床、移动床与流化床三种类型，图 9-20 所示的反应器为流化床。在反应过程中催化剂表面因积焦而活性下降，可通过汽提段的 U 形管送入再生器，用空气烧去积炭以恢复催化剂活性。再生器也是流化床，再生温度为 600℃左右，温度过高会烧坏催化剂并易损坏设备。燃烧产生的废气，经双动阀排入大气，也可通过锅炉回收热量后放空。

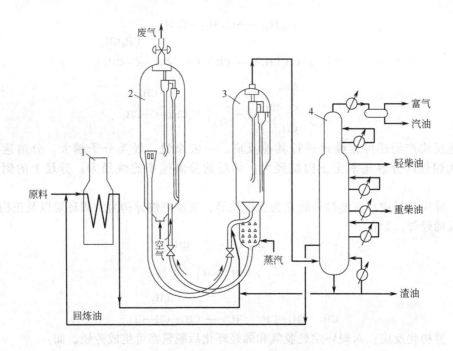

图 9-20 催化裂化工艺流程
1—加热炉；2—再生器；3—反应器；4—分馏塔

三、石油烃的裂解与分离

前面介绍的石油的炼制方法，其主要目的是获取各种油品，下面介绍以获取乙烯、丙烯等化工生产基本原料为目的的石油烃的裂解与分离工艺。

石油烃是多种烃类组成的混合物。以石油烃为原料通过高温裂解可生产化工产品的基本原料如乙烯、丙烯、丁烯、丁二烯、苯、甲苯、二甲苯、乙炔、萘等，它们除了本身有一定的直接用途外，更主要的用途是还可以作为进一步加工的原料。由基本原料经过合成又可以得到化工生产的中间原料如醇、醛、酮、酸、酯、酐、醚、腈、酚等产品。用基础原料和中间原料再经过合成就可得到三大合成材料（塑料、合成纤维、合成橡胶）和新三大合成材料（合成纸、合成树脂和合成皮革），以及医药、农药、炸药、染料、油料、香料、溶剂、助剂、增塑剂等产品。裂解原料大致分成气态烃和液态烃两大类，气态烃如天然气、石油伴生气和炼厂气；液态烃如轻油、煤油、柴油、重油和原油等。

（一）裂解的基本原理

烃类在高温下不稳定，容易分解。工业上将石油系烃类原料经高温作用，使其发生烃类分子碳链断裂或脱氢，从而制取低分子量烃类（烯烃、烷烃）的热分解反应，称为裂解。裂解是十分复杂的多种反应的组合。除了分解反应这一主反应外，同时发生脱氢、异构化、环化、芳香化、叠合、缩合等平行反应和连续反应。在热裂解过程中，烃类的裂解有下列几个趋向。

1. 烷烃的裂解趋向

烷烃加热裂解的主要反应是 C—C 链断裂的分解反应，其产物是低分子烷烃、烯烃和氢气。例如：

$$CH_3—CH_3 \longrightarrow CH_2 \!=\! CH_2 + H_2 - Q$$
$$C_3H_8 \longrightarrow CH_2 \!=\! CH_2 + CH_4 - Q$$
$$C_4H_{10} \longrightarrow C_3H_6 + CH_4 - Q$$
$$C_4H_{10} \longrightarrow C_4H_8 + H_2 - Q$$

烷烃的分子量越高，热稳定性越差，分解速率越大。分子量相同时，异构烷烃的分解速率大于正构烷烃。

分解过程中的脱氢反应，只有低分子量烷烃，如乙烷、丙烷和丁烷在高温下才能观察到。随着分子量的增加，脱氢反应减少。这是由于脱氢反应比分解反应所需的能量大得多。例如，丁烷 C—C 链断裂需 262kJ/kmol 的热量，而 C—H 链断裂则需 366kJ/kmol 的热量。

此外，正构烷烃还可发生环化反应，生成环烷烃，然后脱氢为芳香烃。

2. 环烷烃的裂解趋向

环烷烃的热稳定性比相应的烷烃要高，在一般裂解条件下除发生裂解反应外，还发生脱氢反应。例如环戊烷的裂解：

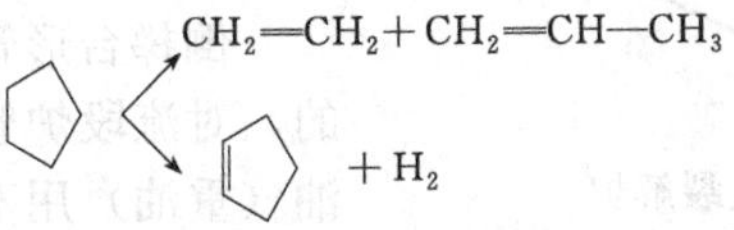

3. 芳香烃的裂解趋向

芳香烃的热稳定性高，不易分解。在裂解过程中，主要反应特性是容易发生缩合反应。例如单环和多环芳香烃的裂解：

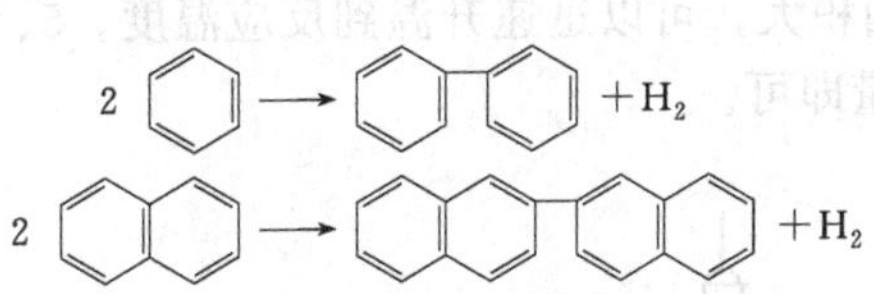

裂解时主要发生烷基链的断裂反应，反应结果使得较大分子的烃类被裂解成低分子烃类，饱和烃变成不饱和烃，从而得到化工生产所需的低级烃。如乙烯、丙烯、丁烯、丁二烯等。

（二）裂解工艺的简介

由于烃类裂解时具有吸收热量大、反应温度高、接触时间短和碳的沉积等特征，对裂解装置提出如下的要求：

① 传热性能好，能在很短的接触时间内，使原料加热到反应温度，并能提供反应所需要的热量；

② 积炭容易清除，保证良好的传热效果和生产能力；

③ 设备结构简单，材料耐高温，化学稳定性好，且易得到。

工业上进行石油烃裂解的方法很多，现介绍常用的管式炉裂解法。

管式炉裂解法是目前结构最简单、技术最成熟、采用最普遍的一种方法。其原理是将石油原料通过高温管道，使其裂解。为了提高裂解率，管径不宜过大，一般采用直径是 $100\sim110\text{mm}$ 的耐高温（$700\sim900℃$）的合金钢管。

裂解时除了产生裂解气外，部分原料成为焦炭和沥青黏附在管子内管，严重时会堵塞管道，影响生产。为了减少结焦，裂解时还须向管内通入一定量的水蒸气。即使如此，生产一定时间后仍会生成大量焦炭，需要停止生产，通入空气和水蒸气将焦炭烧掉。通常每月烧焦一次。所用原料越重，结焦也越严重。因此管式炉的原料只能用气态烃（天然气、油田气、炼厂气）或轻汽油。

虽然管式炉的原理很简单，但实际设计时要考虑的问题很复杂，主要集中在如何提高管式炉的生产能力和降低燃料消耗，以及如何合理安排裂解炉管和排列加热的烧嘴等问题。

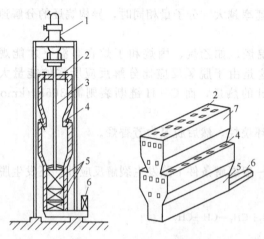

由于裂解最佳条件要求缩短停留时间，炉管必须具备更大的传热强度，因此对炉型做了较大的改进。20 世纪 40 年代，管式炉的辐射段炉管水平排列。60 年代后，改为立式管垂直悬吊（吊架不在高温区，管子可自由伸缩），放在炉中心受双面辐射。为了增加单位体积的传热面，减小管距，管形由圆管改为椭圆管。炉管的传热强度从 20 世纪 50 年代的 $1\times10^5\text{kJ}/(\text{m}^2\cdot\text{h})$ 增至 70 年代的 $4\times10^5\text{kJ}/(\text{m}^2\cdot\text{h})$。目前管式炉的炉型不下数十种。图 9-21 所示为倒梯台形管式裂解炉。

图 9-21　倒梯台形管式裂解炉
1—急冷热交换器；2—炉顶烧嘴；3—裂解炉管；
4—炉侧烧嘴；5—对流段；6—烟道；7—炉体

倒梯台形管式裂解炉的辐射段炉管是垂直的，对流段炉管是水平的。烧嘴工作时，燃烧油（重油）用蒸汽雾化，在下行火焰中充分燃烧。裂解炉管的排列如图 9-22 所示，辐射段炉管前后各七根排成一排。原料油先经对流段预热，然后按 1、2、3…顺序向中间集中。1、4 和 2、3 是并列的椭圆形管（长径 $120\sim300\text{mm}$，短径 $35\sim100\text{mm}$），传热面积大，可以迅速升温至反应温度。5、6、7 是圆形管，而且比较粗，传热量能满足反应所需热量即可。

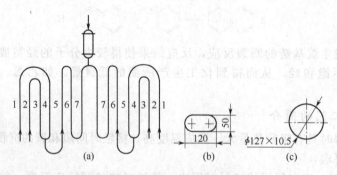

图 9-22　裂解炉管的排列

图 9-23 所示为裂解的生产流程。反应后的产品集中至急冷换热器 2，迅速降温至 550℃左右（同时副产 $9\times10^3\sim1\times10^4\text{MPa}$ 的高压水蒸气）。然后进入急冷器 3，与喷入的急冷油接触，使急冷油汽化而降温。降温后的油品进入汽油精馏塔 4，乙烯、丙烯、丁烯和水蒸气等气体和裂解汽油从精馏塔顶排出，经冷凝冷却后，进入油水分离器 6。裂解气从油水分离

器顶部送走。下层是冷凝水，可用来生产蒸汽，供裂解时作稀释剂循环使用。中间是裂解汽油，一部分进一步加工以提取芳香烃，另一部分返回汽油精馏塔作为回流液。从汽油精馏塔底排出的是裂解重油，经冷却后，一部分作为产品（燃料油），另一部分作为急冷油循环使用。

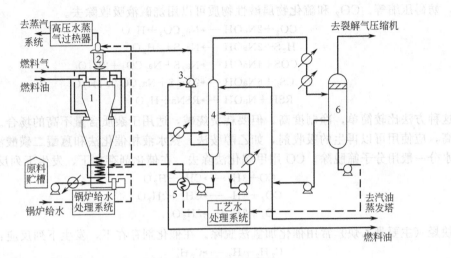

图 9-23　裂解生产流程
1—裂解炉；2—急冷换热器；3—急冷器；4—汽油精馏塔；5—蒸汽发生器；6—油水分离器

　　此流程的优点是充分回收热能，产生的高压蒸汽和稀释蒸汽可满足装置本身所需动力的70%；采用新式炉型，可以在不同管程处设置烧嘴；可以按照裂化反应的不同进程的需要供给热量，能精确地控制炉温；炉管受热面积大，热效率高，乙烯产率高。

　　裂解炉长期使用后，炉管内壁会结一层焦炭，这时应当轮流使一部分炉管暂时停产，用水蒸气或氢气在一定温度下与焦炭反应而清除之。清焦周期根据裂解原料和条件的不同，一般是40～50天。管式炉的特点是：技术成熟，设备不复杂，操作方便，易于连续化。由于炉内有较为一致的停留时间，原料利用率和乙烯产率较高。由于炉管长度与管径之比很大，易于控制温度，烯烃产率高，并能得到要求的产物分配。由于裂解气不与燃烧气接触，裂解气中不会混入 CO、CO_2 和 N_2 等杂质气体，裂解气的质量高。管式炉的动力消耗比其他裂解方法低，所以管式炉是目前国内外广泛采用的裂解炉，世界上有 90% 以上的乙烯是由管式炉生产的。

　　缺点是需要大量耐高温合金钢。由于结焦原因，目前还不宜用重油或原油作为原料。

（三）裂解气的分离

1. 分离的要求和方法

　　裂解气是多组分的混合气。它们主要是氢气、甲烷、乙烯、乙烷、丙烯、丙烷、丁烯、丁烷、戊烯、戊烷和大分子烃等。此外，还有少量 CO、CO_2、水蒸气等杂质。它们的含量随裂解原料和裂解条件而不同。这些气体有各自的用途，有必要把它们分离。根据进一步加工的需要，分离的气体在纯度上有不同的要求。例如，聚乙烯或聚丙烯生产，要求原料纯度达到 99%～99.9%；而烯炔法生产氯乙烯，则不要求分离乙烯和乙炔；生产丙烯腈，则要求丙烯、丙烷馏分中含丙烯 65% 即可。

　　裂解气的分离方法有深冷分离（-100℃以下）、一般冷冻分离（-50℃）、油吸收法、分子筛或活性炭吸附分离法等。它们各有特点，选用时应考虑分离要求、裂解气组成、基建费用、能量消耗，以及技术和材料等因素。

2. 深冷分离过程

　　这是应用最广的分离方法。它的特点是能量消耗低，产品纯度高（乙烯可达 99.9%、丙烯可达 99.5%～99.9%），但需要大量耐低温的合金钢，适用于大型工厂。

深冷分离过程包括裂解气的预处理、制冷和精馏三部分。

（1）裂解气预处理。除去对制冷有碍的水分、CO_2、CO、硫化物、炔烃等有害杂质。其中水分和 CO_2 在低温时凝成固体，会堵塞管路。CO、硫化物使加氢催化物中毒；炔烃易聚合，妨碍压缩等。CO_2 和硫化物属酸性物质可以用烧碱液吸收除去。

$$CO_2 + 2NaOH \longrightarrow Na_2CO_3 + H_2O$$
$$H_2S + 2NaOH \longrightarrow Na_2S + 2H_2O$$
$$COS + 4NaOH \longrightarrow Na_2S + Na_2CO_3 + 2H_2O$$
$$CS_2 + 6NaOH \longrightarrow 2Na_2S + Na_2CO_3 + 3H_2O$$
$$RSH + NaOH \longrightarrow RSNa + H_2O$$

这种方法比较简单，净制度高，但要耗费烧碱，适用于杂质含量不高的场合。如果杂质含量高，应使用可以再生的吸收剂，如乙醇胺法、氨水液相催化法和蒽醌二磺酸法等。

水分一般用分子筛脱除。CO 用甲烷化法除去。在催化剂存在下，发生下列反应：

$$CO + 3H_2 \longrightarrow CH_4 + H_2O$$
$$CO_2 + 4H_2 \longrightarrow CH_4 + 2H_2O$$
$$O_2 + 2H_2 \longrightarrow 2H_2O$$

炔烃（主要是乙炔）常用催化加氢法脱除。在催化剂存在下，发生下列反应：

$$C_2H_2 + H_2 \longrightarrow C_2H_4$$
$$C_3H_4 + H_2 \longrightarrow C_3H_6$$

（2）制冷。目的是使除了氢以外的气体液化，然后把液态组分用精馏方法分离。制冷是利用机械能获得低温的过程，工业上广泛使用氨作为冷冻剂，但氨作为冷冻剂所获得的低温一般不低于 -50℃，而裂解气的液化需要在 -100℃ 以下的低温，这样就必须寻找一种沸点更低的物质作为冷冻剂，并需要采用特殊的方法制冷。

乙烯在常压下的沸点是 -103.7℃，可作为裂解气液化的冷冻剂。且乙烯即使在 2943kPa 的压力下液化温度也只有 -25℃，无法用冷却水冷却液化。因此需要有一种液化温度比 -25℃ 更低的冷冻剂吸取乙烯液化时所放出的热量。丙烯在 123kPa 的压力下，沸点是 -43℃，而在 1864kPa 的压力下，冷凝温度是 34.5℃，很容易用冷却水冷却和冷凝。因此在裂解气冷冻分离工艺中，大多就地取材，用乙烯-丙烯作冷冻剂，串联制冷，称为复叠制冷，如图 9-24 所示。

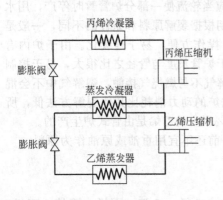

图 9-24　乙烯-丙烯复叠制冷示意图

在实际应用上，由于精馏分离时塔顶馏出液不同组分的冷凝温度各不相同，需要多种温度的冷冻剂。因此复叠制冷时根据精馏分离组分的冷凝温度，乙烯、丙烯的压缩采用不同的压力，利用冷冻剂不同，压力和汽化温度各不相同的性质，引出 0℃、-25℃、-40℃、-62℃、-70℃、-100℃ 等不同温度的冷冻剂。

（3）精馏。它是利用各组分沸点不同进行分离的操作。表 9-5 所列为裂解气中几种主要组分的沸点。

表 9-5　裂解气中几种主要组分的沸点/℃

气体名称	压力/kPa					
	101.3	1013	1519.5	2026	2532.5	3039
H_2	-253	-244	-239	-238	-237	-235
CH_4	-162	-129	-114	-107	-101	-95

气体名称	压力/kPa					
	101.3	1013	1519.5	2026	2532.5	3039
C_2H_4	−104	−55	−39	−29	−20	−13
C_2H_6	−88	−33	−18	−7	−3	11
C_3H_6	−48	9	29	37.1	43.8	47

由于裂解气中组分多，各组分沸点不同，工业上通常采用多塔精馏的方法。其精馏流程是按照挥发性依次减小，即沸点依次升高的顺序安排：先将裂解气送入脱甲烷塔从塔顶分离出甲烷和氢气，塔底产品进入脱乙烷塔分离；脱乙烷塔塔顶引出的 C_2 馏分中，除去乙烷和乙烯外，还有相当数量的乙炔，再将出 C_2 馏分送入加氢反应器，在催化剂的作用下使乙炔加氢变成乙烯，再经第二脱甲烷塔脱除甲烷后，进入脱乙烯塔，塔顶获得乙烯产品，塔底获得乙烷送裂解。脱乙烷塔塔底得到的 C_3 以上的馏分送入脱丙烷塔，在塔顶获得 C_3 馏分继续分离可得丙烯和丙烷，塔底 C_4 以上的馏分继续分离可得到丁烯、丁二烯以及 C_5 以上的馏分。各精馏塔的操作压力范围在 2.84～4.25MPa 之间，相应的温度范围在 −70～−100℃ 之间。

第三节　精细化工

一、精细化工的概念和精细化工产品的分类

（一）概述

化工产品按照用途不同，通常可划分为两大类别，即通用化工产品与精细化工产品。通用化工产品用途广泛，生产批量大，产品常以化学名称及分子式表示，且规格是以其中主要物质的含量为基础。精细化工产品则分为精细化学品（如中间体、医药和农药的原料等）和专用化学品（如医药成药、农药配剂、各种助剂、水处理剂等），具有生产批量小、附加值高等特点，产品常以商品名称或牌号表示，规格以其功能为基础。

我国目前公认的精细化工产品定义可描述为："精细化工产品就是深度加工的，具有功能性和最终使用性的，品种多，产量小，附加价值高的一大类产品。"这里所谓功能性，是指精细化工产品通过物理作用、化学作用或生物作用而产生某种功能或效果（如塑料用的增塑剂、仪器用的添加剂等）。所谓最终使用性是指该化学品不需再加工即可提供用户直接使用（如各种洗涤剂）。

生产精细化学品的工业，称为精细化学工业，简称精细化工。按照国家自然科学技术学科分类标准，精细化工的全称应为"精细化学工程"，属化学工程学科范畴。近几十年来"化学工业精细化"成为发达国家科技和生产发展的一个重要特征。

精细化工产品类型多，涉及的范围广泛，为便于研究、开发以及实际应用，可以从不同角度实施分类。根据产品的物理、化学性质不同可分为无机精细产品和有机精细产品两大类。根据产品的用途进行分类，各国对精细化工行业的划分有所不同。我国原化工部在 1986 年将精细化工行业分为Ⅱ类，即农药、染料、涂料（包括油漆和油墨）及颜料、试剂和高纯物、信息用化学品（包括感光材料、磁性材料等）、食品和饲料添加剂、黏合剂、催化剂和各种助剂、化学药品、日用化学品、功能高分子材料等。在催化剂和各种助剂中，又细分为催化剂、印染助剂、塑料助剂、橡胶助剂、水处理剂、纤维用油剂、有机抽提剂、聚合物添加剂、表面活性剂、炭黑、吸附剂、皮革化学品、电子工业专用化学品、造纸化学品、农药用助剂、油田用化学品、混凝土用添加剂、机械及冶金用助剂、油品添加剂、其他助剂等 20 大类。每一大类中又有若干类，且有很多品种。需要说明的是上述分类方法仅仅

是原化工部所做的规定，并没有包括我国精细化工的全部内容如医药制剂、酶、香料、精细陶瓷等。

（二）精细化工的特点

精细化工的综合生产特点主要表现在以下几个方面。

1. 产品的特定功能和专一性

精细化学品中的专用化学品应用范围狭窄，功能是特定的，如加脂剂就是为了给皮革加入各种油脂，使皮革柔软、手感油润；施胶剂就是使纸张获得抗拒流体（主要指水）的性质。专一性则是指应用于专门目的，例如，多潘立酮（吗丁啉）是一种胃动力药，地奥心血康专门治疗心血管疾病；只有食用香精才能用于食品赋香，其他香精则禁用于食品。特定功能和专一性也是相对而言的，如家用洗涤剂，如果是洗衣服，要求有很强的去污作用，同时对衣物纤维不能有损伤，对人的皮肤不能有刺激等。在专门性质得到保证的前提下，可以通过改性赋予精细化工产品多功能性。

2. 小批量、多品种，大量采用复配技术

精细化工产品的用量不是很大，如药物一般制成片剂、粉剂、丸剂、溶液或针剂等，每个人的每次用量都以毫克计；食品添加剂中的香精香料用量约为 1mg/kg；造纸化学品和皮革化学品的用量一般为 1％～4％等；定量分析用的酸碱指示剂、络合指示剂的浓度仅千分之几、万分之几甚至更低，而每次滴定用量也仅用滴数来计量，因此，每一个品种的年用量一般不到 100kg。因此对各种精细化工产品来说是贵在质量，价格因素尚在其次。在保证质量的前提下，增加品种和数量。小批量是相对于大化工而言，一般具体产品的年产量为几十千克到几吨。当然也有例外，如十二烷基苯磺酸钠，由于它是各种洗涤剂中的主要成分，因此年产量在 10 万吨以上。

多品种与小批量有关，也是为了满足应用对象对性能的多种需要，如染料应有各种颜色，每种染料又应有不同的性能以适应于不同的工艺。根据 1976 年出版的《染料索引》（Colour Index），不同化学结构的染料品种有 5232 个，其中已公布化学结构的有 1536 个。食品添加剂可分为食用色素、食用香精、甜味剂、营养强化剂、防腐抗氧保鲜剂、乳化增稠品质改良剂及发酵制品等七大类，约 1000 个品种。

由于应用对象通常有多种要求及特殊性，精细产品很少是用一种组分来满足需要，则必须采用复配技术。所谓复配就是通过物理的方法使多种组分尽可能均匀地混合，体现出多种性能和协同效应。例如，为了保证不同物体之间的黏合要求，在黏合剂配方中，除以黏料（基料）为主外，还需配以固化剂、促进剂、增塑剂、填料、稀释剂和其他助剂如增黏剂、防老剂、阻聚剂、阻燃剂等。再例如纺织用油剂要求有良好的平滑性、抗静电性、集束性或抱合力、热稳定性等，显然一种组分是满足不了这些要求的。对于表面活性剂，目前国外研究工作的重点不是开发新品种，而是进行已有品种的配方研究，改进使用性能，扩大应用范围，积极研究多功能配方，配制有综合性能的产品。

3. 综合生产流程和多功能生产装置

小批量、多品种的特点，反映在生产上则是要经常更换和更新品种，这一特点决定了精细化工产品的生产以间歇式为主，批量生产，少量多次；也决定了在精细化工生产中最合理的设计方案是按反应单元来选择设备，若干个单元反应器组合就可以生产不同的产品。除制药、香料等需要精密的和多组配合的反应设备外，大多数精细化学品的生产设备为搪玻璃或不锈钢反应釜。

由于生产有机精细产品的化学反应多为液相并联反应釜，生产流程长，工序多，主要采用的是间歇式操作。根据这一特点，为了增强企业随市场调整生产能力和品种的灵活性，在

20 世纪 80 年代前后国外就开发了柔性生产系统（FMS）。FMS 指的是在一套装备里，可生产同类多个品种的产品，它设有自动清洗装置，清洗后用摄像机确认清洗效果。例如，英国帝国化学公司（ICI）的一个子公司，用一套装备、三台计算机可以生产 74 个偶氮染料中的 50 个品种，年产量 3500t；德国的 BASF 公司用 50 套装备可生产三千多个精细化学品。日本旭工程（株）到 1993 年共制造了十套"AIBQS8000 型移动釜式多用途间歇生产系统"，该系统的反应釜是可以移动的、自动清洗（CIP）、无管路、计算机控制、遥控，因此可以实现无菌操作。

4. 技术密集度高

精细化工的技术密集度高取决于几个基本因素。

（1）技术含量高、开发投入多。精细化工产品从确定目标到得到成熟产品，涉及各种化学的、物理的、生物的、工程的、管理的等各方面的问题，实际应用时对商品的综合功能要求很高。一个定型产品通常是从几十个甚至上百个配方中筛选出来的，开发成功率很低；而且绝大多数是通过复配得到的，这样既能发挥各种组分的自身功能，又可体现组分间的协同效果。为了弄清楚产品的结构与性能间的相关性，必须做大量的结构表征与性能检测工作，这就需要现代化的手段，而且还要调整工艺以达到最佳效果。随着各国对环境保护愈加重视，监控措施日益严格，精细化工产品的制备也必须从根本上重视和解决环保问题。所有这些因素都直接影响了精细化工研究开发的投资和速度。精细化工的开发投资高，如一般精细化学品的开发投资占销售额的 6%～7%，医药开发投资最高，占 14%；精细化学品开发的成功率低，如染料的专利开发中，成功率在 0.1%～0.2%。

（2）生产过程的工艺流程长、影响因素多。精细化工产品的生产往往不是一个简单的化学合成问题，这里面既有化学合成和改性（如高分子的化学反应、共聚），又有物理改性（如小分子的复配、聚合物共混），还涉及加工工艺等。单一化合物的合成，一般要经过多步反应，并且原料及产物大都需要提纯，收率较低。复配产品必须反复调整配方和工艺参数，以达到最佳性能，为适应不同应用条件，甚至必须采取计算机控制。尤其是生物工程制品，制备条件十分苛刻，操作要求极高，分离和提纯非常困难。此外精细产品分析检测往往要采取各种现代测试仪器如薄层色谱（TLC）、气相色谱（GC）以及高效液相色谱（HPLC）等。所有这些若没有高新技术的支撑是不行的。

（3）技术保密性强、更新换代快。精细化工产品附加值高，有很强的保密性，在一段时间内甚至存在着技术垄断。一种产品在生产中应用并得到很好的效果后，立即会受到各方面的重视，很快会占领市场；同时也会引起激烈的竞争，各种相同或相似的及改性的产品不久也会出现。由于具体应用对象不同，对精细化工产品的要求也不同，必须进行结构调整或改性。产品本身要更新换代，并且要不断寻找新的用途。一种产品的老化通常只有几年的时间。为此，各国不得不重视各种精细化工产品的研究和开发，特别是利用新型计算机信息处理技术，对国际化学界研究的各种研究成果进行储存、分类和功能检索，以达到设计和筛选的要求。

5. 经济效益高

精细化工的经济效益高取决于其质量、专门性和很强的技术垄断性，体现在投资效率高、附加价值率高、利润率高。

（1）投资效率高。相对于基础化工产品如合成氨而言，精细化工产品的生产设备少，投资指数仅为石油化工平均投资指数的 0.3～0.5、化肥工业平均投资指数的 0.2～0.5，而且返本期短，一般投产 5 年即可收回全部设备投资。

（2）附加价值率高。

$$附加价值＝产品的产值－（原材料费＋动力费＋税金＋折旧费）$$

附加价值率是附加价值与产值的比率。精细化工产品的附加价值率在化学工业中最高。

（3）利润率高。国际上评价利润率高低的标准是，销售利润率少于15%的为低利润率，15%～20%的为中利润率，大于20%的为高利润率。根据1977～1980年的统计结果，世界100家大型化工公司中，高、中利润率的均为生产精细化工产品的公司，通用化工产品的深度加工可以提高利润率。精细化工产品利润率高的原因，很大程度是来自技术垄断。此外，产品的质量是否达到要求，也很重要。这些都是高利润率不可忽视的因素，这也是我国化学工业必须解决的问题。

目前，精细化率（即精细化工总产值与化工总产值的比率）已成为衡量一个国家现代化程度的标准，发达国家的精细化率已达到60%以上，最高占80%～90%。近年来我国精细化工发展很快，从事精细化工产品研制的人员和科研单位愈来愈多，精细化工产品的数量和质量不断增加，应用领域不断拓宽。现在精细化工是我国化学工业发展的重点之一。

二、精细化工生产工艺举例

精细化工产品品种繁多，任何一本教材都不可能将所有产品介绍清楚。在此仅简要介绍无机、有机和制药产品的生产实例，以便于理解精细化工生产的特点。

（一）无机精细化工产品实例——合成氨铁系催化剂的制备工艺

在合成氨生产中，氨合成塔内使用的铁系催化剂是一个典型的无机精细化工产品。它是由原料磁铁矿经磁选组合系统进行粗选，并除去 SiO_2、TiO_2 等杂质，精选矿干燥后，用气流送往精矿贮斗。根据催化剂的型号不同，进行分批配料，计量配入各种助催化剂，混合均匀后装入电炉熔炼。熔炼好的熔浆快速冷却后经粉碎、过筛、磨角、筛析成不同级别的产品后，气密包装。图9-25所示为熔融法合成氨铁催化剂的制备工艺流程图。

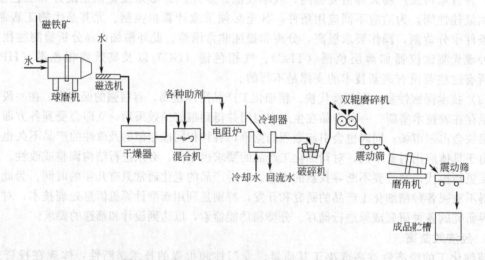

图9-25　熔融法合成氨铁催化剂制备工艺流程图

原料磁铁矿在球磨机中磨碎到通过150网目后，送入螺旋分级机中用水分级，再在磁选机中除去 SiO_2、TiO_2 等杂质。SiO_2 的含量可以降到0.4%以下，磁选所用的水只能含有极微量的S、P、Cl等杂质，因为这些杂质会降低催化剂的活性。磁选后的磁铁矿经干燥器干燥除去水分后，送入精矿贮斗备用。磁铁精矿在混合机中加入硝酸铝、碳酸钾、硝酸钙等助催化剂，送入电阻炉中熔炼，在1600℃炉温下熔炼4～6h，使各个组分互相扩散、混合均匀。由于电阻暴露在空气中，操作物料不断被空气中的氧气所氧化，Fe^{2+}/Fe^{3+}（两者量的比值）逐渐下降，需加纯铁条进行调节，按反应 $Fe_2O_3 + Fe = 3FeO$ 使 Fe^{2+}/Fe^{3+} 上升到规定范围。熔炼后的熔浆倒入水夹套冷却的方槽内快速冷却。在此条件下，各个组分同时凝结下来，晶粒细小，分布较均匀，能更充分地发挥各种助催化剂的作用，活性较高。冷却后的熔块经破碎和过筛，得到外形多样、尺寸不一的不规则颗粒，使用时会降低催化剂的利用率。需将不规则的颗粒放在磨角机的一个转动的圆筒内，装填体积占圆筒体积的 $1/3 \sim 1/4$，将不规则颗粒的棱角磨去而使之"球化"。最后通过筛析，分成不同级别的产品后气密包装。

（二）有机精细化工产品实例——液体洗涤剂的生产工艺

按洗涤剂产品的外观形式，可分为液体洗涤剂、粉状洗涤剂和浆状洗涤剂三类，现重点介绍液体洗涤剂的生产工艺。

液体洗涤剂是 20 世纪 70 年代开始推出的洗涤剂新形式，它的问世对整个洗涤剂工业是一次重大的冲击，产量直线增长，品种日新月异。与粉状洗涤剂相比，液体洗涤液具有以下优点：①生产性投资低、设备少、工艺简单、节省大量能耗；②具有吸引人的感官及引人注目的包装；③使用方便，水溶迅速，便于局部强化清洗。

一般市售的液体合成洗涤剂外观清澈透明，不因天气的变化而浑浊，酸碱度接近中性或微碱性，对人体皮肤无刺激，对水硬度不敏感，去污力较强。其主要成分有表面活性剂、碱性助洗剂、泡沫促进剂、稳泡剂、溶剂、增溶剂、防腐缓蚀剂、耐寒防冻剂、香精、色素等。按洗涤对象的差异分为重垢型和轻垢型两类产品，重垢型液体洗涤剂主要用于洗涤油污严重的棉麻织物，具有很强的去污力，其碱性助洗剂使产品 pH 大于 10，并配有螯合剂、抗污垢再沉积剂及增白剂等；轻垢型产品主要用于手洗羊毛、尼龙、聚酯纤维及丝织品等柔软性织物，也常用作餐具清洗。产品中一般不采用非离子表面活性剂，用得最多的是 LAS（十二烷基苯磺酸钠盐）与 AES（脂肪醇聚氧乙烯醚硫酸盐）或 FAS（脂肪醇硫酸盐）与 AES 的复配物，前者与后者的最佳比率为 5∶1。

在各种日用化工产品生产中，液体洗涤剂的生产工艺和设备可以说是最简单的一种。因为生产过程中既没有化学反应，也不需要造粒，只是几种物料的混配，制备出以表面活性剂为主的均匀溶液（大都为水溶液）。但由于品种繁多，因此，液体洗涤剂生产一般采用间歇式批量化生产工艺，而不宜采用管道化连续生产工艺。

液体洗涤剂生产工艺所涉及的化工单元操作设备主要是带搅拌的混合罐、高效乳化或均质设备、物料输送泵和真空泵、计量泵、物料贮罐和计量罐、加热和冷却设备、过滤设备、包装和灌装设备。把这些设备用管道串联在一起，配以恰当的能源动力即组成液体洗涤剂的生产工艺流程。

生产过程的产品质量控制非常重要，主要控制手段是原料质量检验、加料配比、计量、搅拌、加热、降温、过滤等操作。液体洗涤剂生产工艺流程至少包括下述几部分。

（1）原料准备。所有液体洗涤剂至少由两种原料（表面活性剂和水）组成，多者要 20～30 种。液体洗涤剂产品实际上是多种原料的混合物。因此，熟悉所使用的各种原料物理化学特性，确定合适物料配比及加料顺序与方式是至关重要的。

生产过程都是从原料开始，按照工艺要求选择适当原料，还应做好原料的预处理。如有些原料应预先在暖房中熔化，有些原料应用溶剂预溶，然后才能在主配料罐中混合。工艺规程中应根据加料量确定称量物料的准确度和计量方式、计量单位，然后才能选择工艺设备。如用高位槽计量那些用量比较多的液体物料，用计量泵输送并计量水等原料；用天平或秤称固体物料，用量筒计量少量的液体物料。有些粗制原料要求预先处理，如某些物料应预先滤去机械杂质，使用的主要溶剂水，应进行去离子处理等。

（2）混合或乳化。大部分液体洗涤剂制成均相透明混合溶液，另外一部分则制成乳状液。主要根据原料和产品特点选择不同工艺，还有一部分产品要制成微乳液或双层液体状态。

但是不论是混合还是乳化，都离不开搅拌，只有通过搅拌操作才能使多种物料互相溶混成为一体，把所有成分溶解（或分散）在溶剂（主要是水）中。可见搅拌器的选择和搅拌工艺操作是十分重要的。适于液体洗涤剂混合的机械搅拌器主要有桨叶式、旋桨式和涡轮式三类。

由于洗涤剂是由多种表面活性剂及各种添加剂组成的，所制成的产品又必须是均匀稳定的溶液，所以混合工艺是工艺流程中的关键工序。此外加热和冷却温度的控制对乳状液洗涤剂也很重要，由于混合不同于化学反应，加热温度一般不要求很高，最高为120℃，所以一般采用蒸汽加热，小型生产时可采用热水加热或电加热。

（3）混合物料的后处理。无论是生产透明溶液还是乳状液，在包装前还要经过一些后处理以便保证产品质量或提高产品稳定性。这些处理可包括以下几项内容。

① 过滤。在混合或乳化操作时，要加入各种物料，难免带入或残留一些机械杂质，或产生一些絮状物。这些都直接影响产品外观，所以物料包装前的过滤是必要的。因为滤渣相对很少，一般是在釜底放料阀后加一个管道过滤器，定期清理即可。

② 均质。经过乳化的液体，其乳液稳定性往往较差，最好再经过均质工艺，使乳液中分散相的颗粒更细小、更均匀，以得到高度稳定的产品。

③ 排气。在搅拌的作用下，各种物料可以充分混合，但不可避免地将大量气体带入产品。由于搅拌的作用和产品中表面活性剂等的作用，有大量的微小气泡混合在成品中。气泡有不断冲向液面的作用力，可造成溶液稳定性差，包装时计量不准。一般可采用抽真空排气工艺，快速将液体中的气泡排出。

④ 稳定。也可称为老化。将物料在老化罐中静置贮存数小时，待其性能稳定后再进行包装。

（4）包装。对于绝大部分民用液体洗涤剂都使用塑料瓶小包装。因此在生产过程的最后一道工序，包装质量是非常重要的，否则将前功尽弃。正规生产应使用灌装机、包装流水线。小批量生产可用高位手工灌装。严格控制灌装量，做好封盖、贴标签、装箱和记载批号、合格证等工作，包装质量与产品内在质量同等重要。

将上述介绍的几个工序环节，按工艺顺序连接在一起可绘出工艺流程示意图（见图9-26）。

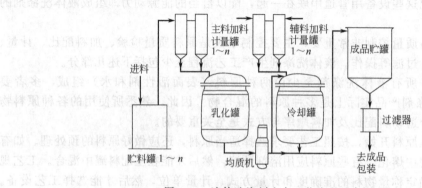

图9-26　液体洗涤剂生产工艺流程示意图

液体洗涤剂生产过程中，原料、中间品和成品的输送可采用不同的方式。少量固体物料是通过人工输送，在设备手孔中加料；液体物料主要由泵送或重力（高位）输送。重力输送主要涉及厂房高度和设备的立面布置。物料流速则主要靠位差和管径大小来决定。

（三）制药精细化工产品实例——甲硝唑的生产工艺

甲硝唑是一种重要的杀菌消炎良药，具有高效低毒的特点，应用十分普遍。甲硝唑的分子结构式为：

$$
\begin{array}{c}
CH_2CH_2OH \\
O_2N-\overset{N}{\underset{N}{\bigcirc}}-CH_3
\end{array}
$$

甲硝唑合成分两个阶段。

第一阶段 以乙二醛、乙醛、氨气、硝酸等为原料合成中间体 2-甲基-5-硝基咪唑，分子结构式为：

$$
O_2N-\overset{N}{\underset{NH}{\bigcirc}}-CH_3
$$

反应原理如下：

$$
\begin{array}{c}CHO\\ |\\ CHO\end{array} \xrightarrow[NH_3]{CH_3CHO} \overset{N}{\underset{NH}{\bigcirc}}-CH_3 \xrightarrow[H_2SO_4,\ Na_2SO_4]{HNO_3} O_2N-\overset{N}{\underset{NH}{\bigcirc}}-CH_3
$$

第二阶段 由中间体 2-甲基-5-硝基咪唑合成甲硝唑。反应原理如下：

$$
O_2N-\overset{N}{\underset{NH}{\bigcirc}}-CH_3 \xrightarrow[HCOOH]{H_2C\overset{O}{\diagdown}CH_2} O_2N-\overset{N}{\underset{N}{\bigcirc}}\begin{array}{c}CH_2CH_2OH\\ \\ CH_3\end{array}
$$

第一阶段中间体 2-甲基-5-硝基咪唑的合成工艺流程如图 9-27 所示。具体操作步骤如下：将乙二醛、乙醛加入不锈压力釜中，升温至 180℃，通入氨气，保持反应压力在 6MPa，反应结束蒸去乙二醛和乙醛后将物料放入硝化釜，控制反应温度在 3～7℃条件下，加入浓硝酸、硫酸及硫酸钠混合液，反应 10h 左右除去废酸，以稀碱液洗涤后再用水洗涤两次，用油水分离器进行分离，所得的有机层即为中间体 2-甲基-5-硝基咪唑。

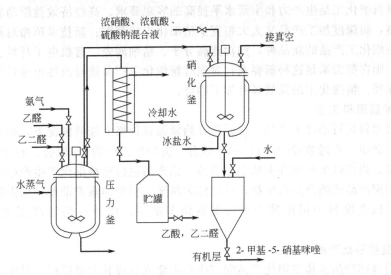

图 9-27 2-甲基-5-硝基咪唑合成工艺流程

第二阶段的工艺流程如图 9-28 所示。操作过程如下：将第一阶段所得的 2-甲基-5-硝基咪唑和甲酸加入压力釜中，搅拌至完全溶解后，加入浓硫酸，升温至35～45℃，在1.0MPa条件下，缓慢通入环氧乙烷，约10h通完。冷却至常压下，将物料放入蒸馏釜，加热减压蒸去未反应的甲酸，冷却后放入抽滤槽抽滤，滤液加入20％的NaOH调至弱碱性，冷却后再抽滤，将二次抽滤所得的固体加入脱色釜，加水及活性炭，搅拌3h后，过滤，除去活性炭后将滤液冷却，过滤后真空干燥，即得纯度为98％以上的甲硝唑。

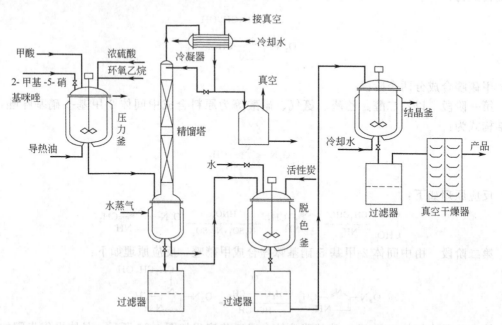

图 9-28　由 2-甲基-5-硝基咪唑合成甲硝唑生产工艺流程

三、精细化工的发展趋势

发展精细化工是生产力和生活水平提高的客观要求。高经济效益驱动着石油化工产品结构的调整，而深度加工产品又大大拓宽了精细化工的范围；新技术革命对材料提出了更高的要求，精细化工产品的新品种，如功能高分子、精细陶瓷、有机电子材料、生命体材料、酶制剂等，则在努力满足这种新要求；对现有精细化工产品进行改性也是增加品种和提高质量的有效途径。精细化工的发展具有如下趋势。

1. 发展原料工业

主要原料是石油化工产品，在原料日趋紧张且价格上涨的情况下，必须重视副产品的综合利用。例如，乙烯装置中的 C_4～C_6 馏分，芳烃生产中的 C_9 馏分，石油生产中的二聚体、三聚体等，均可以生产出许多精细化学品。副产品也包括精细化工生产中的副产品，如染料生产中的副产品蒽醌及其衍生物，可以作为制浆过程中的蒸煮助剂；聚丙烯生产中的无规聚丙烯，可以在涂料中用作黏合剂或黏度调节剂等。此外还必须高度重视生物资源的综合利用。

2. 重视基础产品

所谓基础产品是指专用化学品配方中的主要成分或其主要原料。其中最主要的是表面活性剂、水性高分子以及有机中间体三大类。

表面活性剂是洗涤剂的主要原料，也是很多精细化工产品中的重要成分，有"工业味精"之称，其添加量视产品不同而不同，但都能显著地改善应用性能。我国目前已有 1200 多种表面活性剂，其中阳离子表面活性剂占 20%，阴离子表面活性剂占 30%，非离子表面活性剂占 44%，两性表面活性剂占 6%。另外表面活性剂的数量和质量都不能满足需要，特别是阳离子及两性表面活性剂应作为开发重点。

水性高分子包括水溶性和水乳性两大类。前者是指高分子可以分子水平分散于水中，如聚丙烯酰胺、羧甲基纤维素、酪素等，后者是指高分子通过乳化剂而分散于水中，如丁苯胶乳、丙烯酸树脂乳液、聚氨酯乳液等。水溶性和水乳性高分子是造纸、油田、日用等化学品以及食品添加剂等专用化学品中的重要成分，其本身的性能是优异的，而以水剂的形式使用十分方便，对环境保护则具有非常的意义。

有机中间体是生产农药、染料、医药及很多精细化学品的重要原料，也是制约精细化工发展的主要因素。有机中间体的生产过程复杂，收率较低，品种有限，必须开发新的产品，或改进工艺，或改变结构，使其满足精细化工产品生产的需要。

3. 加强应用研究

精细化工产品的生命力在于应用。只有通过应用才能最大限度地发挥其作用，并且可以获得产品性能的信息，这对于及时调整配方和改进制备工艺是非常重要的。由于应用部分的工作没有得到足够的重视，使得很多本来颇有希望的产品未能引起应有的注意。

4. 优化复配技术

出于应用对象的复杂性，采用一种化合物很难满足要求，多种组分的复配则成为关键。绝大多数精细化工产品是复配产物。有时为了改善性能，也将单一物质加工成复配组分产品，如液体染料，是将染料溶解于极性有机溶剂中，并通过分散剂、防沉淀剂等改善其应用性能。

通过复配往往可以产生协同效应，即 $1+1>2$。配方往往是某种精细化工产品的最保密部分，实际上也可以说是精细化工产品的核心技术。复配需要解决的问题很多，各种组分间的相容性研究涉及多种学科，配方设计既需要理论的指导，又离不开实验和经验，只有反复实践才能得到满意的结果，通过合理的配方使各组分发挥最佳作用。计算机辅助设计在配方研究方面已成为一种十分有效的手段，进入精细化工研究领域的前沿。

5. 重视剂型改造

根据精细化工产品的性质，可以制成液状、粉状或用微胶包裹。目前各种缓释技术已经在药物生产中采用，这样可使药物在一定时间内缓慢释放，以在长时间内保持药效。粉体有碍环境和生态，如果单从粒径考虑，为了减少污染，应增大粒径，但像分散染料这样的产品，为了达到最佳效果，要求粒径尽可能小，才能分散均匀，上染率高。如产品为悬浮液或乳液，分散粒子尺寸应小于 $0.5\mu m$。有时为了提高稳定性，要增大分散体系的黏度，如要使一个颗粒粒径为 $10\mu m$ 的固体微粒在水介质中稳定一年不下沉，则水介质的有效黏度至少要比水的黏度大 3.5×10^4 倍，即需要高分子作为保护剂或直接采用高分子表面活性剂。否则，单纯在水中分散时，只要 20min 就可观察到颗粒下沉现象。

6. 开拓新兴领域

精细化工产品的研究中已出现一些新兴领域，需要开发和发展，其中最重要的是生物技术新材料。生物技术是精细化工实现可持续发展的关键技术。由于能源的日益紧张，从长远的观点看来，化工原料必然会由石油及煤炭转向可再生的生物资源。在生物化工领域内研究和开发的重点是生物化工产品，例如生物农药（包括农用抗生素、细菌农药、真菌农药及病毒农药等）、固氮菌剂、酶制剂、单细胞蛋白等。同时利用生物资源和采用生物技术来生产各种精细化工原料，如天然香料、色素、乙醇、丙烯酰胺、氨基酸、柠檬酸、乳酸等。

新材料包括新金属（新合金）、新型复合材料、新陶瓷及高功能高分子材料等四大类，其中后两者属于精细化工范畴。在新陶瓷方面重点要开发压电陶瓷、光敏陶瓷、变色耐热陶瓷等功能性陶瓷以及氮化硅、氧化锆等结构性陶瓷。在高功能高分子材料方面应重点开发光敏树脂、导电高分子、高吸水树脂等。

精细化工是一个生机勃勃的学科，具有十分光明的前景。随着国民经济的发展和人民生活水平的提高，对精细化工产品的要求会愈来愈高、愈来愈多、愈来愈精。特别是轻工行业用的精细化工产品的更新换代，对推动行业进步将会起到举足轻重的作用。在精细化工的各个领域都需要专门的人才，有志者是可以大有作为的。

复习思考题

1. 固定床煤气发生炉造气分为哪几个阶级？各阶段的目的如何？
2. 一氧化碳变换的目的是什么？试分析影响变换的因素和操作条件。
3. 画出一氧化碳变换流程的简图并说明各主要设备的作用。
4. 合成氨原料气净化的目的是什么？方法有哪些？试简述之。
5. 氨合成有哪些影响因素？说明氨合成的最佳工艺条件。
6. 画出中压法副产蒸汽的合成氨生产流程的简图，叙述氨合成系统的工艺流程。
7. 石油的组成如何？如何分类？
8. 简述石油加工的目的和方法，什么是一次加工和二次加工？石油加工的产品与原油成分、加工的方法有何关系？
9. 为提高汽油的产率和辛烷值，应采用何种炼制工艺？
10. 石油烃裂解的目的是什么？为什么裂解炉要采用管式炉？
11. 说明裂解气分离的要求和方法。
12. 什么是精细化学品和精细化工？简述精细化工的特点。
13. 为什么说精细化工的技术密集度高？
14. 画出液体洗涤剂生产的工艺流程图。
15. 未来精细化工的发展趋势表现在哪几个方面？

习题答案

第一章 流体流动与输送

1-1 $\rho=13590 kg/m^3$；$d_T^{277}=13.59$；$v=7.358\times10^{-5} m^3/kg$

1-2 $\rho=1.186 kg/m^3$

1-3 $\Delta p=331.9 kPa=33.83 mH_2O$

1-4 $u=2.133 m/s$

1-5 $G_s=1.088 kg/s$；$V_s=0.342 m^3/s$

1-6 $V_h=38.45 m^3/h$

1-7 $V_h=11.97 m^3/h$；$\Delta Z=2.63m$

1-8 $h=0.725m$

1-9 $H_e=72.86m$；$p_3=40kPa$（真）

1-10 $N_e=2078W$；$p_B=42.46kPa$（表）

1-11 $V_h=1730 m^3/h$

1-12 $u=2.784 m/s$

1-13 $Re=19150$；湍流

1-14 $h_f=7.16 J/kg$；$\Delta p_f=6.16kPa$

1-15 $h_f=335 J/kg$；$\Delta p_f=334.2kPa$

1-16 $Re=9390$；湍流

1-17 $\sum H_f=8.815m$

1-18 $u=3.822 m/s$；$V_h=6.75 m^3/h$

1-19 $N=41.85kW$

第三章 传热与换热器

3-1 $\lambda=0.867 W/(m\cdot K)$

3-2 $R_空=2.832(m^2\cdot K)/W$；$t_{w2}=1094℃$

3-3 $\delta_3=180mm$

3-4 $q_L=64.61 W/m$；$t_{w3}=66.1℃$

3-5 $1523 W/(m^2\cdot K)$

3-6 $189.5 W/m^2$

3-7 $G_h=129.8 kg/h$

3-8 $G_c=6120 kg/h$；$t_2'=300.5K$

3-9 $K_o=33.6 W/(m^2\cdot K)$

3-10 逆流 $\Delta t_m=169K$；并流 $\Delta t_m=153.4K$

3-11 $K=498 W/(m^2\cdot K)$

3-12　$G_h = 0.764 kg/s$；$S_o = 10.02 m^2$

3-13　$G_h = 152 kg/h$；$L = 11.55 m$

3-14　$n = 59$ 根

第四章　气体的吸收

4-1　各组分摩尔分数同体积分数；$Y_{H_2} = 0.3034$；$Y_{CH_4} = 0.7513$；$Y_{C_2H_4} = 0.3423$；$Y_{C_3H_8} = 0.09051$；$M_m = 18.12 kg/kmol$

4-2　$H = 2.955 \times 10^{-4} kmol/(m^3 \cdot kPa)$；$E = 371.1$；$c = 0.0132 g\ CO_2$

4-3　① $Y - Y^* = 0.0324$；$X^* - X = 0.0162$；总阻力 $1/K_Y = 240000 (m^2 \cdot s)/kmol$；气相阻力占总阻力 33.3%；液相阻力占总阻力 66.7%；$N_A = 1.35 \times 10^{-7} kmol/(m^2 \cdot s)$。
　　② $Y - Y^* = 0.04755$；$X^* - X = 0.0951$；总阻力 $1/K_Y = 120000 (m^2 \cdot s)/kmol$；气相阻力占总阻力 66.7%；液相阻力占总阻力 33.3%；$N_A = 3.963 \times 10^{-7} kmol/(m^2 \cdot s)$

4-4　①$L/V = 622$；$X_1 = 3.12 \times 10^{-5}$。②$L/V = 62.2$；$X_1 = 3.12 \times 10^{-4}$

4-5　①$L = 30530 kmol/h$；$X_1 = 3.623 \times 10^{-5}$。②$Y = 2280X + 4.384 \times 10^{-3}$。③$G_A = 1.159 kmol/h$

4-6　①$(L/V)_{min} = 0.903$；$L/V = 1.2$。②$N_{OG} = 7.71$

4-7　①$E = 75.54 kPa$。②$K_Y a = 139.2 kmol/(m^3 \cdot h)$

4-8　①$H_{OG} = 0.7484 m$；$K_Y a = 149.2 kmol/(m^3 \cdot h)$。②$G_A = 4.153 kmol/h$

4-9　$Y_2 = 0.003761$；$\eta = 92.85\%$

4-10　①$X_1 = 0.0102$。②$H_{OG} = 0.2632 m$

第五章　液体的蒸馏

5-1　①$a = 0.593$。②$x = 0.239$

5-2　$y_A = 0.595$；$x_A = 0.376$

5-3　①略。②$\alpha_m = 2.492$

5-4　$D = 76.6 kmol/h$；$W = 98.1 kmol/h$

5-5　①$L = 268.1 kmol/h$；$L' = 442.8 kmol/h$；$V = 244.7 kmol/h$；$V' = 344.7 kmol/h$。
　　②$y_{n+1} = 0.778 x_n + 0.2164$；$y_{m+1} = 1.284 x_m - 0.00669$

5-6　$R = 4$；$x_D = 0.9$；$x_W = 0.1$；$x_F = 0.5$

5-7　11 层（不含再沸器），第 6 层为理论加料板

5-8　$y_{n+1} = 0.7365 x_n + 0.2503$；$y_{m+1} = 1.381 x_m - 0.00763$；$y_2 = 0.904$

5-9　①$R_{min} = 1.773$。②12 层（不含再沸器），第 7 层为理论加料板

5-10　①$F = 249.7 kmol/h$；$W = 207.1 kmol/h$。②10 层（不含再沸器），第 6 层为理论加料板。③全塔所需实际塔板 18 层，第 10 层为实际加料板

第六章　干　　燥

6-1　①$p_w = 7.97 kPa$。②$H = 0.0531 kg_{水汽}/kg_{干空气}$

6-2　加热前 $\varphi_1 = 74\%$；加热后 $\varphi_2 = 55.8\%$

6-3　①$H = 0.05239 kg_{水汽}/kg_{干空气}$；$I = 179.5 kJ/kg_{干空气}$。
　　②$H = 0.05239 kg_{水汽}/kg_{干空气}$；$\varphi = 11.22\%$

6-4　$G_2 = 667 kg/h$；$W = 533 kg/h$

6-5　$L' = 13300 kg_{湿空气}/h$；$V_s = 11370 m^3/h$

6-6　①$V = 126.3 m^3/s$。②$t_1 = 161.6℃$

6-7　①$L = 80000 kg_{干空气}/h$。②$t_2 = 50℃$

附 录

1. 单位换算表

(1) 长度

cm 厘米	m 米	ft 英尺	in 英寸
1	10^{-2}	0.0328	0.3937
100	1	3.281	39.37
30.48	0.3048	1	12
2.504	0.0254	0.08333	1

(2) 面积

cm² 厘米²	m² 米²	ft² 英尺²	in² 英寸²
1	10^{-4}	0.001076	0.1550
10^4	1	10.76	1550
929.0	0.0929	1	144.0
6.452	0.0006452	0.006944	1

(3) 体积

cm³ 厘米³	m³ 米³	L 升	ft³ 英尺³	Imperial gal 英加仑	US gal 美加仑
1	10^{-6}	10^{-3}	3.531×10^{-5}	2.2×10^{-4}	2.642×10^{-4}
10^6	1		35.31	220.0	264.2
10^3	10^{-3}	1	0.03531	0.2200	0.2642
28320	0.02832	28.32	1	6.228	7.481
4546	0.004546	4.546	0.1605	1	1.201
3785	0.003785	3.785	0.1337	0.8327	1

(4) 质量

g 克	kg 千克	t 吨	lb 磅
1	10^{-3}	10^{-6}	0.002205
1000	1	10^{-3}	2.205
10^6	10^3	1	2204.62
453.6	0.4536	4.536^{-4}	1

2. 水的物理性质

温度 $t/℃$	密度 $\rho/(kg/m^3)$	压强 $p\times10^{-5}$ /Pa	黏度 $\mu\times10^5$ /Pa·s	热导率 $\lambda\times10^2$ /[W/(m·K)]	比热容 $c_p\times10^{-3}$ /[J/(kg·K)]	膨胀系数 $\beta\times10^4$ /(1/K)	表面张力 $\sigma\times10^3$ /(N/m²)	普朗特数 Pr
0	999.9	1.013	178.78	55.08	4.212	−0.63	75.61	13.66
10	999.7	1.013	130.53	57.41	4.191	+0.70	74.14	9.52
20	998.2	1.013	100.42	59.85	4.183	1.82	72.67	7.01
30	995.7	1.013	80.12	61.71	4.174	3.21	71.20	5.42
40	992.2	1.013	65.32	63.33	4.174	3.87	69.63	4.30
50	988.1	1.013	54.92	64.73	4.174	4.49	67.67	3.54
60	983.2	1.013	46.98	65.89	4.178	5.11	66.20	2.98
70	977.8	1.013	40.60	66.70	4.187	5.70	64.33	2.53
80	971.8	1.013	35.50	67.40	4.195	6.32	62.57	2.21
90	965.3	1.013	31.48	67.98	4.208	6.59	60.71	1.95
100	958.4	1.013	28.24	68.12	4.220	7.52	58.84	1.75
110	951.0	1.433	25.89	68.44	4.233	8.08	56.88	1.60
120	943.1	1.986	23.73	68.56	4.250	8.64	54.82	1.47
130	934.8	2.702	21.77	68.56	4.266	9.17	52.86	1.35
140	926.1	3.62	20.10	68.44	4.287	9.72	50.70	1.26
150	917.0	4.761	18.63	68.33	4.312	10.3	48.64	1.18
160	907.4	6.18	17.36	68.21	4.346	10.7	46.58	1.11
170	897.3	7.92	16.28	67.86	4.379	11.3	44.33	1.05
180	886.9	10.03	15.30	67.40	4.417	11.9	42.27	1.00
190	876.0	12.55	14.42	66.93	4.460	12.6	40.01	0.96
200	863.0	15.55	13.63	66.24	4.505	13.3	37.66	0.93
250	799.0	39.78	10.98	62.71	4.844	18.1	26.19	0.86
300	712.5	85.92	9.12	53.92	5.736	29.2	14.42	0.97
350	574.4	165.38	7.26	43.00	9.504	66.8	3.82	1.60
370	450.5	210.54	5.69	33.70	40.319	264	0.47	6.80

3. 水在不同温度下的黏度

温度 /℃	黏度 /mPa·s	温度 /℃	黏度 /mPa·s	温度 /℃	黏度 /mPa·s	温度 /℃	黏度 /mPa·s	温度 /℃	黏度 /mPa·s
0	1.792								
1	1.731	16	1.111	31	0.7840	46	0.5833	61	0.4618
2	1.673	17	1.083	32	0.7679	47	0.5782	62	0.4550
3	1.619	18	1.056	33	0.7523	48	0.5683	63	0.4483
4	1.567	19	1.030	34	0.7371	49	0.5588	64	0.4418
5	1.519	20	1.005	35	0.7225	50	0.5494	65	0.4355
6	1.473	21	0.9810	36	0.7085	51	0.5404	66	0.4293
7	1.428	22	0.9579	37	0.6947	52	0.5315	67	0.4233
8	1.386	23	0.9358	38	0.6814	53	0.5229	68	0.4174
9	1.346	24	0.9142	39	0.6685	54	0.5146	69	0.4117
10	1.308	25	0.8937	40	0.6560	55	0.5064	70	0.4061
11	1.271	26	0.8737	41	0.6439	56	0.4985	71	0.4006
12	1.236	27	0.8545	42	0.6321	57	0.4907	72	0.3952
13	1.203	28	0.8360	43	0.6207	58	0.4832	73	0.3900
14	1.171	29	0.8180	44	0.6097	59	0.4759	74	0.3849
15	1.140	30	0.8007	45	0.5988	60	0.4688	75	0.3799

续表

温度/℃	黏度/mPa·s	温度/℃	黏度/mPa·s	温度/℃	黏度/mPa·s	温度/℃	黏度/mPa·s	温度/℃	黏度/mPa·s
76	0.3750	81	0.3521	86	0.3315	91	0.3130	96	0.2962
77	0.3702	82	0.3478	87	0.3276	92	0.3095	97	0.2930
78	0.3655	83	0.3436	88	0.3239	93	0.3060	98	0.2899
79	0.3610	84	0.3395	89	0.3202	94	0.3027	99	0.2868
80	0.3565	85	0.3355	90	0.3165	95	0.299496	100	0.2838

4. 干空气的物理性质 ($p=101.3\text{kPa}$)

温度 $t/℃$	密度 $\rho/(\text{kg/m}^3)$	黏度 $\mu\times10^5$ /Pa·s	热导率 $\lambda\times10^2$ /[W/(m·K)]	比热容 $c_p\times10^{-3}$ /[J/(kg·K)]	普朗特数 Pr
−50	1.584	1.46	2.034	1.013	0.727
−40	1.515	1.52	2.115	1.013	0.728
−30	1.453	1.57	2.196	1.013	0.724
−20	1.395	1.62	2.278	1.009	0.717
−10	1.342	1.67	2.359	1.009	0.714
0	1.293	1.72	2.440	1.005	0.708
10	1.247	1.77	2.510	1.005	0.708
20	1.205	1.81	2.591	1.005	0.686
30	1.165	1.86	2.673	1.005	0.701
40	1.128	1.91	2.754	1.005	0.696
50	1.093	1.96	2.824	1.005	0.697
60	1.060	2.01	2.893	1.005	0.698
70	1.029	2.06	2.963	1.009	0.701
80	1.000	2.11	3.044	1.009	0.699
90	0.972	2.15	3.126	1.009	0.693
100	1.946	2.19	3.207	1.009	0.695
120	1.898	2.29	3.335	1.009	0.692
140	0.854	2.37	3.486	1.013	0.688
160	0.815	2.45	3.637	1.017	0.685
180	0.779	2.53	3.777	1.022	0.684
200	0.746	2.60	3.928	1.026	0.679
250	0.674	2.74	4.265	1.038	0.667
300	0.615	2.97	4.602	1.047	0.675
350	0.556	3.14	4.904	1.059	0.678
400	0.524	3.31	5.206	1.068	0.679
500	0.456	3.62	5.740	1.093	0.689
600	0.404	3.91	6.217	1.114	0.701
700	0.362	4.18	6.711	1.135	0.707
800	0.329	4.43	7.170	1.156	0.714
900	0.301	4.67	7.623	1.172	0.718
1000	0.277	4.90	8.064	1.185	0.720

5. 饱和水与干饱和蒸汽表（按温度排列）

温度 $t/℃$	压力 $p/10^5 Pa$	比容 $v/(m^3/kg)$		密度 $\rho/(kg/m^3)$		焓 $H/(kJ/kg)$		汽化潜热 $r/(kJ/kg)$
		液体	蒸汽	液体	蒸汽	液体	蒸汽	
0.01	0.006112	0.0010002	206.3	999.80	0.004847	0.00	2501	2501
1	0.006566	0.0010001	192.6	999.90	0.005192	4.22	2502	2498
2	0.007054	0.0010001	179.9	999.90	0.005559	8.42	2504	2496
3	0.007575	0.0010001	168.2	999.90	0.005945	12.63	2506	2493
4	0.008129	0.0010001	157.3	999.90	0.006357	16.84	2508	2491
5	0.008719	0.0010001	147.2	999.90	0.006793	21.05	2510	2489
6	0.009347	0.0010001	137.8	999.90	0.007257	25.25	2512	2487
7	0.010013	0.0010001	129.1	999.90	0.007746	29.45	2514	2485
8	0.010721	0.0010002	121.0	999.80	0.008264	33.55	2516	2482
9	0.011473	0.0010003	113.4	999.70	0.008818	37.85	2517	2479
10	0.012277	0.0010004	106.42	999.60	0.009398	42.04	2519	2477
11	0.013118	0.0010005	99.91	999.50	0.01001	46.22	2521	2475
12	0.014016	0.0010006	93.84	999.40	0.01066	50.41	2523	2473
13	0.014967	0.0010007	88.18	999.30	0.01134	54.60	2525	2470
14	0.015974	0.0010008	82.90	999.20	0.01206	58.78	2527	2468
15	0.017041	0.0010010	77.97	999.00	0.01282	62.97	2528	2465
16	0.018170	0.0010011	73.39	998.90	0.01363	67.16	2530	2463
17	0.019364	0.0010013	69.10	998.70	0.01447	71.34	2532	2461
18	0.02062	0.0010015	65.09	998.50	0.01536	75.53	2534	2458
19	0.02196	0.0010016	61.34	998.40	0.01630	79.72	2536	2456
20	0.02337	0.0010018	57.84	998.20	0.01729	83.90	2537	2451
22	0.02643	0.0010023	51.50	997.71	0.01942	92.27	2541	2449
24	0.02982	0.0010028	45.93	997.21	0.02177	100.63	2545	2444
26	0.03360	0.0010033	41.04	996.71	0.02437	108.99	2548	2440
28	0.03779	0.0010038	36.73	996.21	0.02723	117.35	2552	2435
30	0.04241	0.0010044	32.93	995.62	0.03037	125.71	2556	2430
35	0.05622	0.0010061	25.24	993.94	0.03962	146.60	2565	2418
40	0.07375	0.0010079	19.55	992.16	0.05115	167.50	2574	2406
45	0.09584	0.0010099	15.28	990.20	0.06544	188.40	2582	2394
50	0.12335	0.0010121	12.04	988.04	0.08306	209.3	2592	2383
55	0.15740	0.0010145	9.578	985.71	0.1044	230.2	2600	2370
60	0.19917	0.0010171	7.678	983.19	0.1302	251.1	2609	2358
65	0.2501	0.0010199	6.201	980.49	0.1613	272.1	2617	2345
70	0.3117	0.0010228	5.045	977.71	0.1982	293.0	2626	2333
75	0.3855	0.0010258	4.133	974.85	0.2420	314.0	2635	2321

温度 $t/℃$	压力 $p/10^5 Pa$	比容 $v/(m^3/kg)$		密度 $\rho/(kg/m^3)$		焓 $H/(kJ/kg)$		汽化潜热 $r/(kJ/kg)$
		液体	蒸汽	液体	蒸汽	液体	蒸汽	
80	0.4736	0.0010290	3.048	971.82	0.2934	334.9	2643	2308
85	0.5781	0.0010324	2.828	968.62	0.3536	355.9	2651	2295
90	0.7011	0.0010359	2.361	965.34	0.4235	377.0	2659	2282
100	1.01325	0.0010435	1.673	958.31	0.5977	419.1	2676	2257
110	1.4326	0.0010515	1.210	951.02	0.8264	461.3	2691	2230
120	1.9854	0.0010603	0.8917	943.13	1.121	503.7	2706	2202
130	2.7011	0.0010697	0.6683	934.84	1.496	546.3	2721	2174
140	3.614	0.0010798	0.5087	926.10	1.966	589.0	2734	2145
150	4.760	0.0010906	0.3926	916.93	2.547	632.2	2746	2114
160	6.180	0.0011021	0.3068	907.36	3.253	675.6	2758	2082
170	7.920	0.0011144	0.2426	897.34	4.122	719.2	2769	2050
180	10.027	0.0011275	0.1939	886.92	5.157	763.1	2778	2015
190	12.553	0.0011415	0.1564	876.04	6.394	807.5	2786	1979
200	15.551	0.0011565	0.1272	864.68	7.862	852.4	2793	1941
210	19.080	0.0011726	0.1043	852.81	9.588	897.7	2798	1900
220	23.201	0.0011900	0.08606	840.34	11.62	943.7	2802	1858
230	27.979	0.0012087	0.07147	827.34	13.99	990.4	2803	1813
240	33.480	0.0012291	0.05967	813.60	16.76	1037.5	2803	1766
250	39.776	0.0012512	0.05006	799.23	19.28	1085.7	2801	1715
260	46.94	0.0012755	0.04215	784.01	23.72	1135.1	2796	1661
270	55.05	0.0013023	0.03560	767.87	28.09	1185.3	2790	1605
280	64.19	0.0013321	0.03013	750.69	33.19	1236.9	2780	1542.9
290	74.45	0.0013655	0.02554	732.33	39.15	1290.0	2766	1476.3
300	85.92	0.0014036	0.02164	712.45	46.21	1344.9	2749	1404.3
310	98.70	0.001447	0.01832	691.09	54.58	1402.1	2727	1325.2
320	112.90	0.001499	0.01545	667.11	64.72	1462.1	2700	1237.8
330	128.65	0.001562	0.01297	640.20	77.10	1526.1	2666	1139.6
340	146.08	0.001639	0.01078	610.13	92.76	1594.7	2622	1027.0
350	165.37	0.001741	0.008803	574.38	113.6	1671	2565	893.5
360	186.74	0.001894	0.006943	527.98	144.0	1762	2481	719.3
370	210.53	0.00222	0.00493	450.45	203	1893	2321	438.4
374	220.87	0.00280	0.00347	357.14	288	2032	2147	114.7
374.1	221.297	0.00326	0.00326	306.75	306.75	2100	2100	0.0

6. 有机液体相对密度（液体密度与4℃水的密度之比）共线图

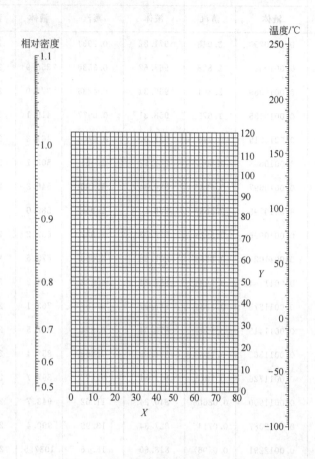

有机液体相对密度共线图的坐标

有机液体	X	Y	有机液体	X	Y	有机液体	X	Y	有机液体	X	Y
乙炔	20.8	10.1	十一烷	14.4	39.2	甲酸乙酯	37.6	68.4	氟苯	41.9	86.7
乙烷	10.3	4.4	十二烷	14.3	41.4	甲酸丙酯	33.8	66.7	癸烷	16.0	38.2
乙烯	17.0	3.5	十三烷	15.3	42.4	丙烷	14.2	12.2	氨	22.4	24.6
乙醇	24.2	48.6	十四烷	15.8	43.3	丙酮	26.1	47.8	氯乙烷	42.7	62.4
乙醚	22.6	35.8	三乙胺	17.9	37.0	丙醇	23.8	50.8	氯甲烷	52.3	62.9
乙丙醚	20.0	37.0	三氯化磷	28.0	22.1	丙酸	35.0	83.5	氯苯	41.7	105.0
乙硫醇	32.0	55.5	己烷	13.5	27.0	丙酸甲酯	36.5	68.3	氰丙烷	20.1	44.6
乙硫醚	25.7	55.3	壬烷	16.2	36.5	丙酸乙酯	32.1	63.9	氰甲烷	21.8	44.9
二乙胺	17.8	33.5	六氢吡啶	27.0	60.0	戊烷	12.6	22.6	环己烷	19.6	44.0
二氧化碳	78.6	45.4	甲乙醚	25.0	34.4	异戊烷	13.5	22.5	醋酸	40.6	93.5
异丁烷	13.7	16.5	甲醇	25.8	49.1	辛烷	12.7	32.7	醋酸甲酯	40.1	70.3
丁酸	31.3	78.7	甲硫醇	37.3	59.6	庚烷	12.6	29.8	醋酸乙酯	35.0	65.0
丁酸甲酯	31.5	65.5	甲硫醚	31.9	57.4	苯	32.7	63.0	醋酸丙酯	33.0	65.5
异丁酸	31.5	75.9	甲醚	27.2	30.1	苯酚	35.7	103.8	甲苯	27.0	61.0
丁酸(异)甲酯	33.0	64.1	甲酸甲酯	46.4	74.6	苯胺	33.5	92.5	异戊醇	20.5	52.0

7. 液体黏度共线图

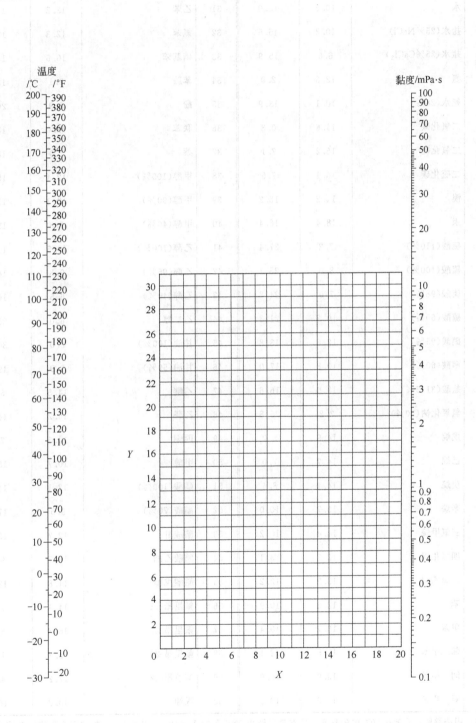

液体黏度共线图坐标值

序号	名　称	X	Y	序号	名　称	X	Y
1	水	10.2	13.0	31	乙苯	13.2	11.5
2	盐水(25%NaCl)	10.2	16.6	32	氯苯	12.3	12.4
3	盐水(25%CaCl$_2$)	6.6	15.9	33	硝基苯	10.6	16.2
4	氨	12.6	2.0	34	苯胺	8.1	18.7
5	氨水(26%)	10.1	13.9	35	酚	6.9	20.8
6	二氧化碳	11.6	0.3	36	联苯	12.0	18.3
7	二氧化硫	15.2	7.1	37	萘	7.9	18.1
8	二硫化碳	16.1	7.5	38	甲醇(100%)	12.4	10.5
9	溴	14.2	18.2	39	甲醇(90%)	12.3	11.8
10	汞	18.4	16.4	40	甲醇(40%)	7.8	15.5
11	硫酸(110%)	7.2	27.4	41	乙醇(100%)	10.5	13.8
12	硫酸(100%)	8.0	25.1	42	乙醇(95%)	9.8	14.3
13	硫酸(98%)	7.0	24.8	43	乙醇(40%)	6.5	16.6
14	硫酸(60%)	10.2	21.3	44	乙二醇	6.0	23.6
15	硝酸(95%)	12.8	13.8	45	甘油(100%)	2.0	30.0
16	硝酸(60%)	10.8	17.0	46	甘油(50%)	6.9	19.6
17	盐酸(31.5%)	13.0	16.6	47	乙醚	14.5	5.3
18	氢氧化钠(50%)	3.2	25.8	48	乙醛	15.2	14.8
19	戊烷	14.9	5.2	49	丙酮	14.5	7.2
20	己烷	14.7	7.0	50	甲酸	10.7	15.8
21	庚烷	14.1	8.4	51	醋酸(100%)	12.1	14.2
22	辛烷	13.7	10.0	52	醋酸(70%)	9.5	17.0
23	三氯甲烷	14.4	10.2	53	醋酸酐	12.7	12.8
24	四氯化碳	12.7	13.1	54	醋酸乙酯	13.7	9.1
25	二氯乙烷	13.2	12.2	55	醋酸戊酯	11.8	12.5
26	苯	12.5	10.9	56	氟里昂-11	14.4	9.0
27	甲苯	13.7	10.4	57	氟里昂-12	16.8	5.6
28	邻二甲苯	13.5	12.1	58	氟里昂-21	15.7	7.5
29	间二甲苯	13.9	10.6	59	氟里昂-22	17.2	4.7
30	对二甲苯	13.9	10.9	60	煤油	10.2	16.9

　　注：用法举例，求苯在50℃时的黏度，从本表序号26查得苯的 $X=12.5$，$Y=10.9$，把这两个数值标在前页共线图的 X-Y 坐标上的一点，把这点与图中左方温度标尺上50℃的点连成一直线，延长，与右方黏度标尺相交，由此交点定出50℃苯的黏度。

8. 液体比热容共线图

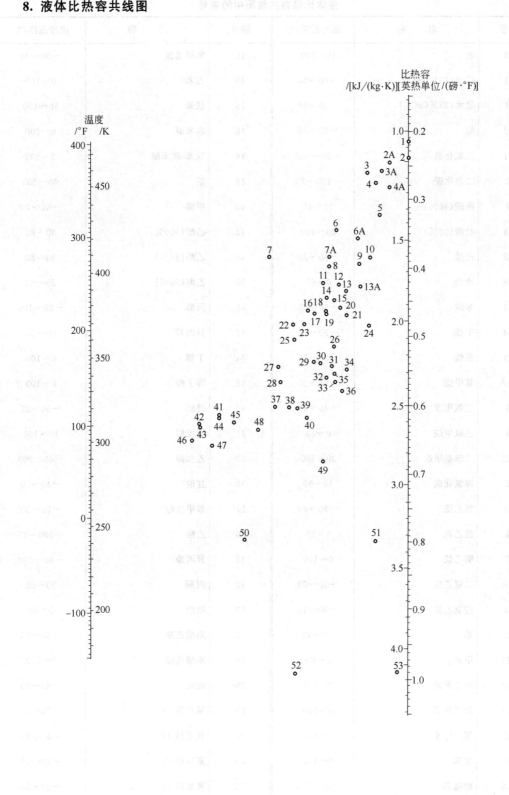

液体比热容共线图中的编号

编号	名　称	温度范围/℃	编号	名　称	温度范围/℃
53	水	10～200	10	苯甲基氯	−30～30
51	盐水(25％NaCl)	−40～20	25	乙苯	0～100
49	盐水(25％CaCl$_2$)	−40～20	15	联苯	80～120
52	氨	−70～50	16	联苯醚	0～200
11	二氧化硫	−20～100	16	联苯-联苯醚	0～200
2	二氧化碳	−100～25	14	萘	90～200
9	硫酸(98％)	10～45	40	甲醇	−40～20
48	盐酸(30％)	20～100	42	乙醇(100％)	30～80
35	己烷	−80～20	46	乙醇(95％)	20～80
28	庚烷	0～60	50	乙醇(50％)	20～80
33	辛烷	−50～25	45	丙醇	−20～100
34	壬烷	−50～25	47	异丙醇	20～50
21	癸烷	−80～25	44	丁醇	0～100
13A	氯甲烷	−80～20	43	异丁醇	0～100
5	二氯甲苯	−40～50	37	戊醇	−50～25
4	三氯甲烷	0～50	41	异戊醇	10～100
22	二苯基甲烷	30～100	39	乙二醇	−40～200
3	四氯化碳	10～60	38	甘油	−40～20
13	氯乙烷	−30～40	27	苯甲基醇	−20～30
1	溴乙烷	5～25	36	乙醚	−100～25
7	碘乙烷	0～100	31	异丙醇	−80～200
6A	二氯乙烷	−30～60	32	丙酮	20～50
3	过氯乙烯	−30～40	29	醋酸	0～80
23	苯	10～80	24	醋酸乙酯	−50～25
23	甲苯	0～60	26	醋酸戊酯	0～100
17	对二甲苯	0～100	20	吡啶	−50～25
18	间二甲苯	0～100	2A	氟里昂-11	−20～70
19	邻二甲苯	0～100	6	氟里昂-12	−40～15
8	氯苯	0～100	4A	氟里昂-21	−20～70
12	硝基苯	0～100	7A	氟里昂-22	−20～60
30	苯胺	0～130	3A	氟里昂-113	−20～70

9. 液体蒸发潜热（汽化热）共线图

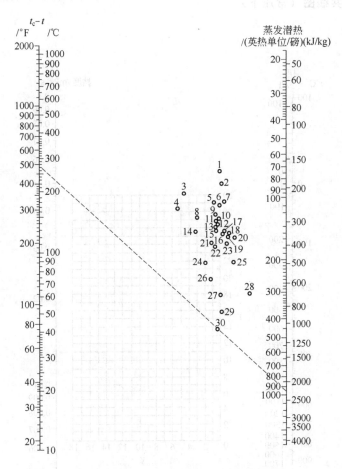

液体蒸发潜热共线图中的编号

编号	化 合 物	范围 (t_c-t)/℃	临界温度 t_c/℃	编号	化 合 物	范围 (t_c-t)/℃	临界温度 t_c/℃
18	醋酸	100～225	321	2	氟里昂-12(CCl_2F_2)	40～200	111
22	丙酮	120～210	235	5	氟里昂-21($CHCl_2F$)	70～250	178
29	氨	50～200	133	6	氟里昂-22($CHClF_2$)	50～170	96
13	苯	10～400	289	1	氟里昂-113($CCl_2F—CClF_2$)	90～250	214
16	丁烷	90～200	153	10	庚烷	20～300	267
21	二氧化碳	10～100	31	11	己烷	50～225	235
4	二硫化碳	140～275	273	15	异丁烷	80～200	134
2	四氯化碳	30～250	283	27	甲醇	40～250	240
7	三氯甲烷	140～275	263	20	氯甲烷	0～250	143
8	二氯甲烷	150～250	516	19	一氧化二氮	25～150	36
3	联苯	175～400	5	9	辛烷	30～300	296
25	乙烷	25～150	32	12	戊烷	20～200	197
26	乙醇	20～140	243	23	丙烷	40～200	96
28	乙醇	140～300	243	24	丙醇	20～200	264
17	氯乙烷	100～250	187	14	二氧化硫	90～160	157
13	乙醚	10～400	194	30	水	150～500	374
2	氟里昂-11(CCl_3F)	70～250	198				

10. 气体黏度共线图（常压下）

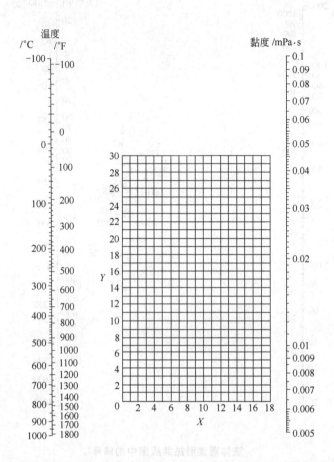

气体黏度共线图坐标值

序号	名 称	X	Y	序号	名 称	X	Y	序号	名 称	X	Y
1	空气	11.0	20.0	15	氟	7.3	23.8	29	甲苯	8.6	12.4
2	氧	11.0	21.3	16	氯	9.0	18.4	30	甲醇	8.5	15.6
3	氮	10.6	20.0	17	氯化氢	8.8	18.7	31	乙醇	9.2	14.2
4	氢	11.2	12.4	18	甲烷	9.9	15.5	32	丙醇	8.4	13.4
5	$3H_2+N_2$	11.2	17.2	19	乙烷	9.1	14.5	33	醋酸	7.7	14.3
6	水蒸气	8.0	16.0	20	乙烯	9.5	15.1	34	丙酮	8.9	13.0
7	二氧化碳	9.5	18.7	21	乙炔	9.8	14.9	35	乙醚	8.9	13.0
8	一氧化碳	11.0	20.0	22	丙烷	9.7	12.9	36	醋酸乙酯	8.5	13.2
9	氨	8.4	16.6	23	丙烯	9.0	13.8	37	氟里昂-11	10.6	15.1
10	硫化氢	8.6	18.0	24	丁烯	9.2	13.7	38	氟里昂-12	11.1	16.0
11	二氧化硫	9.6	17.0	25	戊烷	7.0	12.8	39	氟里昂-21	10.8	15.3
12	二硫化碳	8.0	16.0	26	己烷	8.6	11.8	40	氟里昂-22	10.1	17.0
13	一氧化二氮	8.8	19.0	27	三氯甲烷	8.9	15.7				
14	一氧化氮	10.9	20.5	28	苯	8.5	13.2				

11. 101.3kPa 压强下气体的比热容共线图

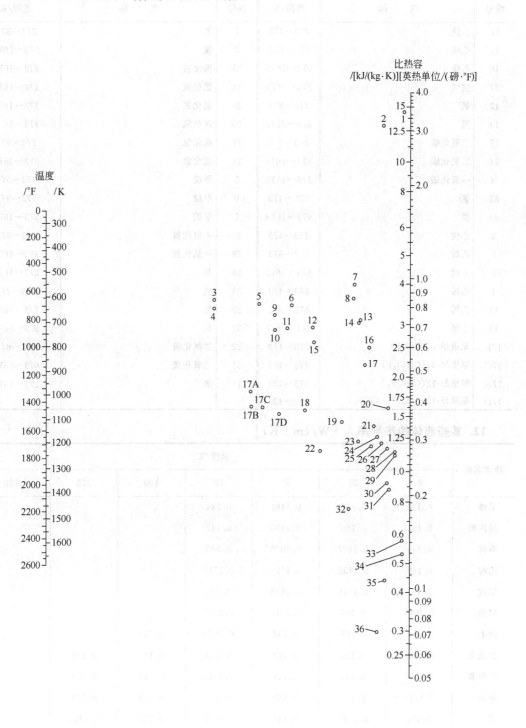

气体比热容共线图中的编号

编号	气　体	范围/K	编号	气　体	范围/K
10	乙炔	273～473	1	氢	273～873
15	乙炔	473～673	2	氢	873～1673
16	乙炔	673～1673	35	溴化氢	273～1673
27	空气	273～1673	30	氯化氢	273～1673
12	氨	273～873	20	氟化氢	273～1673
14	氨	873～1673	36	碘化氢	273～1673
18	二氧化碳	273～673	19	硫化氢	273～973
24	二氧化碳	673～1673	21	硫化氢	973～1673
26	一氧化碳	273～1673	5	甲烷	273～573
32	氯	273～473	6	甲烷	573～973
34	氯	473～1673	7	甲烷	973～1673
3	乙烷	273～473	25	一氧化氮	273～973
9	乙烷	473～873	28	一氧化氮	973～1673
8	乙烷	873～1673	26	氮	273～1673
4	乙烯	273～473	23	氧	273～773
11	乙烯	473～873	29	氧	773～1673
13	乙烯	873～1673	33	硫	573～1673
17B	氟里昂-11(CCl_3F)	273～423	22	二氧化硫	273～673
17C	氟里昂-21($CHCl_2F$)	273～423	31	二氧化硫	673～1673
17A	氟里昂-22($CHClF_2$)	273～423	17	水	273～1673
17D	氟里昂-113($CCl_2F—CClF_2$)	273～423			

12. 某些液体的热导率 λ [W/(m·K)]

液体名称	温度/℃						
	0	25	50	75	100	125	150
丁醇	0.156	0.152	0.1483	0.144			
异丙醇	0.154	0.150	0.1460	0.142			
甲醇	0.214	0.2107	0.2070	0.205			
乙醇	0.189	0.1832	0.1774	0.1715			
醋酸	0.177	0.1715	0.1663	0.162			
蚁酸	0.2065	0.256	0.2518	0.2471			
丙酮	0.1745	0.169	0.163	0.1576	0.151		
硝基苯	0.1541	0.150	0.147	0.143	0.140	0.136	
二甲苯	0.1367	0.131	0.127	0.1215	0.117	0.111	
甲苯	0.1413	0.136	0.129	0.123	0.119	0.112	
苯	0.151	0.1448	0.138	0.132	0.126	0.1204	
苯胺	0.186	0.181	0.177	0.172	0.1681	0.1634	0.159
甘油	0.277	0.2797	0.2832	0.286	0.289	0.292	0.295
凡士林	0.125	0.1204	0.122	0.121	0.119	0.117	0.1157
蓖麻油	0.184	0.1808	0.1774	0.174	0.171	0.1680	0.165

13. 常用气体的热导率图

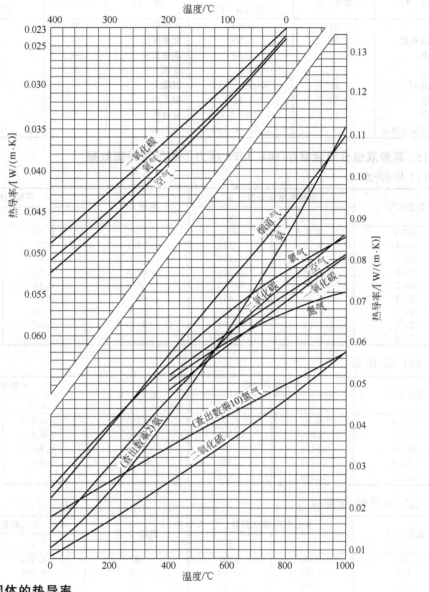

14. 常见固体的热导率

(1) 常见金属的热导率 λ [W/(m·K)]

材　料	温度/℃				
	0	100	200	300	400
铝	227.95	227.95	227.95	227.95	227.95
铜	383.79	379.14	372.16	367.51	362.86
铁	73.27	67.45	61.64	54.66	48.85
铅	35.12	33.38	31.40	29.77	—
镁	172.12	167.47	162.82	158.17	—
镍	93.04	82.57	73.27	63.97	59.31
银	414.03	409.38	373.32	361.69	359.37
锌	112.81	109.90	105.83	101.18	93.04
碳钢	52.34	48.85	44.19	41.87	34.89
不锈钢	16.28	17.45	17.45	18.49	—

（2）常见非金属材料的热导率

材料	温度/℃	热导率 /[W/(m·K)]	材料	温度/℃	热导率 /[W/(m·K)]
软木	30	0.0430	矿渣棉	30	0.058
超细玻璃棉	36	0.030	玻璃棉毡	28	0.043
保温灰	—	0.07	泡沫塑料	—	0.0465
硅藻土	—	0.114	玻璃	30	1.093
膨胀蛭石	20	0.052~0.07	混凝土	—	1.28
石棉板	50	0.146	耐火砖	—	1.05
石棉绳	—	0.105~0.209	普通砖	—	0.8
水泥珍珠岩制品	—	0.07~0.113	绝热砖		0.116~0.21

15. 某些双组分混合物在 101.3kPa 压力下的气液平衡数据

（1）甲醇-水

温度 t/℃	甲醇的摩尔分数		温度 t/℃	甲醇的摩尔分数	
	x	y		x	y
100.0	0.0	0.0	75.3	0.40	0.729
96.4	0.02	0.134	73.1	0.50	0.779
93.5	0.04	0.234	71.2	0.60	0.825
91.2	0.06	0.304	69.3	0.70	0.870
89.3	0.08	0.365	67.6	0.80	0.915
87.7	0.10	0.418	66.0	0.90	0.958
84.4	0.15	0.517	65.0	0.95	0.979
81.7	0.20	0.579	64.5	1.00	1.00
78.0	0.30	0.665			

（2）苯-甲苯

温度 t/℃	苯的摩尔分数		温度 t/℃	苯的摩尔分数	
	x	y		x	y
110.4	0.0	0.0	92.0	0.508	0.720
108.0	0.058	0.128	88.0	0.659	0.830
104.0	0.155	0.304	84.0	0.83	0.932
100.0	0.256	0.453	80.02	1.00	1.00
96.0	0.376	0.596			

（3）正己烷-正庚烷

温度 T/K	正己烷的摩尔分数		温度 T/K	正己烷的摩尔分数	
	x	y		x	y
303	1.00	1.00	323	0.214	0.449
309	0.715	0.856	329	0.091	0.228
313	0.524	0.770	331	0.0	0.0
319	0.347	0.625			

（4）乙醇-水

温度 t/℃	乙醇的摩尔分数		温度 t/℃	乙醇的摩尔分数	
	x	y		x	y
100.0	0	0	81.5	0.3273	0.5826
95.5	0.0190	0.1700	80.7	0.3965	0.6122
89.0	0.0721	0.3891	79.8	0.5079	0.6564
86.7	0.0966	0.4375	79.7	0.5198	0.6599
85.3	0.1238	0.4704	79.3	0.5732	0.6841
84.1	0.1661	0.5089	78.74	0.6763	0.7385
82.7	0.2337	0.5445	78.41	0.7472	0.7815
82.3	0.2608	0.5580	78.15	0.8943	0.8943

16. 某些气体在溶于水中的亨利系数

气 体	温 度 t/℃															
	0	5	10	15	20	25	30	35	40	45	50	60	70	80	90	100
	$E\times10^{-6}$/kPa															
H_2	5.87	6.16	6.44	6.70	6.92	7.16	7.39	7.52	7.61	7.70	7.75	7.75	7.71	7.65	7.61	7.55
N_2	5.35	6.05	6.77	7.48	8.15	8.76	9.36	9.98	10.5	11.0	11.4	12.2	12.7	12.8	12.8	12.8
空气	4.38	4.94	5.56	6.15	6.73	7.30	7.81	8.34	8.82	9.23	9.59	10.2	10.6	10.8	10.9	10.8
CO	3.57	4.01	4.48	4.95	5.43	5.88	6.28	6.68	7.05	7.39	7.71	8.32	8.57	8.57	8.57	8.57
O_2	2.58	2.95	3.31	3.69	4.06	4.44	4.81	5.14	5.42	5.70	5.96	6.37	6.72	6.96	7.08	7.10
CH_4	2.27	2.62	3.01	3.41	3.81	4.18	4.55	4.92	5.27	5.58	5.85	6.34	6.75	6.91	7.01	7.10
NO	1.71	1.96	2.21	2.45	2.67	2.91	3.14	3.35	3.57	3.77	3.95	4.24	4.44	4.54	4.58	4.60
C_2H_6	1.28	1.57	1.92	2.90	2.66	3.06	3.47	3.88	4.29	4.69	5.07	5.72	6.31	6.70	6.96	7.01
	$E\times10^{-5}$/kPa															
C_2H_4	5.59	6.62	7.78	9.07	10.3	110.6	12.9	—	—	—	—	—	—	—	—	—
N_2O	—	1.19	1.43	1.68	2.01	2.28	2.62	3.06	—	—	—	—	—	—	—	—
CO_2	0.738	0.888	1.05	1.24	1.44	1.66	1.88	2.12	2.36	2.60	2.87	3.46	—	—	—	—
C_2H_2	0.73	0.85	0.97	1.09	1.23	1.35	1.48	—	—	—	—	—	—	—	—	—
Cl_2	0.272	0.334	0.399	0.461	0.537	0.604	0.669	0.74	0.80	0.86	0.90	0.97	0.99	0.97	0.96	—
H_2S	0.272	0.319	0.372	0.418	0.489	0.552	0.317	0.686	0.755	0.825	0.869	1.04	1.21	1.37	1.46	1.50
	$E\times10^{-4}$/kPa															
SO_2	0.167	0.203	0.245	0.294	0.355	0.413	0.485	0.567	0.661	0.763	0.871	1.11	1.39	1.70	2.01	—

17. 管子规格
(1) 无缝钢管规格（摘自 YB 231—70）

公称直径 DN/mm	实际外径 /mm	管壁厚度/mm						
		$PN=16$	$PN=25$	$PN=40$	$PN=64$	$PN=100$	$PN=160$	$PN=200$
15	18	2.5	2.5	2.5	2.5	3	3	3
20	25	2.5	2.5	2.5	2.5	3	3	4
25	32	2.5	2.5	2.5	3	3.5	3.5	5
32	38	2.5	2.5	3	3	3.5	3.5	6
40	45	2.5	3	3	3.5	3.5	4.5	6
50	57	2.5	3	3.5	3.5	4.5	5	7
70	76	3	3.5	3.5	4.5	6	6	9
80	89	3.5	4	4	5	6	7	11
100	103	4	4	4	6	7	12	13
125	133	4	4	4.5	6	9	13	17
150	159	4.5	4.5	5	7	10	17	—
200	219	6	6	7	10	13	21	—
250	273	8	7	8	11	16	—	—
300	325	8	8	9	12	—	—	—
350	377	9	9	10	13	—	—	—
400	426	9	10	12	15	—	—	—

注：表中公称压力 PN 的单位为 kgf/cm^2，$1kgf/cm^2=98.1kPa$。

（2）水、煤气钢管（有缝钢管）（摘自 YB 234—63）

公称直径 DN		实际外径/mm	壁厚/mm	
/in	/mm		普通级	加强级
$\frac{1}{4}$	8	13.50	2.25	2.75
$\frac{3}{8}$	10	17.00	2.25	2.75
$\frac{1}{2}$	15	21.25	2.75	3.25
$\frac{3}{4}$	20	26.75	2.75	3.50
1	25	33.50	3.25	4.00
$1\frac{1}{4}$	32	42.25	3.25	4.00
$1\frac{1}{2}$	40	48.00	3.50	4.25
2	50	60.00	3.50	4.50
$2\frac{1}{2}$	70	75.50	3.75	4.50
3	80	88.50	3.75	4.75
4	100	114.60	4.00	5.00
5	125	140.00	4.00	5.50
6	150	165.00	4.50	5.50

18. 几种常用填料的特性数据（摘录）

填料名称	尺寸/mm	比表面积 $\sigma/(m^2/m^3)$	空隙率 $\varepsilon/(m^3/m^3)$	堆积密度 $\rho_p/(kg/m^3)$	每立方米填料个数	填料因子 ϕ/m^{-1}
陶瓷拉西环（乱堆）	10×10×1.5	440	0.7	700	$720×10^3$	1500
	25×25×2.5	190	0.78	505	$49×10^3$	450
	50×50×4.5	93	0.81	457	$6×10^3$	205
	80×80×9.5	76	0.68	714	$19.1×10^3$	280
陶瓷拉西环（整砌）	50×50×4.5	124	0.72	673	$8.83×10^3$	
	80×80×9.5	102	0.57	962	$2.58×10^3$	
	100×100×13	65	0.72	930	$1.06×10^3$	
	125×125×14	51	0.68	825	$0.53×10^3$	
金属拉西环（乱堆）	10×10×0.5	500	0.88	960	$800×10^3$	1000
	25×25×0.8	220	0.92	640	$55×10^3$	260
	50×50×1	110	0.95	430	$7×10^3$	175
	76×76×1.5	68	0.95	400	$1.87×10^3$	105
金属鲍尔环（乱堆）	16×16×0.4	364	0.94	467	$235×10^3$	230
	25×25×0.6	209	0.94	480	$51×10^3$	160
	38×38×0.8	130	0.95	379	$13.4×10^3$	92
	50×50×0.9	103	0.95	355	$6.2×10^3$	66
塑料鲍尔环（乱堆）	（直径）16	364	0.88	72.6	$235×10^3$	320
	25	20.9	0.90	72.6	$51.1×10^3$	170
	38	130	0.91	67.7	$13.4×10^3$	105
	50	103	0.91	67.7	$6.38×10^3$	82
塑料阶梯环（乱堆）	25×12.5×1.4	223	0.9	97.8	$81.5×10^3$	172
	33.5×19×1.0	132.5	0.91	57.5	$27.2×10^3$	115
金属弧鞍填料	25	280	0.83	1400	$88.5×10^3$	
	50	106	0.72	645	$8.87×10^3$	148
陶瓷弧鞍填料	25	252	0.69	725	$78.1×10^3$	360
陶瓷矩鞍填料	8	630	0.78	548	$735×10^3$	870
	19×2	338	0.77	563	$231×10^3$	480
	25×3.3	258	0.775	548	$84×10^3$	320
	38×5	197	0.81	483	$25.2×10^3$	170
	50×7	120	0.79	532	$9.4×10^3$	130
θ网环	8×8	1030	0.936	490	$2.12×10^6$	
鞍形网	10	1100	0.91	340	$4.56×10^6$	
压延孔环（镀锌铁丝网）	6×6	1300	0.96	355	$10.2×10^6$	

参 考 文 献

[1] 陈敏恒，丛德滋，方图南编．化工原理：上、下册．第3版．北京：化学工业出版社，2006.
[2] 姚玉英主编．化工原理：上、下册．天津：天津科学技术出版社，1997.
[3] 时钧，陈敏恒等编．化学工程手册．北京：化学工业出版社，1996.
[4] 陆美娟主编．化工原理：上、下册．第2版．北京：化学工业出版社，2006.
[5] 汤金石，赵锦全主编．化工过程及设备．北京：化学工业出版社，1996.
[6] 管国峰，赵汝溥主编．化工原理．第3版．北京：化学工业出版社，2008.
[7] 陈树章主编．非均相物系分离．北京：化学工业出版社，1993.
[8] 大连理工大学化工原理教研室编．化工原理：下册．大连：大连理工大学出版社，1992.
[9] 李再资编．化工基础．广州：华南理工大学出版社，1995.
[10] 陆辟疆，李春燕主编．精细化工工艺．北京：化学工业出版社，1996.
[11] 丁志平主编，仓理副主编．精细化工工艺．北京：化学工业出版社，1998.
[12] 李和平，葛虹编．精细化工工艺学．北京：科学出版社，1997.
[13] 张成芳编．合成氨工艺与节能．北京：化学工业出版社，1988.
[14] 程桂花主编．合成氨．北京：化学工业出版社，1998.
[15] 吴迪胜等编．化工基础：下册．北京：高等教育出版社，1989.
[16] 刘盛宾主编．化工基础．第2版．北京：化学工业出版社，2005.
[17] 郭宗新主编．化工原理．北京：高等教育出版社，2008.
[18] 钟秦，陈迁乔，王娟，曲虹霞，马卫华编著．化工原理．第2版．北京：国防工业出版社，2009.
[19] 冷士良主编．化工单元过程及操作．北京：化学工业出版社，2002.
[20] 王晓红，田文德，王英龙编．化工原理．北京：化学工业出版社，2009.
[21] 蒋丽芬主编．化工原理．第2版．北京：高等教育出版社，2014.
[22] 刘家琪主编．分离过程．北京：化学工业出版社，2002.
[23] 刘茉娥等编著．膜分离技术．北京：化学工业出版社，1998.
[24] 华耀祖编著．超滤技术与应用．北京：化学工业出版社，2003.
[25] 王晓琳，丁宁编著．反渗透和纳滤技术与应用．北京：化学工业出版社，2005.
[26] 徐南平，邢卫红，赵宜江著．无机膜分离技术与应用．北京：化学工业出版社，2003.
[27] 王湛，周翀主编．膜分离技术基础．第2版．北京：化学工业出版社，2006.
[28] 任建新主编．膜分离技术及其应用．北京：化学工业出版社，2002.